“十二五”职业教育国家规划教材

经全国职业教育教材审定委员会审定

# 动物病理

## （第二版）

陈宏智　主　编

U0336351

化学工业出版社

·北京·

本书分为基础病理和病理诊断两大模块。主要包括疾病概述，动物疾病的各种基本病理过程，主要器官疾病和畜禽常见疾病的发生原因与机制、病变特征和病理诊断技术等内容。本书以项目化编排，设有"分析讨论"与"实习实训"，以增强实用性，同时配置课程数字化资源，进一步丰富和完善知识体系。

　　本书既可供高职高专院校动物医学（兽医）、畜牧兽医、动物防疫与检疫、宠物养护与疾病防治等专业的学生作为教材使用，也可供兽医临床工作者以及动物检疫与动物性食品卫生检验人员作参考用书。

**图书在版编目（CIP）数据**

动物病理/陈宏智主编． —2 版．—北京：化学工业
出版社，2016.6（2020.1重印）
"十二五"职业教育国家规划教材
ISBN 978-7-122-26863-1

Ⅰ．①动…　Ⅱ．①陈…　Ⅲ．①兽医学-病理学-高等
职业教育-教材　Ⅳ．①S852.3

中国版本图书馆 CIP 数据核字（2016）第 082328 号

责任编辑：梁静丽　迟　蕾　章梦婕
责任校对：边　涛　　　　　　　　　　　　　　装帧设计：史利平

出版发行：化学工业出版社（北京市东城区青年湖南街 13 号　邮政编码 100011）
印　　刷：三河市航远印刷有限公司
装　　订：三河市宇新装订厂
787mm×1092mm　1/16　印张 14¾　彩插 8 页　字数 371 千字　2020 年 1 月北京第 2 版第 5 次印刷

购书咨询：010-64518888　　售后服务：010-64518899
网　　址：http://www.cip.com.cn
凡购买本书，如有缺损质量问题，本社销售中心负责调换。

定　价：34.00 元

# 《动物病理》（第二版）编写人员名单

主　　编　陈宏智

副 主 编　梁运霞　孔春梅

编　　者　（按照姓名汉语拼音排列）

陈宏智　（信阳农林学院）

何书海　（信阳农林学院）

孔春梅　（保定职业技术学院）

李鹏伟　（河南农业职业学院）

梁运霞　（黑龙江职业学院）

王　萍　（玉溪农业职业技术学院）

王一明　（伊犁职业技术学院）

薛邦玉　（信阳市和谐动物医院）

阳　刚　（宜宾职业技术学院）

杨名赫　（黑龙江农业职业技术学院）

前言

　　本教材是依据教育部《关于全面提高高等职业教育教学质量的若干意见》和《关于加强高职高专教材建设的若干意见》等文件精神，对第一版教材精心修订而成的。修订过程中坚持以应用为主旨，以能力为本位，进一步优化教材内容结构体系，突出内容体系的实用性和教学方法的实践性。第一版教材分为基础病理、器官病理、疫病病理、病理诊断技术四大模块，本次修订调整为基础病理和病理诊断两大模块，突出病理诊断应用技术，通过增加实践环节，强化技能训练，全面培养学生的病理诊断技能和职业能力。

　　基础病理模块为动物病理的基本知识，共分为11个项目化单元，除项目一"疾病概述"是论述疾病的一般规律、项目十一"肿瘤的认识与观察"是论述肿瘤的生长规律和形态特点外，其余9个项目单元均分别论述动物疾病的各种基本病理过程，其目的是让学生掌握各种基本病程的发生原因、机制与病变特征，为下一模块和后续专业技术课程的学习奠定良好基础。病理诊断模块则以病理诊断技术应用为支撑，分为3个项目化单元（12个子项目），重点介绍主要器官疾病和畜禽常见疫病的发生原因与机制、病变特征和病理诊断技术，使学生掌握主要疾病和常见疫病的病理诊断技术。

　　整个教材改革将章节构架转为项目化编排，每个项目设计有学习目标、课前准备、学习内容、分析讨论（或案例分析）、实习实训和目标检测等环节。部分项目还增加有"知识拓展"，借以补充相关应用知识，增强教材的实用性。精心设计的实训项目可强化实训环节，突出项目化教学。各校教师在教学过程中可充分利用校内实验实训室，结合校外送检病例或利用校内外动物医院、兽医门诊等技术平台，让学生参与病理诊断技术工作，以实际工作任务为驱动，构建基于工作过程、工学结合和"教、学、做"一体化的教学模式，切实提高学生的病理诊断技术水平和职业能力。

　　本教材编写过程中，坚持以教材建设为主体，配合课程网站建设，进一步丰富和完善教材的各种数字化资源。将电子教材、电子教案、多媒体课件、教学视频，和大量的图片资源、动画资源、案例资源等相关素材，以及课程标准、教学大纲、教学指南、学习指南、在线习题与网上自测等课程资源上传至课程网站 http://211.67.160.206/jpkc/bljpzy，既便于教师教学，又可帮助在校生和行业从业者自主学习，充分实现课程教学资源的优势共享；积极顺应教育部"十二五"规划教材建设提出的创新教材形式，构建立体化教材，以及发展信息化教育的发展要求。

本教材按三年制高职高专、88 个学时（课内教学含实验实习 58 学时；另安排 1 个课程实习周，30 学时）的计划安排编写，各校可根据不同专业的教学计划进行内容取舍和确定学时分布。

　　为提高本教材的文稿水平和应用价值，编写过程中参考了同行专家的优秀文献资料，在此向原著作权人表示衷心感谢。同时，感谢参与本教材第一版编写工作的各位老师所付出的辛勤努力。限于编者水平，加之时间仓促，书中难免存在不妥和疏漏，恳望各校师生和广大读者批评指正。

编　者

2016 年 2 月

第一版前言

　　本书是根据教育部《关于全面提高高等职业教育教学质量的若干意见》（教高［2006］16号）文件精神，围绕《高职高专畜牧兽医类专业人才培养指导方案》，在教育部高等学校高职高专动物生产类专业教学指导委员会专家的指导下编写。

　　本书编写坚持"以就业为导向，以应用为主旨，以能力为本位"，遵循高职高专人才培养要求，注重培养目标的职业性、教学内容的实用性和教学方法的实践性。在保持科学性和系统性的基础上，针对畜禽疫病病理诊断等职业技术岗位（群）的技能要求，注重应用能力培养，强化实践技能训练，全面培养学生的动手能力和解决实际技术问题的能力。

　　本书融理论与实践为一体，实验项目指导内容丰富，实践指导意义明确。每章正文后有复习思考题，便于学生课后复习巩固。文中和书后附有部分黑白与彩色病理图片，所选取的病变典型，直观性强，便于识别和掌握。为拓宽教材内容的知识面，增强其教材的实用性，本书还在部分章节增加了"知识链接"。为方便兄弟院校组织实训教学与实施技能考核，本书后附有《动物病理实践操作技能考核项目与评分标准》。

　　为满足高职高专院校畜牧兽医类及相关专业的教学需要，本书按照基础病理、器官病理、疫病病理三大模块介绍动物病理的相关知识和技能，各校可根据其不同专业的教学特点和需要确定学时分布。

　　本书在编写过程中参考了同行专家的一些文献资料，在此，编者向原著作权人致以崇高的敬意和衷心感谢。

　　在编写过程中，由于编者水平有限，经验不足，加之时间仓促，书中难免存在疏漏和不足之处，恳望各校师生和广大读者批评指正。

编　者<br>2009 年 6 月

## 模块一　基础病理模块　　　　　　　　　　5

# 《动物病理》学习指南

动物病理是以辩证唯物主义的观点研究动物疾病的发生原因、发病机理、疾病经过与转归，以及疾病过程中患病动物体所呈现的形态结构和功能代谢变化，借以阐明疾病发生、发展及其转归的基本规律，揭露疾病本质，为认识疾病和疾病的诊断与防治提供科学依据的一门科学。

## 一、课程性质与作用

### 1. 课程性质

动物病理是畜牧兽医类专业的一门主干专业基础课，是介于专业基础课（动物解剖与组织、动物生理与生化、动物微生物与免疫）与专业课（动物普通病防治、动物传染病防治、动物寄生虫病防治）之间的一门起桥梁作用的核心课程，在整个专业的课程教学中起着承前启后的作用。

### 2. 课程作用

通过本课程的教学，可培养学生辩证唯物主义的疾病观，使学生掌握动物疾病发生、发展的基本规律，为后续专业课程的学习奠定良好的基础。并通过本课程的实习实训教学，可直接训练和培养学生的动物病理诊断技能，为未来从事动物疾病的诊疗提供技术和能力支撑。

### 3. 与前后课程的联系

（1）先修课程　动物解剖与组织、动物生理与生化、动物微生物与免疫为动物病理课程的先修课程，掌握上述课程是学好动物病理课程的基础。

（2）后续课程　动物病理的后续课程有动物普通病防治、动物传染病防治和动物寄生虫病防治等，掌握动物病理课程又是学好以上后续课程的基础。

## 二、学习目标

### 1. 知识目标

通过本课程的学习，树立辩证唯物主义的疾病观，了解疾病的发生原因与发生、发展的基本规律，熟悉疾病的基本病理过程，以及病程中动物所呈现的功能、代谢与形态结构变化，掌握畜禽常发病、多发病的病理变化特征，为后续专业课程的学习和从事动物疾病的诊疗工作积累良好的知识贮备。

### 2. 能力目标

动物病理既是一门基础理论课程，又是一门应用技术课程。通过本课程的实习实训，使学生掌握动物的尸体剖检、各种病料的采集、保存与检验，以及病理切片等技术，为今后从事动物疾病的诊疗与防控工作提供扎实的能力支持。

## 三、学习动物病理的指导思想与方法

### 1. 树立实践第一的观点

动物病理是一门实践性很强的课程，必须强化实践，通过对病理标本、病理切片、CAI

课件的观察，以及尸体剖检、病理切片等实践过程，借以提高对疾病的观察认识和病理诊断能力。

**2. 以动态和发展的眼光认识疾病**

疾病是一个不断发展、不断演变的过程，人们所观察到的病理变化往往仅代表疾病某一阶段的状态，并非整个过程。人们必须以动态和发展的眼光去认识疾病，既要观察到它的现状，又要分析它是怎样发展而来的，以及它的结果等。

**3. 正确理解局部与整体的辩证关系**

局部是整体的组成部分，任何一个局部变化都会影响到整体。局部病变可影响全身，全身反应可体现于局部病变。很多疾病虽然常集中表现为局部组织器官的病理改变，但它的发生、发展不仅与全身的状态有关，而且还能反过来作用于全身。例如，局部出现炎症时往往会有全身反应，而整个机体的状态对局部炎症的发展和转归又具有决定作用。

**4. 正确认识功能代谢与形态结构变化的辩证关系**

功能代谢与形态结构的关系密不可分。在疾病过程中，二者之间可相互影响，互为因果。器官组织和细胞的形态结构是机体代谢和体现功能的基础，而后者的变化又能反过来促使形态结构的改变。此外，代谢又是形态和功能的生化基础，所以说它们之间存在着相互依存和互为因果的辩证关系。因此，不能孤立地研究疾病时机体形态结构的改变，而要全面分析代谢、功能和形态的关系。

**5、正确处理内、外因的辩证关系**

疾病的发生既有外因，又有内因，二者互相影响。外因是发病的条件，内因是发病的基础，外因通过内因起致病作用。

**6. 正确把握疾病的因果转化和主导环节**

疾病过程就是一个因果不断转化的过程，上一个环节引起的结果可能会成为引起下一个结果的新原因，这就是疾病的因果转化。因果转化有其主导环节，只有把握疾病的主导环节，才能把握疾病的根本。

**7. 掌握正确的学习方法**

首先是理解病理的概念，在理解的基础上实现掌握。其次是要正确理解疾病的发生原因与机制，要知其然更要知其所以然。三是重点掌握主要病理变化的特点，包括各种常见病的基本病理过程和各种多发性疾病的病理变化特点，必须在理解的基础上去掌握。

## 四、考核方式与标准

**1. 理论考试**

理论考试按 60 分计入整个课程成绩，分期中、期末两次进行。先按 100 分制分别记入期中、期末成绩，期中考试成绩占整个课程考试成绩的 20%，期末考试成绩占 40%，平时课堂提问加分，考勤缺勤、迟到、早退扣分。

**2. 技能考核**

实训课程考试按 40 分计入整个课程成绩，其中包括平时成绩（实验报告）20 分，期末实验考试 20 分。另在专业综合实训中设计有病理诊断实训环节，并与国家职业技能鉴定相接轨，组织学生参加动物疫病防治员、动物疫病检疫检验员等相关工种的国家职业技能鉴定，实现"1+X"多证制教育模式。

附：动物病理实践操作技能考核项目与标准

| 序号 | 考核项目 | 考核要点 | 考核方法 | 评分等级与标准 |
|---|---|---|---|---|
| 1 | 病理标本识别 | 识别各种局部血液循环障碍、组织损伤与修复、炎症、肿瘤及器官病理、疾病病理标本的眼观变化 | 观察、识别、眼观标本10个 | 优秀：准确识别病理标本9个以上，并描述其主要病理变化<br>良好：能准确识别病理标本8个以上，并描述其主要病理变化<br>及格：能正确识别病理标本6个以上，并能正确描述其主要病理变化<br>不及格：仅能识别少数病理标本，并描述其主要病理变化，多数标本识别错误 |
| 2 | 病理切片观察 | 观察各种局部血液循环障碍、组织损伤与修复、炎症、肿瘤及器官病理、疾病病理切片的组织学变化 | 观察、识别病理切片6张 | 优秀：准确识别全部病理切片，并描述其主要病理组织学变化<br>良好：准确识别病理切片5张以上，并描述其主要病理组织学变化<br>及格：准确识别病理切片4张以上，并描述其主要病理组织学变化<br>不及格：仅能识别病理切片3张及以下，并描述其主要病理组织学变化 |
| 3 | 尸体剖检准备 | 1.剖检时间确定 2.剖检场地选择 3.尸体运送方法 4.器材药品准备 5.剖检人员准备 | 实际操作或口试 | 优秀：能独立正确地完成各项准备工作<br>良好：能独立正确地完成大部分准备工作，个别环节通过提示才能完成<br>及格：能基本完成大部分准备工作，部分环节有错误<br>不及格：不能独立完成各项准备工作 |
| 4 | 尸体剖检技能 | 掌握猪、牛（或羊）、禽类的尸体剖检程序、方法和技术要领 | 实际操作结合口试 | 优秀：熟悉剖检程序，方法、要领正确，操作熟练<br>良好：熟悉剖检程序，方法、要领基本正确，操作比较熟练，但个别环节有误<br>及格：基本熟悉剖检程序，方法、要领大部分正确，操作不够熟练，少数环节有误<br>不及格：不能独立完成各项准备工作 |
| 5 | 尸体处理方法 | 1.掩埋法 2.焚烧法 | 口试 | 优秀：能准确描述两种处理方法<br>良好：能比较准确地描述两种处理方法<br>及格：能基本描述两种处理方法<br>不及格：一种或以上处理方法未描述清楚 |
| 6 | 病理材料采集、包装与送检 | 1.病理组织材料采集、包装与送检 2.微生物病料采集、包装与送检 3.中毒病料采集、包装与送检 | 实际操作结合口试 | 优秀：熟练掌握各种病料的采集、包装与送检方法<br>良好：比较熟练地掌握各种病料的采集、包装与送检方法，但个别环节有误<br>及格：基本掌握各种病料的采集、包装与送检方法，少数环节有误<br>不及格：仅掌握部分病料的采集、包装与送检方法，大部分环节有误 |
| 7 | 病理组织切片技能 | 1.石蜡切片技术 2.H.E染色技术 3.冰冻切片技术 | 实际操作结合口试 | 优秀：熟悉石蜡切片、冰冻切片与H.E染色的基本程序，基本掌握其操作要领<br>良好：比较熟悉基本程序，多数环节操作无误<br>及格：基本熟悉基本程序，多数环节操作无误<br>不及格：不太熟悉基本程序，多数环节操作有误 |

## 五、学习资源

### 1. 教学参考书

（1）《动物病理》：陈宏智主编，化学工业出版社，2009。

（2）《动物病理》：周铁忠、陆桂平主编，中国农业出版社，2010。

（3）《动物病理》：于洋、陈宏智主编，中国农业大学出版社，2011。

（4）《动物病理解剖学》：高丰、贺文琦主编，科学出版社，2007。

（5）《畜禽病理与病理诊断》：陈宏智、杨保栓主编，河南科学技术出版社，2012。

**2. 学习网站**

（1）信阳农林学院动物病理精品资源共享课网站

网址：http：//211.67.160.206/jpkc/bljpzy

（2）河南省高校精品课程共享平台——动物病理课程平台

网址：http：//jpkc.open.ha.cn/www/hnsgxjpzygxk/index.html

（3）安徽农业大学动物病理国家精品课程网站

网址：http：//course.jingpinke.com/details/methodology

（4）中国病理学网

网址：http：//www.pathology.cn/bbs/forum.php

（5）病理学园地

网址：http：//www.binglixue.com

动物病理课程组

2015 年 12 月

# 模块一 基础病理模块

## 项目一 疾病概述

【学习目标】
1. 了解疾病的基本概念及其主要特征,熟悉疾病发生的原因与分类。
2. 掌握疾病发生发展的基本规律,以及疾病的经过与转归。
3. 能够把握动物疾病发生发展的基本规律,掌控疾病过程的因果转化和主导环节,控制疾病发展方向,促进疾病朝向康复方向良性循环,为实施有效防治提供技术支持。

【课前准备】
1. 预习本项目学习内容,明确学习目标与任务。
2. 思考健康动物的生命特征,以及不同畜禽的生产性能与经济价值。

【学习内容】

### 一、疾病的概念、分类与经过

**1. 疾病的概念**

疾病是动物机体在一定条件下与致病因素相互作用而发生的损伤与抗损伤的矛盾斗争过程。在这个过程中,必然会引起动物机体功能、代谢和形态结构的一系列改变,机体内、外环境之间的相对平衡状态发生紊乱,出现症状,使动物的生产能力和经济价值降低,甚至危及生命。疾病的概念包含着以下四方面。

(1) 疾病是病因作用的结果 任何疾病都是有病因的,没有病因的疾病是不存在的,有些疾病似乎没有病因,只是一时没有发现而已。

(2) 疾病是完整机体的反应 在疾病过程中,机体局部病变可影响全身,全身功能状态又影响着局部病变,两者是互相影响、互相联系的。

(3) 在疾病过程中损伤和抗损伤贯穿始终 致病因素作用于机体,通过各种作用机制,在引起机体各种损伤性变化的同时,也会激发起机体各种抗损伤性的防御、代偿、适应和修复反应。这种损伤与抗损伤的斗争,推动着疾病的发展,贯穿于疾病的始终。双方力量的强弱决定着疾病的发展方向和结果。当损伤占优势时,疾病则不断加重并逐步向恶化方向发展,甚至造成动物的死亡。反之,当抗损伤占优势时,疾病则缓和,机体就可逐渐恢复健康。

(4) 役用和生产能力降低是患病的标志 动物患病时,由于其机体的适应能力下降,机体内部的机能、代谢和形态结构发生障碍或损坏,导致动物生产能力(劳役、营养状态、产蛋、产乳、产毛、繁殖力等)下降,经济价值降低。这是畜禽患病的重要标志。

**2. 疾病的分类**

为便于对疾病进行研究和采取有效的防治措施,需要对疾病进行分类。疾病的分类方法很多,通常采用以下三种分类方法。

（1）按疾病的经过分类　即根据病势缓急和病程长短不同，可将疾病分为以下4类。

① 最急性型　这类疾病的基本特征是病程短促，仅数小时，动物突然死亡，死前无明显症状，死后病理变化常不显著。例如炭疽、绵羊快疫、巴氏杆菌病等可见此种病型。

② 急性型　病情进展快速，经过的时间由数小时至2～3周不等。此类疾病常伴有急剧而明显的临床症状，如出现发热、疼痛、食欲减退等现象。急性猪瘟、鸡新城疫、急性炭疽等传染病即属此类。

③ 亚急性型　病程3～6周，临床症状较轻，它是介于急性型和慢性型之间的一种类型，如疹块型猪丹毒。

④ 慢性型　病情进行缓慢，经过的时间较长，从6周以上至数年不等。病程迁延较久，症状常不明显，患病动物的体力逐渐消耗，日见消瘦。结核、鼻疽、慢性马传染性贫血等均属此类疾病。

在临床实践中，急性型、亚急性型与慢性型之间并没有严格的界线。在一定的条件下，急性型可转变为亚急性型甚至慢性型，反之，慢性型也可因病情恶化而呈急性发作。

（2）按疾病发生的原因分类

① 传染病。指由致病微生物侵入机体，并在体内进行生长繁殖而引起的具有传染性的疾病，如口蹄疫、猪瘟、猪丹毒、禽流感、鸡新城疫等。

② 寄生虫病。指由各种寄生虫（包括原虫、蠕虫和节肢动物等）侵入机体内部或侵害体表而引起的疾病，如囊虫病、旋毛虫病、球虫病、焦虫病、蛔虫病、疥螨病等。

③ 普通病（非传染性疾病）。指由一般性的致病因素所引起或由某些营养物质缺乏所引起的疾病，如中毒、外伤、骨折、疝痛、维生素缺乏症等。

（3）按患病器官系统分类　可分为心血管系统、血液和造血系统、呼吸系统、消化系统、泌尿生殖系统和神经系统等疾病。

为了方便对疾病的分析，普通病通常按这种方法分类。而事实上，动物机体是一个有机的统一体，当一个器官或系统发生病变时，其他器官系统往往会发生不同程度的变化。

**3. 疾病的经过和转归**

（1）疾病的经过　疾病从发生到结束的过程，称为疾病的经过（或称疾病过程）。患病过程中，由于损伤与抗损伤矛盾双方力量的不断消长，使症状阶段性呈现，尤以生物性因素所致的疫病表现最为明显。通常分为以下四个阶段。

① 潜伏期。从致病因素作用于机体开始，到机体出现一般症状为止，这一阶段称为潜伏期（非传染病称为隐蔽期）。潜伏期的长短根据病因的特点和机体本身状况表现得并不一致。侵入机体内的病原微生物数量越多，毒力越强，或者机体抵抗力弱时，则潜伏期较短，否则较长。狂犬病的潜伏期可达1年以上，炭疽病多为1～3天。在潜伏期中，机体要动员全部的抗损伤力与致病因素的损伤作用进行顽强斗争。如果机体的抗损伤力战胜了致病因素的损伤作用，疾病就不会发生；否则，就会出现疾病的早期症状，并进入第二阶段。

② 前驱期。从出现一般症状开始，到出现主要症状为止，这一阶段称为前驱期。在这一阶段中，机体的功能活动和反应性均有改变，一般只出现一些非特异性症状（前驱期症状），如精神沉郁、食欲不振、体温升高、呼吸心跳加快、使役和生产力降低等。此期通常为几个小时到一两天。机体进一步动用一切抗损伤力与致病因素作斗争，若机体抗损伤力战胜病因的损伤作用，或加上适当的治疗护理，疾病就会开始好转而康复，否则疾病继续向前发展，进入第三阶段。

③ 明显期。疾病出现明显典型症状的时期，称为明显期。在此期，症状具有一定的特异性，对诊断和治疗本病有着重要意义。此期也具有一定的持续时间，如马大叶性肺炎为

6~9天，猪丹毒为3~10天，口蹄疫可持续1~3周等。

④ 转归期。是指疾病的结束阶段，又称结局期。在此阶段中，疾病有时结束得很快，症状在几小时到一昼夜之内迅速消失，称为"骤退"，有时则在较长的时间内逐渐消失，称为"缓退"。

疾病过程可因致病因素损伤作用的加强或抵抗力的下降，使机体的功能障碍和临床症状进一步加剧，称为疾病的"恶化"；若疾病症状在一定时间内暂时减弱或消失，称为"减轻"；若在某一些疾病过程中又伴发有另一种疾病，称为"并发症"，例如幼畜副伤寒时可以并发肺炎。此外，有些疾病在恢复后，经过一段时间又重新发生同样的疾病，称为"再发"或"复发"。

（2）疾病的转归 疾病的转归是疾病过程的结果，有完全痊愈、不完全痊愈或死亡等3种形式。

① 完全痊愈。完全痊愈是指病因作用消除，机体的功能、代谢障碍恢复，形态结构的损伤得到修复，机体各系统之间以及机体与外界环境之间的协调关系得到完全恢复，动物的生产性能和经济价值恢复。

② 不完全痊愈。不完全痊愈是指疾病的主要症状已经消失，致病因素对机体的损伤作用停止，但机体的功能、代谢和形态结构的损伤未完全恢复，往往遗留某些持久性的病理状态。对此，机体借助于代偿作用来维持正常的生命活动。如关节炎后造成关节肿大、变形；心内膜炎之后形成的心瓣膜闭锁不全或瓣口狭窄等。不完全痊愈的机体，当其功能负荷加重，或机体状态发生改变时，可因代偿功能失调而致疾病再现。

③ 死亡。死亡是生命活动的停止，完整机体的解体。死亡也有一个发展过程，通常分为以下3个时期。

a. 濒死期。此时机体各系统的功能发生严重障碍和失调，中枢神经系统处于高度抑制状态，表现反射迟钝、感觉消失、心动微弱、呼吸时断时续或出现周期性呼吸、括约肌松弛、失禁、体温下降等。

b. 临床死亡期。此期主要标志为呼吸与心跳完全停止、反射消失、中枢神经处于高度抑制状态，但各种组织内仍然进行着微弱的代谢过程。

濒死期和临床死亡期内，由于重要组织的代谢过程尚未停止，此时对有些急死动物（如触电或溺水致死），若采取急救措施，便有复活的可能，又称此期为死亡的可逆时期。

c. 生物学死亡期。此时从大脑皮层到整个神经系统，以及各重要器官的新陈代谢都相继停止，并出现不可逆的变化，整个机体已不能再度复活，并且随后出现尸冷、尸僵、尸斑及尸腐等死后变化。

## 二、疾病发生的原因

任何疾病的发生都有其相应的原因，引起疾病的原因有多种多样，大致可分为外因和内因两方面。对于大多数疾病来说，存在对疾病起促进作用的条件（如自然条件和社会条件等），即诱因。

### 1. 外界致病因素

（1）生物性致病因素 生物性致病因素是最常见、最重要的致病因素，它包括各种病原微生物（如细菌、病毒、霉形体、立克次体、螺旋体、真菌等）和寄生虫（如原虫、蠕虫等），它们可引发畜禽出现各种传染病、寄生虫病、真菌病、中毒性疾病及肿瘤等。生物性因素的致病作用具有如下特点。

① 有一定的选择性。主要表现在对感染动物的种属、侵入门户、感染途径和作用部位

等有一定的选择性。如猪瘟病毒只对猪有致病作用,破伤风梭菌只通过皮肤与黏膜创伤感染引发疾病,猪霉形体性肺炎的病原体主要侵害肺脏等。

② 有一定的特异性。有相对恒定的潜伏期,比较规律的病程,一定的器官病理变化和临床症状,以及特异性免疫反应等。

③ 有一定的持续性和传染性。当生物性致病因素侵入机体后,一般会在整个病程中不断繁殖,增强毒力,持续发挥致病作用。有些病原体还可随渗出物、分泌物和排泄物排出,具有传染性。

④ 侵入机体内生长繁殖并产生毒素。如外毒素、内毒素、溶血素、杀白细胞素、溶纤维蛋白素、分解蛋白的酶等,对机体可产生致病作用以及变态反应等。寄生虫的致病作用,除产生毒素外,还与机械性损伤和夺取机体营养有关。

⑤ 机体的反应性及抵抗力起着极重要的作用。生物性因素致病过程中,当机体防御功能健全、抵抗力强时,虽然体内带有病原微生物,也不一定发病。相反,若机体抵抗力降低,则正常存在于体内不显致病作用或毒性不强的微生物也可引发疾病。

(2) 化学性致病因素 化学性致病因素是指对动物机体有致病作用的化学物质,主要包括强酸、强碱、重金属盐类、农药、植物毒、动物毒等。化学性致病因素也可来自体内,如体内各种病理性代谢产物、肠道内腐败分解产生的毒性物质等。在兽医临床实践中,常侵害畜禽的化学性致病因素多来自农药(如有机氯、有机汞、有机磷等)、饲料添加剂(如喹乙醇),以及由于饲料调制、利用不当而造成的中毒(如亚硝酸盐中毒、氢氰酸中毒等)。化学性致病因素对机体作用的特点如下。

① 蓄积作用。化学性致病因素进入机体后,只有当其蓄积到一定量时才起致病作用,且在疾病发生、发展过程中一直起作用,直至被分解毒或排出。

② 选择作用。有些化学物质对机体的毒害具有一定的选择性,据此可将化学毒物分为:肝脏毒(如四氯化碳、有机氯等)、血液毒(如亚硝酸盐、棉酚等)、神经毒(如有机磷、有机氯等)、原浆毒(如砷、氢氰酸等)。

化学性致病因素的作用结果不仅取决于化学物质的性质、结构、剂量和溶解性,还取决于作用部位和机体状态。化学性致病因素能损伤机体,也能被机体中和、分解和排出,在排泄过程中有时会使排泄系统受损。

(3) 物理性致病因素

① 温度

a. 高温。对局部作用可引起烧伤或烫伤,对全身作用可引起热射病与日射病。热射病发生于处在炎热而潮湿条件下的动物,由于环境温度过高,散热出现障碍,使体温上升。日射病是由于烈日长时间照射头部,使中枢神经系统受到过热的刺激,脑部血管扩张充血或出血,使体温上升。

b. 低温。对局部作用可造成冻伤,对全身作用能诱发感冒、肺炎、肠炎等疾病。

② 光和放射能

a. 光能。阳光对动物的生长是必需的,一般没有致病作用。但当动物体内存在特殊的光感应物质(如卟啉、荧光素、叶绿素)时,就会对普通光线产生感应性增强的现象,发生感光过敏症。例如动物吃了荞麦等蓼科植物或三叶草植物,又在日光下曝晒,就会发生光过敏症。它的特征是使体表无色素的部分发生炎症,出现疹块或坏死。

b. 紫外线(波长为 $0.1 \sim 0.4 \mu m$)。适量照射对机体有利,长期和过度地照射可引起局部烧伤或坏死。

c. 放射能。X射线和镭射线的波长比紫外线短,能穿透深层组织产生致病作用。适当剂量照射对机体是有利的，临床上常用以治疗恶性肿瘤。大剂量或小剂量反复照射可引发皮肤炎症、脱毛、贫血、肿瘤等疾病。

③ 电流。电流对机体的作用效果决定于电流的强度、持续时间、性质（直流或交流）、作用器官和组织的抵抗力，以及动物种类与个体反应性等。电流的损害作用如下。

a. 通过电热作用，电能转为热能可引起组织烧伤。

b. 通过电解作用，可使组织的化学成分发生分解，组织细胞受到损伤。

c. 通过电的机械作用，电能转为机械能，可引起组织的机械性损伤。

④ 机械性因素。机械性因素主要指机械力的作用，一般情况下机械力多来自机体外部，例如各种不同性质的外伤（挫伤、扭伤、骨折、脱位等）。机体内部出现肿瘤、脓肿、结石及异物等，使组织器官发生机械性压迫或机械性损伤而引发疾病。

物理性致病因素的共同特点如下。

a. 一般只在疾病开始时起作用，不参与以后的疾病发展过程。

b. 除光能外，一般没有潜伏期，或最多只有几小时的潜伏期。

c. 作用结果都会产生明显的组织损伤。

（4）营养性致病因素　当动物饲养管理不当，特别是饲料中各种营养物质（如蛋白质、脂肪、糖类、维生素、矿物质）供应不均衡（过剩或不足），畜禽的营养不能得到合理的补充和调剂时，可引起疾病的发生，带来不良后果。如鸡饲料中蛋白质过多可引起痛风症；牛食入过多的精料引起急性瘤胃臌气；雏鸡日粮中缺乏维生素 E 或微量元素硒，引起雏鸡脑软化、渗出性素质或白肌病，维生素 $B_1$ 缺乏可发生多发性神经炎；饲料质量不好时，动物常出现贫血、消瘦、营养不良性水肿。

以上各类外界致病因素对畜禽机体的作用，不仅致病形式各不相同，而且还可引起动物发生应激反应。

**2. 疾病的内因**

引起疾病发生的内因，一般是指机体的防御功能降低、机体的遗传性和反应性异常等，可直接引起或促进疾病的发生。

（1）机体的防御免疫功能降低

① 屏障结构破坏及功能障碍。健康动物的皮肤、黏膜有机械性阻止病原微生物侵入机体内的作用。如皮肤角质层不断脱落更新，有助于清除皮肤表面的微生物；皮脂腺及汗腺分泌的酸性物质有抑菌与杀菌作用；黏膜分泌的黏液及其酶类，有稀释和杀灭病原微生物的功能；淋巴结可将进入体内的病原微生物和某些异物加以滞留，防止其扩散蔓延；由脑软膜、脉络膜、室管膜及脑血管内皮所组成的血脑屏障，能阻止某些细菌、毒素以及大分子有害物质进入脑组织内；孕畜的胎盘屏障可阻止母体内某些细菌、有害物质等通过绒毛膜进入胎儿血液循环，对胎儿起保护作用。当上述各种屏障结构与功能受到破坏时，机体就容易发生感染，病原微生物容易在体内扩散蔓延。

② 吞噬和杀灭功能降低。广泛存在于机体各器官组织中的单核巨噬细胞系统，是机体内具有较强吞噬与防御能力的细胞系统。它们能吞噬侵入机体内的病菌、异物颗粒及衰老的细胞，并以胞质内的溶酶体所含的各种水解酶，将吞噬物破坏、溶解、消化。此外，血液中的嗜中性粒细胞也能吞噬细菌、细胞碎片以及抗原抗体复合物等，并以其胞质内溶酶体中的各种水解酶、过氧化物酶、溶菌酶将吞噬物破坏、溶解、消化。嗜酸性粒细胞能吞噬抗原抗体复合物，并通过溶酶体酶（过氧化物酶、酸性磷酸酶）的消化、分解作用，削弱其有害作用。还有胃液、唾液、泪液以及血清中含有的能破坏与杀灭病原微生物的物质等。当机体的这些吞噬和杀菌功能被削弱时，就容易发生某些感染性疾病。

③ 解毒功能障碍。肝脏是机体的主要解毒器官。从肠道吸收来的各种毒性物质，随血液运转到肝脏，在肝细胞内通过氧化、还原、甲基化、乙酰化、脱氨基以及形成硫酸酯或葡萄糖醛酸酯等方式被分解、转化或结合成为无毒物质而排出体外。肾脏也可借脱氨基、结合等方式解毒某些毒物。因此，在肝、肾受损或功能被破坏，其解毒功能出现障碍时，机体便会发生中毒性疾病。

④ 排除功能减退。呕吐、腹泻，呼吸道黏膜上皮的纤毛运动，咳嗽，喷嚏，肾脏的泌尿等，都可将各种有害物质排出体外。若机体的这些排除过程受阻，则体内的有害物质不能被及时排出，以致发生相应的疾病。

⑤ 特异性免疫反应异常。特异性免疫反应，包括细胞免疫和体液免疫。在特异性抗原刺激下，以 T 细胞活动为主，产生致敏淋巴细胞的免疫反应，称为细胞免疫；以 B 细胞活动为主，产生特异性抗体的免疫反应，称为体液免疫。当这两种免疫功能降低时，机体容易发生病毒、真菌和某些细胞内寄生菌的感染，还易发生恶性肿瘤。

（2）机体的反应性改变　机体的反应性是指机体对各种刺激产生反应的特性。它对疾病的发生及其表现形式有重要影响。机体反应性不同，对外界致病因素的感受性和抵抗力也不同。

① 种属反应性。不同种属的动物，对同一致病因素的反应性常不一样。如马不感染牛瘟病毒，牛不感染马鼻疽杆菌，雏鸭对黄曲霉毒素很敏感，羊对黄曲霉毒素则敏感性较低等。

② 个体反应性。不同个体由于营养状况、抵抗力等的不同，对外界致病因素的反应性也不一样。如同一畜群发生某种传染病时，有的病重，有的病轻，有的死亡，有的体内带菌或带毒而不呈现临床症状。

③ 年龄反应性。幼龄动物的防御屏障及免疫功能均未发育完善，容易患消化道和呼吸道疾病，并且病情比较严重。成年动物的各方面功能发育完善，抵抗力较强。如成年鸡对马立克病病毒感染的抵抗力比 1 日龄雏鸡大 1000～10000 倍。老龄动物因各种功能逐渐衰退，免疫力降低容易患病，一旦感染往往病情较重，受损组织也不易修复。

④ 性别反应性。因性别不同，某些组织器官结构不一样，内分泌激素也有差异，对同一致病因素的反应也有不同表现。如畜禽白血病的发病率，雌性高于雄性。

总之，机体反应性不同，抗病力就不一样。机体反应性改变，可能促使疾病发生、发展，也可能阻止疾病的发生、发展。例如，机体致敏后再接触同一致敏原时，容易发生过敏性休克，甚至死亡。然而人们却又利用免疫接种方法改变机体的反应性，阻止疾病的发生。

**3. 疾病发生的条件**

条件性因素虽然不会直接引起机体发病，但可影响外界致病因素的致病作用，影响机体的功能状态和抵抗力，从而在疾病发生上起着促进或阻抑作用。条件性因素包括自然条件和社会条件。

（1）自然条件　自然条件是指地理环境、季节、气候等因素。这些因素对疾病的发生、发展有明显的影响。例如低洼、潮湿、通风不良的厩舍容易使畜禽发生疫病和某些寄生虫病；冬季因气候寒冷，机体抵抗力下降，易发生呼吸系统疾病。工业发达的地区，"三废"对自然环境的污染较为突出，对人、畜健康构成威胁，是一个需要高度重视并亟待解决的问题。

（2）社会条件　社会条件通常是指社会制度、经济状况、科学水平等方面的因素。新中国成立前，科学技术落后，因而对疫病无法预防和控制。新中国成立后，国家颁布了疫病防制条例及检疫规程，扭转了畜禽疫病流行的局面，而且研制了各种疫苗，有的达到了世界先进水平，对畜禽疫病的控制起到了关键作用，使我国畜牧业得到了空前的蓬勃发展。

**4. 疾病内、外因的辩证关系**

对于疾病的发生，外因是重要的，没有外因的作用，许多疾病就不会发生。但是，在外因作用下是否会引起发病，往往决定于机体的内部因素。如病原微生物的侵入能引起疫病的发生，但当机体抵抗力强或处于某种免疫状态时，侵入体内的病原微生物就有可能被消灭，从而阻止疫病的发生。所以，疾病的发生往往是外因与内因综合作用的结果。但具体到某一种疾病来讲，外因与内因哪个起主导作用就不可一概而论，如遗传与过敏性疾病的发生，是内因起主导作用；机械力所致的创伤，则是外因起决定作用。因此，对于外因与内因在发病中的作用，应视不同疾病具体分析。

## 三、疾病发生发展的基本规律

**1. 疾病发生发展的一般机制**

各种外界致病因素通过不同媒介作用于机体后，产生各自的致病作用。它们有的只是在疾病之初起致病作用，当其造成机体损害后即失去作用（如机械性创伤、高温所致的烧伤等）；有的致病因素则在整个疾病过程中都起致病作用（如螨病），只要这些致病因素存在，就会持续不断地对机体造成损害，一旦致病因素被消除，机体则很快恢复健康；也有的致病因素在侵入机体后，不一定立即发挥致病作用，而是先与机体的防御适应功能作一番斗争，不断增强其致病能力，到了一定时间才能发挥致病作用，而且当疾病发生后还不断地对机体产生损害，直至其被机体抗损伤作用或外界给予的药物抑制或消灭才失去其致病作用（如各种传染病等）。致病因素引起疾病的基本机制，可概括为以下几个方面。

（1）组织机制　有些致病因素在侵入机体后会直接作用于组织、细胞，或者选择性地作用于某一组织或器官，引起相应的疾病或病理变化，称为组织机制。如高温引起的烧伤、低温引起的冻伤、锐器所致的刺伤等均属直接作用；而 CO 在侵入机体后，会直接与血红蛋白结合，使血红蛋白失去携氧能力，致使机体缺氧，则属选择作用。

（2）体液机制　体液是维持机体正常生命活动的内环境。致病因素或病理产物引起体液的量或质变化，从而破坏机体内环境的稳定，导致发生相应的疾病或病理过程，称为体液机制。如体液量的增减，电解质浓度与比例的改变，pH 值与渗透压的改变，$O_2$、$CO_2$ 和各种营养物质的改变，各种激素含量及其比例的变化，凝血因子的激活和消耗，神经递质和某些生物活性物质的增多，代谢产物的积聚，抗原抗体复合物的出现等，都可引起相应的病理变化。再如严重的腹泻，使肠液大量丢失，就可能引起机体脱水与酸中毒；大量失血后，可引发贫血和低容量性休克；血浆蛋白含量的明显减少，可引起血浆胶体渗透压下降，从而出现营养不良性水肿。

（3）神经机制　致病因素和病理产物作用于神经系统的不同部位，引起神经系统功能改变，而发生相应的疾病或病理过程，称为神经机制。在疾病的发生、发展过程中，神经机制可分为神经反射作用和中枢神经直接作用。

① 神经反射作用。指致病因素作用于机体内、外感受器，通过神经反射活动的改变引起相应疾病或病理变化的作用。例如，刺激性强的气体可引起反射性呼吸暂停；动物饲料中毒时，出现反射性呕吐与腹泻；腹壁的突然性钝击伤，可反射性地引起心跳停止甚至死亡；动物缺氧时，由于血中氧分压下降，刺激颈动脉体化学感受器，反射性地引起呼吸加深、加快等。

② 中枢神经直接作用。指致病因素直接作用于中枢神经，引起中枢神经调节功能改变，导致相应疾病或病理变化的作用。如中枢神经的外伤、感染（如脑炎、狂犬病等）、缺氧等，

都伴有许多器官系统的病理反应。

上述三种机制之间有着密切的联系。当致病因素作用于组织时，亦作用于组织中的神经系统，引起神经的反射性活动改变；当病因引起组织损伤时，其病理产物进入体液，又可引起相应的病理变化。所以，神经、体液和组织三种机制均同时存在或先后相继发生作用并互相影响。

**2. 致病因素在体内的蔓延途径**

当外界致病因素的强度过大或数量过多，或机体的抵抗力被削弱时，致病因素就能突破机体的内、外屏障，并按以下三种途径在体内扩散。

（1）组织扩散　指致病因素从侵入部位沿组织逐渐扩散。此种扩散一般较慢，如鼻黏膜的炎症扩散到气管和支气管，胃黏膜的炎症扩散到肠黏膜等。

（2）体液扩散　指致病刺激物随血液或淋巴液扩散。前者称血源性扩散，常引起菌血症、病毒血症、毒血症和败血症；后者为淋巴源性扩散，常引起淋巴管炎和淋巴结炎。此类扩散一般速度较快，危险性也较大，常使病变全身化。肿瘤细胞的转移可通过淋巴源性扩散，如癌和肉瘤的扩散。

（3）神经扩散　可分刺激物扩散、刺激扩散两种。刺激物沿神经干内的淋巴间隙扩散，称为刺激物扩散，如狂犬病病毒和破伤风毒素即属于该种扩散方式。刺激物作用于神经引起冲动，传至相应的中枢神经，再通过传出神经将冲动传出，引起相应器官的功能改变，此种通过反射途径扩散的方式称为刺激扩散。

上述三种扩散方式，在疾病的发生、发展过程中常常是交互或同时进行的。

**3. 疾病过程的因果转化与主导环节**

因果转化规律是疾病发生、发展过程中的基本规律之一，是矛盾对立统一规律的一种表现形式。疾病的发生和发展、恶化与好转都按因果转化规律进行。

疾病过程中的因果转化规律，就是指原始病因作用于机体后，引起一定的病理变化，而这一结果又成为新的病因，可引起新的变化即新的结果，这就是疾病的因果转化。如此，原因与结果交替发展，形成一个螺旋式的发展过程。在此过程中，每一个环节既是前一种现象的结果，又是后一种现象的原因。在不同的疾病或同一种疾病的不同发展阶段，因果转化既可向坏的方向发展，最后形成"恶性循环"而造成死亡，也可向好的方向发展，形成"良性循环"，最后恢复健康。

例如，动物感冒时，寒冷是原始病"因"，能引起使上呼吸道黏膜抵抗力降低的"果"。上呼吸道黏膜抵抗力降低这个"果"，又可成为上呼吸道常在微生物乘虚发育繁殖并损伤黏膜的"因"，进而又引起上呼吸道黏膜发炎的"果"。黏膜发炎又可作为"因"，造成黏膜充血肿胀、感觉过敏、分泌增强和体温升高的"果"。如此因果交替，形成螺旋式的因果交替发展过程。在这个螺旋式发展的因果转化链上，各个环节所起的作用也是不同的，其中有些环节是主要的，有些环节则是次要的。其中的主要环节能影响疾病的全过程，所以称为"主导环节"。如感冒病程中的上呼吸道黏膜炎症和体温升高这两个环节，就起着影响感冒疾病全过程的作用。在临床上，只有根据疾病发展的因果交替规律，找出疾病过程中的主导环节，提出有效的治疗措施，才能促使疾病向好的方向转化，使机体恢复健康。

**【分析讨论】**

讨论1　在同一个养殖区的疫病流行过程中，猪发病而鸡不发病，并且在发病猪群中有的发病，有的不发病，从病因学角度分析其原因所在？

讨论2　何为疾病的因果转化？掌握疾病的因果转化有何意义？

**实习实训**

# 动物体屏障功能的实验与观察

**【实训目标】**

1. 了解疾病的发生原因。

2. 观察机体单核巨噬细胞系统的吞噬屏障功能。

**【实训器材】**

1. 实验动物　白色家兔1只。

2. 实验器材　兔固定器1个，外科剪1把，有齿镊子2把，麻醉口罩1个，三环台（附石棉网）1个，显微镜若干，托盘秤1台，手术刀1把，注射针头4个，20ml注射器1支。

3. 实验药品　酒精棉球若干、乙醚1瓶、10%碳素墨水1瓶。

**【实训内容】**

1. 将家兔放置在托盘秤上称重，然后固定在兔固定器内，观察记录其眼结膜及口鼻黏膜的颜色后，在兔耳背部的一侧剪毛，并用酒精棉球消毒。

2. 按兔体重计算10%碳素墨水所需剂量（10ml/kg体重）。

3. 取注射器，按量吸取过滤并加温至37℃的碳素墨水，然后由耳静脉消毒部位缓慢注射。观察并记录注射后家兔眼结膜和口鼻黏膜的变化。

4. 待家兔可视黏膜颜色恢复正常后，可按上述方法重复1次，并同样记录家兔可视黏膜的变化。

5. 将可视黏膜颜色恢复正常的家兔仰卧固定在兔固定器上进行乙醚吸入麻醉，而后剖开腹腔，注意观察家兔肝脏及脾脏的变化。

6. 取已经制备好的家兔脾脏及肝脏组织切片，在显微镜下观察，注意网状细胞及肝脏星状细胞的变化。

**【实训考核】**

1. 注射碳素墨水后家兔可视黏膜有哪些变化？其病理学意义是什么？

2. 剖检时，家兔肝脏及脾脏呈现什么颜色？为什么？

## 【目标检测】

1. 什么是疾病？动物疾病具有哪些特征？

2. 疾病的发生既有内因也有外因，二者的辩证关系如何？

3. 根据疾病的发生原因不同可将疾病分为哪几种类型？

4. 疾病过程可分为哪几个发展阶段？疾病的转归有哪几种？影响疾病转归的主要矛盾是什么？

5. 结合本项目学习，请描述预防动物疾病发生应采取的措施。

（陈宏智）

# 项目二  局部血液循环障碍的认识与观察

【学习目标】

【学习目标】
1. 理解并掌握各种局部血液循环障碍的基本概念。
2. 了解各种局部血液循环障碍的发生原因、分类及其对机体的影响。
3. 认识并掌握各种局部血液循环障碍的病理变化特征。

【课前准备】
1. 预习本项目学习内容，明确学习目标与任务。
2. 回顾健康动物的血液组成和血液循环系统的构造与生理功能。

【学习内容】
　　血液循环是指血液在心脏、血管内不断流动的过程。血液循环的正常进行有赖于正常的心脏、血管的形态和功能、血液含量与血液性质。如这些条件发生改变，就会导致血液循环异常并引起一系列的病理变化，称为血液循环障碍。

　　血液循环障碍有全身性和局部性两种。全身性血液循环障碍是由于心脏和大血管的疾病，或全身性血量及血液性质改变所引起的波及全身各部位的血液循环障碍；局部血液循环障碍则是由于局部组织或器官的血管结构或血量及血液性质的改变所引起的仅限于局部的血液循环障碍。本章主要介绍局部血液循环障碍。

　　局部血液循环障碍的表现形式多种多样，有的表现为血量和血流速度的改变（如充血、淤血等），有的表现为血液性质的改变（如血栓形成、栓塞、梗死等），还有的表现为血管壁完整性的破坏（如出血等）。

## 一、充血

　　局部组织或器官的血管内血液含量增多，称为充血。它主要是局部微循环血管扩张、充满血液的结果。按其发生原因及机制的不同，可分为动脉性充血及静脉性充血两大类（图 2-1）。

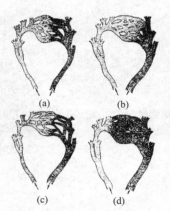

图 2-1　血流状态模式图
(a) 正常；(b) 动脉性充血；
(c) 贫血；(d) 静脉性充血

### 1. 动脉性充血

　　动脉性充血是指在致病因素的作用下，局部组织或器官的小动脉及毛细血管扩张，输入过多动脉性血液的现象，简称充血。

　　(1) 原因与类型　动脉性充血可分为生理性充血和病理性充血两类。

　　① 生理性充血。在生理情况下，当某器官组织功能活动增强，血液循环加快，血流量增多时，就会引起相应组织器官出现生理性充血。例如，采食后胃肠道黏膜的充血，运动时肌肉的充血，妊娠时子宫的充血，都属于生理性充血。

　　② 病理性充血。各种致病因素作用于局部组织或器官

所引起的充血，称为病理性充血。根据其发生原因不同，可将其分为以下几种。

a. 神经性充血。是由于各种致病因素作用于局部神经感受器，通过神经的反射引起的一种充血。具体过程是致病因素作用于局部神经感受器，反射性引起舒血管神经兴奋性升高，缩血管神经兴奋性减弱，使小动脉和毛细血管扩张，引起充血。如炎症初期或炎区周围的炎性充血即属于神经性充血。

b. 侧支性充血。某一动脉由于血栓形成、栓塞或肿瘤压迫等原因，使动脉管腔狭窄或阻塞，周围动脉吻合支（侧支）为了恢复血液供应，发生反射性扩张充血，借以建立侧支循环，使缺血组织得到血液供应，称为侧支性充血（图2-2）。

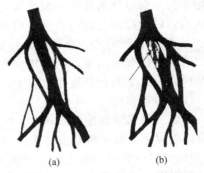

图2-2　侧支性充血模式图
(a) 正常动脉血管及侧支；(b) 动脉血管阻塞，阻塞上方及周围侧支动脉扩张充血

c. 减压后充血。动物机体某部位因血管长期受压引起局部组织缺血，当压力突然解除后，原受压组织内的小动脉和毛细血管反射性扩张充血，称为减压后充血或贫血后充血。如牛瘤胃臌气或腹腔积液时，压迫腹腔内脏器官造成缺血，而后施行瘤胃放气和腹腔穿刺放水，若放气、放水过速，腹腔内压力迅速降低，腹腔脏器由缺血转为充血。此时大量血液积聚在腹腔脏器血管内，造成腹腔以外器官的有效循环血量急剧减少，血压下降，严重时引起脑贫血甚至死亡。故施行瘤胃放气或排除腹腔积液时应特别注意防止过速。

（2）病理变化

眼观　充血的组织器官由于局部动脉血液流入增多，血液供氧丰富，组织代谢旺盛，故会出现局部温度升高、颜色鲜红、体积轻度增大、功能增强（如黏膜腺体分泌增多）等现象。

镜检　小动脉和毛细血管扩张、充满红细胞，平时处于闭锁状态的毛细血管开放，毛细血管数增多。由于充血多半是炎性充血，故常见有炎性渗出、出血、实质细胞变性或坏死以及炎性细胞浸润等病理变化。

（3）结果　充血是机体对致病性损伤进行的防御性、适应性反应之一。充血时由于血流量增加和血流速度加快，给局部组织带来大量氧气、营养物质、白细胞和抗体，具有抗损伤作用。同时又可将局部的病理产物和致病因子及时排除，对消除病因和修复组织损伤均有积极作用。临床上常采用红外线照射、热敷和涂擦刺激药剂等人为造成充血的方法来治疗某些疾病。充血一般是暂时的，病因消除后即可恢复。若病因作用较强或持续时间较长而引起持续性充血，可造成血管壁的紧张度下降或丧失，血流逐渐缓慢，进而发生淤血、水肿和出血等变化。充血有时也会造成严重的后果，如发生日射病时，脑部严重充血，甚至因脑血管破裂而死亡。

**2. 静脉性充血**

因静脉血液回流受阻，使血液在小静脉及毛细血管内淤积，局部组织器官静脉血量增多的现象，称为静脉性充血，简称淤血。这是一种常见的病理变化，可分为全身性和局部性两种。

（1）原因与类型　全身性淤血多见于心脏、胸膜及肺脏的疾病，使静脉血液回流受阻而发生全身性淤血。局部性淤血见于下述情况。

① 静脉受压。静脉受到压迫使静脉管腔狭窄或闭塞血液回流受阻，导致相应部位的器官和组织发生静脉性淤血。例如，肿瘤、肿大的淋巴结、寄生虫包囊等对局部静脉的压迫，

妊娠子宫对髂静脉的压迫，绷带包扎过紧对肢体静脉的压迫，肠扭转和肠套叠对肠系膜静脉的压迫，以及肝硬变时门静脉受增生结缔组织的压迫等，均可引起相应器官、组织淤血。

②静脉管腔阻塞。静脉内血栓形成、栓塞或因静脉内膜炎使血管壁增厚等，均可造成静脉的管腔狭窄或阻塞，引起相应器官、组织淤血。但由于静脉分支较多，只有当静脉管腔阻塞而血流又不能充分地通过侧支回流时，才会发生淤血。

（2）病理变化

眼观 局部淤血的组织器官，因静脉血液回流受阻，血量增多而表现为局部肿胀。同时因血流缓慢，血液中氧合血红蛋白减少，还原血红蛋白增多，使局部组织呈暗红色或蓝紫色（在动物的可视黏膜与被毛较少或缺乏色素的皮肤上特别明显，这种症状称为"发绀"），淤血局部组织由于动脉血液灌流量的减少，导致组织缺氧，代谢降低，产热减少，尤其是在容易散热的体表淤血区出现温度下降。若淤血持续发展，则静脉压力升高与局部代谢产物蓄积，血管壁的通透性也随之升高，血浆渗出增多而继发水肿与出血（淤血性水肿与出血）；器官因淤血、缺氧而发生坏死后，可继发结缔组织增生并最终导致器官硬化，称为淤血性硬化。

镜检 淤血组织的小静脉及毛细血管扩张充满红细胞，小血管周围的间隙及结缔组织内积聚水肿液，淤血时间较长的组织有时可见出血。如果淤血持续时间过长，淤血组织器官的实质细胞会出现萎缩、变性、甚至坏死，间质结缔组织可发生增生。

（3）常见的器官淤血特征 机体各器官的淤血，既有上述共有的表现，又有各自的特点。现以肺、肝淤血的病理变化为例说明如下。

①肺淤血。主要由于左心功能不全，血液淤积在左心房，阻碍肺静脉血液回流左心房，从而引起肺淤血。

眼观 急性肺淤血时，肺胸膜呈蓝紫色，体积膨大，质地稍变韧，重量增加，被膜紧张而光滑，取小块淤血肺组织置于水中，呈半沉半浮状态。肺切面上流出大量混有泡沫的血样液体。

镜检 肺内小静脉及肺泡壁毛细血管扩张，充满大量红细胞；肺泡腔内出现淡红色的水肿液和数量不等的红细胞及巨噬细胞。这种巨噬细胞的胞质内常吞噬有含铁血黄素颗粒，称为"心衰细胞"（图2-3）。当含铁血黄素形成较多时，肺组织亦呈棕色。淤血肺组织因缺氧长期营养不良，时间较久，肺间质结缔组织增生及网状纤维胶原化，肺质地变硬，称为肺的"褐色硬化"。

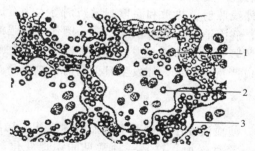

图2-3 慢性肺淤血模式图
1—心衰细胞；2—渗出的红细胞；3—肺泡壁毛细血管扩张淤血

②肝淤血。右心功能不全时，肝静脉与后腔静脉回流障碍，可引起肝淤血的发生。

眼观 肝体积肿大，被膜紧张，边缘钝圆，重量增加，呈紫红色，质地较实。切面流出多量暗红色凝固不良的血液。淤血较久时，由于淤血的肝组织伴发脂肪变性，肝切面上形成暗红色淤血区和土黄色脂变区相间的花纹，故有"槟榔肝"之称。

  **镜检** 肝小叶中心部的窦状隙及中央静脉扩张，充满红细胞。病程稍久，肝小叶中心部肝细胞因受压迫而发生萎缩或消失，周边肝细胞因缺氧而发生脂肪变性。如肝淤血较久，肝细胞萎缩消失，间质表现结缔组织增生（图 2-4）。

  （4）结果 短暂的淤血在病因消除后可迅速恢复正常的血液循环。如果淤血持续时间过长，侧支循环又不能很好建立时，淤血局部除水肿与出血外，还出现血栓形成，局部组织得不到足够的氧和营养物质供应，代谢中间产物蓄积，淤血组织或器官的

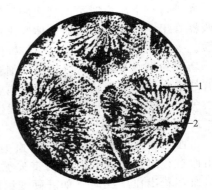

图 2-4 肝结缔组织增生
1—肝窦状隙；2—中央静脉

代谢及功能下降，实质细胞萎缩、变性、坏死，间质结缔组织增生，组织或器官硬化等。淤血的组织抵抗力降低，损伤不易修复，容易继发感染发炎。

## 二、出血

  血液逸出血液循环系统（心脏、血管）管腔之外，称为出血。逸出的血液进入器官、组织或体腔，称为内出血；流出体外称为外出血。内出血可发生于机体的任何部位，出血灶大小不一，若出血较多，局部形成肿块称"血肿"。发生于皮肤、黏膜和浆膜小而广泛的出血点称"淤点"，较大的出血斑称为瘀斑。若血液积聚于体腔内称为"体腔积血"。

  **1. 原因与类型**

  按照血管损伤的程度不同，可将出血分为破裂性出血和渗出性出血两种。

  （1）破裂性出血 破裂性出血通常发生于心脏和较大的血管，一般出血量较多。破裂性出血可由心脏和血管本身病变引起，如心肌梗死、动脉瘤、血管瘤和静脉曲张等。也可由局部组织病变（如溃疡、结核性空洞和肿瘤等侵蚀破坏血管壁）而引起。此外血管创伤亦是出血的常见原因。

  （2）渗出性出血 因毛细血管和微静脉、微动脉通透性增强，血液经扩大的内皮细胞间隙和受损的基底膜渗出到血管外，称为渗出性出血。此种出血的发生原因如下。

  ① 血管损害。发生于缺氧、中毒、败血症、变态反应、维生素 C 缺乏，以及静脉压升高等情况，这些因素均可造成毛细血管的损害，使毛细血管壁的通透性增强，引起渗出性出血。

  ② 血小板减少或血小板功能障碍。当血小板减少到一定数量时会发生渗出性出血。这种出血多发生于再生障碍性贫血、白血病等血小板生成减少，或原发性血小板减少、脾功能亢进、药物或细菌毒素作用和弥散性血管内凝血等血小板被破坏或消耗过多的情况下。血小板先天性功能障碍、血小板黏附和黏集能力缺陷，也是造成渗出性出血的原因。

  ③ 凝血因子缺乏。可为先天性的（如凝血因子Ⅷ、Ⅸ缺乏），或因肝脏病变造成合成的凝血酶原、纤维蛋白原、Ⅴ因子等减少，这些因素均可引起凝血障碍和出血倾向。

  **2. 病理变化**

  出血的病理变化决定于出血的种类和部位。动脉破裂性出血时，流出的血液呈鲜红色，血液流出的速度快，呈喷射状；静脉破裂性出血时，流出的血液呈暗红色，血液流出的速度较慢，呈线状或滴状；毛细血管破裂性出血和渗出性出血时，其出血量少，可在出血组织或器官内形成出血点或出血斑。

此外，皮下出血时可出现血肿，泌尿器官出血时可出现尿血，胃肠出血时可出现便血，呼吸器官出血时可出现咯血，体腔出血时可出现腔积血。有全身性出血倾向时，称为出血性素质。

新鲜的出血呈红色，以后随红细胞降解形成含铁血黄素而带棕黄色。镜检组织的血管外见有红细胞和巨噬细胞，巨噬细胞胞质内吞噬有红细胞或含铁血黄素，组织中亦见游离的含铁血黄素。较大的血肿吸收不全可发生机化或形成包囊。

**3. 对机体的影响**

出血对机体的影响取决于出血的类型、出血量、出血速度和出血部位。破裂性出血若出血过程迅速，在短时间内丧失循环血量达20%～25%时，可发生出血性休克。渗出性出血，若出血广泛时（如肝硬变因门静脉高压发生的广泛性胃肠道黏膜出血），亦可导致出血性休克。出血量虽然不多，但如果发生在重要器官，亦可引起严重的后果。如心脏破裂引起心包内积血，由于心包填塞，可导致急性心功能不全；脑出血尤其是脑干出血，因重要的神经中枢受压可致死亡。局部组织或器官的出血，可导致相应的功能障碍，慢性出血可引起贫血。

## 三、血栓形成

在活体的心脏和血管内，血液成分形成固体质块的过程，称为血栓形成。在此过程中形成的固体质块，称为血栓。与血凝块不同，血栓的形成包括血液成分凝集和血液凝固两个环节，并是在血液流动状态下形成的。

血液中存在着一套相互拮抗的凝血系统和抗凝血系统。在正常情况下，通过复杂而精细的调节，既可维持血液在血管内的液体流动状态，又能在血管破裂时迅速地在局部凝固形成止血塞，防止出血。若凝血和抗凝血过程中出现调节障碍，或凝血系统在心血管内被不适当地激活，就会引起血栓形成。血栓的形成涉及心血管内膜、血流状态和血液性质等三方面。

**1. 血栓形成的条件和机制**

（1）心血管内膜的损伤　正常情况下，心脏和血管内膜是平整光滑的。光滑的内膜可保证血流通畅，防止血小板在管壁上黏集。并且完整的血管内膜可产生一些具有抗凝作用的酶。所以，健康动物的心脏或血管内不会有血栓的形成。但在某些病理情况下，例如心脏和血管的内膜发炎，其内膜由于受炎症的侵蚀而发生损伤。此时，一方面血管内膜粗糙不平，防止血小板黏集的作用消失；另一方面因血管内膜变性、坏死脱落，抗凝作用消失，激活各种凝血因子，使血小板不断析出并在损伤的内膜上黏集，导致血栓形成。

（2）血流状态的改变　血流状态的改变主要指血流缓慢和血流不规则。在生理情况下，血液流动时血小板和其他血细胞都位于血流的中轴（称轴流），而血浆则位于血流的边缘（称边流），血小板与血管内膜之间隔着一层血浆带，故血小板不易与内膜接触和黏集。但在上述血管内膜损伤的情况下，血流状态会发生改变。如血流缓慢或呈漩涡状流动时，均可使血小板由轴流转入边流，并逐渐析出而黏集在损伤的内膜上，形成血栓。

（3）血液性质的改变　血液性质的改变主要指血液凝固性增强。因血栓形成过程包括血液凝固过程，所以血液凝固性增强可促进血栓形成。如出现各种外伤时，体内血液的凝固性增强（因外伤时外周血液中的血小板数量和血浆中的凝血酶原等凝血因子含量增多），所以易形成血栓。

血栓形成是上述三种因素共同作用的结果，单一因素是不会形成血栓的。例如，在静脉血管内血流缓慢，但如没有血管内膜的损伤和凝血因子的作用则不会形成血栓。同时，若只有血管内膜的损伤，而没有血流状态与血液性质的改变也不会形成血栓。

**2. 血栓形成过程与血栓形态**

（1）血栓形成过程　血栓形成主要包括血小板析出、黏集过程和纤维蛋白析出的血液凝固过程。其中内膜损伤和血小板析出黏集为血栓形成的起始点。在血栓形成初期，由于血管内膜的损伤和血流状态的改变，血小板不断由轴流转入边流，并逐渐析出黏集在损伤的内膜上形成血小板黏集堆，同时还有少量的白细胞和纤维蛋白也会析出黏集。这种以血小板为主要成分的黏集堆，称血小板血栓，它较牢固地粘连在血管壁上。因其呈灰白色常称为"白色血栓"，又因其为整个血栓形成的起始部，故又称为"血栓头部"。由于上述血栓头部突出于血管内腔，使血流产生漩涡，更促使血小板析出和黏集，而形成新的血小板黏集堆。如此反复地出现血小板黏集堆，并不断增大、增多，从而形成许多分支状或珊瑚状的血小板峰，称血小板小梁。与其同时，小梁间的血流逐渐变慢，且血小板不断崩解，释放出血小板凝血因子而使血浆中可溶性纤维蛋白原转变成不溶性纤维蛋白，并在小梁间形成网状结构而网罗血细胞，从而发生血液凝固。于是形成一种红、白相间的混合血栓，又称血栓体部。而后，随着血栓体部的不断增大，使局部血管阻塞，导致该部的血流停止。于是局部血液发生凝固而形成条索状红色血栓，又称血栓尾部（图 2-5）。

（2）血栓类型　无论是心脏还是动、静脉，其内部的血栓都是从内膜表面的血小板黏集堆开始的，随后的形成过程及其组成、形态和大小均取决于局部血流的速度和血栓发生的部位。血栓可分为以下几种类型。

① 白色血栓。白色血栓形成在血流较快的情况下，主要发生在心瓣膜上，多见于急性风湿性或亚急性感染性心内膜炎和慢性猪丹毒。白色血栓主要由血小板组成，随血小板不断黏集而逐渐增大。血栓呈灰白色、疣状或菜花状，质地硬实，与瓣膜或血管壁粘连。

② 混合血栓。混合血栓多发生于血流缓慢的静脉，往往以瓣膜囊（静脉瓣近心端）或内膜损伤处为起始点。血流经过该处时在其下游形成涡流，引起血小板黏集，构成静脉血栓的头部（白色血栓）。血流经过该突出的头部时，其下游又发生涡流，又使血小板析出和黏集，上述过程沿血流方向重复出现，逐渐形成分支状血小板小梁，其表面黏附很多的白细胞。在血小板小梁间血流若几乎停滞或发生凝固，可见红细胞被裹于网状纤维蛋白中。混合血栓呈灰白与红褐色相间的条纹状结构，质地粗糙，圆柱状，与血管壁粘连。

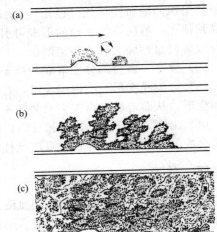

图 2-5　血栓形成过程示意图
(a) 血小板析出并黏着在损伤的血管壁上；
(b) 血小板黏集形成小梁，并有白细胞黏集；
(c) 小梁间形成网状的纤维蛋白，血液凝固

③ 红色血栓。主要见于静脉，随混合血栓逐渐增大最终阻塞管腔，使局部血流停止，血液发生凝固，构成静脉血栓的尾部。红色血栓呈红褐色，新鲜的红色血栓较湿润并有一定的弹性，与血凝块无异。经一定时间后，由于水分被吸收而失去弹性，变得干燥易碎，并容易脱落而造成血栓栓塞。

④ 透明血栓。多见于弥散性血管内凝血（dissaminated intravascular coagulation，DIC），血栓发生于全身微循环小血管内，只能在镜下见到，故又称微血栓。这种血栓主要由纤维蛋白构成，该纤维蛋白可被伊红染成亮红色，呈均质、无结构的团块状或网状。

**3. 血栓形成的结果**

（1）溶解、吸收　激活的凝血因子Ⅻ在启动凝血过程促使血栓形成的同时，也激活了纤维

蛋白溶酶系统（或称溶纤系统），具有降解纤维蛋白和溶解血栓的作用。若纤维蛋白溶酶系统活性较强，刚形成不久的新鲜血栓便能很快被溶解、吸收。血栓内嗜中性粒细胞释放的溶蛋白酶亦参与血栓的溶解。DIC 时形成的微血栓很小易被溶解，常在很短时间内从微循环中消失。

（2）机化与再通　若纤维蛋白溶酶系统活性不足，血栓存在较久则发生机化。由血管壁向血栓内长入新生的肉芽组织，逐渐取代血栓成分，通常较大的血栓完全机化需 2～4 周。在机化过程中，因血栓逐渐干燥收缩，其内部或与血管壁间形成裂隙，新生的内皮细胞长入并被覆其表面，形成迷路状的通道，血栓上下游的血流得以部分恢复，这种现象称为再通。

（3）钙化　长久的血栓未能充分机化，可发生钙盐沉积。发生在静脉内，有大量钙盐沉积的血栓，称为静脉石。

**4. 血栓形成对机体的影响**

血栓形成能对破裂血管起堵塞和止血作用。如胃、十二指肠溃疡和结核性空洞内的血管，有时在被病变侵袭破坏之前，管腔内已有血栓形成，避免了大量出血，这是对机体有利的一面。然而，多数情况下血栓会对机体造成不利的影响。

（1）阻塞血管　动、静脉血栓会阻塞血管，其后果取决于器官和组织内有无充分的侧支循环。在缺乏或不能建立有效侧支循环的情况下，动脉血栓形成会引起相应器官的动脉阻塞和所属组织的缺血性坏死（梗死）。如心、脑、肾、脾和下肢大动脉粥样硬化等的血栓形成常导致梗死。静脉系统血栓的形成可引起相应器官组织的淤血、水肿。如门静脉血栓形成，可导致脾淤血性肿大和胃肠道淤血。

（2）栓塞　血栓部分脱落成为栓子，随血流运行引起栓塞（详见"栓塞"）。

（3）心瓣膜变形　心内膜炎时，心瓣膜上较大的赘生物和赘生物机化，可引起瓣膜纤维化和变形，从而造成瓣口狭窄或关闭不全。

（4）出血　见于 DIC，微循环内广泛的血栓形成，消耗大量的凝血因子和血小板，从而造成血液的低凝状态，导致全身广泛性出血。

## 四、栓塞

循环血液中的异常不溶物质随血流运行并阻塞血管的病理过程，称为栓塞。引起栓塞的异常不溶物，称为栓子。其中最为多见的是血栓性栓子引起的栓塞，其次是脂肪滴、气体、组织团块（包括肿瘤组织）等栓子引起的栓塞。

**1. 栓子的运行途径**

栓子运行的途径与血流方向一致。左心和体循环动脉内的栓子最终栓塞于与栓子直径相当的动脉分支，体循环静脉和右心内的栓子栓塞肺动脉主干或其分支，肠系膜静脉或脾静脉的栓子栓塞肝内门静脉分支。有房间隔或室间隔缺损者，心腔内的栓子偶尔可由压力高的一侧通过缺损进入另一侧心腔，再随动脉血流栓塞相应的分支，这种栓塞称为交叉性栓塞。在罕见的情况下会发生逆行性栓塞，如后腔静脉内的栓子，在剧烈咳嗽、呕吐等胸、腹腔内压力骤增时，可能逆血流方向运行，栓塞后腔静脉所属分支（图 2-6）。

**2. 栓塞的类型**

（1）血栓性栓塞　由血栓引起的栓塞称为血栓性栓塞，是栓塞中最为常见的一种。

① 肺动脉栓塞。血栓栓子 90% 以上来自后肢深静脉，少数为盆腔静脉，偶尔来自右心。肺动脉栓塞的后果取决于栓子的大小、数量和心肺功能的状况。肺具有肺动脉和支气管动脉双重血液供应。一般情况下肺动脉小分支的栓塞不会引起明显的后果。若栓塞前已有左心衰竭和肺淤血，此时肺静脉压明显升高，单一支气管动脉不能克服其阻力而供血，因此造成局部肺组织缺血而发生出血性梗死。若栓子巨大，栓塞在肺动脉主干或其大分支内，或肺动脉

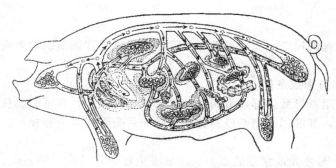

图 2-6　栓子运行示意图
空白代表动脉；黑点代表静脉；箭头代表栓子运行方向

分支有广泛的多数性栓塞时，则会造成严重后果，患畜会出现突发性呼吸困难、发绀、休克等表现，大多因呼吸-循环衰竭而死亡。肺动脉机械性阻塞，血栓刺激动脉内膜引起的神经反射和血栓释出的 TXA2 和 5-HT，导致肺动脉、支气管动脉和冠状动脉广泛痉挛和支气管痉挛，造成急性肺动脉高压和右心衰竭，同时肺缺血、缺氧和左心输出量下降，这些都是其致动物死亡的原因。

　　② 体循环动脉栓塞。栓子大多来自左心，常见有亚急性感染性心内膜炎时左心瓣膜上的赘生物，以及二尖瓣狭窄的左心房和心肌梗死时合并的附壁血栓。动脉栓塞的后果视栓塞部位动脉供血状况而定，在肾、脾、脑（大脑中、前动脉区域），因由终末动脉供血，缺乏侧支循环，动脉栓塞多造成局部梗死。肝脏有肝动脉和门静脉双重供血，故很少发生梗死。

　　（2）空气性栓塞　是一种由多量空气迅速进入血液循环或溶解于血液内的气体迅速游离形成气泡，阻塞血管所引起的栓塞。前者为空气栓塞，后者是在高气压环境急速转到低气压环境的减压过程中发生的气体栓塞，故又称为减压病。

　　空气栓塞多发生于静脉破裂后空气进入时，尤其在静脉内呈负压的部位，如头颈、胸壁和肺的创伤或手术时容易发生。分娩时，子宫的强烈收缩亦有可能将空气挤入破裂的静脉窦少量空气随血流进入肺组织后会溶解，而不引起严重后果。但偶尔有部分气泡经肺循环进入动脉而造成脑栓塞，从而引起抽搐和昏迷。若迅速进入静脉的气量超过 100ml，此时空气在右心聚集，因心脏跳动、空气和血液搅拌，形成可压缩的泡沫血，阻塞于右心和肺动脉出口，导致动物循环中断而猝死。

　　（3）组织性栓塞　是由组织碎片或细胞团块进入血流所引起的一种栓塞。如在组织外伤、组织坏死或肿瘤时，一些破碎的组织碎片可通过损伤组织中破裂的血管进入血流引起栓塞。肿瘤组织在引起栓塞的同时，还可以引起肿瘤的转移。

　　（4）脂肪性栓塞　长骨骨折、严重脂肪组织挫伤或脂肪肝挤压伤时，脂肪细胞破裂，游离出的脂肪滴经破裂的小静脉进入血流而引起脂肪栓塞。

　　脂肪栓塞的后果取决于脂肪滴的大小和量的多少，以及全身受累的程度。脂肪栓塞主要影响肺和神经系统。若进入肺内脂肪滴量多，广泛阻塞肺微血管，会引起肺淤血、水肿、出血或肺不张，或引起肺功能不全。直径小于 2mm 的脂肪滴可通过肺进入左心，到达全身各器官，引起栓塞和梗死。尤其在脑，会引起点状出血和梗死，或引起脑水肿，出现烦躁不安甚至昏迷等表现。

　　（5）其他栓塞　肿瘤细胞侵入血管造成远处器官肿瘤细胞的栓塞，可能形成转移瘤。寄生虫及其虫卵可栓塞肝内门静脉分支。

### 五、梗死

由血管阻塞引起的局部组织缺血性坏死称为梗死（器官或组织的血液供应减少或中断称为缺血）。

**1. 梗死的原因与形成条件**

任何引起血管阻塞导致局部血液循环中止和缺血的原因，均可引起梗死。由动脉阻塞引起的梗死较为多见，静脉回流中断或静脉和动脉先后受阻亦可引起梗死。

（1）原因

① 血栓形成。是梗死最常见的原因。主要发生在冠状动脉、脑、肾、脾和后肢大动脉。伴有血栓形成的动脉炎，如血栓闭塞性脉管炎，可引起后肢梗死。静脉内血栓形成一般只引起淤血、水肿，梗死偶见于肠系膜静脉主干血栓形成而无有效的侧支循环时。

② 动脉栓塞。是梗死常见的原因，大多为血栓栓塞，亦见于气体、脂肪栓塞等。在肾、脾和肺的梗死中，由血栓栓塞引起者远比血栓形成者常见。

③ 动脉痉挛。如在冠状动脉粥样硬化的基础上，冠状动脉可发生强烈和持续的痉挛而引起心肌梗死。

④ 血管受压闭塞。多见于静脉。肠疝、肠套叠、肠扭转时，先有肠系膜静脉受压、血液回流受阻、静脉压升高，肠系膜动脉亦会不同程度地受压，而使输入血量进一步减少和阻断，静脉和动脉先后受压造成梗死。动脉受肿瘤或其他机械性压迫而致管腔闭塞时，亦可引起相应器官或组织的梗死。

（2）梗死形成的条件　血管的阻塞是否造成梗死，主要取决于以下因素。

① 供血血管的类型。有双重血液供应的器官，其中一支动脉阻塞，另一支动脉可以维持供血，通常不易发生梗死。如肺有肺动脉和支气管动脉供血，肺动脉小分支的血栓栓塞不会引起梗死。肝梗死也很少见，因有肝动脉和门静脉双重供血，肝内门静脉阻塞一般不会发生肝梗死，但若肝动脉分支阻塞，如动脉血栓形成或血栓栓塞，偶尔会造成梗死。前肢有两支平行的桡和尺动脉供血且有丰富的吻合支，因此前肢极少发生梗死。肾和脾由终末动脉供血的器官、心脏和脑虽有一些侧支循环，但吻合支管腔狭小，一旦动脉血流被迅速阻断就很易造成梗死。

② 血流阻断发生的速度。缓慢发生的血流阻断，可为吻合支血管逐步扩张，建立侧支循环提供时间。例如，左右冠状动脉远端的细动脉分支间有很细小的吻合支互相连接，当某一主干因动脉粥样硬化管腔慢慢变窄阻塞时，这些细小的吻合支有可能扩张、变粗，形成有效的侧支循环供血，可足以防止梗死。若病变发展较快或发生急速的血流阻断（如血栓栓塞），侧支循环不能及时建立或建立不充分时则发生梗死。

③ 组织对缺血缺氧的耐受性。大脑神经元耐受性最低，3～4min 的血流中断即引起梗死。心肌纤维对缺氧亦敏感，缺血 20～30min 会死亡。骨骼肌，尤其是纤维结缔组织的耐受性最强。

④ 血的含氧量。在严重贫血、失血、心力衰竭时血的含氧量低。在休克时血压明显降低的情况下，血管管腔部分阻塞造成动脉供血不足，对缺氧耐受性低的心、脑组织会造成梗死。

**2. 梗死的类型与病理变化**

梗死是局限性的组织坏死，梗死灶的部位、大小和形态，与受阻动脉的供血范围一致。肺、肾、脾等器官的动脉呈锥形分支，因此梗死灶也呈锥体形。其尖端位于血管阻塞处，底部为该器官的表面，在切面上呈三角形。心冠状动脉分支不规则，梗死灶呈地图状。肠系膜动脉呈辐射状供血，故肠梗死呈节段性。心、肺、脾和肠等器官的梗死波及浆膜，其表面被覆有渗出的纤维素。心、肾、脾和肝等器官的梗死为凝固性坏死，坏死组织较干燥，质地坚实。肺、肠和后肢等处的梗死，亦属凝固性坏死，可因继发腐败菌感染而变成坏疽。脑梗死为液化性坏死，这是脑组织含的可凝固蛋白质少而水分和脂质多的缘故。根据梗死的病理变化特点不同，可分为贫血性梗死和出血性梗死两种。

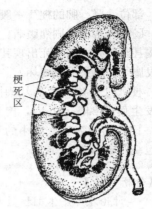

图 2-7　肾贫血性梗死模式图

（1）贫血性梗死　发生于动脉阻塞，常见于心、肾、脾等组织结构比较致密和侧支血管细而少的器官。当梗死灶形成时，从邻近侧支血管进入坏死组织的出血很少，故称贫血性梗死。梗死灶呈灰白色，因而又称白色梗死（图 2-7）。脑梗死多半为贫血性梗死，脑组织结构虽较疏松，但梗死主要发生在终末支之间仅有少许吻合支的大脑中动脉和大脑前动脉供血区，梗死时不造成明显出血。梗死灶的各种形态改变，随动脉阻塞后时间的延续逐渐显露出来。心肌梗死在血流中断 6h 以后才能辨认。在之后的 24h 内梗死区域才渐渐变得清晰：因坏死组织引起的炎性反应，周围有嗜中性粒细胞浸润，形成白细胞浸润带。3～4 天后，其边缘出现充血、出血带，梗死 12～18h 后才出现镜下凝固性坏死的改变。早期，梗死灶内尚可见核固缩、碎裂和核溶解，细胞质红染等坏死的特征，组织结构轮廓保存仍可辨认。后期，细胞崩解呈红染的均质性结构，边缘有肉芽组织和疤痕组织形成。

（2）出血性梗死　主要见于肺和肠等有双重血液供应或血管吻合支丰富、组织结构疏松的器官，并往往在淤血的基础上发生。梗死处有明显的出血，故称出血性梗死。梗死灶呈暗红色，所以又称红色梗死。

肺有双重血液供应，一般情况下肺动脉分支的血栓栓塞，不引起梗死。左心衰竭时，在肺静脉压力增高和肺淤血的情况下，结果则不同。此时，单以支气管动脉的压力不足以克服肺静脉压力增高的阻力，以致血流中断而发生梗死。因肺组织疏松，淤积在局部的血液和来自支气管动脉的血液从缺血损伤的毛细血管内大量漏出，进入肺泡腔内，造成出血性梗死（图 2-8）。

肠梗死总是出血性的，无论是动脉或静脉的阻塞还是静脉和动脉先后受压。肠梗死常见于肠套叠、肠扭转和肠疝。初期受累肠段因肠系膜静脉受压而淤血，以后受压加剧，同时伴有动脉受压而使血流减少或中断，肠段缺血坏死，淤积于丰富血管网中的红细胞大量漏出，造成出血性梗死。肠梗死还可见于肠系膜前动脉主干的血栓栓塞，不过肠系膜前、后动脉远端有许多弓形吻合支，一条分支的阻塞不会引起梗死。主干阻塞时，虽有吻合支供血但很有限，尤其在肠系膜动脉血栓栓塞时，栓子多来自心脏，此时常伴有心功能不全和内脏淤血，肠段常发生梗死，此时来自吻合支的血液进入梗死区造成出血。单纯由静脉血栓形成引起的肠梗死很少见，往往是由于肠管炎症波及肠系膜静脉，引起血栓性静脉炎。若蔓延至较大的肠系膜静脉时，则可造成淤血，进一步发生出血性梗死。

脑亦可能发生出血性梗死，一般在脑血栓栓塞和梗死后有血液再灌注的情况下发生。如血栓栓子碎裂并被血流推向前端，血液可经原栓塞处下游受损的血管壁外溢，进入结构疏松的梗死脑组织，造成出血性梗死。

图 2-8　肺出血性梗死模式图

**3. 梗死对机体的影响与结果**

梗死对机体的影响取决于梗死的器官和梗死灶的大

小、部位。肾、脾的梗死一般影响较小，肾梗死通常出现腰部疼痛和血尿；肺梗死有胸痛和咯血；肠梗死常出现剧烈腹痛、血便和腹膜炎的症状；心肌梗死影响心脏功能，严重者可导致心力衰竭甚至猝死；脑梗死出现其相应部位的功能障碍，梗死灶大者可致死。四肢、肺、肠梗死等会继发腐败菌感染而造成坏疽。

梗死灶形成时，病灶周围血管扩张充血，并有炎性细胞浸润，继而出现肉芽组织。在梗死发生后的 24～48h 内，肉芽组织已开始从周围长入梗死灶内，梗死灶逐渐被肉芽组织所取代，日后变为疤痕。细小的脑梗死灶形成胶质疤痕，较大的梗死灶，病灶中心液化成囊，周围包绕神经胶质纤维。

【分析讨论】
　　讨论1　尸体剖检过程中如何鉴别血管内的血栓和血凝块？
　　讨论2　栓塞能否引起梗死？与什么因素有关？

**实习实训**

## 局部血液循环障碍的复制实验与病变观察

【实训目标】
1. 通过动物实验复制兔耳充血、淤血及淤血性水肿，理解充血、淤血及淤血性水肿的形成机制。
2. 通过复制病变与对病理标本（充血、淤血、出血、血栓形成、栓塞、梗死等）的观察，认识和掌握各种局部血液循环障碍的病理变化特点。

【实训器材】
1. 实验动物　白色家兔，每组2只。
2. 实验器材　兔固定器、橡皮筋、剪毛剪、镊子，药棉、松节油若干，光学显微镜、显微数码互动系统或显微图像转换系统、计算机、投影机。
3. 病理标本　各种充血、淤血、出血、血栓形成、梗死等眼观标本、病理切片、病理图片等。

【实训内容】
1. 将家兔固定在兔固定器内，观察记录兔耳皮肤的颜色，兔耳的厚度、温度及状态。
2. 将一侧兔耳的根部用棉线或橡皮筋结扎，松紧适中；另一侧用松节油涂擦耳郭。
3. 观察记录两侧兔耳皮肤的颜色，兔耳的厚度、温度及状态变化，与非实验兔比较。
4. 观察各种局部血液循环障碍的眼观标本与病理切片，掌握其病理变化特征。

（1）活体兔耳实验性充血　兔耳皮肤呈鲜红色，血管数量增多，局部温度升高，兔耳稍增厚且直挺。

（2）活体兔耳实验性淤血　眼观可见兔耳皮肤呈暗红色或蓝紫色，血管怒胀，局部温度降低，兔耳明显增厚且下垂。

（3）猪肺脏病变

眼观标本　眼观病肺体积增大，被膜紧张，边缘变钝，颜色呈暗红色至黑红色。

病理切片　镜下可见肺泡壁毛细血管及小静脉扩张并充满红细胞。肺泡腔内、小叶间隔以及支气管腔内见有红染的均质物（血浆漏出液）和少许红细胞、巨噬细胞。

病理诊断　肺脏淤血。

（4）猪肝脏病变

眼观标本　眼观病肝体积增大，被膜紧张，边缘变钝，颜色呈暗红色或暗灰色。切面肝小叶中央部呈暗红色圆斑（肝小叶中央静脉扩张），肝小叶周边的肝实质呈灰黄色，整个切面呈红黄交错的槟榔样花纹，称为"槟榔肝"。

病理切片　镜下可见肝小叶中央静脉及其临近的窦状隙扩张，并充满红细胞。严重淤血时，中央静脉及窦状隙高度扩张淤血，肝细胞索排列紊乱或发生不同程度的萎缩甚至消失。小叶周边部的肝细胞肿胀，胞质内出现大小不等的脂肪滴（脂肪变性）。

病理诊断　肝脏淤血。

（5）猪皮肤病变

眼观标本　眼观病变皮肤有大小不等、暗红色或黑红色的出血斑或出血点。

病理诊断　猪瘟皮肤出血。

（6）猪淋巴结病变

眼观标本　眼观淋巴结体积肿大，被膜紧张，表面呈暗红色或黑红色，切面呈红白相间的大理石样花纹。

病理诊断　猪瘟淋巴结出血。

（7）猪肾脏病变

眼观标本　眼观肾脏体积肿大，被膜紧张，表面和切面均弥散有针尖大至针头大的出血点，表面观类似麻雀蛋样外观。

病理诊断　猪瘟肾脏出血。

（8）猪心瓣膜病变

眼观标本　眼观心瓣膜上形成有形状不规则的疣状血栓，状似花椰菜样，质地硬脆，与瓣膜或心壁牢固相连，不易剥离。在切面上，表层为黄白色的血栓，深层可见从瓣膜长入的灰白色致密纤维组织。

病理切片　镜下可见其疣状物表面为白色血栓，主要由血小板、纤维素及崩解的白细胞组成。基部有肉芽组织自心瓣膜内伸入血栓内，使部分血栓发生机化。

病理诊断　猪丹毒心瓣膜疣状血栓。

（9）绵羊心肌病变

病理切片　镜下可见其心肌内小动脉扩张，管腔中充满血栓性栓子。

病理诊断　心肌血管血栓性栓塞。

（10）猪肾脏病变

眼观标本　眼观梗死灶呈灰白色，周边有红色炎性反应带（充血、出血和白细胞浸润）。梗死灶呈锥体形，切面呈三角形，其尖端朝向器官内的血管闭塞部，底部位于肾脏的表面。

病理切片　镜下可见梗死组织细胞坏死，胞核崩解或消失，严重时梗死组织仅留下模糊不清的轮廓，细胞成分完全消失，梗死灶外周可见充血、出血和白细胞浸润等炎性反应。

病理诊断　肾脏贫血性梗死。

（11）猪脾脏病变

眼观标本　眼观脾脏体积稍增大，其边缘或表面有单个或多个隆起的大小不等的梗死灶，分界清楚，质地硬实。梗死灶暗红色或黑红色，干燥，无光泽。

病理切片　镜下可见梗死区淋巴细胞和网状细胞崩解，呈现均质红染无结构状态，梗死灶内有严重的淤血和出血现象。

病理诊断　猪瘟脾脏出血性梗死。

【实训考核】

1. 记录兔耳充血、淤血的病理变化。

2. 描述 2 种病理标本的病理变化特点。

3. 绘制 2 张病理组织图，突出其病变特点，并完成图注。

## 【目标检测】

1. 名词解释：充血、淤血、减压后充血、出血、血栓形成、梗塞、梗死。

2. 兽医临床上减压后充血主要发生于哪些情况下？如何防止减压后充血的发生？

3. 出血可分为哪几种类型？其发生原因有何异同？兽医在临床病理诊断过程中最常见的出血是哪一种？主要发生于哪些疾病过程中？

4. 血栓的形成条件有哪些？血栓可分为哪几种类型？其主要成分分别是什么？

5. 梗死可分为哪几种？其病理变化特点有何异同？

（何书海）

# 项目三　贫血的认识与讨论

## 【学习目标】
1. 分析和理解贫血的发生原因与机制。
2. 熟悉各种贫血的共性与个性特点。
3. 认识和分析贫血对机体的影响。

## 【课前准备】
1. 预习本项目的学习内容，明确学习目标与任务。
2. 回顾健康动物的血液成分及其生理功能。

## 【学习内容】
贫血是指单位容积血液中红细胞数和血红蛋白含量低于正常范围的病理过程。

在生理情况下，动物体内的红细胞是在不断地衰老破坏和不断地新生替补中的，并且二者经常保持着动态平衡。所以，健康动物单位容积血液中红细胞数和血红蛋白含量经常保持相对恒定。但在病理情况下，由于某些致病因素的作用，使上述动态平衡被破坏，红细胞生成减少或丧失过多，导致单位容积血液中红细胞数和血红蛋白含量减少，引起贫血的发生。

### 一、贫血的发生原因与类型

贫血不是一种独立的疾病，而是在许多疾病过程中伴随呈现的一种病症，所以引起贫血的原因种类很多。根据其发生原因不同，可将贫血分为以下四种类型。

**1. 失血性贫血**

失血性贫血是由于出血过多所引起的一种贫血，又称出血性贫血。根据其出血速度可将其分为急性和慢性两种。

（1）急性出血性贫血　多见于大血管、肝、脾破裂等情况。

（2）慢性出血性贫血　多见于长期反复多次的小出血等情况。如某些慢性消耗性疾病、结核病、血矛线虫病、胃肠溃疡、长期反复多次采血等均可引起慢性出血性贫血。

**2. 溶血性贫血**

溶血性贫血是由于红细胞在体内被大量破坏（溶解）所引起的一种贫血。引起溶血性贫血的因素很多，主要包括化学性因素和生物性因素。

（1）化学性因素　苯、氯酸钾可使血红蛋白变性，蛇毒可破坏红细胞膜上的磷脂，胆酸盐可溶解红细胞膜上的胆固醇，这些因素均可导致红细胞大量溶解，引起贫血。

（2）生物性因素　如溶血性链球菌和葡萄球菌、血液寄生虫（如焦虫）等。前二者可产生溶血性物质（溶血素）而致红细胞大量溶解，并可产生大量有毒物质使血红蛋白变性；焦虫病可导致红细胞大量溶解，而引起溶血性贫血。

**3. 营养不良性贫血**

营养不良性贫血是由于红细胞生成原料缺乏所引起的一种贫血。多因长期采食营养缺乏的饲料，或因消化不良，吸收障碍，或需要和丧失过多等原因所致。红细胞生成原料主要有蛋白质、铁、铜、钴和维生素等。

（1）蛋白质缺乏 蛋白质是合成亚铁血红素和血红蛋白的重要成分，缺乏时血红蛋白合成不足，故可引起贫血。

（2）铁缺乏 铁是合成亚铁血红素和血红蛋白的重要成分，缺乏时血红蛋白合成不足，故可引起贫血。

（3）维生素 $B_{12}$ 和叶酸缺乏 维生素 $B_{12}$ 和叶酸是红细胞成熟因子，它们可促进红细胞的分裂增殖和成熟。缺乏时红细胞生成障碍，故可引起贫血。

（4）铜、钴缺乏 铜可促进血红蛋白的合成和红细胞成熟，钴是维生素 $B_{12}$ 的组成成分，缺乏时均可引起贫血。

**4. 再生障碍性贫血**

再生障碍性贫血是由于骨髓造血功能破坏，红细胞出现再生障碍所引起的一种贫血。

（1）慢性中毒 如重金属盐、氯霉素和磺胺类药物中毒等。它们可损伤骨髓内的多能干细胞，而使红细胞出现再生障碍引起贫血。

（2）某些传染病 如马鼻疽、结核病、马传贫等，这些病原微生物在体内所产生的有毒物质会抑制骨髓的造血功能。

（3）放射性损伤 某些放射性物质（如放射性镭、放射性锶、放射性钙等）可长期蓄积在骨髓中，造成骨髓的损伤，导致红细胞出现再生障碍引起贫血。

（4）造血组织受到机械性干扰 是指造血组织被某些非造血组织所占据或取代，以致造血功能和红细胞再生障碍引起贫血。如骨髓纤维化、各种类型的白血病、多发性或转移性骨髓瘤等，均可引起此型贫血。

## 二、贫血的病理变化

**1. 血液形态学变化**

贫血时外用血液中除红细胞数和血红蛋白减少外，还可出现各种病理形态的红细胞，主要有两类。

（1）退化型（衰老型）红细胞 此型红细胞形态各异（椭圆形、梨形、半圆形、哑铃形、多角形），大小不等，染色浓淡不均。此型红细胞多出现于再生障碍性贫血的病理过程中。

（2）再生型（幼稚型）红细胞 此型红细胞有多染性红细胞、网织红细胞、有核或留有核残迹的红细胞等。此型红细胞多发于失血性贫血和溶血性贫血。

**2. 共性与个性特点**

（1）共同变化 各种贫血都可表现血液稀薄、血凝不良、皮肤黏膜苍白、内脏器官色泽变淡、实质脏器变性、浆黏膜出血等病理变化。

（2）特殊变化

① 急性失血性贫血时，病畜出现可视黏膜突然苍白，体温血压突然下降，心跳、脉搏加快而减弱等变化。

② 溶血性贫血时，可出现血红蛋白血症、血红蛋白尿和溶血性黄疸。全身各组织，尤其是皮肤黏膜发生黄染。

③ 营养不良性贫血时，病畜表现极度消瘦，血液稀落，血红蛋白显著减少，外周血液中出现淡染性红细胞和小红细胞。

④ 再生障碍性贫血时血液中，除红细胞数减少外，白细胞和血小板也减少，外周血液中出现退化型红细胞，骨髓明显退化和萎缩。

## 三、贫血对机体的影响

贫血时，动物体内会发生一系列病理生理变化，有些是贫血造成组织缺氧的直接结果，有些则是对缺氧的生理性代偿反应。

**1. 组织缺氧**

红细胞是携氧和运氧的工具，它的主要功能是将氧从肺输送到全身组织，并将组织中的二氧化碳输送到肺，由肺排出。贫血时，血液的总携氧能力降低，输送至组织的氧因而减少，结果造成组织缺氧、组织的物质代谢障碍和发生酸中毒。随着贫血的不断加重和病程的延长各器官、组织随之出现细胞萎缩、变性、坏死。由于贫血和缺氧还可引起中枢神经的兴奋性降低，导致患病动物精神沉郁，重者晕迷。

**2. 生理性代偿反应**

即使在组织缺氧的情况下，血红蛋白中的氧实际上并未完全被释放和利用。身体能通过增加血红蛋白中氧的释放、增加心脏输出量和加速血液循环、血液总量的维持、器官和组织中血流的重新分布、红细胞增多等，发挥多种代偿机制以便充分利用血红蛋白中的氧，使组织尽量获得更多的氧气。

【分析讨论】

讨论1 贫血会对机体产生什么影响？

讨论2 仔猪贫血是临床上最常见的群发性贫血，其发生原因是什么？应如何防治？

## 【目标检测】

1. 何为贫血？根据贫血的发生原因不同可将贫血分为哪几种类型？
2. 贫血时外周血液中可出现哪些病理形态的红细胞？
3. 各种贫血的发生原因和机制是什么？
4. 什么是再生障碍性贫血？对机体有什么影响？

(何书海)

# 项目四  弥散性血管内凝血与休克的认识与讨论

**【学习目标】**

    1. 分析和理解弥散性血管内凝血与休克的类型。

    2. 认识和理解弥散性血管内凝血与休克的发生原因与机制。

    3. 掌握弥散性血管内凝血与休克的类型与病理变化特点。

**【课前准备】**

    1. 预习本项目学习内容，明确学习目标与任务。

    2. 复习动物机体微循环的结构组成与血流特点。

**【学习内容】**

    弥散性血管内凝血与休克关系互为因果。弥散性血管内凝血可引起休克或使原有休克加重。休克晚期又容易发生弥散性血管内凝血和促进弥散性血管内凝血的发展。所以，微循环内弥散性血管内凝血和休克，在疾病过程中往往互为因果，形成恶性循环。

## 一、弥散性血管内凝血

    弥散性血管内凝血（disseminated intravascular coagulation，DIC），是以血液凝固性增强，在微循环血管内形成以广泛性微血栓为特征的病理过程。是由于受到某些致病因素的作用后，血液中的凝血系统被激活，使血液凝固性增强所致。由于广泛性微血栓的形成，致使血浆凝血因子和血小板大量消耗，并继发溶纤系统激活，使血液由高凝转入低凝状态，进而引起全身性的出血倾向。患畜临床上表现为出血、溶血、器官功能障碍、贫血和休克等病症。因血液凝固性降低是继发于凝血因子大量消耗之后，故又称为消耗性凝血病。弥散性血管内凝血可发生于畜禽的许多疾病过程中，如猪瘟、鸡新城疫、马传贫、急性猪丹毒、药物过敏、大面积烧伤等。弥散性血管内凝血是许多疾病发病过程中的一个危重环节，它是造成病情恶化甚至导致机体死亡的重要因素。

    **1. 发生原因和机制**

    由于机体内凝血和纤维蛋白溶解（抗凝）过程是处于动态平衡的缘故，正常机体心血管内的血液不会凝固。凡能使凝血作用增强或抑制纤维蛋白溶解系统活性的各种因素，均可引起弥散性血管内凝血的发生。其发生原因和机制主要有以下几方面。

    （1）血管内皮细胞的损伤　细菌、病毒、内毒素、抗原-抗体复合物、缺氧、酸中毒、高热等均可引起血管内皮细胞损伤，使内皮下胶原纤维暴露。血浆中无活性的凝血因子Ⅻ与胶原纤维接触后被激活而成为Ⅻa，从而启动内源性凝血系统，使血液处于高凝状态，促进血液凝固和微血栓形成。另一方面，Ⅻa又可使激肽释放酶原转变为激肽释放酶。后者可使激肽原转变为激肽，促使血管通透性增强。而激肽释放酶又可在激肽原的辅助下激活Ⅻ因子，从而进一步提高血液的凝固性。

    （2）组织损伤　各种因素引起严重的组织细胞损伤时，如严重创伤、大手术、大面积烧伤、实质脏器坏死、恶性肿瘤和宫内死胎等情况下，损伤组织释放出大量凝血因子（凝血因子Ⅲ）进入血液，激活外源性凝血系统，使血液处于高凝状态，而引起弥散性血管内凝血的发生。

（3）血小板和红细胞的破坏　血小板内含有各种与凝血过程有关的促凝物质。在抗原-抗体复合物、病毒、细菌内毒素等作用下，血小板大量崩解，释放凝血因子，导致血液处于高凝状态，促进弥散性血管内凝血的发生。

红细胞内含有红细胞素和ADP。红细胞素为一种磷脂，有类似血小板因子Ⅲ的作用。ADP有使血小板凝集的作用。在梨形虫、幼驹溶血病等引起红细胞大量崩解时，可促进弥散性血管内凝血的发生。

（4）促凝物质进入血液　细菌、病毒、抗原-抗体复合物、羊水、脂肪栓子、转移癌细胞和某些蛇毒等进入血液，可直接激活凝血因子Ⅻ，启动内源性凝血系统，或使血小板凝集并释放血小板因子，促进弥散性血管内凝血形成。急性胰腺炎时，胰蛋白酶进入血液能促使凝血酶原变成凝血酶。某些蛇毒可使纤维蛋白原变为纤维蛋白，活化的补体（如 $C_{3a}$、$C_{5a}$、$C_{3b}$）也能促进弥散性血管内凝血的形成。

（5）单核巨噬细胞系统功能降低　单核巨噬细胞系统有吞噬和清除循环血液中凝血酶、其他促凝物质、纤溶酶、纤维蛋白、纤维蛋白降解产物和内毒素等物质的作用。当其功能遭到破坏或被抑制后，就会有利于弥散性血管内凝血的发生。

（6）机体功能状态的改变　当机体在某些因子作用下处于应激状态时，由于交感神经兴奋，儿茶酚胺增多，可使凝血因子和血小板增多，血小板黏附与聚集能力加强，从而为促进凝血提供了必要的物质基础。此外，如果机体纤溶系统受抑制，体内抗纤溶物质增多，亦能促进弥散性血管内凝血的发生。

**2. 病理变化**

（1）微血栓形成和器官功能障碍　在各种因素作用下，血液中的凝血因子被激活后，在微循环内广泛地出现微血栓，引起微循环障碍，受累器官功能障碍。微血栓多在局部形成，也可是来自于其他组织的微血栓性栓子。微血栓可在肾、肝、肺、心、脑、肠、肾上腺、脑垂体等器官内形成，其形成器官因微血栓形成而发生缺血、缺氧和组织细胞变性、坏死，导致其器官功能发生不同程度的障碍。如肾脏微血栓形成时，可见肾小球毛细血管内有大量微血栓存在，严重时致肾皮质坏死和急性肾功能衰竭。肝脏微血栓形成时，受累肝组织的肝细胞大量坏死，可引起黄疸和肝功能衰竭。

（2）出血　出血是弥散性血管内凝血最常见的病理变化之一，主要发生于皮肤、黏膜（消化道和呼吸道）、肺和尿道，一般为斑点状出血。其原因如下。

① 广泛的微血栓形成，大量消耗凝血因子和血小板，使血液转入低凝状态。

② 纤维蛋白溶解系统被激活，使血液的凝固性降低。

③ 纤维蛋白裂解物（FDP）有抗凝作用。

④ 弥散性血管内凝血形成后，引起组织缺氧、酸中毒和组织损伤，局部血管活性物质的产生增多，引起血管壁通透性增强，红细胞易于渗出。

（3）休克　弥散性血管内凝血与休克有着密切的关系。弥散性血管内凝血的结果是微循环发生障碍，而广泛性的微循环障碍又可引起休克的发生。休克晚期则可引起弥散性血管内凝血的发生。其原因如下。

① 弥散性血管内凝血形成后阻塞微循环通路，使回心血量减少。

② 冠状动脉系统内弥散性血管内凝血形成，引起心肌缺血、缺氧、代谢障碍。心收缩力减弱，心输出血量减少，血压下降。

③ 纤维蛋白裂解物以及在凝血过程中被激活的激肽类物质，一方面可使血管扩张，血管壁通透性增强，血液成分外渗，血液浓缩，血液黏度增高；另一方面微血管舒张使血管容

量增大，致使有效循环血量减少，血压下降，从而加速休克的发展。

（4）溶血性贫血　弥散性血管内凝血常可伴发一种特殊类型的贫血，即微血管病灶溶血性贫血。此种贫血除具有溶血性贫血的一般特征外，外周血涂片中可见各种形态特殊的变形红细胞，称为裂体细胞。裂体细胞呈三角形、新月形、小球形、盔帽形等。这些细胞脆性高，容易发生溶解。其原因是当血流通过由微血栓的纤维蛋白和血小板构成的网眼时，红细胞容易被牵拉撞挤而变形和破坏。同时，弥散性血管内凝血出现，伴发缺氧与酸中毒，又可使红细胞变性裂解。当红细胞大量破坏后，释放出红细胞素和 ADP，又可加重弥散性血管内凝血的形成。

## 二、休克

休克是指机体受各种强烈的有害因素作用后，所发生的有效循环血量减少，特别是微循环血液灌流量急剧降低，导致机体各器官组织（尤其是心、脑等生命重要器官）缺血、缺氧、代谢障碍和功能紊乱，从而严重危及动物生命活动的一种全身性病理过程。

休克患畜的主要临床表现有：血压下降、心率加快、脉搏频弱，呼吸浅表，可视黏膜苍白或发绀，体温降低，皮肤湿冷，耳鼻及四肢末端发凉，尿量减少或无尿，精神沉郁，反应迟钝，甚至昏迷。

### 1. 休克的原因与分类

引起休克的原因很多，常见的有严重创伤、大面积烧伤、大出血、重度脱水、败血症、心肌梗死等。根据休克的原因不同，可将休克分为以下几种类型。

（1）低血容量性休克　是由于血容量急剧减少所引起的休克，常见类型如下。

① 失血性休克。多见于各种原因引起的急性大失血，导致动脉血压急剧下降而发生休克，如严重外伤、产后大出血、肝脾破裂等。

② 脱水性休克。多见于严重腹泻、高烧或中暑等情况，由于大量腹泻和出汗，造成细胞外液大量丧失而脱水，使血容量骤减而引起低血容量性休克。

③ 烧伤性休克。多见于大面积烧伤。因皮肤的大面积烧伤，使体表血管壁的通透性增强，大量血浆外渗及体液外漏，使血容量急剧减少，而引起低血容量性休克的发生。

（2）神经源性休克　神经源性休克多因剧烈疼痛所引起，多见于严重外伤、大手术、骨折、高位脊髓损伤或麻醉等情况。由于强烈的疼痛刺激，反射性地引起血管运动中枢迅速由兴奋转为抑制，引起小血管紧张性降低而发生扩张，使血管容量增大而发生休克。

（3）感染性休克　感染性休克是由细菌、病毒等病原微生物急性重度感染所引起的休克。常见于革兰阴性细菌感染时，其内毒素可使微血管扩张，管壁通透性增强，血压下降，引发休克。

（4）心源性休克　心源性休克是由于原发性心输出量的急剧减少所引起的休克。多见于弥漫性心肌炎、广泛的心肌梗死、严重的心律失常及急性心包积液等情况。在这些情况下，由于心输出量的急剧减少，而致有效循环血量的急剧减少，故可引发休克。

（5）过敏性休克　是由于某些药物或血液制品等引起速发型变态反应（过敏）所引起的休克。多见于药物过敏（如青霉素）、血清制剂或疫苗接种过敏等情况。

### 2. 休克的发展过程与机制

（1）休克的发展过程　根据休克时微循环的变化特点不同，可将休克过程分为以下三个时期。

① 微循环缺血性缺氧期。为休克的早期，也是休克的代偿期。此期的微循环变化特点是：皮肤、肌肉、胃肠、肝、脾等非生命重要器官的微循环血管发生痉挛性收缩，血液灌流

量减少，组织发生缺血性缺氧，但心、脑等生命重要器官的血液供应尚可得到充分供应。此期的主要临床表现为可视黏膜苍白，耳、鼻及四肢末梢发凉，排尿减少甚至无尿，血压正常或稍低，心跳加快，心缩加强。

在休克早期，由于各种休克病因的作用，使交感-肾上腺髓质系统兴奋，儿茶酚胺释放增加，而致微循环血管痉挛（毛细血管前括约肌及微静脉、小静脉收缩，毛细血管前阻力明显增加，使微循环血流量显著不足而处于缺血、缺氧状态），血液灌流量减少，大量血液经直捷通路或动-静脉短路回流心脏。但心、脑等生命重要器官的血管仍处开放状态，这是因为心、脑血管对儿茶酚胺的敏感性低。通过这种适应性反应，实现血液在体内的重新分配，重点保证心、脑等生命重要器官的血液供应。

② 微循环淤血性缺氧期。为休克的中期。此期的微循环变化特点是：小动脉、微动脉和毛细血管前括约肌舒张，而小静脉和微静脉仍处收缩状态，而致毛细血管床扩张淤血，回心血量显著减少，血压急剧下降。其临床主要表现是可视黏膜发绀，皮肤温度下降，心跳快而弱，静脉萎陷，少尿或无尿，精神沉郁，甚至昏迷。

随着休克早期微循环缺血、缺氧和代谢障碍的不断加重，酸性代谢产物大量堆积，使小动脉和毛细血管平滑肌对儿茶酚胺的敏感性降低。同时，组织缺血、缺氧，组织崩解释放大量的崩解产物（组胺、肽类等）、舒血管物质，而使毛细血管扩张，大量血液流入毛细血管床。但此时小静脉和微静脉仍处收缩状态（因小静脉对酸性环境耐受性强），故毛细血管床内血液只进不出，而导致微循环淤血。此时微血管壁通透性明显增高，血浆液体向组织间转移加速，结果导致循环血量急剧减少，血液黏稠，血流变慢，心、脑血流量降低，出现全身微循环血液灌流量不足，导致组织缺血、缺氧，器官组织功能障碍，使休克进入失偿期。

③ 弥散性血管内凝血期。为休克的晚期。此期的微循环特点是：微循环血管由扩张转入麻痹，血流由淤滞发展到凝集，而发生弥散性血管内凝血。而后，由于凝血因子的大量消耗和溶纤系统的活化而发生全身性出血，使休克转入不可逆性。此期的临床主要表现是血压显著降低，心跳脉搏快而弱，有严重的出血倾向，各组织、器官功能严重衰竭，动物处于濒死状态。

随着中期微循环淤血的不断发展，微循环内血液逐渐停滞，加之血浆的不断渗出，血液变浓稠，致使红细胞和血小板易发生凝集。又由于严重缺氧和酸性中间代谢产物的大量蓄积，使血管内皮受损，且红细胞和血小板的崩解可释放凝血因子，而致微循环血管发生弥散性血管内凝血。随着凝血因子的不断消耗，血液凝固性逐渐降低，且毛细血管壁通透性增强，从而引起微循环血管的弥散性出血。

(2) 休克的发生机制

① 有效循环血量减少。这是低血容量性休克发病的始动环节。由于急性大失血或失液引起全血量和血浆量的显著减少，而使有效循环血量急剧减少。此外，在过敏性休克时微循环血管扩张，致使大量血液淤积在微循环内。此时体内血液总量虽不减少，但单位时间内流过微循环血管的血流量却在减少，即有效循环血量减少，而引发休克。

② 急性心功能障碍。是心源性休克的始动环节。因心肌收缩障碍（如心肌梗死）或心脏发生急性充盈障碍（如严重的心动过速、急性心包积液）时，都能造成心输出量减少，导致全身各器官组织微循环动脉血液灌流量不足，引发休克。

③ 血管舒缩功能异常。休克早期微循环血管呈痉挛状态，而后期则呈麻痹状态。微循环血管的痉挛或麻痹，都会引起微循环血管的血流障碍，造成微循环有效灌流量的不足，而引发休克。

**3. 休克时主要器官的功能与结构变化**

(1) 急性肾功能衰竭　各种休克常可引起急性肾功能衰竭，称为休克肾。休克早期，由于交感-肾上腺髓质系统兴奋,肾小球的入球小动脉和毛细血管痉挛,肾血流量减少,滤过率降低,尿液形成减少。加之休克时血容量的减少和血管紧张素分泌增多,使抗利尿激素和醛固酮分泌增多,促进肾小管对钠、水的重吸收,而使尿量减少。休克后期由于血压不断下降,肾小球滤过压进一步降低,而呈现无尿。

肾脏的结构变化是:肾上皮变性、坏死,血管内膜损伤,肾小管内可见透明管形或颗粒管形,间质水肿,肾小球毛细血管内微血栓形成以及肾皮质严重缺血等变化。眼观肾脏呈斑驳状,病程较久的可见大小不等、形状不规则的坏死灶。

(2)急性肺功能衰竭　休克早期,肺脏功能由于呼吸中枢的兴奋性增强,而呈现呼吸加快、加深。但到休克晚期,则出现肺功能衰竭。这是由于有效循环血量的减少,加之肺微循环血管弥散性血管内凝血,而致肺循环障碍和通气、换气障碍,故可引发急性肺功能衰竭。

肺脏的结构变化是:肺淤血、水肿、出血、局部肺不张、微血栓及肺泡内透明膜形成(透明膜是指从毛细血管渗出并在肺泡表面凝固的纤维蛋白)。肺脏体积显著肿大,重量增加(可为正常肺的3～4倍),表面湿润、有光泽、呈紫红色,被膜上有小点状出血。切面呈暗红色,间质湿润增宽,支气管内有白色或淡红色泡沫样液体。

(3)急性心功能衰竭　除心源性休克外,其他类型的休克早期,由于受到血液的重新分配,心、脑等生命重要器官的血液供应得到保障,心脏功能可呈现代偿性增强。但到休克后期,由于有效循环血量的急剧减少,冠状动脉的血液供应也急剧减少,导致心肌的供血、供氧不足,使心肌发生急性缺血,而引发急性心功能衰竭。表现为心缩减弱、心律加快或失常。

心脏的结构变化:心外膜下小血管淤血怒张,充满暗紫红色血液,心肌发生变性和坏死。

(4)胃肠与肝功能障碍　休克时由于有效循环血量的减少,胃肠和肝脏的血液灌流量也会减少,故可引起胃肠与肝功能障碍的发生。

休克时肝动脉血液灌流量减少和腹腔脏器血管收缩所致门脉血流量急剧减少,引起肝细胞缺血、缺氧。肝脏表现严重淤血,病程较长者伴有肝细胞的变性和坏死,形成"槟榔肝"变化。

胃肠在休克早期,因微血管痉挛而发生缺血、缺氧,到中、晚期转变为淤血甚至血流停滞,肠壁发生淤血、水肿、出血和黏膜糜烂。一方面使消化液的分泌减少、胃肠蠕动减弱,消化、吸收与排泄功能紊乱;另一方面由于黏膜损伤,黏膜上皮的屏障功能减弱,肠道菌大量繁殖并产生大量毒素,容易引起菌血症、毒血症和自体中毒。胃肠表现淤血、出血,肠道内出现大量血样液体。

(5)中枢神经功能障碍　休克早期由于血液的重新分配,使脑组织的血液供应得到保障,患畜常因轻度脑充血而表现兴奋不安。但到休克晚期,由于有效循环血量的急剧减少,加上脑组织微循环发生弥散性血管内凝血,脑组织的血液灌流量也急剧减少,而引起脑组织的缺血、缺氧,使中枢神经功能由兴奋转为抑制状态。患畜表现精神沉郁,反应迟钝,甚至昏迷。此外,患畜还可因脑血管通透性增高发生脑水肿和颅内压升高,而使神经功能障碍症状更为严重。当大脑皮层的抑制逐渐扩散到下丘脑、中脑、脑桥和延髓的心血管中枢和呼吸中枢时,则将不断加重休克,直至引起心跳和呼吸停止而死亡。

【分析讨论】
　　讨论1　分析讨论弥散性血管内凝血与休克间的联系。
　　讨论2　分析讨论弥散性血管内凝血与休克可能对机体产生的影响。

## 【目标检测】

1. 名词解释：DIC、失血性休克、心源性休克、过敏性休克。
2. DIC 的发生原因有哪些？其发生机制是什么？
3. 休克的发生原因与分类有哪些？
4. 休克各期的微循环障碍特点是什么？
5. 弥散性血管内凝血与休克的结果是什么？

（梁运霞）

# 项目五　水代谢与酸碱平衡障碍的认识与讨论

## 子项目一　水肿的认识与讨论

【学习目标】

1. 分析和理解水肿的发生原因与机制，以及对机体的影响。
2. 观察和识别常见器官组织水肿的病理变化。

【课前准备】

1. 预习本项目学习内容，明确学习目标与任务。
2. 回顾组织液的生成与回流及其与血液、淋巴的关系。

【学习内容】

水是构成动物体组织细胞的重要成分之一，它在动物体内构成体液，约占体重的70%。体液可分为两大部分，即细胞内液（约占体重的50%）和细胞外液（约占体重的20%）。细胞外液又包括组织间液（简称组织液，约占体重的15%）和血浆液体（约占体重的5%）。

水不仅直接参与组织的构成，且具有运输营养物质和代谢产物，维持体液内环境稳定，参与和促进体内物质代谢，以及调节体温、润滑组织等重要生理功能，当水代谢障碍时，这些生理功能也必然受到影响。

正常情况下，动物体可通过神经系统和内分泌激素的调节作用使机体保持对水分摄入和排出的动态平衡，以维持体内水分的正常含量，这就是水的代谢平衡。但在某些病理情况下，由于某些致病因素的作用，机体对水分的摄入或排出任一环节发生扰乱，使水代谢平衡被破坏，从而引起水代谢障碍的发生。水代谢障碍的表现形式有两种：一种是机体对水的摄入过多或排出减少，而致体内水分蓄积过多所引起的水肿；另一种是机体对水的摄入不足或排出过多，而致体内水分缺乏所引起的脱水。

### 一、水肿的发生原因与机制

组织液在组织间隙蓄积过多的病理过程，称为水肿。组织液在体腔内蓄积过多称为积液或积水，如胸腔积液、腹腔积液、心包积液等。组织液在皮下组织蓄积所引起的皮下水肿，称浮肿。

**1. 组织液循环障碍**

在生理情况下，血浆液体不断地从毛细血管动脉端透过血管壁滤出到组织间隙中，形成组织液。而组织液又不断地从毛细血管静脉端和毛细淋巴管回流入血液。并且在正常情况下，血浆液体的滤出与组织液的回流经常保持着动态平衡，从而维持血液与组织液之间水分的平衡。

组织液的生成与回流主要受两方面力量的影响（图5-1-1）。一是促使组织液生成的力量（毛细血管流体静压和组织液胶体渗透压）；二是促使组织液回流的力量（血浆胶体渗透压和组织液流体静压）。另外，组织液的生成与回流还受毛细血管通透性和淋巴回流等因素的影响。

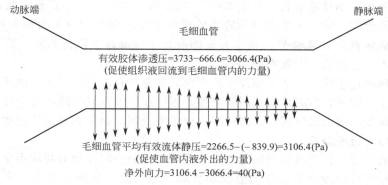

图 5-1-1. 组织液的生成与回流示意图

在某些病理情况下，由于受到各种致病因素的作用，使组织液生成与回流的动态平衡被破坏，导致组织液的生成增多或回流减少，致使组织液在组织间隙中蓄积过多，引发水肿。引起水肿的因素主要如下。

（1）毛细血管流体静压升高　当毛细血管流体静压升高时，其动脉端有效滤过压升高，组织液生成增多，若超过淋巴回流的代偿限度即可发生水肿。局部性或全身性静脉压升高是导致毛细血管流体静压升高的主要原因，前者常见于静脉血栓阻塞、静脉管壁受肿瘤或异物压迫，后者常见于心功能不全。

（2）血浆胶体渗透压降低　血浆胶体渗透压主要由血浆蛋白（白蛋白）浓度决定，白蛋白含量显著减少可使血浆胶体渗透压降低，毛细血管动脉端有效滤过压增大静脉端有效滤过压降低，组织液回流动力不足，而在细胞间潴留。引起血浆胶体渗透压降低的主要因素是血浆蛋白合成不足，如机体发生严重营养不良或肝功能不全时，可致血浆白蛋白合成障碍；蛋白质丢失过多、肾功能不全时，大量白蛋白可随尿液丢失，都会引起血浆胶体渗透压降低而发生水肿。

（3）毛细血管和微静脉通透性增强　当毛细血管和微静脉受到损伤使其通透性增强时，血浆蛋白可从管壁滤出，引起血浆胶体渗透压降低、组织液胶体渗透压升高而导致水肿。细菌毒素、创伤、烧伤、冻伤、化学性损伤、缺氧、酸中毒等因素，可直接损伤毛细血管和微静脉管壁；变态反应和炎症过程中产生的组胺、缓激肽等多种生理活性物质，可引起血管内皮细胞收缩，细胞间隙扩大，使管壁通透性增强。

（4）淋巴回流受阻　组织液的一小部分（约 1/10）正常时经毛细淋巴管回流入血，从毛细血管动脉端滤出的少量蛋白质也主要随淋巴循环返回血液。若淋巴回流受阻，即可引起组织液蓄积及胶体渗透压升高。

引起淋巴回流障碍的因素主要有淋巴管痉挛、淋巴管炎或淋巴管受到肿瘤等压迫时导致的淋巴管管腔狭窄和淋巴回流受阻。严重心功能不全引起静脉淤血和静脉压升高时，也可导致淋巴回流受阻。

（5）组织液渗透压增高　组织液渗透压增高可促进组织液生成而引起水肿。引起组织液渗透压增高的原因有：血管壁通透性增高，使组织液胶体渗透压增高；局部炎症时组织细胞变性、坏死，组织分解加剧，使大分子物质分解为小分子物质，引起局部组织渗透压增高。

**2. 球-管平衡破坏，导致水、钠潴留**

动物不断从饲料和饮水中摄取水和钠盐，并通过呼吸、排汗和粪尿将其排出。在生理情况下摄入量与排出量始终保持着动态平衡，这种平衡的维持是通过神经体液调节得以实现的。其中肾脏的作用尤为重要，正常情况下肾小球滤出的水、钠总量中只有 $0.5\% \sim 1\%$ 被排出，绝大部分被肾小管重吸收，其中 $60\% \sim 70\%$ 水、钠由近曲小管重吸收，余者由远曲小管和集合管重吸收。肾小球滤出量与肾小管重吸收量之间的相对平衡称为球-管平衡，这种平衡关系被破坏就会引起球-管失衡。常见的有肾小球滤过率降低和肾小管对水、钠重吸收增加，导致水、钠潴留，引起水肿。

（1）肾小球滤过率降低　肾小球发生病变时，如急性肾小球性肾炎，由于肾小球毛细血管内皮细胞增生、肿胀，有时伴发基底膜增厚，可引起原发性肾小球滤过率降低。心功能不全、休克、肝硬变出现大量腹腔积液形成时，由于有效循环血量和肾灌流量明显减少，可引起继发性肾小球滤过率降低。

（2）肾小管对水、钠重吸收增加　当有效循环血量减少时，如心功能不全，搏出血量不足，可通过主动脉弓和颈动脉窦压力感受器反射性地引起交感神经兴奋，导致肾内血管收缩。由于出球小动脉收缩比入球小动脉明显，使肾小球毛细血管中的非蛋白物质滤出增多，致使近曲小管周围毛细血管中的血浆蛋白浓度相对升高，而流体静压明显下降，故能促进近曲小管对水、钠重吸收增加。

任何能使血浆中抗利尿激素分泌增多、醛固酮分泌增多、心钠素分泌减少的因素，都可引起远曲小管和集合管对水、钠的重吸收增加。肝功能严重受损会影响对抗利尿激素和醛固酮的灭活，也可促进或加重水肿。

## 二、水肿的类型

### 1. 心性水肿

由于心功能不全而引起的全身性或局部性水肿，称心性水肿。其发生机制如下。

（1）水、钠潴留　心功能不全时，心输出量减少致肾血流量减少，可引起肾小球滤过率降低；有效循环血量减少，又可导致抗利尿激素、醛固酮分泌增多而心钠素分泌减少，肾远曲小管和集合管对水、钠的重吸收增多。球-管失衡造成水、钠在体内潴留。

（2）毛细血管流体静压升高　心输出量降低导致静脉回流障碍，进而引起毛细血管流体静压升高。左心功能不全易发生肺水肿；右心功能不全可引起全身性水肿，尤其在机体的低垂部位，如四肢、胸腹下部、肉垂、阴囊等处。

### 2. 肾性水肿

由于肾功能不全引起的水肿，称为肾性水肿。肾脏疾病如肾病综合征、急性肾小球肾炎和肾功能不全等都可发生肾性水肿。肾性水肿属全身性水肿，以机体的疏松组织部位表现明显，严重的可出现胸腔积液和腹腔积液。其发生机制如下。

（1）肾排水排钠减少　急性肾小球肾炎时，肾小球滤过率降低，但肾小管仍以正常速度对水和钠重吸收，故可引起少尿或无尿。慢性肾小球肾炎时，当大量肾单位遭到破坏使肾脏的有效滤过面积显著减少，也可引起水、钠潴留。

（2）血浆胶体渗透压降低　肾炎时肾小球毛细血管基底膜受损，通透性增高，大量血浆白蛋白滤出。当超过肾小管重吸收能力时，可形成蛋白尿，使血浆胶体渗透压下降。血浆液体向细胞间隙转移而导致血容量减少，后者又引起抗利尿激素、醛固酮分泌增加，心钠素分泌减少而使水、钠重吸收增多。

### 3. 肝性水肿

肝性水肿是由肝脏疾病（主见肝硬变）引起的水肿，常表现为腹腔积液生成增多。其发生机制如下。

（1）肝静脉回流受阻　肝硬变时，肝组织的广泛性破坏和大量结缔组织增生可压迫肝静脉的分支，造成肝静脉回流受阻。窦状隙内压明显上升引起过多液体滤出，当超过肝内淋巴回流的代偿能力时，可经肝被膜滴入腹腔内而形成腹腔积液。同时肝静脉回流受阻又可导致门静脉高压，肠系膜毛细血管流体静压随之升高，血浆液体大量滤出到腹腔内，引起腹腔积液。

（2）血浆胶体渗透压降低　严重的肝功能不全可使蛋白质的消化吸收及其合成都受到损害，因而引起血浆胶体渗透压下降。其次肝淋巴含较多的蛋白质，腹腔积液的形成使大量白蛋白潴留于腹腔内。其三，水、钠的潴留对血浆蛋白有稀释作用，使血浆胶体渗透压下降，在一定程度上可促进水肿的发生。

（3）水、钠潴留　肝功能不全时，灭活抗利尿激素、醛固酮等的功能降低，使远曲小管和集合管对水、钠重吸收增多。腹腔积液一旦形成，则血容量下降，又可抑制心钠素分泌、促使抗利尿激素和醛固酮分泌增多，结果进一步导致水、钠潴留，加剧肝性水肿。

**4. 肺水肿**

在肺泡腔及肺泡间隔内蓄积大量体液时，称为肺水肿。其发生机制如下。

（1）肺泡壁毛细血管内皮和肺泡上皮损伤　各种化学性（如硝酸银、毒气）、生物性（某些细菌、病毒感染）因素可引起中毒性肺水肿，有害物质损伤肺泡壁毛细血管内皮和肺泡上皮，使其通透性增高，导致血浆液体甚至蛋白质渗出到肺泡间隔和肺泡内。

（2）肺毛细血管流体静压升高　左心功能不全可引起肺静脉回流受阻，肺毛细血管流体静压升高。若伴有淋巴回流障碍，或生成的水肿液超过淋巴回流的代偿限度时，易发生肺水肿。

**5. 炎性水肿**

炎性水肿是指炎症过程中，由于淤血、淤滞、炎症介质、组织坏死崩解产物等诸多因素的综合作用，导致炎区毛细血管流体静压升高、毛细血管通透性增高、局部组织胶体渗透压升高、淋巴回流障碍而引起水肿。

**6. 恶病质性水肿**

又称为营养不良性水肿，见于慢性饥饿、慢性传染病、大量蠕虫寄生等慢性消耗性疾病。由于蛋白消耗过多，血浆蛋白含量明显减少，引起血浆胶体渗透压降低而发生水肿。有毒代谢产物蓄积损伤毛细血管壁，在水肿发生上也起一定的作用。

## 三、水肿的病理变化

**1. 皮肤水肿**

眼观　皮肤肿胀，颜色变浅，失去弹性，触之质如面团，指压遗留压痕。切开皮肤有大量浅黄色液体流出，皮下组织呈淡黄色胶冻状。

镜检　可见皮下组织的纤维和细胞成分距离增大，排列无序。其中胶原纤维肿胀甚至崩解，结缔组织细胞、肌纤维、腺上皮细胞肿大，胞质内出现水泡甚至发生核消失（坏死）。H.E染色标本中水肿液可因蛋白质含量不同而呈深红色、淡红色或不着染。

**2. 肺水肿**

眼观　肺脏体积增大、重量增加、质度变实，肺胸膜紧张而有光泽，肺表面因高度淤血而呈暗红色。肺间质增宽，尤其是猪、牛的肺脏更为明显。切开肺脏可从支气管和细支气管内流出大量白色泡沫状液体（彩图 5-1-2）。

镜检　非炎性水肿时，肺泡壁毛细血管高度扩张，肺泡腔内出现大量被伊红红染的浆液（彩图 5-1-3）。肺间质因水肿液蓄积而增宽，间质结缔组织疏松呈网状。炎性肺水肿时，除见上述病变外，可见肺泡腔水肿液内混有大量白细胞，蛋白质含量也增多。

**3. 脑水肿**

眼观 可见软脑膜充血，脑回变宽而扁平，脑沟变浅（彩图 5-1-4）。脉络丛血管扩张淤血，脑室扩张，脑脊液增多。

镜检 可见软脑膜和脑实质内毛细血管充血，血管周围淋巴间隙扩张，充满水肿液。神经细胞肿胀，体积变大，胞质内出现大小不等的水泡。细胞周围因水肿液蓄积而出现空隙。

**4. 实质脏器水肿**

心、肝、肾等实质脏器因其结构致密，发生水肿时器官肿胀比较轻微，只有进行镜检才能发现。心脏水肿时，水肿液出现于心肌纤维之间，心肌纤维彼此分离，受到挤压的心肌纤维可继发变性；肝脏水肿时，水肿液主要蓄积在狄氏间隙内，使肝细胞索与肝窦发生分离；肾脏水肿时，水肿液蓄积在肾小管之间，使间隙扩大，有时导致肾小管上皮细胞变性并与基底膜分离。

**5. 浆膜腔积液**

浆膜腔发生积液时，水肿液蓄积在浆膜腔内（彩图 5-1-5）。浆膜血管充血，浆膜面湿润有光泽。如属于炎性积液，水肿液混浊，内含较多蛋白质并混有渗出的纤维蛋白、炎性细胞和脱落的间皮。此时浆膜肿胀，充血或出血，表面常被覆薄层或厚层灰白色网状的纤维蛋白。

### 四、水肿的结果及对机体的影响

水肿是一种可逆性的病理过程。原因去除后，在心血管系统功能改善的条件下，水肿液可被吸收，水肿组织的形态学改变和功能障碍也可恢复正常。但长期水肿的组织，可因组织缺血、缺氧、继发结缔组织增生而发生纤维化或硬化，此时即使除去病因也难以完全消除病变。

水肿对机体的影响取决于水肿的程度和发生部位。轻度水肿，因其水肿液较少，病因清除后，水肿液被迅速吸收，水肿很快消退，对机体影响不大。有时轻度水肿对机体会产生有利影响，如轻度的炎性水肿其水肿液对侵入炎区的毒素或有害物质有稀释作用，可减轻对组织的毒害作用。但严重水肿，由于水肿液过多，压迫周围组织，妨碍周围组织的功能活动，对机体的影响较大。发生在重要器官的水肿，即使水肿的程度轻微，也会对机体造成严重影响。例如肺水肿时，会出现通气障碍，重者可导致动物窒息死亡；脑水肿时，颅内压升高，脑组织受压，中枢功能障碍，甚至可导致动物昏迷死亡；心包积液时，心脏活动受到限制，则可导致全身血液循环障碍，甚至引起心力衰竭而造成死亡。

【分析讨论】
　　讨论 1　如何区分炎性水肿与非炎性水肿？
　　讨论 1　肝脏疾病为什么会形成腹腔积液？

**实习实训**

## 水肿病变的复制与观察

【实训目标】　通过实训掌握并能通过眼观和镜检识别常见组织器官水肿的病理变化。

1. 通过动物实验复制兔耳淤血及淤血性水肿，使学生理解淤血性水肿的形成机制。

2. 通过复制病变与对病理标本的观察，认识和掌握各种水肿的病理变化特点，并作出准确的病理学诊断。

【实训器材】

1. 实验动物　白色家兔，每组 1 只。

2. 实验器材　兔固定器、橡皮筋、光学显微镜、显微数码互动系统或显微图像转换系统、电脑、投影机。

3. 病理标本　肝脏水肿、肾盂积液、胃壁水肿、皮下水肿、肺水肿等的眼观标本病理切片、病理图片等。

【实训内容】

1. 将家兔固定在兔固定器内，观察记录两侧兔耳的皮肤颜色、厚度、温度及状态。

2. 将一侧兔耳的根部用棉线或橡皮筋结扎，松紧适中。

3. 4h 后观察比较并记录两侧兔耳的皮肤颜色、厚度、温度及状态的变化。

4. 观察各种水肿眼观标本与病理切片，掌握其病理变化特征。

（1）肺脏病变

眼观标本　肺体积增大，重量增加，质地变实，被膜紧张，边缘钝圆，切面外翻，流出大量淡黄红色、泡沫状液体。透明感增强，肺间质增宽。

病理切片　肺泡壁毛细血管扩张充满红细胞，肺泡腔内含大量均质红染的水肿液，水肿液中有脱落的上皮细胞，肺间质因水肿液蓄积而增宽。

病理诊断　肺水肿。

（2）皮肤病变

眼观标本　皮肤肿胀，弹性下降，指压留痕，如生面团状。切面流出大量淡黄色、透明、清亮液体，皮下结缔组织富含液体，呈半透明的胶冻样。

病理切片　皮下组织间隙增宽，结缔组织疏松，胶原纤维肿胀，彼此分离。组织间隙中有大量均质红染的水肿液。

病理诊断　皮下水肿。

（3）猪胃病变

眼观标本　胃壁增厚，黏膜湿润有光泽，透明感增强。切面外翻，流出大量无色或淡黄色、透明液体，黏膜下层明显增宽，呈半透明的胶冻样。

病理切片　胃壁黏膜固有层、黏膜下层，甚至肌层和浆膜层的间质中有大量均质红染的液体，组织松散，黏膜上皮、胶原纤维、平滑肌彼此分离。

病理诊断：胃壁水肿。

（4）肾盂病变

眼观标本　肾盂、肾盏扩张，呈大小不一的空腔，肾实质萎缩。

病理诊断　肾盂积液。

（5）肝脏病变

眼观标本　肝脏变化不明显，肝脏稍肿大，质地变实，颜色变淡。

病理切片　肝小叶的窦状隙极度扩张，充满均质红染的浆液，肝细胞受压而萎缩。

病理诊断　肝脏水肿。

【实训考核】

1. 记录兔耳淤血性水肿的病理变化。

2. 描述 2 种以上眼观标本的病理变化特征。

3. 绘制 2 张病理组织图，突出其病变特点，并完成图注。

## 【目标检测】

（杨名赫）

# 子项目二 脱水的认识与讨论

## 【学习目标】

1. 分析和理解脱水的发生原因与类型。

2. 分析和认识脱水患畜的临床特征，能根据其临床特征判断脱水的性质与程度，并制定相应的补液措施。

## 【课前准备】

1. 预习本项目学习内容，明确学习目标与任务。

2. 回顾健康动物体内的水盐代谢特点。

## 【学习内容】

动物机体因水分的摄入不足或丧失过多而使体内水分缺乏（体液异常减少）的病理过程，称为脱水。因盐类和水分是构成体液的主要成分，所以在脱水时，随着水分的丧失必然伴有不同程度的盐类丧失。临床上常根据脱水时水盐丧失的比例，将脱水分为缺水性脱水、缺盐性脱水和混合性脱水三种类型。

### 一、缺水性脱水（高渗性脱水）

以水分丧失为主而盐类丧失较少的一种脱水，称缺水性脱水。此型脱水的特点是：血浆钠浓度和血浆渗透压升高，血液浓稠，细胞因脱水而皱缩，患畜口渴、尿少、尿液比重增高。其中血液渗透压升高为此型脱水的主导环节，故又称高渗性脱水。

**1. 发生原因**

（1）饮水不足 动物因患咽炎、食道阻塞、破伤风等疾病不能饮水，或长期在沙漠跋涉与放牧，水源严重缺乏时，饮水不足又消耗过多，而引起缺水性脱水。

（2）失水过多 动物在患呕吐、腹泻、胃扩张、肠梗阻等疾病时，可引起大量低渗性消化液丧失；服用过多呋塞米（速尿）、甘露醇等可排出大量低渗尿；高热病畜通过皮肤排汗和呼吸蒸发也丧失大量低渗性体液。另外，丘脑受肿瘤等的压迫而使抗利尿激素合成、分泌出现障碍，或由于肾上皮代谢障碍而对抗利尿激素反应性降低，经肾排出大量低渗尿，使大量水分排出，均可引起缺水性脱水。

**2. 代偿过程**

脱水过程是一个渐进的发展过程，不是受脱水病因作用就引起脱水。动物机体具有较强的抗脱水能力。在脱水初期，机体可通过一系列的抗脱水作用来对抗脱水的发展，这就构成了一对脱水与抗脱水的矛盾斗争过程，能否引起脱水取决于双方力量的抗衡。

在缺水性脱水的初期，由于体内水分大量丧失，而致血浆中水分显著减少，血浆钠浓度相对增高，致使血浆渗透压升高，于是机体会出现一系列保水、排钠的抗脱水反应（图5-2-1）。

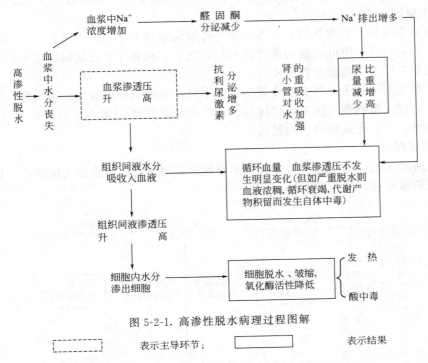

图 5-2-1. 高渗性脱水病理过程图解

┌─ ─ ─ ─ ─┐  表示主导环节；  ┌──────┐  表示结果

（1）保水作用　由于血浆渗透压升高，刺激丘脑下部渗透压感受器，一方面可反射性地引起垂体后叶抗利尿激素的分泌增加，使肾小管对水的重吸收加强，尿液排出减少，以达保水作用。另一方面还可反射性地引起患畜口渴，以增加水分的摄入，弥补水分的缺乏。

（2）排钠作用　由于血浆钠浓度升高而反射性地抑制了肾上腺皮质醛固酮的分泌，使肾小管对钠的重吸收减少，钠的排出增多，以达排钠作用，患畜的尿液比重增高。

（3）组织液水分回流增多　由于血浆渗透压升高，组织液中水分回流增多，以维持血浆钠浓度和血浆渗透压，以及循环血量的正常。

**3. 结果与影响**

如脱水不太严重，机体可通过上述保水、排钠和组织液水分回流增多等抗脱水过程使循环血量和血浆渗透压不发生明显改变。随着病因的及时消除，脱水就会终止发展，对机体不会产生太大的不利影响。但如病因不能及时消除，脱水过程继续加重，当超出机体的代偿限度时，就会使机体陷于失偿状态而造成较大的不利影响。

（1）脱水热　脱水持续发展，由于血容量的极度减少而致循环障碍，通过皮肤和呼吸蒸发的水分减少，散热困难，造成体热蓄积，引起脱水热。

（2）酸中毒　由于细胞外液渗透压不断升高，细胞内水分大量移出细胞外而致细胞脱水皱缩，细胞内氧化酶活性降低，细胞内物质代谢障碍，酸性中间代谢产物大量蓄积而发生酸中毒。

（3）自体中毒　由于血浆渗透压升高，血液浓稠，加之循环衰竭，大量有毒代谢产物蓄积体内，而引起自体中毒。

## 二、缺盐性脱水（低渗性脱水）

以盐类丧失为主、水分丧失较少的一种脱水，称缺盐性脱水。其特点是：血浆渗透压降低，血容量和组织液显著减少，血液浓稠，细胞水肿，患畜不感口渴，尿量较多（但后期急剧减少），尿液比重降低。其中血浆渗透压降低为此型脱水的主导环节，故又称低渗性脱水。

**1. 发生原因**

（1）补液不合理　低渗性脱水大多发生于体液大量丧失之后，即单纯补充过量水分所引起。例如，大量出汗、呕吐、腹泻或大面积烧伤之后，只补充水分或输入葡萄糖溶液而未注意补充氯化钠，即可引起低渗性脱水。

（2）大量钠离子丢失　肾上腺皮质功能低下时，醛固酮分泌减少，抑制肾小管对钠离子的重吸收，造成大量钠离子随尿排出体外。长期使用排钠性利尿剂如呋塞米（速尿）、利尿酸、氯噻嗪类，亦会导致钠离子大量丢失。

**2. 代偿过程**

缺盐性脱水初期，由于盐类的大量丧失而致血浆钠浓度和血浆渗透压降低，机体则出现一系列的抗脱水反应（图 5-2-2）。

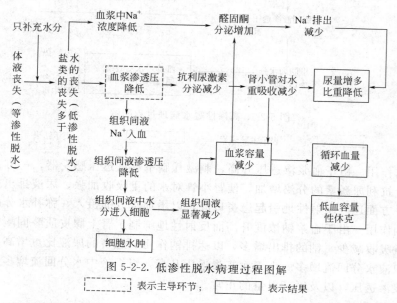

图 5-2-2. 低渗性脱水病理过程图解
┄┄┄ 表示主导环节；□ 表示结果

（1）排水作用　由于血浆渗透压降低，抑制了丘脑下部渗透压感受器，并反射性地抑制了垂体后叶抗利尿激素的分泌，使肾小管对水分的重吸收减少，大量水分排出，以达排水作用，患畜尿量增多。

（2）保钠作用　由于血浆钠浓度降低，反射性地引起肾上腺皮质醛固酮分泌增加，使肾小管对钠的重吸收增加，减少钠的排出，以达保钠作用，患畜尿液比重降低。

（3）组织钠盐进入血液　由于血浆钠浓度降低，组织液中的钠盐部分进入血液，以补充血浆钠的不足。

**3. 结果与影响**

如脱水不太严重，机体通过上述排水、保钠作用，以及组织液中钠盐进入血液等抗脱水过程，使血浆钠的浓度和血浆渗透压维持正常。随着病因的及时消除，脱水就会终止发展，对机体不会产生太大的不利影响。但如病因不能及时消除，脱水过程就会继续加重，当超出机体的代偿限度时，就会使机体陷于失偿状态造成较大的不利影响。

（1）细胞水肿与代谢障碍　由于血浆钠浓度降低，一方面因组织液钠盐大量进入血液，致使组织液渗透压下降，大量水分进入细胞，而引起细胞水肿与代谢障碍。

（2）低血容量性休克　由于血浆钠浓度降低，维持不住循环血量，加之水分大量通过尿液排出以及进入细胞内，细胞外液容量更加减少，从而使有效循环血量减少，动脉压下降，重要器官微循环灌流不足，极易引起低血容量性休克。

（3）自体中毒　由于血容量的不断减少和循环障碍的不断加重，必然导致肾血流量的显著减少，滤过率显著降低，尿量急剧减少，有毒代谢产物蓄积体内，而引起自体中毒。

### 三、混合性脱水（等渗性脱水）

因水分和盐类同等丧失所引起的脱水，称混合性脱水。因此型脱水丧失的是等渗性体液，脱水初期血浆渗透压基本不变而保持等渗状态，故又称等渗性脱水。由于此型脱水水和盐均大量丧失，故有缺水性脱水和缺盐性脱水的综合特征。

**1. 发生原因**

多发生于急性胃肠炎、剧烈腹痛、中暑或过劳、大面积烧伤等情况。急性胃肠炎严重腹泻，剧烈腹痛、中暑或过劳等时的大量出汗，大面积烧伤时体液大量流失，均可导致等渗性体液的大量丧失，故可引起混合性脱水。

**2. 代偿过程**

在混合性脱水初期，因大量等渗性体液的丧失，血浆钠浓度及血浆渗透压一般不发生改变。但随着病程的发展，因水分仍然不断地从呼吸和皮肤蒸发，水的丧失总是略多于盐类的丧失，血浆钠浓度及血浆渗透压则表现相对升高，而引起相应的代偿反应（图 5-2-3）。

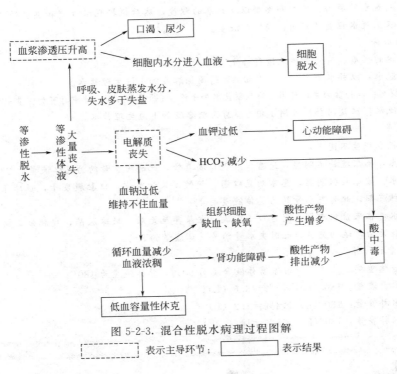

图 5-2-3. 混合性脱水病理过程图解

┈┈┈ 表示主导环节；☐ 表示结果

（1）保水作用　由于血浆渗透压升高，一方面通过丘脑内下部渗透压感受器反射性地引起口渴、尿少，从而增加水的摄入和减少水的排出，借以维持血浆渗透压不变。

（2）组织和细胞内水分进入血液　由于血浆渗透压升高，组织和细胞内水分进入血液，维持血容量和血浆渗透压的正常。

**3. 结果与影响**

如脱水不太严重，机体可通过上述抗脱水过程来维持血容量和血浆渗透压的正常，实现机体对脱水的代偿。但如脱水继续发展，当超过机体所能代偿的限度时，就会引起不良影响。

（1）细胞脱水与代谢障碍　由于组织液和细胞内液大量进入血液而致细胞脱水，细胞代谢出现障碍。

（2）低血容量性休克　由于盐类的大量丧失，而致血浆钠过度减少，维持不足血量，通过上述抗脱水作用补充入血的水不能保留在血液中而排出体外，最终导致血液浓稠，循环血量减少，而引起低血容量性休克。

（3）自体中毒　由于循环血量减少，血液浓稠，而致血液循环障碍。一方面因组织细胞缺血、缺氧，加之细胞脱水，而致细胞代谢出现障碍，酸性代谢产物产生增多；另一方面因肾血流量减少，排泄功能障碍，有毒代谢产物蓄积体内，而引起自体中毒。

**【知识拓展】**
### 脱水的补液原则及补液量的计算
因脱水可发生于多种疾病过程中，并且对患畜的健康影响极大，重者可因脱水直接死亡，所以，对脱水患畜应及早采取行之有效的处理措施。临床上多采用补液（输液）疗法，因补液可直接补充机体丧失的水分和盐类，增加血容量和调节血浆渗透压，以解决脱水的主要矛盾。

1. 补液原则

首先查明脱水的原因、性质和类型以及脱水的程度，然后根据脱水性质和类型的不同，确定补液的成分，根据脱水程度的不同，确定补液量。

2. 补液成分

根据脱水的性质，有针对性地进行补充。

缺水性脱水：以补水为主，可用2份5%葡萄糖溶液加1份生理盐水。

缺盐性脱水：以补盐为主，可用2份生理盐水加1份5%葡萄糖溶液，严重时可加少量10%高渗盐水。

混合性脱水：水盐同补，可用1份5%葡萄糖溶液加1份生理盐水。

3. 补液量

应根据脱水程度不同而定。

轻度脱水：临床症状不明显，患畜仅表现口渴喜饮，此时失水量约为总体液量的2%。

中度脱水：临床症状明显，患畜明显口渴、频饮，尿量减少，口黏膜发干，眼球下陷，皮肤弹性减退，精神沉郁，此时失水量约为总体液量的4%。

重度脱水：临床症状重剧，患畜口干舌燥，少尿甚至无尿，眼球深陷，皮肤缺乏弹性，精神萎靡不振，四肢无力，运动失调，此时失水量约为总体液量的8%。

4. 补液量的计算

以300kg体重病畜为例，一般家畜体液含量为60%，总体液量为180L。

轻度脱水补液量：180（L）×2%=3.6（L）。

中度脱水补液量：180（L）×4%=7.2（L）

重度脱水补液量：180（L）×8%=14.4（L）

**【分析讨论】**

讨论1　脱水可引起哪些全身反应？

讨论2　三种脱水有何异同？临床上如何鉴别？

## 【目标检测】

（杨名赫）

# 子项目三　酸碱平衡障碍的认识与讨论

## 【学习目标】

1. 分析和理解酸碱平衡障碍的发生原因与类型。
2. 分析酸碱平衡障碍对机体的影响，掌握纠正酸碱平衡障碍的主要措施。

## 【课前准备】

1. 预习本项目教材内容，明确学习目标与任务。
2. 回顾健康动物机体对酸碱平衡的调节作用。

## 【学习内容】

### 一、酸碱平衡障碍的发生原因与类型

动物体液环境必须具有适宜的酸碱度，才能维持组织细胞的正常代谢和功能活动。正常情况下，动物体液环境的酸碱度一般保持在 7.4 左右。这种体液酸碱度的稳定性，称酸碱平衡。机体之所以能维持体液环境的酸碱平衡，是因为机体具有强大的酸碱调节机构，主要包括以下三个方面。

**1. 血液缓冲系统的调节**

由弱酸及弱酸盐组成的缓冲对分布于血浆和红细胞内，这些缓冲对共同构成血液的缓冲系统。血浆缓冲对有：碳酸氢盐缓冲对（$NaHCO_3/H_2CO_3$）、磷酸盐缓冲对（$Na_2HPO_4/NaH_2PO_4$）、血红蛋白缓冲对（Na-Pr/H-Pr，Pr 为血浆蛋白质）；红细胞内的缓冲对有：碳酸氢盐缓冲对（$KHCO_3/H_2CO_3$）、磷酸盐缓冲对（$K_2HPO_4/KH_2PO_4$）、血红蛋白缓冲对（K-Hb/H-Hb，Hb 为血红蛋白）、氧合血红蛋白缓冲对（$K-HbO_2$，$HbO_2$ 为氧合血红蛋白）。

这些缓冲对中，以碳酸氢盐缓冲对的量最大、作用最强，故临床上常用血浆中碳酸氢盐缓冲对的量代表体内的缓冲能力。

**2. 肺脏的调节**

肺脏可通过改变呼吸运动频率和幅度来调整血浆中 $H_2CO_3$ 的浓度。当动脉血 $CO_2$ 分压升高、氧分压降低、血浆 pH 下降时，可刺激延脑的中枢化学感受器和主动脉弓、颈动脉体的外周化学感受器，反射性地引起呼吸中枢兴奋，呼吸加深、加快，排出 $CO_2$ 增多，使血浆 $H_2CO_3$ 浓度降低。但动脉血 $CO_2$ 分压过高会引起呼吸中枢抑制。当动脉血 $CO_2$ 分压降低或血浆 pH 升高时，呼吸变浅、变慢，$CO_2$ 排出减少，使血浆中 $H_2CO_3$ 浓度升高。通过调节，机体得以维持血浆中 $NaHCO_3/H_2CO_3$ 的正常比值。

**3. 肾脏的调节**

肾脏主要通过"排酸保碱"和"碱多排碱"的方式，排出体内过多的酸或碱，以维持体液的正常酸碱度。非挥发性酸和碱性物质主要通过肾脏排出体外。

（1）泌 $H^+$ 保钠，$H^+$-$Na^+$ 交换　肾小管上皮都有分泌 $H^+$ 的功能。肾上皮内含有碳酸

酐酶（CA），能催化 $H_2O$ 和 $CO_2$ 结合生成 $H_2CO_3$，后者解离成 $H^+$ 和 $HCO_3^-$，$H^+$ 被肾上皮主动分泌入小管液，与 $Na^+$ 进行交换，$Na^+$ 进入肾上皮与 $HCO_3^-$ 结合生成 $NaHCO_3$ 回到血浆。80%~85%的 $NaHCO_3$ 在近曲小管被重吸收，其余部分在远曲小管和集合管被重吸收，尿中几乎无 $NaHCO_3$，肾上皮每分泌 1 个 $H^+$，可重吸收 1 个 $Na^+$ 和 1 个 $HCO_3^-$。当体液 pH 降低时，碳酸酐酶的活性增高，肾上皮泌 $H^+$ 增加，重吸收 $HCO_3^-$ 作用增强；反之，当 pH 升高时，肾上皮泌 $H^+$ 减少，重吸收 $HCO_3^-$ 的作用减弱（图 5-3-1）。

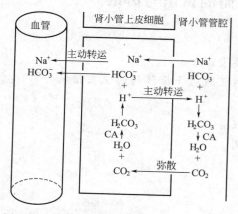

图 5-3-1. $H^+$ 分泌和 $HCO_3^-$ 重吸收过程示意

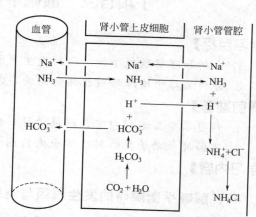

图 5-3-2. 远曲小管和集合管中氨分泌过程示意

（2）$NH_4^+$ 排出，排氨保钠　尿中的 $NH_3$ 大部分由谷氨酰胺酶水解谷氨酰胺产生，少部分 $NH_3$ 通过氨基酸脱氨基作用产生。$NH_3$ 不带电荷，脂溶性，容易通过细胞膜进入肾小管液，与肾上皮分泌的 $H^+$ 结合生成 $NH_4^+$。$NH_4^+$ 带正电荷，水溶性，不容易通过细胞膜返回细胞内，$NH_4^+$ 与小管液中的强酸盐负离子（大部分是 $Cl^-$）结合，生成 $NH_4Cl$ 随尿排出，强酸盐的正离子 $Na^+$ 又与 $H^+$ 交换进入细胞内，与细胞内的 $HCO_3^-$ 结合形成 $NaHCO_3$ 返回血浆，从而达到排氨保钠，排酸保碱，维持血浆酸碱度的目的（图 5-3-2）。

**4. 组织细胞的调节**

组织细胞对酸碱平衡的调节作用，主要是通过细胞内、外离子交换实现的，红细胞、肌细胞等都能参与调节过程。例如，组织液 $H^+$ 浓度升高时，$H^+$ 弥散入细胞内，而细胞内等量的 $K^+$ 转移至细胞外，以维持细胞内、外的电荷平衡。进入细胞的 $H^+$ 可被细胞内缓冲系统处理，当组织液 $H^+$ 浓度降低时，上述过程则减弱。

## 二、酸碱平衡障碍

尽管机体具有上述强大的酸碱调节功能，但在某些疾病过程中，当体内产生过多的酸或过多的碱进入体内时，就会导致体内的酸碱平衡失调，使体液酸碱度（pH 值）超出正常范围，引发酸碱平衡障碍。酸碱平衡障碍可根据其发生原因不同分为以下四种类型。

**1. 代谢性酸中毒**

代谢性酸中毒是由于体内固定酸生成增多，或碱性物质散失过多而引起的以原发性 $NaHCO_3$ 减少为特征的病理过程，是最常见的一种酸碱平衡障碍。

（1）发生原因

① 体内固定酸增多

a. 酸性物质生成过多。在许多疾病过程中，由于缺氧、发热、血液循环障碍、病原微生物作用或饥饿引起物质代谢紊乱，导致糖、脂肪、蛋白质分解代谢加强，使体内的乳酸、丙酮酸、酮体、氨基酸等酸性物质产生增多。

b. 酸性物质摄入过多。动物服用大量氯化铵、稀盐酸、水杨酸等药物；或当反刍动物前胃阻塞、胃内容物异常发酵生成大量短链脂肪酸时，因胃壁细胞受损可通过胃壁血管弥散进入血液。这些因素均可引起酸性物质摄入过多。

c. 酸性物质排出障碍。急性或慢性肾小球肾炎时，肾小球滤过率降低，导致硫酸、磷酸等固定酸滤出减少。当肾小管上皮细胞发生病变引起细胞内碳酸酐酶活性降低时，$CO_2$ 和 $H_2O$ 不能生成 $H_2CO_3$ 而致泌 $H^+$ 出现障碍，或由任何原因引起肾小管上皮细胞产 $NH_3$、排 $NH_4^+$ 受限，均可导致酸性物质不能及时排出而在体内蓄积。

② 碱性物质丧失过多

a. 碱性肠液丢失。在发生剧烈腹泻、肠扭转、肠梗阻等疾病时，大量碱性肠液排出体外或蓄积在肠腔内，造成血浆内碱性物质丧失过多，酸性物质相对增加。

b. $HCO_3^-$ 随尿液丢失。当近曲小管上皮细胞刷状缘上的碳酸酐酶活性受到抑制时（其抑制剂为乙酰唑胺），可使肾小管内 $HCO_3^- + H^+ \longrightarrow H_2CO_3 \longrightarrow CO_2 + H_2O$ 反应受阻，引起 $HCO_3^-$ 随尿液排出增多。

c. $HCO_3^-$ 随血浆丢失。烧伤时，血浆内大量 $NaHCO_3$ 由创面渗出流失。

（2）机体的代偿反应

① 血液的缓冲作用。发生代谢性酸中毒时，细胞外液增多的 $H^+$ 可迅速被血浆缓冲体系中的 $HCO_3^-$ 中和。

$$H^+ + HCO_3^- \longrightarrow H_2CO_3 \longrightarrow H_2O + CO_2$$

反应中生成的 $CO_2$ 随即由肺排出。血液缓冲系统调节的结果是某些酸性较强的酸转变为弱酸（$H_2CO_3$），弱酸分解后很快排出体外，以维持体液 pH 的稳定。

② 肺脏的代偿作用。代谢性酸中毒时，血浆 $H^+$ 浓度升高，可刺激主动脉弓、颈动脉体的外周化学感受器和延脑的中枢化学感受器，引起呼吸中枢兴奋，使呼吸加深、加快，肺泡通气量增大，$CO_2$ 呼出增多，动脉血 $CO_2$ 分压和血浆 $H_2O$ 含量降低。借以调整或维持血浆中 $NaHCO_3/H_2CO_3$ 的正常比值。

③ 肾脏的代偿作用。除因肾脏排酸保碱障碍引起的代谢性酸中毒外，其他原因导致的代谢性酸中毒，肾脏均可发挥重要的代偿调节作用。代谢性酸中毒时，肾小管上皮细胞内碳酸酐酶和谷氨酰胺酶的活性均升高，使肾小管上皮细胞泌 $H^+$、泌 $NH_4^+$ 增多，相应地也引起 $NaHCO_3$ 重吸收入血增多，以此来补充碱储。此外，由于肾小管上皮细胞排 $H^+$ 增多，而使 $K^+$ 排出减少，故可能引起高血钾。

④ 组织细胞的代偿作用。代谢性酸中毒时，细胞外液中过多的 $H^+$ 可通过细胞膜进入细胞，其中主要是红细胞。约有 60% 的 $H^+$ 在细胞内被缓冲体系中的磷酸盐、血红蛋白等中和。当 $H^+$ 进入细胞时，导致 $K^+$ 从细胞内外移，引起血钾浓度升高。

$$H^+ + HPO_4^{2-} \longrightarrow H_2PO_4$$
$$H^+ + Hb \longrightarrow H\text{-}Hb$$

经过上述代偿作用，可使血浆 $NaHCO_3$ 含量升高或 $H_2CO_3$ 含量降低。如果能使 $NaHCO_3/H_2CO_3$ 值恢复至 20：1，血浆 pH 维持在正常范围内，称为代偿性代谢性酸中毒。但如体内固定酸不断增加，碱储被不断消耗，经过代偿后 $NaHCO_3/H_2O$ 值仍小于 20：1，pH 低于正常值，称为失代偿性代谢性酸中毒。

**2. 呼吸性酸中毒**

呼吸性酸中毒是由于 $CO_2$ 排出障碍或 $CO_2$ 吸入过多而引起的，以血浆原发性 $H_2CO_3$

浓度升高为特征的病理过程。呼吸性酸中毒在兽医临床上比较多见。

（1）发生原因

① 二氧化碳排出障碍

a. 呼吸中枢抑制。颅脑损伤、脑炎、脑膜脑炎等疾病过程中，均可损伤或抑制呼吸中枢。全身麻醉用药量过大，或使用呼吸中枢抑制性药物（如巴比妥类），也可抑制呼吸中枢，造成通气不足或呼吸停止，使 $CO_2$ 在体内滞留，引起呼吸性酸中毒。

b. 呼吸肌麻痹。发生有机磷农药中毒、脊髓高位损伤、脑脊髓炎等疾病时，可引起呼吸肌随意运动减弱或丧失，导致 $CO_2$ 排出困难。

c. 呼吸道堵塞。喉头黏膜水肿、异物堵塞气管或食道严重阻塞部位压迫气管时，引起通气障碍，$CO_2$ 排出受阻。

d. 胸廓和肺部疾病。胸部创伤造成气胸时，胸腔负压消失，肺扩张与回缩出现障碍；肺炎、肺水肿、肺肉变时，肺脏呼吸面积减少，换气过程出现障碍，均可导致 $CO_2$ 在体内蓄积。

e. 血液循环障碍。心功能不全时，由于全身性淤血，$CO_2$ 的转运和排出受阻，使血中 $H_2CO_3$ 浓度升高。

② 二氧化碳吸入过多。当厩舍过小、通风不良、畜禽饲养密度过大时，因吸入空气中的 $CO_2$ 过多而使血浆 $H_2CO_3$ 含量升高。

（2）机体的代偿反应

由于呼吸性酸中毒多因呼吸功能障碍所引起，故呼吸系统代偿作用减弱或失去代偿作用，而肾脏的代偿调节作用与代谢性酸中毒时相同，因此，发生呼吸性酸中毒时，机体的代偿反应包括血液的缓冲作用和组织细胞的代偿作用。

① 血液的缓冲作用。呼吸性酸中毒时，血浆中的 $H_2CO_3$ 含量增高，其解离产生的 $H^+$ 主要由血浆蛋白缓冲对和磷酸盐缓冲对进行中和。

$$H^+ + Na\text{-}Pr \longrightarrow H\text{-}Pr + Na^+$$
$$H^+ + Na_2HPO_4 \longrightarrow NaH_2PO_4 + Na^+$$

上述反应中生成的 $Na^+$ 与血浆内的 $HCO_3^-$ 形成 $NaHCO_3$，补充碱储，调整 $NaHCO_3/H_2CO_3$ 的值。但因血浆中 $Na\text{-}Pr$ 和 $NaHPO_4$ 含量较低，故其对 $H_2CO_3$ 的缓冲能力也较低。

② 组织细胞的代偿作用。细胞外液 $H^+$ 浓度升高，故向细胞内渗透，而 $K^+$ 移至细胞外，以保持细胞膜两侧电荷平衡。同时弥散入红细胞内的 $CO_2$ 增多，在红细胞内碳酸酐酶的作用下与 $H_2O$ 生成 $H_2CO_3$，$H_2CO_3$ 解离形成 $HCO_3^-$ 和 $H^+$，$H^+$ 被红细胞内的缓冲物质中和。当细胞内 $HCO_3^-$ 浓度超过其血浆浓度时，$HCO_3^-$ 即由红细胞内弥散到细胞外，血浆内等量 $Cl^-$ 进入红细胞，结果血浆 $Cl^-$ 降低，而 $HCO_3^-$ 得到补充（图 5-3-3）。

通过上述代偿反应，可使血浆 $NaHCO_3$ 含量升高，如果 $NaHCO_3/H_2CO_3$ 值恢复至 20:1，pH 值则可保持在正常范围内，称为代偿性呼吸性酸中毒。如果 $CO_2$ 在体内大量滞留，超过了机体的代偿能力，则导致 $NaHCO_3/H_2CO_3$ 值小于 20:1，pH 低于正常值，称为失代偿性呼吸性酸中毒。

**3. 代谢性碱中毒**

代谢性碱中毒是指由于体内碱性物质摄入过多或酸性物质丧失过多，而引起的以血浆原发性 $NaHCO_3$ 浓度升高为特征的病理过程，临床上较少见。

（1）发生原因

① 碱性物质摄入过多。口服或静脉注射碱性药物（如 $NaHCO_3$）过多时，易导致血浆内 $NaHCO_3$ 浓度升高。肾脏具有较强的排泄 $NaHCO_3$ 的能力，但若肾功能不全或患畜摄入碱性物质过多，超过了肾脏的代偿限度时，就会引发代谢性碱中毒。

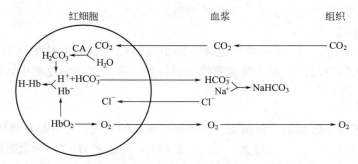

图 5-3-3. 呼吸性酸中毒时红细胞内、外的离子交换示意

② 酸性物质丧失过多

a. 酸性物质随胃液丢失。猪、犬等动物因患胃炎引起严重呕吐，可导致胃液中的盐酸大量丢失。肠液中的 $NaHCO_3$ 不能被来自胃液中的 $H^+$ 中和而被吸收入血，从而使血浆 $NaHCO_3$ 含量升高。

b. 酸性物质随尿丢失。任何原因引起醛固酮分泌过多时（例如肾上腺皮质肿瘤），可导致代谢性碱中毒。因醛固酮可促进肾远曲小管上皮细胞排 $H^+$ 保 $Na^+$，排 $K^+$ 保 $Na^+$，引起 $H^+$ 随尿流失增多，相应地发生 $NaHCO_3$. 回收增多，而导致代谢性碱中毒。

低血钾时，远曲小管上皮细胞泌 $K^+$ 减少，泌 $H^+$ 增多，引起 $NaHCO_3$ 的生成和重吸收增多，导致代谢性碱中毒。

③ 低氯性碱中毒。$Cl^-$ 是唯一能和 $Na^+$ 在肾小管内被相继重吸收的负离子。如机体缺氯，则肾小管液内 $Cl^-$ 浓度降低，$Na^+$ 不能充分地与 $Cl^-$ 以 NaCl 的形式被吸收，导致肾小管上皮细胞以加强泌 $H^+$、泌 $K^+$ 的方式与小管液内的 $Na^+$ 进行交换。$Na^+$ 被吸收后即与肾小管上皮细胞生成的 $HCO_3^-$ 结合成 $NaHCO_3$，后者重吸收增加并进入血液，引起代谢性碱中毒。

（2）机体的代偿反应

① 血液的缓冲作用。当体内碱性物质增多时，血浆缓冲系统与之反应。

如：$NaHCO_3 + H\text{-}Pr \longrightarrow Na\text{-}Pr + H_2CO_3$

$NaHCO_3 + NaH_2PO_4 \longrightarrow Na_2HPO_4 + H_2CO_3$

这样可在一定限度内调整 $NaHCO_3/H_2CO_3$ 的值。因血液缓冲系统的组成成分中，酸性成分远低于碱性成分（如 $NaHCO_3/H_2CO_3$ 值为 20：1），故血液缓冲体系对碱性物质的处理能力有限。

② 肺脏的代偿作用。由于血浆 $NaHCO_3$ 含量原发性升高，$H_2CO_3$ 含量相对不足，血浆 pH 升高，对呼吸中枢产生抑制作用。于是呼吸运动变浅、变慢，肺泡通气量降低，$CO_2$ 排出减少，使血浆 $H_2CO_3$ 含量代偿性升高，以调整和维持 $NaHCO_3/H_2CO_3$ 的值。但呼吸变浅、变慢又导致缺氧，故这种代偿作用也是很有限的。

③ 肾脏的代偿作用。代谢性碱中毒时，血浆中 $NaHCO_3$ 浓度升高，肾小球滤液中 $HCO_3^-$ 含量增多。同时，血浆 pH 升高，肾小管上皮细胞的碳酸酐酶和谷氨酰胺酶活性降低，肾小管上皮细胞泌 $H^+$、泌 $NH_3$ 减少，导致 $HCO_3^-$ 重吸收入血减少，随尿液排出增多。这是肾脏排碱保酸作用的主要表现形式。

④ 组织细胞的代偿作用。细胞外液 $H^+$ 浓度降低，引起细胞内的 $H^+$ 与细胞外的 $K^+$ 进行跨膜交换，结果导致细胞外液 $H^+$ 浓度有所升高，但往往伴发低血钾。

通过上述代偿反应，如果 $NaHCO_3/H_2CO_3$ 值恢复至 20：1，血浆 pH 在正常范围内，称为代偿性代谢性碱中毒。但如通过代偿作用仍然不能维持 $NaHCO_3/H_2O$ 的正常比值，使 pH 低于正常值，称为失代偿性代谢性碱中毒。

**4. 呼吸性碱中毒**

呼吸性碱中毒是指由于 $CO_2$ 排出过多，而引起的以血浆原发性 $H_2CO_3$ 浓度降低为特征的病理过程。在高原地区可发生低血氧性呼吸性碱中毒。在疾病过程中，呼吸性碱中毒也可因通气过度而出现，但一般比较少见。

（1）发生原因

① 某些中枢神经系统疾病。在脑炎、脑膜炎等疾病的初期，可引起呼吸中枢兴奋性升高，呼吸加深、加快，导致肺泡通气量过大，呼出大量 $CO_2$，使血浆 $H_2CO_3$ 含量明显降低。

② 某些药物中毒。某些药物（如水杨酸钠）中毒时，也会兴奋呼吸中枢，导致 $CO_2$ 排出过多。

③ 机体缺氧。动物初到高山高原地区，因大气氧分压降低，机体缺氧，导致呼吸加深、加快，排出 $CO_2$ 过多。

④ 机体代谢亢进。外环境温度过高或机体发热，由于物质代谢亢进，产酸增多，加之高温血液的直接作用，可引起呼吸中枢的兴奋性升高。

（2）机体的代偿反应

① 血液的缓冲作用。呼吸性碱中毒时，血浆 $H_2CO_3$ 含量下降，$NaHCO_3$ 浓度相对升高，通过以下反应可使血浆 $H_2CO_3$ 含量有所回升。$H^+$ 由红细胞内 H-Hb、$H\text{-}HbO_2$ 和血浆 H-PR 解离释放。

$$NaHCO_3 \longrightarrow Na^+ + HCO_3^-$$
$$HCO_3^- + H^+ \longrightarrow H_2CO_3$$

② 肺脏的代偿作用。呼吸性碱中毒时，由于 $CO_2$ 排出过多，血浆 $CO_2$ 分压降低，抑制呼吸中枢，使呼吸变浅、变慢，从而减少 $CO_2$ 排出，使血浆 $H_2CO_3$ 含量有所回升。不过，肺脏的这种代偿性反应是很微弱的。

③ 肾脏的代偿作用。急速发生的呼吸性碱中毒，肾脏是来不及进行代偿的。当慢性呼吸性碱中毒时，肾小管上皮细胞碳酸酐酶活性降低，$H^+$ 的形成和排泄减少，肾小管 $HCO_3^-$ 重吸收也随之减少，即 $NaHCO_3$ 随尿液排出增多。

④ 组织细胞的代偿作用。呼吸性碱中毒时，血浆 $H_2CO_3$ 迅速减少，$HCO_3^-$ 相对升高，此时血浆 $HCO_3^-$ 转移进入红细胞，而红细胞内等量的 $Cl^-$ 转移至细胞外。此外细胞内的 $H^+$ 转移至细胞外，细胞外液中的 $K^+$ 进入细胞内。结果，在血浆 $HCO_3^-$ 下降的同时导致血氯升高、血钾降低。

经上述代偿反应，使血浆 $H_2CO_3$ 含量升高，如果 $NaHCO_3/H_2CO_3$ 值恢复至 20∶1，pH 保持在正常范围内，称为代偿性呼吸性碱中毒。如果 $CO_2$ 在体内大量滞留，超过了机体的代偿能力，则导致 $NaHCO_3/H_2CO_3$ 值小于 20∶1，血浆 pH 高于正常值，称为失代偿性呼吸性碱中毒。

### 三、酸碱平衡障碍对机体的影响与纠正措施

**1. 对机体的影响**

（1）代谢性酸中毒 代谢性酸中毒时，由于血液中 $H^+$ 浓度增高，而对各个系统都会产生相应影响，特别是对循环系统的影响较大。$H^+$ 浓度增高，一方面可竞争性地抑制 $Ca^{2+}$ 和肌钙蛋白结合，抑制心肌兴奋收缩偶联过程，使心肌收缩力减弱，心输出量减少；另一方面部分 $H^+$ 可进入心肌细胞，引起心肌细胞内 $K^+$ 外逸，使血钾升高，心脏传导阻滞，引起

心室颤动、心律失常，发生急性心功能不全。同时，$H^+$ 浓度增高还可降低外周血管对儿茶酚胺的反应性，使外周血管扩张，血压下降，回心血量显著减少，严重时可发生休克。

严重代谢性酸中毒时，血浆 pH 降低，可使细胞内氧化酶活性降低，引起氧化磷酸化过程受阻，ATP 生成不足，脑组织能量供应减少，而使中枢神经系统发生高度抑制。患畜表现精神沉郁，感觉迟钝，甚至昏迷。最后多因呼吸中枢和血管运动中枢麻痹而死亡。

（2）呼吸性酸中毒　呼吸性酸中毒对机体的影响与代谢性酸中毒基本相同，不同的是有高碳酸血症和 $CO_2$ 浓度升高。高浓度的 $CO_2$ 能直接引起脑血管扩张，颅内压升高，导致病畜精神沉郁和疲乏无力。同时，由于高浓度的 $CO_2$ 使脑血管进一步扩张，可引起脑水肿，使病畜陷入昏迷状态。另外，由于 $H^+$ 浓度增高，$H^+$ 进入细胞内后使细胞内的 $K^+$ 外逸，血钾升高，引起心室颤动，心律失常，导致病畜急性死亡。

（3）代谢性碱中毒　代谢性碱中毒时，由于红细胞内 $H^+$ 浓度代偿性下降，而致血红蛋白与 $O_2$ 的亲和力增高，氧的解离与释放量减少，对组织的供氧能力降低。加之血浆 $CO_2$ 分压的降低，可引起脑血管收缩和脑血流量减少，引起脑组织缺氧，患畜可由兴奋转为抑制，甚至发生昏迷。同时，肾上皮细胞代偿性排 $H^+$ 减少（保酸），相应地排 $K^+$ 增多，加上细胞外液的 $K^+$ 进入细胞内交换 $H^+$，使血钾浓度降低，导致心肌兴奋性亢进，传导紊乱。严重时引起心律失常而致死亡。

（4）呼吸性碱中毒　呼吸性碱中毒时，由于血浆 $H_2CO_3$ 浓度的降低，pH 值升高，引起脑组织中 $\gamma$-氨基丁酸转氨酶的活性增高，$\gamma$-氨基丁酸分解代谢加强，脑内含量减少，故对中枢神经系统的抑制作用减弱，患畜呈现躁动、兴奋不安等症状。同时，由于血浆 pH 升高，血浆内结合钙增多、游离钙减少，使神经肌肉组织的应激性增强，患畜出现肢体肌肉抽搐，反射活动亢进，甚至发生痉挛。严重时病畜常因中枢神经系统功能紊乱而死亡。

**2. 纠正措施**

代谢性酸中毒时应积极治疗原发病，如制止腹泻、消除高热缺氧等，同时还应补充碱性药物。最常用的是 $NaHCO_3$，也可使用乳酸钠。在补充碱性药物时，量宜小不宜大，且不能使 pH 过快地恢复正常。因酸中毒时，脑脊液的 pH 亦降低，$H^+$ 能刺激呼吸中枢使呼吸加深、加快，若使血液酸碱度迅速恢复，由于 $HCO_3^-$ 通过血脑屏障较慢，脑脊液 pH 恢复较慢，呼吸仍很快，则会因呼吸过度引起呼吸性碱中毒。在防治代谢性酸中毒时，还应注意纠正水和电解质紊乱，应及时补充体液，恢复有效循环血量，改善组织血液灌流。

呼吸性酸中毒时应积极治疗原发病，改善通气和换气功能，控制感染、解除支气管平滑肌痉挛，使蓄积于血液中的 $CO_2$ 尽快排出。待通气功能改善后，可适当应用碱性药物（5% $NaHCO_3$）。还可选用呼吸兴奋剂和强心剂，以维护中枢神经系统和心血管系统的功能。

**【分析讨论】**

讨论 1　酸碱平衡障碍对机体有哪些影响？

讨论 2　临床上最常见的酸碱平衡障碍有哪些？如何采取纠正措施？

# 【目标检测】

1. 何为酸碱平衡障碍？可分为哪几种类型？其发生原因各有哪些？
2. 何为代谢性酸中毒？主要发生在哪些情况下？
3. 何为呼吸性酸中毒？有哪些因素可引起呼吸性酸中毒？

（杨名赫）

# 项目六　缺氧的认识与讨论

## 【学习目标】

1. 掌握缺氧的基本概念，了解缺氧的发生原因与类型。
2. 认识和理解缺氧过程患畜机体的主要功能与代谢变化。
3. 观察和认识缺氧患畜的临床表现与可视黏膜色泽变化。

## 【课前准备】

1. 预习本项目学习内容，明确学习目标与任务。
2. 思考氧在动物体内的交换与运输过程及其生理作用。

## 【学习内容】

动物机体因氧的供应不足、运输障碍或组织利用氧的能力降低，而致组织细胞的生物氧化过程发生障碍的病理过程，称为缺氧。

动物在生命活动过程中需不断地从环境空气中摄入氧气。空气中的氧通过动物吸气吸入肺泡，并透过肺泡毛细血管壁进入血液，通过血液循环运送到全身各部，供组织细胞生物氧化所利用。氧在组织细胞内经过一系列的生物氧化过程，最后生成 $CO_2$，并随静脉血运至肺脏，呼出体外。由此看来，氧在动物体内的用途是参与组织细胞的生物氧化过程，那么缺氧的本质就是组织细胞不能充分获得氧或不能利用氧，以致生物氧化过程障碍，所以无论是氧供应不足、运输障碍或组织细胞本身对氧利用障碍，均可导致缺氧的发生。

## 【知识拓展】

### 常用血氧指标

➤ 血氧分压（$p_{O_2}$）　指以物理状态溶解在血浆内的氧分子所产生的张力。

正常值 $p_{a,O_2} \approx 13.3 kPa(100mmHg)$ 　　（$1mmHg = 133.322Pa = 0.133322kPa$），决定于吸入气体的氧分压和外呼吸功能；当外界空气氧分压降低导致肺泡气氧分压降低，或通气、换气障碍影响氧弥散入血时，此值变小。

正常值 $p_{v,O_2} \approx 5.33kPa(40mmHg)$，主要决定于组织摄氧和利用氧的能力。

➤ 血氧含量（$CO_2$）　指 100ml 血液内实际所含氧的体积（ml），包括与血红蛋白结合的氧和溶解在血浆内的氧。

正常值 $c_{a,O_2} \approx 19ml/dl$（每 100ml），其中溶解 $O_2$ 为 0.3ml，与 Hb 结合的 $O_2$ 为 18.7ml。

$c_{v,O_2} \approx 14ml/dl$（每 100ml），当外界氧分压降低（溶解 $O_2$ 降低），Hb 与氧结合能力降低时（与 Hb 结合 $O_2$ 减少），血氧含量变小。动静脉氧含量差 A-$VDO_2$，约为 5ml/dl（每 100ml，说明组织对 $O_2$ 的消耗量）。

➤ 血氧容量　100ml 血液在体外标准状态下与空气充分接触后，Hb 结合的 $O_2$ 和溶解在血浆中 $O_2$ 的总量。即最大含氧量，约为 20ml/dl（每 100ml）。当 Hb 减少或它与 $O_2$ 的结合能力下降时，此值变小。

➤ 血氧饱和度　血氧含量与血氧容量的百分比。

正常值 $s_{a,O_2} \approx 95\%$ 　　（19ml/dl）/（20ml/dl）×100% = 95%

$s_{v,O_2} \approx 70\%$ 　　（14ml/dl）/（20ml/dl）×100% = 70%

➤ 氧离曲线　表示血氧饱和度和血氧分压之间关系的曲线，呈 S 形。

氧离曲线右移的生理意义：相同氧分压时，氧饱和度降低，即血液中的氧含量减少，血红蛋白释氧增多，可提高对组织细胞的供氧能力。

## 一、缺氧的原因与类型

引起缺氧的原因是多种多样的，吸入空气中的氧含量减少，呼吸系统或血液循环系统的功能障碍、血液成分的质和量改变、氧化还原酶系统的功能障碍等，都可引起缺氧。

机体的功能状态、对缺氧的适应能力、动物的种类、年龄及缺氧的程度、缺氧发生的速度和缺氧时间的长短等都决定了缺氧的后果。

根据缺氧的原因和其主要特点，可将缺氧分为四种类型。

### 1. 低张性缺氧

低张性缺氧又称外呼吸性缺氧、低氧血症，是指动脉血氧分压和动脉血氧含量低于正常，导致组织供氧不足引起的缺氧。

（1）发生原因

① 吸入气中氧分压过低。如动物由平原初入高原、高空或动物饲养圈内拥挤通风不良等，由于空气中氧分压过低，吸入氧不足而引起缺氧。此种缺氧又称为乏氧性缺氧。

② 外呼吸功能障碍。呼吸中枢功能障碍（如脑炎）、呼吸道阻塞或狭窄（如气管炎、支气管炎、喉头水肿等）、肺部疾病（如肺炎、肺气肿、肺水肿等）、胸廓疾病（如胸膜炎、气胸等）、呼吸肌麻痹，上述异常均可导致肺部通气或换气过程发生障碍及呼吸面积缩小，虽然空气中氧分压可能正常，但由于外呼吸功能的障碍，吸入肺泡内的氧不足而引起缺氧。此种缺氧又称为外呼吸性缺氧。

（2）主要特点

① 动脉血氧分压、血氧含量降低，静脉血氧分压、氧含量亦降低，血氧容量正常，血氧饱和度降低。

② 动静脉血氧含量差降低或变化不明显。如果动脉血氧分压太低，动脉血与组织氧分压差明显变小，血氧弥散到组织内减少，可使动静脉血氧含量差降低。低张性缺氧（严重通气障碍）时，毛细血管中氧合血红蛋白浓度降低，还原血红蛋白浓度增高，毛细血管中还原血红蛋白超过 5% 时，可使皮肤、黏膜呈蓝紫色，称为发绀。

③ 患病动物可视黏膜发绀。低张性缺氧（严重通气障碍）时，毛细血管中氧合血红蛋白浓度降低，还原血红蛋白浓度增高，毛细血管中还原血红蛋白超过 5% 时，可使皮肤、黏膜呈蓝紫色，称为发绀。

### 2. 血液性缺氧

由于红细胞数及血红蛋白（Hb）含量减少，或 Hb 变性所引起的缺氧，称为血液性缺氧。

（1）发生原因

① 贫血。贫血是指单位容积血液中的红细胞数及 Hb 含量减少。此时血液的携氧能力降低，而致血氧运输障碍，故可引起缺氧的发生。

② 血红蛋白变性。多见于 CO 中毒和亚硝酸盐中毒等情况下。

a. CO 中毒。CO 与 Hb 的亲和力是 $O_2$ 与 Hb 亲和力的 218 倍，只要吸入少量的 CO 就可生成大量碳氧血红蛋白（HbCO），而 HbCO 的解离速度却是 $HbO_2$ 的 1/2100，使 Hb 失去携氧和运氧能力，故可引起缺氧的发生。

b. 亚硝酸盐中毒。亚硝酸盐是一种强氧化剂，在血液中可使低铁（$Fe^{2+}$）血红蛋白氧化成高铁（$Fe^{3+}$）血红蛋白，失去运氧能力，而引起缺氧的发生。

（2）主要特点

① 动脉血血氧容量、血氧含量降低。由于红细胞数与 Hb 含量减少或 Hb 变性，使 Hb 的携氧能力降低，而致动脉血血氧容量、血氧含量降低。

② 动脉血血氧分压正常，静脉血血氧分压降低。因此种缺氧时血量没有变化，所以动

脉血血氧分压尚可正常，由于血氧含量减少，游离氧进入组织增加，故静脉血血氧分压降低。

③ 患病动物皮肤与可视黏膜不发绀。此种缺氧时，由于 Hb 变性，患病动物皮肤与可视黏膜不表现发绀。CO 中毒时，皮肤与可视黏膜呈樱桃红色；亚硝酸盐中毒时，因高铁血红蛋白呈咖啡色，皮肤与可视黏膜呈咖啡色。

### 3. 循环性缺氧

循环性缺氧是由于血液循环障碍，而致器官组织血流量减少或流速减慢所引起的缺氧，又称为低血流性缺氧。此型缺氧可以是动脉血流量不足所致的缺血性缺氧，也可以是静脉血回流不畅所致的淤血性缺氧。

（1）发生原因

① 全身性血液循环障碍。见于心功能不全、休克等。心功能不全时，由于心输出量减少和静脉血回流受阻，即可引起缺血性缺氧，又可引起淤血性缺氧。严重时，心、脑、肾等重要器官组织缺氧、功能衰竭可导致动物死亡；休克时，由于微循环缺血、淤血和微血栓形成，动脉血灌流量急剧减少而引起组织缺氧。

② 局部性血液循环障碍。常见于栓塞、血管炎、血栓形成、血管痉挛或受压迫等，造成血管管腔狭窄或闭塞，使该血管灌流区域发生缺血、缺氧。

（2）主要特点

① 动脉血氧容量、血氧含量和血氧分压都正常，但由于血流量减少，故单位时间内输送给组织的氧总量减少。

② 动-静脉氧含量差增大。由于血流速度缓慢，血液释出的氧比正常多，以供细胞利用，故静脉血氧分压、氧含量、氧饱和度都降低，动-静脉血氧含量差增大。

③ 毛细血管中还原血红蛋白量增多，可在局部或全身出现发绀。

### 4. 组织中毒性缺氧

组织中毒性缺氧是由于组织细胞内呼吸酶，因受某些毒物的作用发生抑制，而致组织内呼吸发生障碍所引起的一种缺氧。也就是由于组织中毒（如氰化物中毒）、组织用氧障碍所引起的一种缺氧，又称用氧障碍性缺氧。

（1）发生原因

① 组织中毒。组织内呼吸是指组织细胞利用氧进行生物氧化的过程，这个过程需要氧化还原酶（细胞色素氧化酶、过氧化酶、细胞色素过氧化酶、乳酸脱氢酶和磷酸酶等）的参与。引起组织中毒性缺氧的主要原因是氰化物中毒。各种氰化物如氢氰酸、氰化钾、氰化钠等均可经消化道、呼吸道及皮肤进入体内，其氰化物中的氰基（$CN^-$）可与细胞内多种酶结合，其中与细胞色素氧化酶的亲和力最大。氰化物与氧化型细胞色素氧化酶中的 $Fe^{3+}$ 牢固结合（使铁保持三价状态），使该酶不能再接受并传递电子给氧原子，导致生物氧化过程中断，即所谓"细胞内窒息"。

② 维生素缺乏。某些维生素（如核黄素、烟酸等）是呼吸链中许多脱氢酶的辅基组成部分，故当这些维生素严重缺乏时，可导致呼吸酶合成减少，使生物氧化过程发生障碍。

③ 细胞损伤。由于某种因素（如大量辐射或细菌毒素）引起线粒体损伤，也会引起生物氧化过程的障碍而引起此型缺氧。

（2）主要特点

① 动脉血血氧含量、血氧分压、血氧饱和度都正常。

② 静脉血血氧含量、血氧分压、血氧饱和度高于正常，动-静脉血氧含量差缩小。

③ 患病动物皮肤与可视黏膜呈鲜红色或玫瑰红色。

在兽医临床上，上述四种类型的缺氧往往同时发生或先后发生。如心功能不全时，除因血液循环障碍引起循环性缺氧外，同时会导致肺淤血、水肿和呼吸功能障碍，而引起呼吸性缺氧。

## 二、缺氧时机体的功能与代谢变化

缺氧时机体可出现一系列的功能和代谢变化。首先出现的是机体各系统的代谢适应性反应（如呼吸加深、加快，心跳加快，心缩加强等），借以加强氧的摄入和运输。但如缺氧继续加重，超过机体的代偿限度时，就会导致各系统器官的功能紊乱和代谢障碍，甚至导致组织的坏死和动物的死亡。

### 1. 功能变化

（1）呼吸功能的变化　缺氧时，首先出现的是呼吸加深、加快，这是一种代偿反应，通过这种代偿可增加肺的通气和换气量，增加氧的摄入和组织氧的供应。这种反应的出现主要是由于血氧分压的降低和 $CO_2$ 分压的升高，作用于颈动脉窦和主动脉弓化学感受器，通过神经反射使呼吸中枢的兴奋性增强所致。但是这种代偿是有一定限度的。如缺氧继续加重，因长时间呼吸的加重、加快，$CO_2$ 排出过多，而引起低碳酸血症和呼吸性碱中毒，结果使呼吸变浅、变快，浅而快的呼吸可使肺通气量显著下降，故可加重缺氧的发生。严重时，甚至引起呼吸中枢的麻痹而导致动物的死亡。

（2）循环功能的变化　缺氧时动物机体可通过循环功能的改变与调节，使血液重新分配，维持动脉压的正常。

① 血管功能改变。缺氧时血管功能改变主要取决于血管所分布的组织和器官。

a. 舒血管反应。缺氧可引起心冠状血管和脑血管扩张，肢体血管反应较小，肾血管即使在 $2666.4\ Pa(20mmHg)$ 时也不扩张，这有利于心和脑的血液供应。血管扩张主要是通过局部形成酸性代谢产物及某些舒血管物质（腺苷）的作用，使局部血管扩张和毛细血管网开放。

b. 缩血管反应。一般皮肤、肌肉、腹腔脏器的小血管在急性缺氧时常常收缩。该反应主要是由血氧分压降低，反射性地引起血管中枢兴奋和肾上腺素分泌增多引起。目的是通过血管收缩使血液重新分配，使循环血量增加，血流加快，以满足机体对氧的需要。

② 心输出量增加。一定程度的缺氧，作为一种应激原，可引起机体交感-肾上腺髓质系统兴奋，使心跳加快，心缩加强，心输出量增加，有利于向全身器官组织输送氧，对急性缺氧有一定代偿意义。

上述代偿都是有限度的，如缺氧继续加重，因心肌本身的严重缺氧，加之氧化不全产物对心脏的抑制作用，使心肌收缩力减弱。同时，心血管运动中枢也由兴奋转为抑制，使心脏活动减弱，血管紧张度降低，血压下降，进而导致循环衰竭，使缺氧进一步加重。

（3）血液的变化

① 红细胞及血红蛋白增多。缺氧可引起循环血液中红细胞数和血红蛋白含量增加，主要通过以下方式来实现。

a. 在急性缺氧时，交感神经系统兴奋，可使脾脏等贮血器官收缩，释放出库存的血液，使循环血液中红细胞数和血红蛋白含量增加。

b. 在慢性缺氧时（高原地区），由于动脉血 $pO_2$ 降低，刺激肾脏肾小球旁器释放红细胞生成酶，作用于血浆中肝脏产生的促红细胞生成素原，使之转变为促红细胞生成素，简称"促红素"。促红素可促进骨髓内原始血细胞分化为原始红细胞，进一步促进骨髓内红细胞的成熟和释放，使循环血液中红细胞数和血红蛋白含量增加。

血液中红细胞和 Hb 的增加可提高血氧容量，增强血液的运氧能力，使组织缺氧得到改善。

② 氧离曲线右移。与红细胞内 2，3-DPG（2,3-二磷酸甘油酸）生成增多、$CO_2$ 含量增多、血液 pH 降低等有关。缺 $O_2$ 时红细胞内葡萄糖无氧酵解加强，2,3-DPG 生成增多，氧离曲线右移，组织细胞能从血液中摄取更多的 $O_2$。但氧离曲线右移过度时，则会导致动脉血氧饱和度明显下降，使血红蛋白的携氧能力降低而加重缺氧。

（4）中枢神经功能的变化　中枢神经（脑组织）的新陈代谢率高，耗氧量大，其供血量约占心输出量的 15%，耗氧量约占全身耗氧量的 23%，所以对缺氧最为敏感。在缺氧初期，中枢神经兴奋过程加强，患畜表现兴奋不安。随着缺氧的不断加重，中枢神经逐渐由兴奋转为抑制，此时患畜表现精神沉郁、反应迟钝、嗜睡，甚至昏迷。这是由于脑组织供能不足和酸性代谢产物增多所致。因脑组织的能量供应有 85%～90% 依赖于葡萄糖的有氧氧化，缺氧时有氧供能发生障碍，以致脑组织的能量供给不足。而无氧酵解过程加强和酸性代谢产物的形成增多，均可对中枢神经起到抑制作用。严重者常因呼吸和心血管运动中枢的麻痹，而导致患畜呼吸、心跳停止而致死亡。

（5）组织细胞的变化

① 组织摄取氧的能力增强和利用氧的能力提高。缺氧时，组织内毛细血管密度增加、数量增多，可促使血氧向组织细胞内弥散；同时，细胞内线粒体的数量、膜的表面积、呼吸链中的酶增加，使组织摄取氧的能力在一定限度内有所增加。这些都可使组织充分利用现有的氧来维持正常的生物氧化过程。

② 细胞内的无氧酵解加强。缺氧的组织和细胞内，有氧分解过程降低，无氧酵解过程加强，通过这个方式来代偿氧的供应不足。但严重缺氧时，组织将因呼吸不全、供能不足而表现出组织器官的功能紊乱，导致细胞变性坏死。

③ 肌红蛋白增加。慢性缺氧时，动物肌肉中的肌红蛋白含量增多，肌红蛋白和氧的亲和力较大，当氧分压进一步降低时，肌红蛋白可释放大量的氧供组织细胞利用。同时，肌肉中肌红蛋白的含量增加，有利于氧的贮存，以补偿组织中氧含量的不足。

**2. 代谢变化**

缺氧机体的物质代谢变化主要表现在糖、脂肪和蛋白质等三大物质的代谢变化。其变化的特点是分解代谢加强，氧化不全产物蓄积，进而引起代谢性酸中毒。

（1）糖代谢变化　缺氧初期，由于交感-肾上腺髓质系统兴奋和下丘脑-垂体-肾上腺皮质系统活动加强，机体出现一系列代偿性功能增强，体内基础代谢加强，特别是糖原的分解加强，血糖升高。但随着缺氧的继续加重，由于氧的供应不足，有氧氧化过程障碍，而无氧酵解过程加强，乳酸生成增多，故可引起高乳酸血症。

（2）脂肪代谢变化　随着糖原的大量分解、消耗，脂肪的分解过程也加强，并因缺氧脂肪的氧化过程障碍，氧化不全的中间代谢产物——酮体的生成增多并在血液中大量蓄积，而引起酮血症。酮体可随尿排出，而引起酮尿症。

（3）蛋白质代谢变化　随着糖原和脂肪的分解加强，蛋白质的分解也增强，由于氧的缺乏，蛋白质的氧化分解过程发生障碍，氨基酸脱氨基过程发生障碍，致使血中氨基酸和非蛋白氮的含量增加。

由于上述三大物质的分解加强和代谢障碍，氧化不全的酸性中间代谢产物（乳酸、酮体、氨基酸、非蛋白氮）在体内大量蓄积，故可引起代谢性酸中毒的发生。同时，因缺氧初期呼吸加深、加快，以增加氧的摄入，但由于过度地呼气，使体内 $CO_2$ 过多排出，使血中碳酸含量减少，引起低碳酸血症，而体内碱储则相对增加，故可合并呼吸性碱中毒的发生。

【分析讨论】
　　讨论1. 动物不同缺氧时期会引起机体何种不同的反应？
　　讨论2. 患病动物可视黏膜发绀是怎样形成的？

**实习实训**

# 动物缺氧的复制实验与观察

【实训目标】
1. 通过动物缺氧复制实验，让学生理解和掌握不同类型缺氧的发病原因和机制。
2. 观察不同类型缺氧时动物的呼吸、活动变化，以及皮肤黏膜及血液颜色的改变。
【实训器材】
1. 实验动物　体重相近的小白鼠6只、新生幼鼠1只。
2. 实验器材　广口瓶、青霉素瓶、天平、玻璃瓶、注射器、解剖剪、亚硝酸钠。
【实训内容】

# 实验一　年龄因素对缺氧耐受性
# 影响的实验观察

**1. 实验步骤**
（1）取新生幼鼠1只，放入青霉素小瓶内（瓶口塞以少量棉花以免成年鼠伤害），然后将其与成年鼠一起放入广口瓶内，观察动物的一般状况。
（2）密闭瓶塞，记录时间，观察两鼠状况。
（3）记录两鼠死亡时间。其中一只小鼠死亡后，不能揭开瓶盖；如另一鼠至各项实验结束时仍未死亡，实验也应中止。
（4）对死亡小鼠进行尸体剖检，打开胸腔，观察内脏颜色及血管暴露情况。并剪开血管，观察血液的颜色变化，与实验二中的小鼠尸检作比较。
**2. 结果分析**
（1）两只实验小鼠的死亡时间有何不同？为什么？
（2）尸检内脏及血液颜色变化分析。

# 实验二　亚硝酸钠中毒（血液性缺氧）
# 的实验观察

**1. 实验步骤**
（1）取1只小白鼠，称重，观察其一般状况。
（2）皮下注射2%亚硝酸钠，用量为0.35ml/10g体重，记录时间。
（3）观察实验小鼠一般状况的改变，直至死亡，记录时间。
（4）对死亡小鼠进行尸体剖检，打开胸腔，观察内脏颜色及血管暴露情况。并剪开血管，观察血液的颜色变化，与实验一中的小鼠尸检作比较。
**2. 结果分析**
（1）实验鼠可视黏膜颜色有何变化？为什么？

（2）尸检内脏及血液颜色变化分析。

**【实训考核】**

1. 记录实验鼠可视黏膜、内脏及血液颜色变化。
2. 分析可视黏膜、内脏及血液颜色变化的原因与机制。

## 【目标检测】

1. 名词解释：缺氧、血液性缺氧、循环性缺氧、组织中毒性缺氧。
2. 根据缺氧的原因，可将其分为哪几种类型？各有何特点？
3. 简述血液性缺氧、组织中毒性缺氧的发生原因和机制。
4. 各种缺氧可视黏膜的变化有何区别？
5. 缺氧机体有哪些主要功能和代谢变化？

（孔春梅）

# 项目七  发热的认识与讨论

【学习目标】
1. 掌握发热的基本概念，理解各种致热原的致热机制。
2. 认识和理解发热过程中，患畜机体的主要功能与代谢变化。
3. 熟悉患畜发热时的临床表现，分析其体温变化特点，掌握合理的处理措施。
【课前准备】
1. 预习本项目学习内容，明确学习目标与任务。
2. 回顾健康动物生命活动中的产热与散热过程。
【学习内容】

发热俗称发烧。是机体在许多疾病过程中，由于受到致热原（热原刺激物）的作用，引起体温调节功能发生改变而致体温升高的病理过程。发热是机体的一种防御适应性反应，其特点是产热和散热由相对平衡状态转变为不平衡状态，表现产热增多、散热减少，从而呈现体温升高，并伴有各组织、器官的功能和物质代谢变化。

发热不是一种独立的疾病，而是许多疾病（尤其是传染病和炎症性疾病）过程中经常出现的一种基本病理过程或常见临床症状。不同疾病引起的发热各有其一定的表现形式和比较恒定的变化，临床上通过体温检查，不但可以发现疾病的存在，而且观察体温曲线的变动及分析其特点，还常可作为诊断某些疾病的根据之一。

发热的主要特点是体温升高，但体温升高并不一定都属于发热。例如，热射病时的体温升高，机体产热的过程并未增加，但由于外界环境温度过高和湿度过大，使机体散热困难，以致温热在体内蓄积，通常把这种现象称为"体温过高"。

## 一、发热的原因

### 1. 发热激活物

凡能引起机体发热的物质统称为热原刺激物，或称致热原。致热原是指具有致热性或含有致热成分的物质。除含有致热成分且能直接作用于体温调节中枢的刺激因子引起发热外，许多外源性致热原还可通过激活体内产致热原细胞（能产生和释放内生性致热原的细胞），使其产生和释放内生性致热原而引起发热。这种能激活产致热原细胞，使其产生和释放内生性致热原的物质称为发热激活物。发热激活物包括外源性致热原和某些体内产物。

（1）外源性致热原  来自体外的致热物质称为外源性致热原。

① 细菌及其毒素。大多为致病性微生物及其有毒产物，亦称为传染性致热原。

a. 革兰阳性菌与外毒素。此类细菌感染是常见的发热原因，主要有葡萄球菌、溶血性链球菌、肺炎球菌等。这类细菌除了菌体致热外，其外毒素也有明显的致热性，如葡萄球菌的肠毒素、溶血性链球菌的红疹毒素等。

b. 革兰阴性菌与内毒素。典型菌群有大肠埃希菌、伤寒杆菌等。这类菌群的致热物质除菌体和菌壁中所含的肽聚糖外，最突出的是其菌壁中所含的脂多糖，也称为内毒素。内毒素是最常见的外源性致热原，分子量大，不易透过血脑屏障。耐热性强（干热160℃ 2h才能灭活），一般灭菌方法不能清除。内毒素无论是静脉注射或体外与白细胞一起培养，都可刺激内生性致热原的产生和释放。

c. 分枝杆菌。典型菌群为结核杆菌，其全菌体及细胞壁中所含的肽聚糖、多糖和蛋白质都具有致热作用。

② 病毒和其他微生物。流感病毒等可激活产致热原细胞产生、释放内生性致热原，引起发热。白色念珠菌感染引起鹅口疮、肺炎、脑膜炎等，其致热因素是菌体及菌体内所含的荚膜多糖和蛋白质；钩端螺旋体内含有的溶血素、细胞毒因子及内毒素样物质等都具有致热作用。

（2）体内产物　由体内产生的某些产物，也可通过激活体内产致热原细胞，使其产生和释放内生性致热原，称非传染性致热原。主要有以下物质。

① 组织崩解产物。由大面积烧伤、创伤、手术、辐射损伤及严重的组织挫伤或组织梗死等形成的组织坏死崩解产物，可成为发热激活物，具有致热作用。

② 抗原-抗体复合物。在各种变态反应过程中，由于抗原-抗体复合物的形成，激活了体内的产致热原细胞，使其产生和释放内生性致热原，发挥致热作用。

③ 肿瘤坏死产物。某些恶性肿瘤（如淋巴肉瘤）组织坏死产物，可成为发热激活物，也可通过引起无菌性炎症或引起免疫反应（抗原-抗体复合物形成），发挥致热作用。

④ 激素类物质。如甲状腺功能亢进时，血液中甲状腺素增多，使各种物质代谢特别是分解代谢加强，导致产热增多，引起发热。又如肾上腺素能兴奋体温调节中枢，加强物质代谢，使产热增加，并可使外周小血管收缩，散热减少。

**2. 内生性致热原**

内生性致热原是产致热原细胞（能够产生和释放内生性致热原细胞）在发热激活物的作用下所释放的产物，主要有以下几种。

（1）白细胞介素-1. 白细胞介素-1 是由单核细胞/巨噬细胞在发热激活物作用下产生的多肽类物质。受体广泛分布于脑内，密度最大的区域位于最靠近体温调节中枢的下丘脑外面。

（2）肿瘤坏死因子　肿瘤坏死因子也是重要的内生性致热原之一。多种外源性致热原（如葡萄球菌、链球菌、内毒素等）都可诱导巨噬细胞、淋巴细胞等产生和释放肿瘤坏死因子。肿瘤坏死因子也具有与白细胞介素-1 相似的生物学活性。

（3）干扰素　干扰素是受病毒等因素作用时，由淋巴细胞等产生的一种具有抗病毒、抗肿瘤作用的低分子糖蛋白。干扰素注射后可引起发热，因其可引起丘脑产生前列腺素 E 作用于体温调节中枢的前列腺素 E。它所引起的发热反应与白细胞介素-1 不同，干扰素反复注射可产生耐受性。

（4）白细胞介素-6　白细胞介素-6 是由单核细胞、巨噬细胞、成纤维细胞和 T 细胞、B 细胞等分泌的细胞因子，也具有明显的致热活性。

## 二、发热的发生机制

在生理情况下，动物机体的体温是保持在相对恒定的范围内，这种体温的恒定是依赖于体温调节中枢调控产热和散热来维持的。体温调节的高级中枢位于视前区下丘脑前部，而延髓、脑桥、中脑和脊髓等部位是体温调节的次级中枢。另外，大脑皮层也参与体温的行为性调节。

**1. 中枢发热介质**

内生性致热原从外周产生后，经过血液循环到达颅内，但它仍然不是引起体温调定点升高的最终物质。内生性致热原可作用于血脑屏障外的巨噬细胞，使其释放中枢发热介质，作用于视前区前下丘脑等部位的神经原，从而引起体温调定点的升高。目前认为中枢发热介质主要有以下几种。

（1）前列腺素 E　前列腺素 E 被认为是发热反应最重要的中枢发热介质。它能引起明显的发热反应，其体温升高的潜伏期比内生性致热原短，同时还伴有代谢率的改变，其致热敏感点在视前区前下丘脑。

（2）Na/Ca 的比值　Na/Ca 的比值改变在发热机制中可能担负着重要中介作用，内生性致热原可能先引起体温调节中枢内 Na/Ca 的比值升高，再通过其他环节促使调定点上移。

（3）环磷酸腺苷　环磷酸腺苷（cAMP）是调节细胞功能和突触传递的重要介质，在脑内具有较高的含量。内生性致热原引起发热时脑脊液和下丘脑的环磷酸腺苷浓度明显升高，而且升高的程度与体温呈明显的正相关。最新的研究资料显示，内生性致热原有可能是通过提高 Na/Ca 的比值，再引起脑内环磷酸腺苷的增高，环磷酸腺苷可能是更接近终末环节的介质。

**2. 发热体温上升的三个基本环节**

（1）内生性致热原的产生和释放　这一过程包括信息传递、激活物作用于内生性致热原细胞，使其产生和释放内生性致热原，经过血液到达下丘脑的体温调节中枢。

（2）体温调节中枢的体温"调定点"上移　内源性致热原到达下丘脑体温调节中枢后，以某种方式改变下丘脑温度神经元的化学环境，使体温调节中枢的调节点上移。于是，正常血液温度变为冷刺激，体温中枢发出冲动，引起调温效应器反应。

（3）效应器的改变　一方面通过运动神经引起骨骼肌紧张度增高或寒战，产热增加；另一方面，通过交感神经系统引起皮肤血管收缩，减少散热。产热大于散热，体温升到与调定点相应的水平。

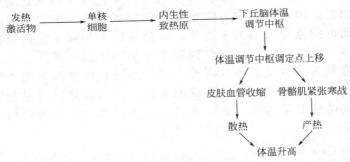

图 7-1. 发热基本机制示意图

综上所述，发热基本机制如图 7-1，可概括如下。第一个环节是致热原的产生、释放和致热原作为信息分子把信息传递到丘脑下部。第二个环节是致热原以某种方式使丘脑下部温敏感神经原的调定点上移。第三个环节是体温调节中枢的体温调定点上移后，对体温所进行的重新调节，其发出的调节冲动，一方面经交感神经系统引起皮肤血管的收缩，使散热减少；另一方面冲动经运动神经引起骨骼肌的周期性收缩而发生寒战，使产热增多。

## 三、发热过程与热型

**1. 发热过程**

按照发热的经过及产热与散热关系的改变，可分为以下三个基本阶段（图 7-2）。

（1）增热期（体温上升期）　是发热的初期，从体温开始升高一直保持在一昼夜内的变动不超过 0.5℃的一个高度为止。此期温热代谢的特点是产热增多，散热减少，温热在体内蓄积，体温上升。但是体温上升的速度，往往因致热原的质和量以及机体的功能状态的不同而有差别。例如，炭疽、马传染性胸膜肺炎等体温上升通常很快，而非典型马腺疫的体温上升则较缓慢。此期病畜在临床上除察觉到体温上升之外，还呈现皮温降低、恶寒战栗、被毛蓬乱等症状。皮温降低是由于皮肤血管收缩，血流量减少所致；皮温降低可引起恶寒感觉，

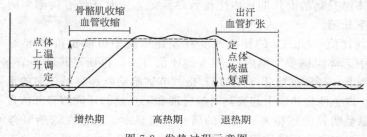

图 7-2. 发热过程示意图

并反射地引起骨骼肌轻微收缩和紧张度增高，故病畜显示恶寒战栗；同时由于交感神经兴奋，竖毛肌收缩，使病畜被毛蓬乱。

（2）高热期（高热持续期）　由体温上升期移行而来。此期体温上升到高峰，并维持在较高的水平上，其温热代谢特点是产热与散热在较高水平上趋于平衡。即由于体内分解代谢加强，产热处于矛盾的主要方面，但由于高温血液，可唤起散热反应加强，所以温热代谢在较高的水平上趋于平衡。此期由于散热加强，体表血管扩张，血流量增多，故病畜皮温增高，眼结膜潮红。高热期的长短可因病情轻重不同而异，例如马传染性胸膜肺炎可持续6～9天，而马感冒仅有数小时。

（3）退热期（体温下降期）　继高热期之后，由于机体防御功能增强，以及高温血液抑制或破坏致热原，因而体温调节中枢逐渐恢复到正常调节水平，此时体温逐渐下降。这期温热代谢的特点是散热大于产热。退热期由于加强了热的放散，皮肤血管扩张，汗液排出增多，所以体温逐渐恢复到正常水平。体温下降的速度，因疾病不同而异。体温迅速下降称为热骤退；体温缓慢下降，经数日恢复到常温，称为热渐退。但在体质衰弱的病畜，热骤退常是预后不良的先兆。因为在热骤退过程中，由于体表血管强度扩张，造成循环血量减少，血压下降，以及发热时中毒的影响，可导致心脏活动减弱，往往危及生命。

**2. 热型**

不同的疾病引起的发热过程，体温曲线常有一定的特殊形式，称为热型。了解疾病时的热型，有助于诊断疾病。根据发热的程度可分为高热、中热和低热。根据热的升降速度可分为骤发型和骤退型，以及缓发型和渐退型。根据体温曲线的动态与特点不同，可分为以下几种常见热型。

（1）稽留热　其特点是体温较稳定地持续在较高的水平上，昼夜温差不超过1℃，见于纤维素性肺炎和马传染性胸膜肺炎、猪瘟、犬温热等传染病过程中（图 7-3）。

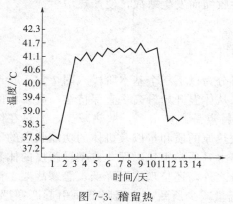

图 7-3. 稽留热　　　　　　　图 7-4　弛张热

（2）弛张热　其特点是体温升高后一昼夜间的摆动幅度超过1℃以上，而其低点没有到达正常水平。此种热型见于支气管性肺炎、化脓性炎症和败血症等过程中（图7-4）。

（3）间歇热　其特点是发热期和无热期较有规律地相互交替，但间歇时间较短并重复出现。见于马锥虫病、马焦虫病、马传染性贫血等（图7-5）。

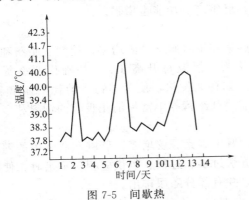

图7-5　间歇热

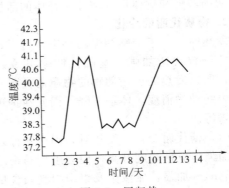

图7-6　回归热

（4）回归热　其特点是发热期和无热期间隔的时间较长，并且发热与无热期的出现时间大致相等，见于亚急性和慢性马传染性贫血等（图7-6）。

## 四、发热机体的主要功能与代谢变化

### 1. 功能变化

（1）神经系统功能变化　发热时中枢神经系统除上述体温调节中枢的功能改变外，神经系统的其它功能也发生相应改变。发热初期中枢神经系统的兴奋性增强，动物表现兴奋不安；在高热期，由于高温血液及有毒代谢产物的作用，使中枢神经系统功能由兴奋转入抑制，动物表现精神沉郁，甚至处于昏迷状态。幼龄动物高热时容易发生抽搐。不论是发热初期或高热期，植物性神经通常以交感神经兴奋占优势；但在退热期交感神经的兴奋性就逐渐降低。

（2）心血管系统功能变化　发热时，由于交感-肾上腺髓质系统功能的增强，加之高温血液对心脏窦房结的刺激，可使心脏活动加强，心跳频率加快。体温每升1℃，可使每分钟心跳增加10～15次。发热初期，由于心脏功能加强和皮肤血管收缩，可使血压升高；但到高热期，特别是进入退热期，常因交感神经兴奋性降低，外周血管舒张，血压下降。在长期发热（尤其是传染病）时，由于体内的氧化不全代谢产物和细菌毒素等对心脏的作用，易使心肌发生变性；又因心跳过快，心脏负担加重，常可导致心力衰竭。此外，当高热骤退时，特别是用解热药引起体温骤退，可因大量出汗而导致休克，应特别注意。

（3）呼吸系统功能变化　发热时由于高温血液和酸性代谢产物刺激呼吸中枢，呼吸加深、加快。深而快的呼吸，有利于氧的吸入和机体散热。但当高热持续时，往往又可引起中枢神经系统的功能障碍和呼吸中枢的兴奋性降低，致使动物出现呼吸浅表、精神沉郁等症状，这些变化对机体也是不利的。

（4）消化系统功能变化　发热时，因交感神经兴奋，胃肠消化液分泌减少和胃肠蠕动减弱，加之水分吸收加强，可使肠内容物干燥，甚至发生便秘。严重时可因肠内容物发酵、腐败而引起自体中毒，患病动物常呈现食欲减退。

（5）泌尿系统功能变化　发热初期，由于血压升高，肾脏血流量增多，尿量稍增多，尿比重较低。高热时，一方面由于呼吸加快，水分被蒸发；另一方面因肾组织发生轻度变性，加之体表血管舒张，肾脏血流量相应地减少，以及由于分解代谢增强，酸性代谢产物的增多，水和钠盐潴留在组织中，使尿液减少，尿比重增加，并且尿中常出现含氮产物。到退热期，由于肾脏血液循环的改善，肾血流量增加，尿量增多。

（6）单核巨噬细胞系统功能变化　发热时，体内单核巨噬细胞系统的功能增强。表现为吞噬活动增强和抗体形成增加，补体的活性增强，肝脏解毒功能也增强。

**2. 物质代谢的变化**

发热时，由于交感神经的兴奋性增强，肾上腺素和甲状腺素分泌增多，使糖、脂肪和蛋白质的分解代谢加强，基础代谢率升高。一般认为，体温每升高 1℃，基础代谢率提高13％，所以发热的患病动物的物质消耗明显增多。如持久发热，使营养物质消耗明显增多，导致患病动物消瘦，体重下降。因此在护理时，需要补给营养丰富易消化吸收的饲料和多种维生素等。

（1）糖代谢变化　发热时，因交感神经兴奋，肾上腺素分泌增多，肝脏和肌肉中的糖原分解加强，血糖浓度升高。但当患病动物的糖原分解过多、过快、氧供应相对不足时，使糖的无氧酵解加强，血液中及组织内乳酸含量增多，并有部分随尿排出。

（2）脂肪代谢变化　发热时脂肪的分解代谢也加强，而使脂库中的脂肪大量消耗，因此，患病动物日渐消瘦。但由于耗氧量的增加，造成氧的供应不足，而使脂肪酸的氧化不全，氧化不全产物酮体的形成增加，引起酮血症和酮尿症。

（3）蛋白质代谢变化　随着糖和脂肪的消耗，蛋白质的分解代谢也明显加强。大量蛋白质不断分解，可使大量含氮物质在血液中蓄积，并且随尿排除，引起负氮平衡。由于组织蛋白质分解过快，同时消化功能又发生障碍，蛋白质摄入和吸收均明显减少，再加之温度过高和各种有毒物质不断刺激，长期发热可导致肌肉和实质脏器发生萎缩或变性，进而引起机体衰竭。

（4）水盐代谢变化　水盐代谢常随发热的发展阶段不同而异，在体温上升期和高热期，由于机体的分解代谢加强，氧化不全产物蓄积，再加之尿量减少，故使水盐在组织中潴留。退热期，由于机体出汗增多，排尿加速，因而大量水分和盐类则随汗液和尿液排出体外，若排出过多时，则有引起脱水的可能。在发热时，由于组织的分解代谢加强，血液和尿中的钾离子浓度升高，磷酸盐的形成和排出也增多。此外，由于氧化不全的酸性中间代谢产物（如乳酸、酮体等）在体内蓄积增多，可引起代谢性酸中毒。

（5）维生素代谢变化　在发热过程中，随着糖、脂肪和蛋白质等三大物质的分解代谢加强，整个酶促反应加强，酶的消耗增加，使参与酶系统组成的维生素消耗也增加，加之发热时消化和吸收功能降低，对维生素的摄入减少，故可导致体内维生素的缺乏，尤其 B 族维生素和维生素 C 的缺乏更为明显。

## 五、发热的生物学意义

发热是机体在长期进化过程中所获得的一种以抗损伤为主的防御适应性反应，对机体有利也有弊。

**1. 有利方面**

一般短时间或轻、中度发热对机体是有益的，因为发热不仅能抑制病原微生物在体内的活性，帮助机体对抗感染，而且还能增强单核巨噬细胞系统的功能，提高机体对致热原的消除能力。此外，还可使肝脏氧化过程加速，提高其解毒能力。从生物进化角度看，发热对机体的生存和种族延续具有重要的保护意义。

**2. 不利方面**

长时间的持续高热，对机体则是不利的，因为持续性高热既可使机体的分解代谢加强，营养物质过度消耗，消化吸收功能紊乱，导致患病动物消瘦和机体抵抗力下降；又能使中枢神经系统和血液循环系统发生损伤，使精神沉郁以致昏迷，或心肌变性而发生心力衰竭，这样就更加加重病情。因此，正确判断和掌握发热状态与机体的关系是十分重要的。在临床实践上，对于发热的处理，必须根据具体病例和病情，采取适当的措施。

## 【知识拓展】

### 发热疾病的处理措施

➢ 在没有完全弄清病因时，如果不是过高的发热，一般不应人工退热。

➢ 下列情况应及时解热，持续高热（如 40℃以上）、有严重肺或心血管疾病以及妊娠期的动物，治疗原发病同时采取退热措施，但高热不可骤退。

➢ 解热的具体措施，包括药物解热和物理降温及其他措施。此外，高热惊厥者也可酌情应用镇静剂。

➢ 注意补充营养物质，如注射葡萄糖、补给 B 族维生素和维生素 C，必要时应注意补充机体损失的水和电解质，以及纠正酸中毒。

➢ 应注意给予容易消化、吸收和营养较丰富的饲料。

➢ 防止虚脱，特别是在传染性发热的退热期，由于心脏血管功能不全，容易发生虚脱，此时应注意维护心脏。

➢ 加强护理：高热或持久发热的机体，由于过度消耗，抵抗力降低，容易受冷或受热及遭受其他病因的侵袭，诱发并发症，故须加强护理。

## 【分析讨论】

讨论1 发热的生物学意义。

讨论2 发热多出现于哪些疾病过程中？

## 【目标检测】

1. 名词解释：发热、体温过高、热原刺激物、致热原、热型。
2. 体温升高就是发热吗？为什么？
3. 发热过程可分为哪几个时期？
4. 常见热型有哪几种？其体温变化特点各是什么？
5. 发热机体有哪些物质代谢和主要功能变化？

（王萍）

# 项目八 黄疸的认识与讨论

## 【学习目标】
1. 掌握黄疸的基本概念，了解黄疸的发生原因与类型。
2. 观察和认识黄疸的临床表现。
3. 分析和讨论黄疸对机体的影响。

## 【课前准备】
1. 预习本项目学习内容，明确学习目标与任务。
2. 熟悉胆色素的生成、转化与代谢过程。

## 【学习内容】

### 一、黄疸的原因与类型

由于胆色素代谢障碍，血浆胆红素浓度增高，使动物皮肤、黏膜、巩膜等组织染成黄色的病理现象称黄疸。因巩膜富含与胆红素亲和力高的弹性蛋白，往往是临床上首先发现黄疸的部位。黄疸不是一种独立的疾病，而是许多疾病过程中常见的临床表现，尤其是肝脏疾患最容易出现的一种先兆症状。

胆色素主要来源于红细胞，即由衰老的红细胞被吞噬到单核巨噬细胞系统内破坏而形成。正常时体内红细胞可不断衰老，衰老的红细胞被脾、骨髓和肝脏内的单核巨噬细胞吞噬，在吞噬细胞体内破坏，释放出血红蛋白。血红蛋白继续分解成珠蛋白、胆绿素和铁三个部分，其中珠蛋白和铁重新参与红细胞血红蛋白的合成，唯有胆绿素在吞噬细胞内还原为胆红素，而进入血液。这种胆红素在血浆中与白蛋白结合成胆红素白蛋白复合物，其分子较大，不能透过肾小球滤出，故不能随尿排出，不溶于水，不能直接与重氮试剂起作用，但溶于乙醇，所以胆红素定性试验呈间接反应，称间接胆红素。

间接胆红素经血液进入肝脏，在肝细胞膜上与白蛋白分离后进入肝细胞，受肝细胞内葡萄糖醛酸酶的作用，与葡萄糖醛酸结合成胆红素葡萄糖醛酸酯，称结合胆红素，可溶于水，能直接与重氮试剂起作用，故胆红素定性试验呈直接反应，称直接胆红素。

直接胆红素在肝细胞内与胆固醇、胆酸盐、卵磷脂一起形成胆汁，分泌到毛细胆管，经胆管系统排出到十二指肠。在肠内胆红素与葡萄糖醛酸分解，其中胆红素又受肠道菌作用还原为无色的粪胆素原，其中大部分粪胆素原经氧化形成褐色的粪胆素，随粪排出，构成粪便的颜色。还有一小部分粪胆素原由肠黏膜回收，经门静脉血液入肝，这一部分胆素原中的大部分又重新转变为直接胆红素，再合成胆汁排入肠道，这个过程称胆色素的肝肠循环。另一小部分胆素原直接经血流入肾随尿排出，形成尿胆素原，并氧化为尿胆素，构成尿液的颜色。

在正常情况下，体内胆红素的生成和排泄经常维持着动态平衡，所以外周血中胆色素含量是相对恒定的。但在某些疾病时，由于胆红素代谢障碍，其生成增多或转化和排泄障碍，致使这种动态平衡破坏时，就会导致胆色素含量增多，引起黄疸的发生（图8-1）。

依据发生原因将黄疸分为溶血性黄疸、实质性黄疸和阻塞性黄疸。

#### 1. 溶血性黄疸

由于红细胞大量溶解，胆色素形成过多所引起的一种黄疸。某些药物中毒、血液寄生虫

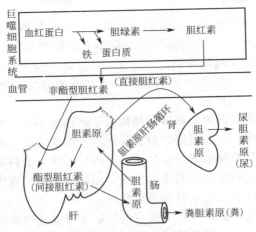

图 8-1. 胆色素的正常代谢示意

病、溶血性传染病等均可引起溶血性黄疸的发生。也称为肝前性黄疸。

（1）原因　有先天和后天两方面因素。常见的免疫性因素（血型不合的异型输血、溶血病、自身免疫性溶血性贫血、溶血或某些药物致敏）、生物性因素（细菌、病毒、某些毒蛇咬伤等可致溶血）、物理性因素和化学性因素所造成的红细胞的破坏。

（2）机制　红细胞大量破坏，胆红素的生成过多，超过了肝细胞的处理能力，血中将有非酯型胆红素的潴留，导致黄疸。

不同病因导致红细胞溶解的机制不完全一样。如马传贫、猪附红细胞体病，因红细胞膜抗原发生改变，或在疾病中变形而被破坏清除；新生骡驹溶血病，是由于母马妊娠后期胎盘损伤使胎儿红细胞漏出，母马可产生抗胎儿红细胞的抗体并存在于初乳中，幼驹吸吮这种初乳而发生溶血；毒蛇中毒时，因蛇毒中含磷脂酶可降解红细胞膜；苯或苯胺中毒过程中，常因珠蛋白变性，使循环血液中红细胞容易破碎。由于大量红细胞被破坏形成非酯型胆红素，超过肝脏的处理能力而大量出现在血液中，引起黄疸。

（3）病理特征　溶血性黄疸的特点是血中将有非酯型胆红素增多，胆红素定性试验时，呈间接反应阳性，粪、尿胆素原都增多，二便颜色加深（图 8-2）。

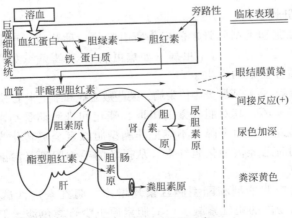

图 8-2. 溶血性黄疸示意

**2. 阻塞性黄疸**

由于胆道堵塞，胆汁排出受阻所引起的一种黄疸。造成胆道阻塞的原因很多，某些寄生虫（如猪胆道蛔虫、牛羊肝片吸虫、兔球虫）、胆结石、胆管和十二指肠炎等诸多因素均可造成胆道的阻塞，引起此型黄疸的发生。

（1）原因　常见于十二指肠炎、胆道炎、胆道结石或寄生虫等阻塞胆管、肿块压迫胆道，导致肠肝循环障碍，引起黄疸。

（2）机制　由于肝外胆管梗阻，肠肝循环障碍，胀满的胆汁逆流入肝，吸收入血，血中酯型胆红素增多，导致黄疸。　在阻塞性黄疸时，由于胆道阻塞，胆汁不能排入肠内，而在胆囊内淤积，使致胆管尤其毛细胆管显著扩张，其内压升高，最终导致毛细胆管的破裂，胆汁流入肝组织中，并经淋巴间隙或肝窦进入血液，而使血液中出现大量胆汁，胆汁中大量直接胆红素进入血液，血胆红素定性试验呈直接反应。

（3）病理特征　由于此型黄疸时，大量直接胆红素可通过血液流经肾脏随尿排出，所以尿胆素原和尿胆素的含量增加，尿色显著加深。血中酯型胆红素增多，胆红素定性试验时，呈直接反应阳性。由于胆汁未进入肠内，粪胆素原减少，粪色淡（灰白色）。但是没有尿胆素原，尿色无色而且清亮。另外，在此型黄疸时由于胆汁中大量的胆酸盐进入血液，故可引起胆酸盐中毒（图8-3）。

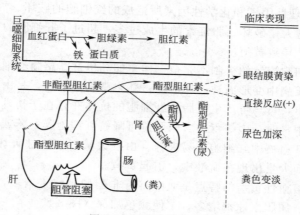

图 8-3. 阻塞性黄疸示意

**3. 实质性黄疸（肝性黄疸）**

由于肝实质（肝细胞和毛细胆管）的损伤所引起的一种黄疸。引起此型黄疸的原因也很多，如某些传染病（如马传贫）、寄生虫病（如焦虫病）、中毒病（如霉玉米中毒）等均可引起肝实质的损伤和实质性黄疸的发生。

（1）原因　中毒（磷、汞）或肝炎等传染病、某些败血症和维生素 E 缺乏等引起肝细胞损坏。

（2）机制　肝细胞损坏，其对胆红素的摄取、酯化和排泄都受到影响。此时机体胆红素生成量正常，肝细胞的处理能力下降，不能把非酯型胆红素全部转化为酯型胆红素，血中非酯型胆红素的潴留。同时已经被酯化胆红素，从损坏的毛细胆管又渗漏到血窦，血中酯型胆红素也增多，导致黄疸。

（3）病理特征　血中非酯型和酯型胆红素均增多，胆红素定性试验时，呈双相反应阳性，肝分泌障碍，进入肠内的胆红素减少，粪胆素原也少，粪色淡。但是血中酯型胆红素透过肾小球毛细血管从尿排出，尿胆素原增多，尿色加深。

在上述疾病过程中，由于各种病因的作用，致使肝组织发生广泛性损伤。此时，一方面由于肝细胞的广泛性损伤，对血液中间接胆红素的转化能力降低，致使血液中间接胆红素含量增多。另一方面由于部分肝细胞形成的部分直接胆红素进入肝组织，经淋巴间隙和肝窦进入血液，所以此型黄疸时血液中含有两种胆红素，胆红素定性试验呈双相反应。并且血液中直接胆红素可经肾随尿排出，故使尿色加深。但进入肠道的直接胆红素减少，粪胆素原和粪胆素的形成减少，故粪色变浅。总之，实质性黄疸，具有溶血性黄疸和阻塞性黄疸的综合特点（图8-4）。

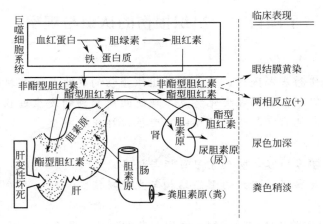

图 8-4  实质性黄疸示意

另外，在实质性黄疸时，由于肝组织的严重损伤，在引起实质性黄疸的同时，还伴有其他肝功能（如解毒功能、蛋白质的合成功能等）障碍的表现。

## 二、黄疸对机体的影响

黄疸对机体的影响主要是对神经系统的毒性作用。尤其是间接胆红素，因其具有脂溶性，可透过各种生物膜，对神经系统产生较大的毒性作用。如新生幼畜发生黄疸后，由于胆红素侵犯较多的脑神经核，严重时可出现抽搐、痉挛、运动失调等神经症状，往往导致幼畜的迅速死亡。其机制可能是间接胆红素可抑制细胞内的氧化磷酸化作用，从而阻断脑的能量供应所致。

黄疸时在血中聚积的异常成分，除胆红素外，还可有胆汁的其他成分，因此也可影响正常的消化吸收功能，尤其是对脂类及脂溶性维生素的吸收发生障碍。同时胆酸盐也有刺激皮肤感觉神经末梢、引起瘙痒、抑制心跳等作用。

【分析讨论】
　　讨论1　胆色素代谢与胃肠功能的关系。
　　讨论2　黄疸与肝脏疾病的关系。

## 【目标检测】

1. 何为黄疸？黄疸患畜的临床表现特征是什么？
2. 黄疸可分为哪些类型？其发生原因各是什么？病理变化特点有何不同？
3. 黄疸可对机体产生哪些影响？

（孔春梅）

# 项目九　组织损伤与修复的认识与观察

## 子项目一　组织损伤的认识与观察

【学习目标】

1. 掌握组织损伤的基本概念，了解各种组织损伤的发生原因与机制。
2. 掌握各种组织损伤的病理变化特点，理解组织损伤的发生过程与渐进性变化。
3. 观察和识别常见器官、组织的萎缩、变性、坏死性病变。

【课前准备】

1. 预习本项目学习内容，明确学习目标与任务。
2. 温习动物主要器官、组织的形态结构与生理功能。

【学习内容】

疾病过程中，患病动物体内会发生一系列复杂的变化，既有致病因素引起的组织损伤，又有机体对组织损伤的修复和代偿，这是贯串疾病过程的一对基本矛盾。组织损伤是患病动物机体物质代谢障碍在形态学上的反映，根据其损伤的轻重及形态特征，可分为萎缩、变性和坏死三种形式。三者之间是一个由轻至重、由量变到质变的渐进性过程，其中萎缩和变性是一种可复性损伤，而坏死则是一种不可复性损伤。

### 一、萎缩

发育正常的器官、组织和细胞，由于物质代谢障碍而发生体积缩小和功能减退的过程，称为萎缩。萎缩和发育不全有本质区别，发育不全是指在胚胎时期或生长过程中，某些器官、组织由于受到先天性缺陷、神经营养功能障碍、缺乏必需的营养物质，或感染等因素的作用，使其发育不到正常水平，如猫的泛白细胞缺乏症是病毒感染导致猫小脑发育不全等。

**1. 原因与类型**

（1）生理性萎缩　在生理情况下，动物机体的某些组织器官，随着其年龄的增长和功能的减退而发生的萎缩现象，也称为退化。如幼龄动物脐带血管的退化，特别是老龄动物的某些器官（如胸腺、性腺、乳腺等），随着生理功能自然减退和物质代谢减退而发生萎缩，甚至完全消失。

（2）病理性萎缩　是由于某些致病因素或疾病引起的萎缩，与年龄及生理代谢无直接关系。

① 全身性萎缩。在某些致病因子作用下，机体发生全身性物质代谢障碍，以致全身各组织、器官发生萎缩。全身性萎缩多见于长期饲料摄入不足、患慢性消化道疾病、严重的消耗性疾病（如结核、恶性肿瘤）和某些寄生虫病、造血器官疾病时，主要由于机体营养物质的供应和吸收不足，或体内组织蛋白过度消耗所致。动物机体发生全身性萎缩时，临床表现被毛粗乱、精神委顿、行动迟缓、进行性消瘦、营养不良性水肿、严重贫血、低蛋白血症，

甚至引起各系统功能的衰竭和全身性恶病质变化。

② 局部性萎缩

a. 神经性萎缩。由于某些外周神经或中枢神经受到损伤，其功能障碍，使其支配的肌肉或其他组织发生萎缩。这是因为受支配的组织失去正常的神经调节，其神经营养功能障碍所致。如鸡马立克病，外周神经（坐骨神经、臂神经）受增生的淋巴样肿瘤细胞所占据或破坏，引起同侧腿部肌肉萎缩。

b. 废用性萎缩。是由于器官或组织长期功能障碍，活动停止所致。由于器官组织长期废用，活动停止，其神经感受器得不到应有的刺激，导致局部血液供应减少，从而引起营养障碍而发生萎缩。如肢体骨折后，用石膏固定患肢，以利骨折愈合，但由于肢体长期不活动，其肌肉和骨都可发生萎缩。

c. 压迫性萎缩。由于局部组织或器官长期受到机械性压迫而引起的萎缩。例如：肝淤血时，中央静脉及其周围的窦状隙高度扩张，可压迫周围肝细胞索，造成肝细胞萎缩；受肿瘤、寄生虫（各种家畜的囊尾蚴、棘球蚴等）压迫的组织、器官也可以发生萎缩；输尿管阻塞可引起肾盂积液，可压迫和引起肾实质的萎缩等。

d. 激素性萎缩。也称为内分泌性萎缩，是由于内分泌功能低下而引起相应组织、器官的萎缩。如动物去势后性器官的萎缩。

e. 缺血性萎缩。是指动脉血管不全阻塞时，由于血液供应不足而引起所支配的组织或器官发生萎缩。常见于动脉硬化、血栓形成或栓塞等情况下。

**2. 病理变化**

（1）全身性萎缩　表现全身性的组织或器官发生萎缩。在全身性萎缩时，机体各组织器官的萎缩程度不完全相同。脂肪组织萎缩发生的早而严重，表现皮下、腹膜下、肠系膜、网膜脂肪的大量消耗，甚至完全消失；其次是肌肉组织的萎缩；再次是肝、肾、脾等实质脏器的萎缩。

（2）局部性萎缩　表现仅限于某局部组织或器官发生萎缩。有的局部性萎缩在其出现局部萎缩病变的同时，还可见到引起萎缩的相关病因和相应组织或器官的代偿性肥大。

眼观　组织器官体积缩小，重量减轻，被膜皱缩，边缘变锐、质地变实。胃、肠等腔管状器官的管壁变薄。脂肪组织萎缩时，其脂肪萎缩的空缺被渗出的浆液填充，形成黄白色半透明的胶冻样（彩图 9-1-1、彩图 9-1-2）。大脑萎缩时，脑回变窄，脑沟变深，皮质变薄。心、肝、肾等器官萎缩时，其颜色加深呈红褐色，称为褐色萎缩。

镜检　萎缩器官的实质细胞体积缩小，胞质致密，染色较深，胞核皱缩浓染，间质增生。肌组织萎缩时表现结构疏松，肌纤维变细，胞核密度增加，间质增宽（彩图 9-1-3）。

**3. 结局和对机体的影响**

萎缩是一种可复性病理过程，病因消除后，萎缩组织、器官的形态和功能可得到恢复。但若病因持续作用，萎缩可渐进性的发展为变性和坏死。萎缩的细胞体积缩小或数量减少，功能减退对机体是不利的，其影响程度取决于萎缩发生的部位和程度。

## 二、变性

变性是组织细胞因物质代谢障碍所引起的一种质量变化，表现为细胞或间质内出现一些异常物质或细胞内正常物质显著增多的病理现象。变性也是一种可复性病理变化，细胞或组织仍保持生活能力，但功能下降，严重时可进一步发展为坏死。变性的种类很多，其中最常见的变性主要有以下几种。

**1. 颗粒变性**

颗粒变性是以变性的细胞体积肿大，胞质内出现许多微细的蛋白颗粒为特征的一种变性。由于变性细胞的胞质内出现大量的蛋白颗粒，变性的细胞体积肿大，而致整个变性的器官体积肿胀，色泽混浊而失去原有光泽，又称为混浊肿胀，简称"浊肿"。

（1）原因与机制　常见于一些急性病理过程，如急性感染、发热、缺氧、中毒、过敏等。在上述病理过程中，可直接损伤细胞膜的结构，也可破坏线粒体的氧化酶系统，使三羧酸循环和氧化磷酸化过程发生障碍，ATP生成减少，膜上的钠泵障碍，导致细胞内钠离子、氯离子增多，致使细胞亲水性增强，水分进入细胞增多，使细胞器（尤其是线粒体）吸水肿大，以及胞质蛋白由溶胶转为凝胶状态，蛋白质颗粒沉积在胞质内和细胞器内，形成光镜下可见的红染的蛋白颗粒。

（2）病理变化

眼观　颗粒变性常见于心、肝、肾、骨骼肌等实质脏器或组织。表现器官体积肿大，重量增加，边缘钝圆，被膜紧张，切面隆突，边缘外翻，质脆易碎，颜色变淡，呈灰白色或黄白色，器官、组织混浊无光泽，像沸水烫过一样（彩图9-1-4）。

镜检　细胞体积肿大，胞质模糊，胞质内出现大量微细的淡红色颗粒，胞核染色变淡，隐约不清。细胞线粒体和内质网肿胀，形成光镜下细胞质内出现的红染的微细颗粒状。

心脏：心肌纤维肿胀变粗，横纹消失，并出现大量微细的蛋白颗粒。

肝脏：肝细胞索肿大变粗，排列紊乱。肝细胞胞质内出现大量微细的蛋白颗粒。

肾脏：肾小管上皮细胞肿大，突入管腔，边缘不整齐，胞质混浊，充满大量微细的蛋白颗粒，胞核隐约不清，肾小管管腔狭窄，甚或闭锁（彩图9-1-5）。

**2. 水疱变性**

水疱变性是指变性细胞的胞质或胞核内出现大小不等的水疱，使整个细胞呈蜂窝状结构。

（1）原因与机制　多发生于烧伤、冻伤、口蹄疫、痘疹、猪传染性水疱病及中毒等急性病理过程中，其发生机制与颗粒变性基本相同。水疱变性与颗粒变性常同时出现或出现于同一病理过程的不同发展阶段，所以有人将颗粒变性和水疱变性合称为"细胞肿胀"。

（2）病理变化

眼观　多见于皮肤和黏膜部位，最初仅见病变部位肿胀，随后形成肉眼可见的水疱（彩图9-1-6）。严重时水疱破溃，形成烂斑或结痂。

镜检　变性细胞的体积肿大，胞质内含有大小不等、形态不规则的水疱，使肝组织呈网眼状结构（彩图9-1-7）。小水疱可融合成较大的水疱，使细胞呈气球样肿胀，故又称"气球样变"。严重时细胞破裂，水分集聚于表皮的角质层下，向表面隆起，形成肉眼可见的水疱。

**3. 脂肪变性**

脂肪变性是指细胞胞质内出现脂肪滴或脂肪滴增多，简称"脂变"。脂肪是细胞的一种重要成分，多以极细的小滴散布于细胞内，或与蛋白质结合为脂蛋白，因此在细胞结构正常时不易发现。脂肪变性细胞内的脂滴其主要成分为中性脂肪（甘油三酯），也可能是磷脂及胆固醇等类脂质。在石蜡切片中，脂滴被脂溶剂（二甲苯、乙醇等）溶解而呈圆形空泡状。为了与水疱变性的空泡区别，可做脂肪染色，即冰冻切片用能溶解于脂肪的染料进行染色，如用苏丹Ⅲ将脂肪染成橘红色，锇酸将其染成黑色。脂肪变性常发生于肝、肾、心等实质脏器的细胞，其中尤以肝脏脂肪变性最为常见。

（1）原因与机制　引起脂肪变性的原因有感染、中毒（如磷、砷、四氯化碳、三氯甲烷和真菌毒素等）、缺氧（如贫血和慢性淤血）、饥饿和缺乏必需的营养物质等。上述各类病因引起脂肪变性的机制并不相同，归纳起来主要有以下四个方面因素。

① 中性脂肪合成过多。当动物饥饿持续时间较长时，体内糖原耗尽、能量下降，机体动用体内贮存的脂肪供能。此时贮存脂肪分解形成大量脂肪酸进入肝脏，使肝细胞合成甘油三酯增多，超过了肝细胞将其氧化利用和合成脂蛋白的能力，以致脂肪沉积于肝细胞内形成脂肪滴。

② 脂蛋白合成障碍。缺氧、中毒或营养不良时，肝细胞对脂蛋白、磷脂、蛋白质的合成发生障碍。此时肝脏不能及时将甘油三酯合成脂蛋白运输出去，使脂肪输出受阻而堆积于细胞内。

③ 肝细胞质内脂肪酸增多。如高脂饮食或营养不良时因体内脂肪组织分解，过多的脂肪酸经由血液入肝，或因缺氧致肝细胞乳酸大量转化为脂肪酸，或因氧化障碍使脂肪酸利用下降，脂肪酸相对增多，造成脂肪在细胞内蓄积。

④ 结构脂肪破坏。常见于中毒、缺氧、急性传染病等情况下。此时细胞结构破坏，细胞内结构脂蛋白崩解，脂肪析出形成脂肪滴。

（2）病理变化

眼观　轻度脂肪变性时，器官无明显变化，仅见脏器略显黄色（彩图9-1-8）。随着病变的加重，脂肪变性的器官体积肿大，表面光滑，边缘钝圆，质地松软易脆，色泽为灰黄、土黄或黄褐色。切面隆起，结构模糊，触摸有油腻感，密度降低。

槟榔肝：肝脏脂肪变性同时伴有淤血时，肝脏切面由暗红色的淤血部分和黄褐色脂变部分相互交织，形成类似于槟榔切面的花纹，称为"槟榔肝"。

虎斑心：心脏发生脂肪变性时，变性心肌呈灰黄色条纹或斑点状，与正常的暗红色心肌相间，呈现黄红相间的虎皮样斑纹，称为"虎斑心"。

镜检　脂变肝细胞肿胀，胞质内出现大小不一的脂肪空泡（石蜡切片），肝细胞索排列紊乱，肝窦狭窄。随着病变发展，由于脂肪滴互相融合，而形成较大的脂肪滴，胞核被挤于一侧（彩图9-1-9）。心肌脂肪变性时，脂肪空泡呈串珠状排列在肌原纤维之间。肾脂肪变性时，肾小管特别是近曲小管上皮细胞的胞质内出现大小不一的脂肪空泡。

**4. 淀粉样变性**

淀粉样变性是指在某些组织的网状纤维、血管或间质内出现淀粉样蛋白沉着物的一种变性。在 H.E 染色切片中呈淡红色。其沉着物属于糖蛋白，具有淀粉样遇碘后的呈色反应（加碘溶液呈红褐色，再滴加稀硫酸便呈蓝色），故称淀粉样沉着物。

（1）原因与机制　淀粉样变性的原因和发生机制还不完全清楚，一般认为是蛋白质代谢障碍的一种产物，与全身免疫反应过程中大量抗原-抗体复合物产生，并在一定部位沉着有关。在兽医临床实践中发现，淀粉样变性多发生于长期伴有组织损伤的慢性消耗性疾病和慢性抗原刺激的病理过程中，如慢性化脓性炎症、结核病灶等。

（2）病理变化　淀粉样变性常发生于脾、肝、肾及淋巴结等器官。

① 脾脏。眼观脾脏体积增大，质地稍硬，切面干燥。淀粉样物质沉着在淋巴滤泡部位时，呈半透明灰白色颗粒状，外观如煮熟的西米，俗称"西米脾"；如果淀粉样物质弥漫地

沉积在红髓部位,则呈不规则的灰白色区,非沉着部位呈暗红色,形成红白相间的火腿样花纹,俗称"火腿脾"。镜检淀粉样物质呈红染的云朵状(彩图9-1-10)。

② 肾脏。眼观肾脏体积增大,色泽变黄,表面光滑,被膜易剥离、质脆。镜检,肾小球内出现粉红色的团块状物质。

③ 肝脏。眼观体积肿大,呈棕黄色,质地脆弱,结构模糊,切面呈油脂样。镜检淀粉样物质主要沉着在肝窦与肝索之间的网状纤维上。

**5. 透明变性**

透明变性是指在间质或细胞内出现一种光学显微镜下呈均质、半透明、致密、无结构的物质,可被伊红或酸复红染成鲜红色,又称"玻璃样变"。主要发生于血管壁、结缔组织和肾小管等部位。

(1)血管壁的透明变性  即小动脉管壁的透明变性,常发生于心、脾、肾和脑等器官。

① 原因与机制。是由于小动脉管壁发炎引起的,在小动脉管壁炎症过程中,其管壁中膜的平滑肌细胞结构发生破坏,并有血浆蛋白渗入,而在血管壁形成致密无结构的透明蛋白。

② 病理变化。其病变特点是发生透明变性小动脉的管壁增厚,管腔变窄。镜检可见小动脉内皮细胞下出现红染、均质、无结构的物质。

(2)结缔组织的透明变性

① 原因与机制。其发生机制尚不十分清楚,可能是由于局部缺血或慢性炎症,糖蛋白沉积于结缔组织的胶原纤维之间,引起原纤维膨胀并相互黏着融合,使原有的纤维状结构破坏,而形成一片均质红染的片状或条索状结构。

② 病理变化

眼观  发生透明变性的结缔组织色泽灰白、半透明,质地致密变硬,失去弹性。

镜检  结缔组织中纤维细胞明显减少,胶原纤维膨胀、失去纤维性,并互相融合形成带状或片状的均质、玻璃样物质(彩图9-1-11)。

(3)细胞内透明变性  是指在变性的细胞胞质内出现一种被伊红红染的透明小滴,又称细胞滴状变性。

① 原因与机制。多发生于肾小球肾炎、慢性炎症和某些病毒性疾病的过程中。其来源被认为是由于肾小球毛细血管壁的通透性增强,大量血浆蛋白随原尿滤出,原尿中的蛋白质被肾小管上皮吞饮,而在其胞质内融合成玻璃样透明小滴。

② 病理变化。眼观无明显特征,镜检可见肾小管上皮细胞的胞质内出现透明滴或玻璃滴,H.E染色呈红色、圆形,周围间隙明显。

变性是一种可复性的病理过程。在病因消除后,物质代谢恢复正常后,细胞的功能和结构仍可恢复正常,严重的变性则可发展为坏死。发生变性的组织或器官功能降低,如肝脏变性可导致肝糖原合成和解毒功能降低,心肌变性使心肌收缩力减弱则可引起全身血液循环障碍。透明变性的组织容易发生钙盐沉着,引起组织硬化。小动脉发生透明变性,管壁增厚,管腔狭窄甚至闭塞,可导致局部组织缺血,甚至梗死。

## 三、坏死

活体内局部组织或细胞的病理性死亡,称为坏死。坏死是一种不可复性变化,坏死组织、细胞内的物质代谢停止,结构破坏,功能完全丧失。除少数是由强烈的致病因素(如强酸、强碱)作用而造成细胞组织的迅速死亡外,多数坏死是逐渐发生的,即由萎缩、变性发展为坏死,这种坏死过程称为渐进性坏死。

**1. 原因与机制**

引起细胞、组织坏死的原因很多，任何致病因素只要其损伤作用达到一定强度或持续到一定时间，能使细胞、组织物质代谢完全停止者，都能引起坏死的发生。常见的原因有以下几种。

（1）缺氧　局部缺氧多见于缺血，使细胞的有氧呼吸、氧化磷酸化和 ATP 合成发生严重障碍，导致细胞死亡。

（2）生物性因素　各种病原微生物和寄生虫及其毒素能直接破坏细胞内酶系统、代谢过程和细胞膜结构，或通过变态反应引起组织、细胞的坏死。

（3）化学性因素　强酸、强碱和各种有毒物质均可引起坏死。其作用机制多种多样，包括直接损伤组织细胞、使细胞蛋白质变性、破坏酶的活性等。

（4）物理性因素　机械性、高温、低温、射线等致病因素均可直接损伤细胞引起坏死。机械力的直接作用可引起组织断裂和细胞破裂；高温可使细胞内蛋白质变性；低温能使细胞内水分冻结，破坏胞质胶体结构和酶的活性；射线能破坏细胞 DNA 或与 DNA 有关的酶系统，从而导致细胞死亡。

（5）某些抗原物质　指能引起变态反应而致组织、细胞坏死的各种抗原（包括外源性和内源性抗原）。例如，弥漫性肾小球肾炎是由外源性抗原引起的变态反应，此时抗原与抗体结合形成免疫复合物并沉积于肾小球基底膜上，通过激活补体、吸引嗜中性粒细胞和释放溶酶体酶，可导致基底膜破坏、细胞坏死和炎性反应。

**2. 病理变化**

<u>眼观</u>　组织坏死的早期外观往往与原组织相似，不易辨认。时间稍长可发现坏死组织失去原有光泽或变为灰白色，混浊，失去正常组织的弹性，局部温度降低，有的坏死发生液化或形成坏疽。在坏死发生 2～3 天后，坏死组织周围出现一条明显的红色炎性反应带，简称"分界炎"。

<u>镜检</u>　细胞死亡较快时一般无明显变化，只有在 10h 以上，光镜下才能看到细胞自溶现象（由溶酶体释放水解酶，分解胞内物质）。

① 细胞核的变化。是在光镜下判断细胞坏死的主要标志。其形态变化包括核浓缩、核碎裂、核溶解三种形式。

a. 核浓缩。细胞核染色质浓聚、皱缩，使核体缩小，嗜碱性增强，染色加深。

b. 核碎裂。细胞核由于核染色质崩解和核膜破裂而发生破裂。

c. 核溶解。核染色质淡染，进而仅见核的轮廓或残存的核影，最后完全消失（图 9-1-12）。

② 细胞质的变化。胞质内的微细结构破坏，胞质呈颗粒状，嗜酸性染色的核蛋白体解体，胞质红染；胞质溶解、液化，胞核浓缩后消失。

③ 间质的变化。间质结缔组织基质解聚，胶原纤维肿胀、崩解或断裂，相互融合，失去原有结构，被伊红染成红色，成为一片均质、无结构的纤维素样物质。

当组织发生严重坏死时，实质与间质成分同时发生坏死变化，坏死的细胞和纤维素样变的间质融合在一起，形成一片颗粒状或均质无结构的红染物质。

**3. 类型与病理变化**

由于引起坏死的原因、条件以及坏死组织本身的性质、结构和坏死过程中经历的具体变化不同，坏死组织的病理变化也不相同，可分为以下几种类型。

（1）凝固性坏死　凝固性坏死是指组织坏死后，由于失去水分和蛋白质凝固，变成一种灰白色或灰黄色，比较干燥而无光泽的凝固物质，称为凝固性坏死。如肾脏的贫血性梗死、肌肉的蜡样坏死和结核病灶的干酪样坏死均属于典型的凝固性坏死。

<u>眼观</u>　特点是坏死组织干燥、质地坚实，呈灰白色或灰黄色，混浊，无光泽。坏死灶的

 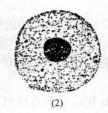 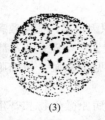 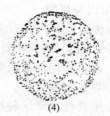

(1)　　　　　(2)　　　　　(3)　　　　　(4)

图 9-1-12. 细胞坏死时细胞胞核变化模式图
1—正常细胞；2—核浓缩；3—核碎裂；4—核溶解

大小根据其坏死的范围不同可有针尖大、粟粒大或呈大面积的坏死灶。

　　镜检　特点是坏死的组织细胞结构消失，胞核发生浓缩、碎裂，或溶解消失。胞质浓缩，严重时整个坏死组织的胞核、胞质和间质融合在一起，形成一片均质无结构的红染物质。

　　（2）液化性坏死　液化性坏死是指坏死组织迅速溶解成液体状态，主要发生于含磷脂和水分多而蛋白质较少的脑组织。因为脑组织蛋白质含量较少，不易凝固，而磷脂及水分较多，因此脑组织坏死后很快发生液化，形成粪状的软化病灶，故常将脑组织的坏死称为脑软化。此外，化脓性炎症时的组织化脓，其化脓灶中有大量嗜中性粒细胞浸润，其坏死崩解后，释放出蛋白分解酶，将坏死组织溶解液化成为脓液，也属于液化性坏死。

　　（3）坏疽　坏疽是指组织坏死后受到外界环境的影响和继发腐败菌感染，而使坏死组织腐败分解所引起的一种继发性变化。坏疽又可分为以下三种类型。

　　① 干性坏疽。多发生于体表、四肢、耳郭、尾根等体表皮肤。因为皮肤直接暴露于体表，坏死后易于继发腐败菌感染而发生坏疽。又因坏死组织中水分易于蒸发，使坏死组织干燥、固缩，易发生干性坏疽。同时，因腐败菌在分解坏死组织过程中可产生硫化氢，并与坏死组织内崩解的红细胞释放的铁结合成硫化铁，使坏死组织变成褐色或黑色。所以，干性坏疽的组织病变特点为干燥、固缩，呈褐色或黑色。如慢性猪丹毒，颈部、背、尾根皮肤坏死；牛慢性锥虫病的耳、尾、四肢下部飞节和球节皮肤坏死；耕牛冬季耳、尾根皮肤冻伤坏死等。

　　② 湿性坏疽。湿性坏疽是指组织坏死后受到腐败菌的腐败分解作用而发生液化。多发生于与外界相通的内脏器官，如肺、肠及子宫等。因这些器官直接与外界相通，坏死后极易感染腐败菌，并且含水量多，有利于腐败菌的生长繁殖。所以，这些器官坏死后极易形成湿性坏疽。

　　③ 气性坏疽。多发生于深部组织创伤又继发感染了厌氧菌（产气荚膜杆菌、恶性水肿杆菌、牛气肿疽梭菌等）所引起的一种坏疽。这些厌氧菌在腐败分解坏死组织的过程中可产生大量气体（氢、二氧化碳、氮等），结果使坏死组织显著肿胀，呈棕黑色蜂窝样，触摸有捻发音。气性坏疽多发生于牛气肿疽、猪恶性水肿等传染病过程中。

　　上述坏死的类型，不是固定不变的，随着机体抵抗力的强弱和坏死发生原因和条件等的改变，坏死的病理变化在一定条件下也是可以互相转化的。例如凝固性坏死继发化脓菌感染，可以转变为液化性坏死等。

　　**4. 对机体的影响与结果**

　　（1）对机体的影响　坏死对机体的影响主要取决于坏死的范围大小和发生部位。发生在一般部位小范围的坏死对机体影响不大，若范围较大可导致坏死组织或器官的功能障碍，坏死组织崩解产物的吸收可引起自体中毒，对机体影响就大。发生在心、脑等生命重要器官，即使范围较小也可导致严重后果。

　　（2）结果

① 溶解吸收。坏死细胞及周围嗜中性粒细胞释放溶解酶使组织溶解液化，由淋巴管或血管吸收，不能吸收的碎片则由巨噬细胞吞噬清除。

② 分离排出。坏死灶较大不易被完全溶解吸收时，发生在皮肤黏膜的坏死物可被分离，形成组织缺损，浅者称为"糜烂"，深者称为"溃疡"。肺、肾等的内脏坏死物液化后，经支气管、输尿管等自然管道排出，所残留的空腔称为"空洞"。

③ 机化、包囊形成和钙化。新生肉芽组织长入并取代坏死组织、血栓、脓液、异物等

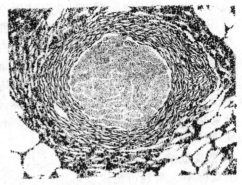

图 9-1-13. 肺脏坏死灶包囊形成

的过程，称为机化。如坏死组织太大，难以完全长入或吸收，则由周围增生的肉芽组织将其包围，称为包囊形成（图 9-1-13），机化和包裹的肉芽组织最终形成纤维瘢痕。坏死细胞和细胞碎片若不能及时清除，则容易发生钙盐沉积，引起钙化。

**【分析讨论】**
讨论 1. 组织损伤的类型及其特点。
讨论 2. 各种组织损伤的关系与渐进性发展过程。

**实习实训** ┄┄┄┄┄┄┄┄┄┄┄┄┄┄┄┄┄┄┄┄┄┄┄┄┄┄┄┄┄┄┄┄┄┄┄┄┄┄┄┄┄

# 组织损伤性病变的观察与识别

**【实训目标】** 通过对组织损伤与修复病变标本与切片的观察，认识和掌握萎缩、变性、坏死的病变特征，并对病变作出准确的病理学诊断。

**【实训器材】** 眼观标本、病理切片、光学显微镜、显微数码互动系统或显微图像转换系统、计算机、投影机、病理图片。

**【实训内容】**

**1. 猪肝脏病变**

眼观标本　眼观肝脏组织内有一细颈囊尾蚴寄生，囊尾蚴呈囊泡状，核桃大，突出肝脏表面。由于囊尾蚴囊泡的压迫，其周围肝组织发生压迫性萎缩，表现周围肝组织体积缩小，被膜皱缩。

病理诊断　肝脏压迫性萎缩。

**2. 猪肾脏病变**

眼观标本　眼观肾脏体积肿大，被膜紧张，边缘钝圆，颜色苍白或灰黄色，无光泽，好像用开水烫过一样，质脆易碎。切开时被膜外翻，且易剥离，切面隆起，皮质与髓质分界不清，组织纹理模糊。

病理切片　镜检肾小管尤其是近曲小管的上皮细胞分界不清，突入管腔内，使管腔变狭小且不规则。高倍镜下，肾小管上皮细胞胞质内有大量红染微细的蛋白颗粒。

病理诊断　肾脏颗粒变性。

**3. 猪肝脏病变**

眼观标本　眼观可见肝脏体积肿大，被膜紧张，边缘钝圆，色微黄或土黄色，质地变

软。切面上肝组织纹理模糊，肝小叶间隔不明显，触之有油腻感。若同时伴有淤血，其切面呈红黄相间的槟榔样花纹，俗称为"槟榔肝"。

病理切片　显微镜下可见肝细胞胞质内出现大小不等的圆形脂肪空泡，这是因为脂肪滴在制片过程中被有机溶剂溶解后留下的空泡。严重时，小的脂肪滴互相融合成较大的脂肪滴，整个胞质部位被一个大空泡占据，胞核被挤于细胞一侧。有时脂肪滴较小但数量很多，使细胞呈网状，胞核位于中央，肝细胞索不均匀地增粗，肝窦狭窄。严重时，肝窦排列紊乱，肝窦边缘可见内皮细胞和星状细胞，小叶分界模糊。

病理诊断　肝脏脂肪变性。

**4. 猪皮肤病变**

眼观标本　眼观可见皮肤形成一个脓肿，其脓肿破溃，脓液中蛋白质经福尔马林固定后发生凝固而呈豆腐渣样。

病理诊断　液化性坏死。

**5. 牛肺脏病变**

眼观标本　眼观病肺有数量不等的结节。结节大小有粟粒大至核桃大，结节中心为凝固性坏死，呈灰白色干酪样，故称"干酪样坏死"。

病理切片　镜下可见肺组织有数量不等的结节，结节中心为干酪样坏死，中间层为上皮样细胞和多核巨细胞构成的特殊肉芽组织，外围为成纤维细胞和淋巴细胞构成的普通肉芽组织。

病理诊断　肺结核性干酪样坏死。

**6. 猪肌肉病变**

眼观标本　眼观可见病变肌组织呈灰白色或灰黄色，质地坚实，干燥混浊，形如石蜡，故称为"蜡样坏死"。

病理切片　显微镜下可见病变肌纤维肿胀，崩解或断裂，横纹消失，肌浆均质红染无构造。

病理诊断　肌肉蜡样坏死。

**7. 猪皮肤病变**

眼观标本　眼观可见坏死部与正常皮肤分界清楚，分界处常见脓样物和充血。坏死的皮肤干固皱缩，呈棕褐色或黑色，硬如皮革。

病理诊断　猪皮肤干性坏疽。

**8. 牛肺脏病变**

眼观标本　眼观病变区肺叶发生腐败分解，固定后的病变肺组织质地坚实，脆弱易碎，呈污灰色，表面和切片结构模糊，小叶界限不清。

病理诊断　肺坏疽。

**【实训考核】**

1. 描述 3 种标本的病理变化特征。
2. 绘制 2 张病理组织图，突出其病变特点，并完成图注。

**【目标检测】**

1. 名词解释：萎缩、浊肿、脂变、凝固性坏死、液化性坏死、坏疽。
2. 萎缩的病理变化特点是什么？
3. 颗粒变性、脂肪变性的病理变化特点是什么？
4. 坏死可分哪几种类型？其病变特点各是什么？
5. 坏疽有哪几种类型？各类病变有何特点？

（陈宏智）

# 子项目二　组织代偿与修复的认识与观察

## 【学习目标】

1. 了解组织代偿与修复的发生、发展过程及其表现形式。
2. 理解各种代偿与修复对疾病损伤的抗损伤作用。
3. 观察和理解各种钙化与结石形成的形态特征与形成机制。

## 【课前准备】

1. 预习本项目学习内容，明确学习目标与任务。
2. 了解动物组织代偿与修复的主要形式。

## 【学习内容】

疾病过程实质上是损伤与抗损伤的斗争过程。在疾病过程中，一方面动物机体由于受到各种致病因素的作用而发生不同程度的损伤，包括组织器官的萎缩、变性、坏死等；另一方面机体为了维持正常的生命活动，就会通过代偿、适应和修复等抗损伤性反应，来维持机体形态结构和功能代谢的正常，保证生命活动的正常进行。

### 一、代偿

在致病因素作用下，体内某些组织器官的结构遭到破坏，代谢和功能发生障碍时，机体通过相应器官的代谢改变、功能加强或形态结构变化来进行补偿的过程，称为代偿。这种代偿过程主要是通过神经体液的调节来实现的，是机体的一种适应性反应。

机体的代偿是以物质代谢的加强为基础，先出现功能的增强，进而在功能增强的组织或器官发生形态结构的改变，这种形态结构的改变又进一步为功能的增强提供了物质基础，彼此相互关联，相辅相成。代偿有以下三种表现形式。

**1. 代谢性代偿**

代谢性代偿是指在疾病过程中，机体通过物质代谢的改变来进行代偿的一种形式。如慢性饥饿时，机体动用体内贮存脂肪的分解来提供能量；又如机体在缺氧时，有氧氧化过程受阻，能量供应不足，此时机体通过加强无氧酵解，供给部分能量等均属于代谢性代偿。

**2. 功能性代偿**

功能性代偿是指机体通过组织或器官的功能增强来消除或代偿某器官功能障碍的一种代偿形式。如一侧肾脏发生损伤功能障碍时，另一侧健康肾脏的功能呈代偿性增强，借以补偿病侧肾脏的功能。

**3. 结构性代偿**

结构性代偿是指机体通过形态结构的变化对组织、器官结构性破坏来实现的一种代偿过程，也是为了适应相应功能的增强而出现的一种代偿形式。如主动脉瓣口狭窄时引起左心的肥大，就属于一种结构性代偿。

上述三种代偿形式多同时存在，并且相互影响。其中功能性代偿出现较快，长时间的功能性代偿可引起结构变化。结构性代偿又为功能性代偿提供物质基础，而代谢性代偿又是功能与结构性代偿的基础。例如机体在缺血或缺氧时，首先通过心肌纤维的代谢加强，以增强心肌收缩功能，长期的代谢与功能增强，又会导致心肌纤维的增粗和心脏肥大，肥大的心脏又反过来增强心脏的功能。机体的组织器官有较强大的代偿能力，但其代偿也不是无止境的，当其病因长期不能消除，病情继续发展，其结构性损伤和功能性障碍进一步加重，超过了机体组织器官的代偿限度时，就会出现代偿的失调，这个过程称为失偿。

## 二、肥大

组织、器官因其细胞体积增大或细胞数量增多，而使整个组织、器官体积增大，称为肥大。肥大是机体的一种代偿性反应，是机体在受到某些因素的作用后，通过神经-体液的调节，使局部组织的血液供应增加，物质代谢和合成过程加强，以致细胞内营养贮存增加，细胞体积增大（容积性肥大）。同时，肥大的组织往往同时伴有细胞数量的增多（数量性肥大）。其共同的特点是肥大器官的体积增大，质量增加。

**1. 生理性肥大**

生理性肥大是指在生理情况下，随着器官生理功能的增强，其器官体积发生肥大。如妊娠子宫、泌乳期乳腺、赛马的心脏、经常运动的肌肉等的肥大，均属于生理性肥大。

**2. 病理性肥大**

在疾病过程中，由于受到各种病因的作用所引起的肥大，称为病理性肥大。有真性肥大和假性肥大两种。

（1）真性肥大　真性肥大是指组织、器官的实质细胞体积增大（或伴有细胞数量增多）而引起的肥大。如一侧肾脏因切除或萎缩，另一侧肾脏发生肥大。真性肥大时血液的供应、代谢及功能增强，对相应器官的功能具有代偿性，故又称为代偿性肥大。

（2）假性肥大　假性肥大是指组织、器官的间质成分增多（如脂肪贮存增加）所引起的一种肥大，这种肥大仅表现为肥大器官的体积肥大，而因其间质成分增加，实质部分受压而发生萎缩，肥大器官的功能不仅不增强，反而减退。如心脏因脂肪的积蓄而发生假性肥大。

## 三、再生

组织损伤后，由邻近健康组织细胞分裂增殖来修复其缺损的过程，称为再生。再生是机体的一种修复反应，机体可通过再生使损伤的组织得到修复。

**1. 再生的类型**

（1）生理性再生　在生理情况下，体内的细胞可不断地衰老和死亡，同时也在不断地新生替补，这种新生替补的过程即属于生理性再生。如皮肤表皮细胞的角化脱落，可由基底层细胞不断增生来进行补充；外周血液内血细胞衰老、死亡后，可不断地通过造血器官血细胞的再生得到补充。

（2）病理性再生　病理性再生是在病理情况下，由致病因素引起细胞或组织损伤后所发生的旨在修复损伤的再生。病理性再生又可根据再生的组织成分和组织修复的程度不同，分为完全再生和不完全再生。

① 完全再生。完全再生是指再生的细胞或组织在结构和功能上与原有组织完全相同。多见于损伤轻微或再生能力强的组织再生，如上皮组织轻微损伤后的再生。

② 不完全再生。如损伤的组织不能由同类组织再生修复，而是由新生的间质结缔组织（肉芽组织）再生修复，再生的组织只能填补组织的缺损，而不能完全恢复原组织的结构和功能，往往留有疤痕。多见于再生力弱的组织或损伤较严重的情况下，如肌肉组织和神经组织的再生多属此类。

**2. 各种组织的再生**

组织能否完全再生主要取决于组织的再生能力及组织缺损的程度。各种组织有不同的再生能力，这是动物在长期的生物进化过程中获得的。再生能力较强的组织有结缔组织、小血管、淋巴造血组织、表皮、黏膜、骨、周围神经、肝组织及某些腺上皮等，损伤后一般能够完全再生。但是如果损伤严重，则将会有部分的疤痕修复。再生能力较弱的组织有平滑肌、横纹肌等，而心肌的再生能力更弱，缺损后基本上为疤痕修复。缺乏再生能力的组织为神经组织，缺损后由神经胶质细胞再生来修复，形成胶质细胞结节。

（1）上皮组织再生　上皮组织的再生能力很强，尤其是皮肤的表皮或黏膜上皮更强。轻度损伤时，可达到完全再生修复其缺损。

① 被覆上皮的再生。皮肤表皮受损时，首先由创缘部及残存的生发层细胞分裂增生形成单层细胞，并向缺损面中心延伸；继而分裂增生的上皮逐渐增厚，并分化出棘细胞层、颗粒层、透明层和角化层等，形成与原有表皮一致的结构。

黏膜上皮损伤后，主要由邻近部健康的上皮细胞分裂增生，初为立方上皮，以后增高为柱状上皮，并可向深部生长形成腺管。

② 腺上皮的再生。肝脏、胰腺、唾液腺以及内分泌腺的腺上皮，都具有较强的再生能力。腺上皮的再生是否完全与损伤程度密切相关。如损伤轻微，只有腺上皮坏死，而间质及网状支架完好时，则可达到完全再生。

（2）血管再生　动、静脉大血管不能再生，其损伤后管腔往往被血栓堵塞，以后被结缔组织机化，血液循环靠建立侧支循环来完成。毛细血管的再生能力很强，多以芽生的方式再生，原有的毛细血管内皮肥大并分裂增殖，形成向外突起的幼芽，并向外增长而成实心的内皮细胞条索，随着血液的冲击，细胞条索中出现管腔，形成新的毛细血管，新生毛细血管相互吻合，形成毛细血管网（图9-2-1）。

（3）结缔组织再生　结缔组织具有强大的再生能力，它不仅使本身损伤能够再生，还能积极参与其他组织损伤的修复。组织损伤后，受损处的成纤维细胞进行分裂、增生。成纤维细胞可由静止状态的纤维细胞转变而来，或由未分化的间叶细胞分化而来。幼稚的成纤维细胞胞体大，两端常有突起，突起也可呈星状，胞质略呈嗜碱性。胞核体积大，染色淡，有1～2个核仁。当成纤维细胞停止分裂后，开始合成并分泌前胶原蛋白，在细胞周围形成胶原纤维，细胞逐渐成熟，变成长梭形，胞质越来越少，核越来越深染，转化为纤维细胞（图9-2-2）。

（4）血细胞再生　在生理情况下，红细胞会不断地衰老和破坏，机体主要通过红骨髓的造血功能完成红细胞的新生替补。在大失血或红细胞大量破坏时，除红骨髓的造血功能增强外，管状骨内的黄骨髓（脂肪骨髓）的血管内皮与网状细胞增殖形成红骨髓，增强造血功能。此外，脾、肾及肝小叶内网状与内皮细胞增殖并活化，形成髓外造血，增强造血功能。

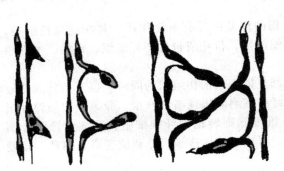

图 9-2-1. 毛细血管再生模式

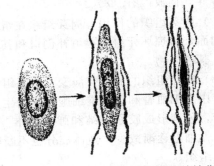

图 9-2-2. 成纤维细胞产生胶原纤维并转化为
纤维细胞

（5）骨组织再生　骨组织的再生能力很强，但再生程度取决于损伤的大小、固定的状况和骨膜的损伤程度。骨组织损伤后主要由骨外膜和骨内膜内层的细胞分裂增生，在原有骨组织的基础上，形成一层新骨组织进行修复。

（6）软骨组织再生　软骨组织的再生能力较弱，其再生起始于软骨膜，由软骨膜深层的成骨细胞增殖，这种增生的幼稚细胞形似成纤维细胞，以后逐渐变为软骨母细胞，并形成软骨基质，细胞被埋在软骨陷窝内而变为静止的软骨细胞，软骨细胞缺损较大时由纤维结缔组织参与修补。

（7）肌组织再生　肌组织的再生能力很弱。骨骼肌的再生与其肌膜是否存在及肌纤维是否完全断裂有关。

骨骼肌细胞为多核的纤维细胞，胞核数量可多达数十乃至数百个。轻度损伤肌膜未被破坏时，首先是嗜中性粒细胞及巨噬细胞进入该部吞噬并清除坏死组织，然后由健在的肌细胞分裂再生，修补缺损；如果肌纤维完全断开，肌纤维断端不能直接连接，则通过纤维瘢痕愈合，愈合后的肌纤维仍可以收缩，其功能可部分地恢复；如果整个肌纤维（包括肌膜）均破坏则难以再生，只能通过结缔组织增生连接，形成瘢痕修复。

平滑肌也有一定的再生能力，但是断开的肠管或较大的血管经手术吻合后，断处的平滑肌主要通过纤维瘢痕连接。心肌再生能力较弱，破坏后一般都是瘢痕修复。

（8）神经组织再生　神经细胞没有再生能力，其损伤由神经胶质细胞再生来修复，形成胶质细胞瘢痕。外周神经受损时，如果与其相连的神经细胞仍然存活，可完全再生。首先，断处远侧段的神经纤维髓鞘及轴突崩解吸收，近侧段的神经纤维也发生同样变化。然后由两端的神经鞘细胞增生形成带状的合体细胞，将断端连接。近端轴突以每天约 1mm 的速度逐渐向远端生长，穿过神经鞘细胞带，最后达到末梢鞘细胞，鞘细胞产生髓磷脂将轴索包绕形成髓鞘，完成修复。

### 四、肉芽组织与创伤愈合

**1. 肉芽组织**

肉芽组织是由毛细血管内皮细胞和成纤维细胞分裂增殖所形成的富有毛细血管的幼稚型结缔组织。

（1）肉芽组织的组成　结缔组织再生时，首先由创腔底部或损伤组织边缘呈静止状态的纤维细胞、未分化的间叶细胞等分裂增生形成成纤维细胞，与新生的毛细血管共同构成肉芽组织。新形成的肉芽组织呈现鲜嫩、湿润的颗粒状，属于一种幼稚型的结缔组织，主要由新生的毛细血管和成纤维细胞，以及不同数量的炎性细胞（嗜中性粒细胞、巨噬细胞、淋巴细胞）等共同构成(彩图 9-2-3)。

（2）肉芽组织的作用　肉芽组织在组织损伤的修复中具有重要作用。其功能是抗感染，保护创面，清理坏死组织；填补创口和其他组织缺损；机化或包裹坏死组织、血栓、炎性渗出物、其他异物。

（3）肉芽组织的成熟与演变　肉芽组织在修复创伤或损伤组织的同时，也开始其成熟过程。其中毛细血管和成纤维细胞停止增生，成纤维细胞间出现嗜银纤维、胶原蛋白与弹性蛋白沉着，分别形成胶原纤维和弹性纤维。成纤维细胞则转化为纤维细胞。毛细血管闭合消失，炎性细胞逐渐减少，液体成分也不断吸收，组织固缩，逐步成熟和演变成灰白色、较硬的疤痕组织。

**2. 创伤愈合**

当组织、器官因受外伤的作用造成损伤或断裂后，由其周围健康的组织细胞分裂增生修复其损伤的过程，称为创伤愈合。根据损伤程度不同及有无感染，创伤愈合可以分为以下两种类型。

（1）直接愈合　又称一期愈合。多见于创口较小，创缘整齐，组织缺损少，无感染，组织破坏程度和炎性反应轻微的轻度创伤的愈合，如无菌手术创口的愈合。

① 愈合过程

a. 创腔净化。首先是伤口内流出的血液与渗出物凝固，使两侧创缘初步黏合，随后创壁周围毛细血管扩张充血，并有液体渗出、嗜中性粒细胞和巨噬细胞浸润，以吞噬溶解和清除创腔内的凝血及坏死组织，使创腔净化，需 2～3 天。

b. 再生修复。由结缔组织的成纤维细胞和毛细血管内皮细胞增生形成肉芽组织填补伤口的缺损，同时由创缘表面新生的上皮细胞逐渐覆盖创面，完成创伤的直接愈合。

② 特点　愈合时间短（约 1 周），愈合的组织不留疤痕，或仅留线状疤痕，愈合组织的功能也完全恢复（彩图 9-2-4）。

（2）间接愈合　又称二期愈合。多见于开放性损伤，其创口较大，组织破坏严重，创缘不整齐，出血较多，并伴有感染，炎性反应剧烈，创腔内蓄积有多量的坏死组织或渗出物。

① 愈合过程

a. 创腔净化。在创伤形成的 2～3 天内，创腔周围的组织发生剧烈炎性反应，此时可由血管内渗出大量浆液和嗜中性粒细胞，借以清除创腔，稀释毒素，吞噬和溶解坏死组织和病原微生物，约经 7 天。

b. 再生修复。从创腔底部和创缘周围开始增生出肉芽组织，逐渐填补创腔。与此同时，创缘表皮生发细胞也明显分裂增生，逐渐向创面中心伸展，覆盖创面。但由于创口较大，再生的被覆上皮往往不能完全覆盖创面，故在创面裸露出表面光滑明亮的疤痕组织。

② 特点。愈合时间较长（约 2 周），愈合的组织不能完全恢复其原有的结构和功能，往往留有较大的疤痕（彩图 9-2-5）。

## 五、机化与化生

### 1. 机化

在疾病过程中所出现的各种病理产物或异物（如坏死组织、炎性渗出物、血栓、血凝块、寄生虫等），被新生肉芽组织取代或包裹的过程，前者称"机化"，后者称"包囊形成"。

机化与包囊形成可以消除或限制各种病理性产物或异物的致病作用，是机体防御能力的重要体现。但机化能造成永久病理状态，故在一定条件下或在某些部位，会给机体带来严重的不良后果。如心肌梗死后机化形成疤痕，伴有心脏功能障碍；心瓣膜赘生物机化能导致心瓣膜增厚、粘连、变硬、变形，造成瓣膜口狭窄或闭锁不全，严重影响瓣膜功能；浆膜面纤维素性渗出物机化，可使浆膜增厚、不平，形成一层灰白、半透明绒毛状或斑块状的结缔组织，有时造成内脏之间或内脏与胸、腹膜间的粘连；肺泡内纤维性渗出物发生机化，肺组织形成红褐色，质地如肉的组织，称为肺肉变，使肺组织呼吸功能丧失。

### 2. 化生

一种已分化成熟的组织在环境条件改变的情况下，其形态和功能完全转变为另一种组织的过程，称为化生。这常常是由于组织适应生活环境的改变，或者某些理化刺激的结果。

根据化生发生过程的不同，可将其分为直接化生和间接化生 2 种。

（1）直接化生　直接化生是指一种不经过细胞的增殖而直接转变为另一类组织的化生。例如，疏松结缔组织化生为骨组织时，纤维细胞可直接转变为骨细胞，进而细胞间出现骨基质，形成骨样组织，经钙化而成为骨组织。

（2）间接化生　间接化生是指一种组织通过新生的幼稚细胞转变为另一类型组织的化生。多见于气管和支气管。若此处黏膜长时间受到刺激性气体刺激或慢性炎症的损伤，黏膜上皮反复再生，便可出现化生。例如：在慢性支气管炎时，支气管黏膜的假复层柱状纤毛上皮可通过细胞的新生转化为复层鳞状上皮（鳞状上皮化生）；肾盂结石时，肾盂黏膜的移行上皮以通过细胞的新生转化为复层鳞状上皮。

### 六、钙化与结石形成

**1. 钙化**

在正常的机体内，只有骨和牙齿有固体的钙盐，在某些病理情况下，体液中的钙盐析出，以固体状态沉着于病理产物或局部组织内的现象，称病理性钙盐沉着或病理性钙化，简称钙化。

（1）发生原因与机制　根据其发生原因与机制的不同，可将钙化分为营养不良性钙化和转移性钙化两种。营养不良性钙化是指钙盐沉着于坏死组织或病理产物中的过程。转移性钙化是由于全身性钙磷代谢障碍，血钙和血磷含量增高，钙盐沉着于机体多处健康组织中所致。因后者极为少见不作详细论述，此处重点论述营养不良性钙化。

营养不良性钙化沉着的钙盐主要是磷酸钙，其次是碳酸钙。钙盐之所以能沉着在上述病理产物中，其发生机制较为复杂。一般认为与上述病变或坏死组织局部的碱性磷酸酶含量升高有关。在坏死灶内坏死细胞崩解后，其溶酶体中的磷酸酶可释放出来。磷酸酶能水解体液中的磷酸酯，使局部组织中的 $PO_4^{3-}$ 增多，进而使 $PO_4^{3-}$ 和 $Ca^{2+}$ 浓度升高，于是就形成磷酸钙沉淀，引起钙盐沉着和钙化的发生。另外变性和坏死组织 pH 值降低，对钙盐的吸附性和亲和力增强，使局部组织内的钙离子浓度增高，故可引起钙盐沉着和钙化的发生。

（2）病理变化　钙化的病理变化主要与钙盐沉着量多少和病灶范围大小有关。轻度钙化眼观不易辨认，只能在显微镜下才能辨认。镜检 H.E 染色的组织中钙盐呈蓝色颗粒状。如钙盐沉着较多，病灶范围较大，肉眼可见钙化灶坚硬，呈砂粒状或团块状，呈白色石灰样，刀切时发出磨砂音，严重时整个钙化组织呈砖块状，刀切不动。

（3）钙化对机体的影响与结果　钙化是一种可复性变化，局灶性的钙化可被溶解吸收。如较大面积钙化或钙盐沉着较多时，钙盐沉着的局部就会有结缔组织增生形成包囊将其包围，使钙化灶局限在一定部位。

钙化对机体的影响视不同情况，如感染性病灶钙化时，可使其病原体局限化，对机体起到保护作用。如结核病灶的钙化，可使结核杆菌局限在结核病灶内，并逐渐使其失去致病作用，防止其进一步扩散和继续发展的危险性。但钙化易于引起组织或器官的损伤，导致其功能破坏。如血管壁发生钙化时，可使其管壁质地变脆，失去弹性，容易引起破裂出血，对机体产生有害作用。

**2. 结石形成**

在腔管状器官（胃肠、胆囊、胆管、肾盂、输尿管、膀胱、尿道）、腺体及其排泄管（唾液腺、胰腺）内形成石样固体物质的过程，称为"结石形成"，形成的石样物质称"结石"。

（1）发生原因与机制　结石形成一般与局部炎症有关，当上述腔管状器官黏膜发炎时，必然造成其黏膜上皮的损伤和脱落，以及炎性渗出物等病理产物的形成。这些病理产物均可成为结石形成的有机物质（有机核），构成结石形成的基质成分，以这些基质成分为基础，溶解在管腔液中的钙盐，由于其黏膜发炎，管腔液的浓缩，其胶体状态发生改变，其中钙盐一层一层地沉积下来，逐渐形成结石，并使结石不断增大。所以，结石的构成包括有机基质和无机盐类两种成分。

（2）结石的种类

① 肠结石。是指在肠内形成的一种结石，有真性肠结石和假性肠结石两种。

a. 真性肠结石。多发生于马的大肠，这种结石非常坚硬，一般呈圆形或卵圆形，颜色淡灰，表面光滑，质硬如石，重量沉重，大小不定，数量不等。结石的断面呈轮层状结构，其中心为有机物质构成的核心，外面为一层一层的盐类沉积（彩图 9-2-6）。此种结石的发生机制主要与长期饲喂过多的麦麸有关。特别是在胃肠黏膜发炎和胃酸分泌减少时，麦麸中的磷酸镁不能像正常时那样都溶解于胃液内，而是以不溶状态进入大肠，加之麦麸中的蛋白质受大肠内细菌作用形成大量的铵，后者与磷酸镁结合成不溶性磷酸铵，再与肠内有机物质结合形成结石。

b. 假性肠结石。假性肠结石是在吞食的植物纤维团或误食毛发团的基础上沉积盐类而形成的一种结石。这种结石表面光滑，呈黑色或灰黄色，其主要成分为植物纤维或毛发，仅在其表面包裹一层有机质，并沉着一层钙盐，其质地较软，重量较轻（彩图 9-2-7）。

② 尿结石。尿结石是在肾脏、输尿管和膀胱、尿道等处形成的一种结石。根据其形成部位不同分为肾盂结石、膀胱结石、尿道结石等。此类结石质地也非常坚硬，其形态和大小随其形成部位而定。其主要成分为尿酸、尿酸盐（彩图 9-2-8）。

③ 胆结石。胆结石是在胆管和胆囊内形成的一种结石，其主要成分为胆酸盐。这种结石也较坚硬，一般较小，数量较多，呈黄绿色（彩图 9-2-9）。胆结石可成为中药，有较高的药用价值，尤其是牛的胆结石称为"牛黄"，其药用价值很高，属于一种昂贵的中药。

【分析讨论】
    讨论1  代偿的表现形式及其关系。
    讨论2  各种修复反应的表现形式及其抗损伤作用。

**实习实训**

# 组织修复性变化的观察与识别

【实训目标】  通过对组织损伤与修复病变标本的观察，认识和掌握增生、肥大、肉芽组织、钙化、结石形成等的病变特征，并对病变作出准确的病理学诊断。

【实训器材】  眼观标本、光学显微镜、显微数码互动系统或显微图像转换系统、计算机、投影机、病理图片。

【实训内容】

**1. 马肝脏病变**

眼观标本  眼观肝组织内有数量不等的钙化灶，病灶局部呈灰白色结节状、颗粒状或砂粒状，质地坚硬，不易切开，刀切时发出磨砂音。

病理诊断  肝脏营养不良性钙化（砂粒肝）。

**2. 牛结石病变**

眼观标本  结石形成于肾盂、膀胱内，眼观结石呈灰白色，质硬如石，有樱桃大，呈颗粒状。

病理诊断  牛尿结石。

**3. 牛结石病变**

眼观标本  本结石形成于胆囊或胆管内，呈梨形、圆形或卵圆形，或呈砂粒状。颜色呈黄褐色或黑褐色，大小在数毫米至几厘米，数量从几个到上百个。

病理诊断  牛胆结石。

**4. 马结石病变**

眼观标本　本结石形成于马属动物肠道内，结石呈球形，有苹果大小，质硬如石，表面光滑，呈暗褐色。结石断面呈轮层状结构，中心有异物（植物碎片等）。

病理诊断　马真性肠结石。

**5. 羊结石病变**

眼观标本　结石形成于羊的肠道内，结石呈球形，有苹果大小，表面光滑，质地坚硬，重量较轻。结石内部分别由毛发、植物纤维等成分构成，其表层有钙质沉着，形成黑褐色硬质外壳。

病理诊断　山羊假性肠结石。

**【实训考核】**

1. 从所观察的标本中选择描述 3 种标本的病理变化特征。
2. 绘制 3 种结石外形图，并完成图注。

## 【目标检测】

1. 名词解释：再生、肉芽组织、创伤愈合、肥大、钙化、结石形成。
2. 试述肉芽组织的结构组成及其功能作用。
3. 一期愈合与二期愈合的特点有何异同？
4. 真性肥大和假性肥大特点有何不同？
5. 简述营养不良性钙化对机体的影响？
6. 结石形成的基础是什么？常见的结石有哪几种？各形成于什么部位？

（王一明）

# 项目十 炎症的认识与观察

【学习目标】
1. 掌握炎症的基本概念，了解致炎因素的广泛性和炎症性疾病的普遍性与代表性。
2. 理解炎症的基本病理变化与分类特征，掌握各种炎症的病理变化特点。
3. 掌握炎症的局部表现与全身反应。
4. 观察和识别各种常见的炎症性病变。

【课前准备】
1. 预习本项目学习内容，明确学习目标与任务。
2. 熟悉炎症的基本概念与本质。

【学习内容】

## 一、炎症的发生原因与本质

### 1. 炎症的概念

炎症是指机体在致炎因子作用下发生的以防御为主的反应，其基本病理变化是局部组织的变质、渗出和增生，临床症状是局部红、肿、热、痛和功能障碍。当炎症范围波及较广或反应强烈时，伴有不同程度的发热、白细胞增多、单核巨噬细胞系统增生及其功能增强等全身性反应。

炎性反应是汗多疾病的基本病理过程，如肺炎、胃肠炎、心包炎、心内膜炎、腹膜炎、肾炎、脑炎、关节炎、创伤、烧伤和许多中毒病、传染病、寄生虫病等，都以炎症为基本病理变化，故有"十病九炎"之说。因此，正确认识和掌握炎症的发生、发展规律和基本理论，对畜禽疾病的诊断和防治具有十分重要的意义。

### 2. 炎症的发生原因

炎症的发生系外界环境中生物性和理化性等因素作用于机体而引起组织损伤所致，致炎因素种类繁多，作用各异。

（1）外源性致炎因素

① 生物性因素。是最常见的致炎因素，如病原微生物、寄生虫及其毒性产物等，可使组织发生损伤或通过其抗原性发生免疫反应而导致炎症。如细菌感染引起的炎症，主要是由于它所产生的毒素或代谢产物的作用；大多数寄生虫的侵袭常以其机械性的损伤及毒素的作用而致局部组织发炎，并常呈现慢性炎症的经过和结果。

② 化学性因素。如强酸、强碱、芥子气和各种有毒物质等。当动物触及时便发生组织损伤引起炎症，如食入变质饲料引起急性胃肠炎等。

③ 物理性因素。如高温、低温、放射线、紫外线等，当达到一定强度时可使组织损伤引起炎症。

④ 机械性因素　如创伤、挫伤、扭伤等，也可引起炎症。

（2）内源性致炎因素　指机体内部产生的具有致炎作用的因素。主要有免疫过程中形成的抗原-抗体复合物；坏死组织分解产物，如各种胺类、肽类及溶酶体等；某些病理过程中的代谢产物，如胆酸盐、尿素等，均可刺激机体引起炎症。

致炎因素虽然是引起炎症发生的必需条件，但是能否发生炎症，反应程度如何，还取决于机体的功能状态。如机体在麻醉或衰竭以及免疫力下降时，炎性反应往往减弱，当机体状态良好时，炎症表现激烈；老龄动物和初生动物，因其免疫防御功能减弱或未发育完善而容易发生炎症。

**3. 炎症的本质**

炎症的本质是清除与消灭引起损伤的各种致炎因素和促进损伤的修复。炎症时既有局部组织结构与功能的损伤过程，又有炎区组织的恢复与修补过程。例如，动物体表遭到化脓菌侵入而发生感染时，在入侵局部，一方面引起组织细胞的代谢紊乱、变性甚至坏死的损伤性变化，另一方面炎灶及其周围充血、出血，白细胞及血浆成分渗出。此时，侵入组织的化脓菌和一些已损伤的组织碎片，被白细胞吞噬消化而清除，最后以组织的增生恢复其结构和功能。如果组织损伤较重，则通过肉芽组织的增生，修复缺损的组织。

## 二、炎症局部的基本病理变化

任何一种炎症性疾病，在其发生、发展过程中，无论其发生原因、作用部位及表现形式有何不同，但都引起局部组织的变质性变化、渗出性变化和增生性变化。三者之间互相影响、互相渗透，构成炎症局部的一系列临床表现。一般来说炎症早期以变质和渗出为主，后期以增生为主。

**1. 变质性变化**

变质性变化指炎区局部组织的物质代谢障碍、理化性质改变及由此引起的功能、形态变化的总称。

（1）物质代谢障碍　炎区内组织代谢特点是分解代谢加强，氧化不全产物堆积。因炎区中心血液循环障碍及组织细胞损伤严重，使氧化酶活性降低，细胞坏死崩解，释放大量组织蛋白和钾离子，而周围组织发生充血，代谢功能亢进，氧化酶活性升高，耗氧量增多。继而发展为供氧不足，导致炎区内糖、脂肪和蛋白质无氧分解增强，增加炎区氧化不全产物。因此，整个炎区内有大量乳酸、丙酮酸、脂肪酸、酮体、蛋白胨、氨基酸、多肽等酸性产物蓄积。由此可见，炎症部位不同，炎区组织酸中毒的机制也不同，病灶中间主要是血液循环障碍，氧化酶活性降低，引起绝对缺氧导致的酸中毒，而病灶周边部位是氧化酶活性增加，耗氧量增加，相应氧供应不足引起的酸中毒。

（2）理化性质改变

① 酸碱度改变。炎症初期产生的酸性产物可随血液或淋巴从炎灶排出，或被碱储中和，并不出现酸中毒。随着炎症发展，酸性产物不断增多，局部碱储耗尽，加上局部淤血，引起炎区组织酸中毒。一般来说，炎症越急剧，酸中毒越明显。如急性化脓性炎症时，炎区中心pH 可达 5.6 左右。

② 渗透压改变。由于炎区酸性产物蓄积，氢离子浓度增加，使盐类解离度加大，离子浓度增高；组织细胞崩解，释放钾离子和蛋白质；炎区分解代谢加强，使糖、脂肪、蛋白质分解成小分子微粒；加上炎区血管通透性增高，血浆蛋白渗出增多等。这些因素导致炎区的晶体渗透压和胶体渗透压升高，从而引起炎性水肿。

（3）组织细胞功能、形态变化　炎症时，因局部组织细胞物质代谢障碍，导致实质细胞发生颗粒变性和脂肪变性，甚至坏死等变化，引起功能障碍。间质则发生黏液样变性，胶原纤维肿胀、断裂和溶解等变化。这种形态变化在炎区中心最突出。

**2. 渗出性变化**

渗出性变化是指炎区局部的微循环改变、血浆成分渗出和白细胞游出的过程。

(1) 局部微循环变化　致炎因素刺激局部组织时，通过神经反射或肾上腺素能神经兴奋的作用，使该部组织的微循环动脉端（微动脉、后微动脉及毛细血管前括约肌）发生短暂的（几秒至几分钟）痉挛性收缩。此时，缺血、缺氧，物质代谢障碍，酸性产物增多，氢离子浓度升高，相继组织损伤并释放组胺、激肽等炎症介质。这些物质一方面使微动脉和毛细血管扩张，局部血流加快，血流量增多，形成动脉性充血（炎性充血），另一方面刺激损伤部位的感觉神经末梢，通过轴突反射引起损伤灶周围的小动脉扩张，形成了围绕损伤灶外周的红晕。此时，局部温度升高和发红。动脉性充血持续一段时间后，因发炎组织局部酸性产物不断堆积和炎症介质的继续作用，使微动脉、后微动脉和毛细血管前括约肌弛缓扩张，而微小静脉的平滑肌对酸性环境耐受性较强，仍保持一定的收缩状态或扩张程度较轻，使血液在毛细血管内淤滞，血流变慢。另外酸性产物和炎症介质使毛细血管通透性增强，血液的液体成分渗出，血液浓缩黏稠，从而使毛细血管和微静脉的血流减慢，发展为淤血，甚至血流停止，形成微血栓。此时，炎区外观变为暗红色或蓝紫色。

(2) 血浆成分渗出　血浆成分渗出，是指炎症过程中血浆的液体成分和蛋白质成分通过血管壁进入炎区组织。随着炎区血液循环障碍的发展，毛细血管壁的通透性升高，血液中液体成分渗出，形成炎性水肿。炎性水肿液称渗出液，非炎性水肿液称漏出液，二者区别见表10-1。渗出液的成分与血管壁的损伤程度有关，较轻时含有电解质和小分子量的蛋白质，较重时含有大分子量的球蛋白和纤维蛋白原。

① 血浆成分渗出的原因和机制

a. 血管壁通透性升高。各种致炎因素可使微静脉和毛细血管内皮细胞间形成裂隙或原有间隙增大，或使血管基底膜纤维液化、断裂，或血管内皮细胞本身受损或坏死，从而导致通透性升高，使血浆成分渗出。

b. 微循环血管内的流体静压升高。由于炎区微动脉和毛细血管扩张，血流变慢，微血管淤血，致使毛细血管内的流体静压升高，促进液体成分外渗。

c. 局部组织渗透压升高。由于炎症时，血管通透性增高，血浆蛋白渗出，以及组织细胞坏死崩解，许多大分子物质变为小分子物质，从而使炎灶内胶体渗透压升高。同时，炎灶细胞内 $K^+$ 释放，炎区内酸性代谢产物增多，$H^+$ 浓度升高，盐类解离度增大，致使晶体渗透压升高，从而促进血浆成分外渗。

**表 10-1　渗出液与漏出液的区别**

| 项目 | 渗出液 | 漏出液 |
| --- | --- | --- |
| 蛋白质含量 | 蛋白质含量超过 4% | 蛋白质含量低于 3% |
| 相对密度 | 相对密度大，在 1.018 以上 | 相对密度小，在 1.015 以下 |
| 细胞量 | 有大量嗜中性粒细胞和红细胞 | 嗜中性粒细胞少或无、红细胞无 |
| 透明度 | 混浊 | 透明 |
| 颜色 | 黄色或白色、红黄色 | 呈淡黄色 |
| 凝固性 | 在体外或尸体内凝固 | 不凝固 |
| 与炎症关系 | 与炎症有关 | 与炎症无关 |

② 血浆成分渗出的作用。具有抗损伤的意义。如渗出液能稀释毒素，带走炎区代谢产物；通过渗出把抗体、补体、溶菌素带入炎区，促进炎性反应；渗出的纤维蛋白原转变成纤

维蛋白，并相互交织成网架，可阻止病原体扩散，有利于嗜中性粒细胞发挥作用，使病灶局限化。但渗出液过多，会引起不良后果。如心包积液、胸腔积液时，可发生粘连。

（3）白细胞游出　在炎症过程中，各种白细胞由血管内游走到组织间隙的过程称白细胞游出，游出的白细胞向炎症区集聚的现象称炎性细胞浸润，游走的各种白细胞称炎性细胞。炎性细胞除释放炎症介质参与炎性反应外，主要具有吞噬和杀菌作用。

① 白细胞游出过程。正常时血液在血管内流动形成轴流和边流。轴流主要由红细胞、白细胞等有形成分组成，边流主要成分是血浆。当炎区微循环障碍时，血流变慢，轴流变宽，白细胞从轴流进入边流，渐渐靠近血管壁并沿内膜滚动，继而黏附于血管内膜上，称白细胞附壁现象。附壁的白细胞以胞质形成伪足，伸入血管内皮细胞间隙，随着伪足的活动，最后整个细胞体从内皮细胞的连接处逸出，并穿过基底膜，到达血管之外，进入炎区组织，进行吞噬活动（图10-1）。游出的白细胞包括嗜中性粒细胞、嗜酸性粒细胞、嗜碱性粒细胞、单核细胞和淋巴细胞，其游出方式基本相同。但致炎因素、病程和炎症介质不同，其游出的白细胞种类不尽相同，如急性化脓性炎症以嗜中性粒细胞为主，寄生虫性炎症则以嗜酸性粒细胞为主。

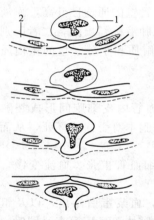

图 10-1. 电镜下白细胞游出模式图
1—白细胞；2—毛细血管内皮细胞

② 白细胞游出的机制。白细胞游出是白细胞趋化因子的作用，当白细胞受到趋化因子作用后，增加了对血管壁的黏滞性，并向着趋化因子浓度高的方向游出，这一特性称白细胞趋化性。能调节白细胞定向运动的化学刺激物叫趋化因子。炎症时，炎灶内存在白细胞趋化因子，它们对白细胞具有化学激动作用和趋化效应，使白细胞的游走能力加强并向其所在部位集聚。一般白细胞和单核细胞对趋化因子的反应明显，而淋巴细胞反应较低。不同的趋化因子吸引不同的白细胞，故炎症区出现不同的细胞浸润。如某些细菌的可溶性代谢产物、补体成分、白细胞三烯等，对嗜中性粒细胞有趋化作用；淋巴因子和嗜中性粒细胞释放的阳离子蛋白等对单核细胞、淋巴细胞有趋化作用。

③ 白细胞的吞噬作用。指白细胞接触病原体、抗原抗体复合物及组织碎片等，进行吞噬消化的过程。白细胞通过表面受体与被吞噬物结合，然后细胞膜形成伪足，随伪足的延伸和互相吻合，将吞噬物包入胞质内，形成吞噬小体，吞噬小体在胞质内与溶酶体融合形成吞噬溶酶体，最后由溶酶体酶将吞噬物溶解、消化、杀灭。

④ 常见的几种炎性细胞及其功能。炎症过程中，渗出的白细胞种类及其数量，可因不同的炎症或炎症的不同发展阶段而异（图10-2）。

a. 嗜中性粒细胞。有活跃地游走运动能力和较强的吞噬作用，起源于骨髓干细胞，占血液白细胞总数60%～75%，成熟细胞核呈分叶状，胞质中含有丰富的中性颗粒，颗粒中含溶菌酶、碱性磷酸酶、胰蛋白酶和脂酶等多种酶类。主要吞噬细菌、坏死组织碎片及抗原-抗体复合物等细小异物颗粒。还可释放内生性致热原引起机体发热，其嗜中性颗粒崩解后释放溶菌酶，有溶解坏死组织的作用，使炎区组织液化形成脓液。这种细胞多见于急性炎症的早期和化脓性炎症。

b. 单核细胞和巨噬细胞。占血液中白细胞总数的3%～6%。单核细胞来自于骨髓干细胞，单核细胞进入血液之后，从血管进入全身组织中，再继续分裂和分化成巨噬细胞，巨噬细胞在不同的器官组织中又各有不同的名称，如结缔组织中的组织细胞、肝脏的星形细胞、肺泡巨噬细胞或尘细胞、脾巨噬细胞、脑小胶质细胞等，统称为单核巨噬细胞系统。单核巨噬细胞能吞噬较大的病原体、异物、组织碎片，甚至整个细胞；当异物过大时，多个巨噬细胞互相融合形成多核巨细胞进行吞噬；巨噬细胞含较多的脂酶，当吞噬消化含蜡质膜的细菌（如结核杆菌）时，其胞体变大，色变浅，类似上皮细胞，又称为上皮样细胞。单核巨噬细胞主要出现在急性炎症的后期、慢性炎症、结核性炎、鼻疽性炎、病毒感染、寄生虫感染、放线菌病及曲霉菌病灶中。

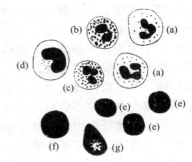

图 10-2. 炎性细胞模式图
(a) 嗜中性粒细胞；(b) 嗜酸性粒细胞；
(c) 嗜碱性粒细胞；(d) 单核细胞；
(e) 小淋巴细胞；(f) 大淋巴细胞；(g) 浆细胞

c. 嗜酸性粒细胞。也起源于骨髓干细胞，占血液白细胞总数的1%～7%。内含许多较大的球形嗜酸性颗粒，内含多种酶。其运动能力较弱，有一定的吞噬作用，能吞噬支原体、抗原-抗体复合物和补体覆盖的红细胞；胞质中的嗜酸性颗粒释放物能吸附于虫体表面使虫体死亡；其中的组胺酶能破坏组胺，芳香硫酸酯酶及富含精氨酸的蛋白质能抑制变态反应迟缓反应物质（SPS-A），组胺释放抑制因子能阻止组胺释放，缓激肽拮抗物有抗缓激肽作用。故嗜酸性粒细胞能阻止变态反应和炎症扩散。主要见于寄生虫感染和某些变态反应性疾病。在非特异性炎症时，嗜酸性粒细胞的出现较嗜中性粒细胞晚，并多为炎症消退和痊愈的标志。

d. 淋巴细胞和浆细胞。T淋巴细胞能产生多种淋巴因子参与细胞免疫，B淋巴细胞在抗原的刺激下转化为浆细胞，产生抗体参与体液免疫。多见于病毒性感染和慢性炎症。

e. 嗜碱性粒细胞和肥大细胞。这两种细胞在形态和功能上有许多相似之处，嗜碱性粒细胞来自血液，而肥大细胞主要分布在结缔组织内和血管周围，也可由血液中的嗜碱性粒细胞进入组织内转化而来。胞质中均含有较大的嗜碱性颗粒，其中含有组胺、5-羟色胺、肝素等生物活性物质，在炎症时，受到理化因素刺激或者发生变态反应时，便释放出来，参与炎症过程。

**3. 增生性变化**

增生性变化是指在致炎因素和炎区组织细胞代谢产物的作用下，炎灶内出现单核巨噬细胞、成纤维细胞、血管内皮细胞以及上皮细胞等增殖、分化的过程。在炎症不同阶段，增生的程度不同。一般来说，炎症早期增生反应比较轻微，多以血管外膜细胞、血窦及淋巴窦内皮细胞、神经胶质细胞等细胞增生为主，参与炎灶的吞噬活动；而在机体抵抗力增强或转为慢性炎症时，则以成纤维细胞、血管内皮细胞增生为主，不断地形成胶原纤维和新生毛细血管，同时炎性细胞浸润，共同形成肉芽组织，最后转化为瘢痕。增生性变化是一种防御性反应，可以阻止炎症扩散，使受损组织得以修复。但过度的组织增生又可使原有组织遭受压迫，影响器官功能。

综上所述，任何原因引起的炎症，都有变质、渗出、增生三种基本病理变化。只是各自变化程度不同，三者之间有着互相依存、互相制约的关系，构成了复杂的炎性反应。一般认为，变质属于损伤性变化，而渗出和增生主要是防御性反应，但某些防御性反应也会对机体产生不利的影响。炎症过程中，由于变质、渗出和增生三种基本病理变化表现不相同，从而呈现不同炎症的不同特点，由此将炎症分为不同的类型。

## 三、炎症的局部表现与全身反应

**1. 炎症的局部表现**

炎症的局部表现特征是红、肿、热、痛和功能障碍，体表和黏膜的急性炎症尤为明显。

（1）红　炎症初期呈鲜红色，因炎灶内动脉性充血，局部氧合血红蛋白增多所致。后期转为淤血，还原血红蛋白增多，呈暗红色，但炎区边缘仍呈鲜红色。

（2）肿　因炎性水肿所致，炎症后期及慢性炎症的局部肿胀，因组织增生所致。

（3）热　炎区动脉性充血，血流量增多，代谢旺盛，产热增多，使局部组织温度升高。

（4）痛　炎区的疼痛与多种因素有关。组织肿胀压迫或牵张感觉神经末梢引起疼痛，凡是分布感觉神经末梢较多的部位或致密组织，发炎时疼痛较剧烈，如牙髓、骨膜、胸膜、腹膜及肝脏等；而疏松组织发炎时疼痛较轻；炎区组织变质，渗透压升高以及组织损伤、细胞破坏，炎灶氢离子、钾离子等浓度升高均可引起疼痛，尤其是炎症介质（如前列腺素、5-羟色胺、缓激肽等），具有明显的致痛作用。

（5）功能障碍　炎灶内的细胞变性、坏死、代谢异常，炎性渗出物压迫阻塞和疼痛等，都可引起发炎器官的功能障碍。如肺炎时气体交换障碍，肠炎时消化吸收障碍，肝炎时代谢和解毒功能障碍。

炎区的红、肿、热、痛、功能障碍是在变质、渗出、增生变化的基础上形成的。组织变质引起组织功能障碍，释放的炎症介质引起疼痛。炎性充血及炎区内分解代谢加强出现红和热。渗出和增生初期是炎区肿胀的主要因素。另外，在诊断炎症性病理过程时，应根据炎症性质及发展过程作具体分析，如一般急性炎症时，以上症状表现明显，而慢性炎症时，红、热症状往往不太显著。

**2. 炎症的全身反应**

炎症病变虽然主要表现于致病因子作用的局部，但局部病变受整体的影响，同时又影响整体。比较严重的炎症性疾病往往伴有明显的全身反应。炎症时常见的全身反应如下。

（1）发热　病原微生物及其产生的毒素、组织坏死崩解产物等可引起发热。

（2）白细胞增多　细菌毒素、炎区代谢产物进入血液后，刺激骨髓增强造血功能，大量的白细胞进入外周血液中。白细胞种类的改变对炎症诊断及预后有一定意义。一般在急性炎症时，多以嗜中性粒细胞增多为主；某些变态反应性炎症和寄生虫性炎症时，以嗜酸性粒细胞增多为主；在一些慢性炎症或病毒性炎症时，则常见单核细胞和淋巴细胞增多。

（3）单核巨噬细胞系统变化　病原微生物引起的炎症过程中，单核巨噬细胞增生，吞噬功能增强。急性炎症时，炎区周围淋巴结肿大、充血，淋巴窦扩张，其中有嗜中性粒细胞和巨噬细胞浸润。慢性炎症时，局部淋巴结的网状细胞和 T 淋巴细胞或 B 淋巴细胞增生，并释放淋巴因子和形成抗体。当全身严重感染时，全身淋巴结甚至脾脏肿大，呈现同样变化。

（4）实质脏器的变化　由于致炎因素的作用，使心、肝、肾等器官的实质细胞常发生物质代谢障碍，引起变性坏死，并导致相应的功能障碍。

## 四、炎症的经过与结果

在炎症过程中，由于致炎因素的性质和机体的抵抗力不同，决定炎症有不同的经过和结果。

**1. 炎症的经过**

（1）急性炎症　因较强的致炎因素引起，以炎性反应剧烈、病程短（几天或几个月）、症状明显为特征。局部病理变化以变质、渗出为主，炎灶中浸润大量的嗜中性粒细胞，如变质性炎、渗出性炎。

（2）亚急性炎症　是介于急性炎症与慢性炎症之间的经过，主要由急性炎症发展而来，以发病较缓和、病程较急性炎症短、局部渗出变化较轻为特征。炎灶中除嗜中性粒细胞浸润外，有多量的组织细胞和一定量的淋巴细胞、嗜酸性粒细胞浸润，并伴有轻度的结缔组织增生。

（3）慢性炎症　由急性炎症或亚急性炎症转变而来，或致炎因素长期轻微刺激所致，以症状不明显、病程较长（几个月或几年）、局部功能障碍明显为特征。局部变化以增生为主，炎灶中有较多淋巴细胞、浆细胞浸润，伴有肉芽组织增生和瘢痕形成。有时慢性炎症在机体抵抗力降低的情况下，可转变为急性炎症。

**2. 炎症的结果**

（1）痊愈　包括完全痊愈和不完全痊愈。前者指炎症过程中，组织损伤轻微，机体抵抗力较强，治疗效果较好，致病因素被消除，炎性渗出物被溶解、吸收，发炎组织恢复原有的结构和功能；后者指炎灶较大、组织损伤严重、炎性渗出物过多不能完全被溶解、吸收，炎灶周围形成肉芽组织并长入坏死灶内逐渐瘢痕化。

（2）迁延不愈　在机体抵抗力降低或治疗不彻底时，因致病因素持续存在，急性炎症则转为慢性炎症，炎性反应时轻时重，致长期迁延不愈。

（3）蔓延扩散　机体抵抗力低下，使病原微生物大量繁殖，体内炎症损伤过程占优势，炎症可向周围扩散。其表现如下。

① 局部蔓延。炎灶内的病原微生物由组织间隙或器官的自然管道，向周围扩散。

② 淋巴管扩散。病原微生物侵入淋巴管，随淋巴进入淋巴结，引起局部淋巴结炎或扩散全身。

③ 血管扩散。炎灶内的病原微生物或某些毒性产物，侵入血管内，随血液循环扩散全身，发生菌血症、毒血症、败血症和脓毒败血症，严重者导致死亡。

**【知识拓展】**

**败血症**

1. 概念

败血症是指病原微生物侵入机体，在局部组织或血液中持续繁殖，并产生大量毒性产物造成广泛的组织损害，使机体处于严重中毒状态而导致全身性反应的病理过程。临床上以寒战、高热、皮疹、关节疼痛及肝、脾肿大为特征。不同病原体侵入机体后，在其发展过程中的不同阶段可呈现不同的病理变化与病理现象。如菌血症、毒血症、病毒血症、虫血症和脓毒血症等，应与败血症加以区别。

（1）菌血症　指病原微生物突破机体的防御机构，由病灶持续不断地侵入血液循环的现象。它可能是败血症发展的开始阶段，也可能是某些传染性疾病的病原微生物出现在血液中的暂时现象。

（2）毒血症　病原微生物侵入机体后在局部组织繁殖，其所产生的毒素被大量吸收入血，而引起的全身中毒现象。如幼龄仔猪易发的水肿病，其病原是产毒型大肠埃希菌，而其所产生的毒素则是水肿病发生的决定性因素之一。

（3）病毒血症　病毒侵入机体，在血液中持续存在的现象。如对养猪业威胁最为严重的猪瘟，在病猪的血液、淋巴结和脾脏中含病毒量最高，猪最小感染量每克组织含病毒量可达数百万个。感染后4～8天病毒血症达到高峰，此时血细胞明显减少，其后病毒血症减轻。

（4）虫血症　寄生虫侵入机体，随血液循环散布于各组织器官，同时，其产生的毒素作用而引起全身性反应。如母猪在误食虫卵和包囊而感染。在妊娠阶段发生虫血症时，胎儿被垂直感染，出现死胎、弱仔。

（5）脓毒败血症　化脓菌由原发病灶经淋巴管或静脉扩散到机体其他器官，形成新的转移性化脓灶现象，称脓毒败血症。常见病原菌有：溶血性链球菌、铜绿假单胞菌、金黄色葡萄球菌等。脓毒败血症除具有败血症的一般性病理变化外，最突出的病变是在器官形成多发性脓肿。

2. 败血症发生的原因和机制

（1）发生原因　几乎所有的细菌性、病毒性传染病，都能发展为败血症，特别是一些急性传染病往往以败血症的形式表现出来。如炭疽、猪丹毒、巴氏杆菌病、猪瘟、马传染性贫血、鸡新城疫等。一些慢性传染病如鼻疽、结核，虽然以局部炎症过程为主要表现形式，但在机体抵抗力显著降低的情况下，也可以出现急性败血症的形式。而少数寄生原虫如弓形体、梨形虫也可引起败血症。另外，某些非传染性病原体也能引起败血症，如葡萄球菌、链球菌、肺炎球菌、铜绿假单胞菌、腐败梭菌等。此种败血症并不传染其他动物，不属于传染病范畴。

（2）发病机制　病原体侵入机体的部位称侵入门户或感染门户，病原体常在入侵门户增殖并引起炎症，不同病原菌侵入门户各有其特点。金黄色葡萄球菌引起的败血症多来自机械性的创面炎症、烧伤创面感染以及母畜生殖道炎症；破伤风梭菌引起的败血症来自深部创伤感染，而且局部需要厌氧；病毒性败血症（如猪瘟、口蹄疫病毒）则由消化道、呼吸道黏膜及眼结膜、皮肤侵入体内，经淋巴、血液循环进入各组织器官。当机体以局部炎症的形式不能控制并消灭病原微生物时，病原体则可沿着淋巴管和血管扩散，引起相应部位的淋巴管炎、静脉炎以及淋巴结炎。因此，在侵入门户的炎症灶不明显时，通过局部淋巴管炎或静脉炎以及淋巴结的病变可查明感染门户。当机体的防御能力显著降低时，往往不经局部炎症过程，就直接进入循环血液内，引起败血症。

病原菌侵入机体后是否发生败血症取决于病原菌的致病力和畜体免疫防御力两方面。毒力强、数量多的致病菌进入机体，引起败血症的可能性极大。畜体身体状况良好、免疫力强时，则抵御疾病的能力也会相应增强。

3. 病理变化

根据引起败血症的病原体不同，将败血症分为传染病型败血症和非传染病型败血症，而其所引起的病理变化也是不同的。

（1）传染病型败血症　能引起传染病的病原体，几乎都能引起败血症。传染病型败血症主要特征为全身性病理过程。因患畜多呈菌血症，使机体处于严重中毒状态和物质代谢障碍，各器官组织都发生不同程度的变性和坏死。由于机体内大量微生物存在和死前组织变性坏死，故在动物死后常呈尸僵不全和早期发生尸腐现象；而全身呈毒血症时，组织变性坏死和物质代谢障碍，致使氧化不全的代谢产物和组织分解产物在体内蓄积，引起缺氧和酸中毒，动物死后血液往往凝固不全。败血症时多有早期溶血现象，从而导致心内膜、血管内膜被血红蛋白污染，在尸体中呈玫瑰色，并在脾脏、肝脏和淋巴结等器官内有血源性色素（含铁血黄素、橙色血质）沉着。溶血和肝脏功能障碍的结果，可造成胆色素沉积，可视黏膜及皮下组织呈黄染现象。

败血症比较突出而又易于发现的病理变化是出血性素质。这主要是因微生物和毒素的作用使血管壁遭到损伤，血管通透性增高，而发生多发性、渗出性出血。表现在各部浆膜、黏膜、各器官的被膜下和实质内，有点状或斑状的出血灶，皮下、浆膜下和黏膜下的疏松结缔组织中有浆液性、出血性浸润，体腔（胸腔、腹腔及心包腔）内有积液。

脾脏的病变是特征性的，通常可肿大2～4倍。表面呈黑紫色，边缘钝圆，质地松软，触之有波动感，易碎。切面含血量多，呈紫红或黑紫色，脾髓结构模糊不清，髓质膨隆，用刀背轻轻擦过切面时，可刮下多量血粥样物。有时脾髓呈半流动状，镜检可见脾窦显著扩张充血，甚至出血，并有嗜中性白细胞浸润，红髓和白髓内有不同程度的增生，有时还出现局灶性坏死，脾小梁和被膜的平滑肌呈变质性变化。呈现上述变化的脾脏，通常也称之为"败血脾"。淋巴组织可发生肿胀，淋巴结呈现各种急性淋巴结炎的变化，如充血、出血、水肿、嗜中性白细胞浸润。有时淋巴组织可有明显的增生。

实质脏器（心、肺、肾）发生颗粒变性和脂肪变性。心脏因心肌变性而松软脆弱，无光泽，心脏扩张，心内、外膜下常见有出血点，心脏内积有少量凝固不良的血液，这是机体发生心力衰竭的表现。肝脏肿大，呈灰黄色或黄色，往往有中央静脉淤血。肾脏变性、肿胀，切面皮质增厚，呈灰黄色，髓质为紫红色。肺脏淤血水肿。

（2）非传染病型败血症　此型又称为感染创型败血症。其特点是在机体发生局灶性创伤的基础上，有细菌感染引起炎症，进而发展为败血症。例如体表创伤、手术创（包括去势创）、产后的子宫及新生畜的脐带等损伤，因护理不当或治疗不及时造成细菌感染并引起败血症。感染创型败血症除具有上述败血症的病理变化外，不同的感染创型败血症各有其原发病灶的变化特点，可分为以下几种。

①创伤败血症。原发病灶存在于各种创伤（如去势创、蹄伤、火器伤等）。原发病灶多呈浆液性、化脓性炎。由于病原体多沿淋巴管扩散，致病灶附近的淋巴管和淋巴结发炎。淋巴管肿胀、变粗，呈条索状，管壁增厚，而管腔狭窄，管腔内积有脓汁或纤维素凝块；淋巴结为单纯性淋巴结炎

或为化脓性淋巴结炎。病灶周围静脉管，有时可呈静脉炎，静脉管壁肿胀，内膜坏死和脱落，管腔内积有血凝块或脓汁。

②产后败血症。母畜分娩后，由于子宫黏膜损伤或子宫内遗有胎盘碎片，易感染化脓性或腐败性细菌，引起化脓性或腐败性子宫炎，往往因继发败血症而死亡。此时，子宫肿大，触压有波动感，子宫内蓄积多量污秽不洁并有臭味的脓样液体。子宫黏膜淤血、出血及坏死，坏死的黏膜脱落后，形成腐烂或溃疡。

③脐败血症。由于新生幼畜断脐消毒不严，致使细菌感染并引起败血症。此时脐带根部可见有出血性、化脓性炎。肝脏往往发生脓肿。

4. 临床表现

败血症无特异的临床表现，大多没有明确潜伏期。

(1) 原发炎症的特点　局部红、肿、热、痛和功能障碍。

(2) 急性败血症　发病急剧，常有寒战、发烧，多为弛张热、间歇热型，亦可呈稽留热和不规则热型。

(3) 皮疹　部分病畜以淤点最突出，分布于躯干、四肢、眼结膜、口腔黏膜等处，如猪瘟等。

(4) 关节症状　可见关节肿大，红、肿、热、痛、活动受限，甚至发生关节腔积液、积脓等。

(5) 肝、脾肿　肝一般轻度肿大，可见点状、斑状出血，并可出现黄疸。脾脏肿大明显，但在猪瘟和巴氏杆菌病时，脾肿大则不明显。

5. 败血症对机体的影响及结果

败血症是一种复杂的可累及各组织、器官的全身性感染。发生败血症时，由于机体抵抗力降低，生命重要器官功能不全，往往导致休克而引起动物死亡。发现败血症，要及时抢救，积极治疗，才有可能治愈。

## 五、炎症的分类

炎症的种类很多，分类方法也多。如根据发炎部位分脑炎、肺炎、肠炎、肝炎、肾炎、心肌炎等；根据病程经过分急性炎症、慢性炎症和亚急性炎症。病理学分类是根据炎症的基本病理变化程度分变质性炎、渗出性炎和增生性炎。

### 1. 变质性炎

指发炎器官的实质细胞呈现明显变性、坏死，而渗出、增生变化轻微的炎症。一般呈急性经过，多见于毒物中毒、重剧传染病、过敏、恶性口蹄疫等疾病过程中。因多发生于心、肝、肾、脑等实质脏器，又叫实质性炎。主要表现为器官的实质细胞发生颗粒变性、脂肪变性和坏死，有时也发生崩解和液化。

(1) 心肌变质性炎　心肌变质性炎主要见于牛和猪的口蹄疫、牛恶性卡他热、马传贫及某些中毒病（如磷、砷等中毒）。眼观主要病理变化是心脏扩张，心外膜和心内膜呈现灰白色或黄白色条纹或斑块；镜下主要病理变化为心肌纤维呈颗粒变性或脂肪变性，甚至呈蜡样坏死，间质有轻度充血、水肿和炎性细胞浸润。

(2) 肝变质性炎　肝脏变质性炎主要见于某些传染病（如沙门杆菌引起的猪和牛副伤寒、巴氏杆菌）引起的禽霍乱、马传贫、球虫病以及某些毒物引起的畜禽中毒性肝炎等。眼观主要病理变化为肝体积肿大或萎缩，质地脆弱，呈灰黄色或黄褐色；镜下主要病理变化为肝细胞发生颗粒变性、脂肪变性或坏死，间质有轻度炎性充血和炎性细胞浸湿。

(3) 肾变质性炎　主要见于链球菌、猪丹毒杆菌、沙门杆菌感染及猪瘟、鸡新城疫、马传贫、弓形虫病及某些中毒病等。眼观病理变化为肾肿大，呈灰黄色或黄褐色，质地脆弱；镜下主要病理变化为肾小管上皮细胞呈颗粒变性、脂肪变性或坏死，间质呈轻度充血、水肿和炎性细胞浸润，肾小球毛细血管内皮细胞、肾小囊脏层细胞及间质细胞轻度增生。

**2. 渗出性炎**

渗出性炎指炎区以渗出变化为主，而变质、增生变化轻微的炎症。根据渗出物的性质和病理变化特点分为以下五种。

（1）浆液性炎　是渗出大量浆液为主的炎症。常发生于皮下疏松结缔组织、黏膜、浆膜和肺等组织。渗出物中含有3％～5％蛋白质（如白蛋白、纤维蛋白原）、白细胞、脱落的上皮细胞。初期渗出物为淡黄色、稀薄透明的液体，以后变混浊，凝固后或动物死后变成半透明的胶冻样。浆液性炎除原发外，通常是纤维素性炎和化脓性炎的初期变化。

胸腔、腹腔、心包腔等浆膜发生浆液性炎时，浆膜表面肿胀、充血、上皮细胞脱落、粗糙失去固有的光泽，在浆膜腔内有多量的淡黄色稍混浊液体，见于胸膜炎、腹膜炎、心包炎的初期。

胃肠道黏膜、鼻黏膜等黏膜发生浆液性炎时，黏膜表面肿胀充血，渗出的浆液常混有黏液，从黏膜表面流出，如感冒时水样鼻液、肠炎时水样便。

皮肤发生浆液性炎时，渗出的浆液蓄积在表皮棘细胞之间、真皮乳头层内，局部皮肤形成丘疹样结节或水疱，突出于皮肤表面，如口蹄疫、水疱病、冻伤、烧伤。

皮下结缔组织发生浆液性炎时，发炎部位肿胀，切开流出多量淡黄色液体，剥去发炎部位的皮肤，皮下结缔组织呈淡黄色胶冻样浸润。

肺脏发生浆液性炎（炎性肺水肿）时，肺体积肿大且重量增加，呈半透明状，肺胸膜光泽、湿润，肺小叶间质增宽，充满渗出液，切开挤压时流出多量泡沫样液体，镜下可见肺泡腔内、间质中有多量浆液，混有白细胞和脱落的上皮细胞。

（2）纤维素性炎　指渗出物中含有大量的纤维素为特征的炎症。纤维素来源于血浆中的纤维蛋白原，渗出后经组织凝固因子作用形成纤维蛋白（纤维素）。纤维素渗出物的成分主要有纤维蛋白、嗜中性粒细胞、坏死组织碎片等。纤维素性炎常发生在浆膜、黏膜和肺等部位。

① 浮膜性炎。发生在黏膜或浆膜上，特征是渗出的纤维素与少量的白细胞、坏死上皮凝集成一薄层淡黄色的假膜，被覆于炎症灶表面。此假膜易剥离或自行脱落，剥离后局部膜组织结构尚完整，又称假膜性炎。胸膜、腹膜、心包膜发生纤维素性炎，浆膜表面的假膜易剥离，之后浆膜充血、肿胀、粗糙、有时出血。浆膜腔内有多量的渗出液并混有纤维素凝结块，呈淡黄色絮状。如牛发生纤维素性肠炎时，由于纤维素渗出物特别明显，往往排出较长的膜性管状物。在心包炎时，心外膜上的假膜因心搏动而形成绒毛状称"绒毛心"。

② 固膜性炎。只发生于黏膜，又称纤维性素坏死性炎。渗出的纤维素与坏死的黏膜牢固地结合在一起形成痂膜，不易剥离，强行剥离时可形成糜烂或溃疡。如猪瘟在盲肠、结肠，特别是在回盲瓣处形成的"纽扣状溃疡"；仔猪副伤寒时，其大肠黏膜呈弥漫性纤维素性坏死性肠炎，即"糠麸样变"。

③ 肺浮膜性炎。在肺的支气管和肺泡内有大量纤维素渗出，病理变化可延伸到肺胸膜，如果涉及肺大叶或整个肺，称大叶性肺炎。外观呈不同颜色的大理石样变。常见于牛肺疫、猪肺疫等。

（3）卡他性炎　简称"卡他"，来自希腊语，意为向下流溢。指发生在黏膜，以分泌大量黏液为主的一种炎症。无明显组织破坏现象，多为急性经过，渗出物的主要成分为浆液、黏液、脱落的上皮细胞、杯状细胞及炎性细胞，慢性者以淋巴细胞、浆细胞浸润为主。常见于胃肠道、呼吸道、泌尿生殖道黏膜。发生急性卡他性炎的黏膜上皮细胞坏死脱落，固有层中小动脉和毛细血管充血、水肿、炎性细胞浸润，黏膜上皮杯状细胞增多，分泌增强。眼观可见黏膜潮红、肿胀、有散在出血点（斑）。初期渗出的浆液较多，渗出物稀薄，内有少量脱落上皮细胞和白细胞，称浆液性卡他；继而黏液大量分泌，渗出物呈灰白色黏稠状，内有较多白细胞和脱落的上皮细胞，称黏液性卡他；再发展嗜中性粒细胞大量浸润，上皮细胞坏死脱落增多，渗出物变为黄白色、黏稠、混浊的脓样，称脓性卡他；若病因不除，刺激物继续作用可转为慢性卡他性炎。黏膜的腺体、肌肉萎缩，黏膜变薄而平坦，称萎缩性卡他；黏膜显著肥厚，因腺体和黏膜下结缔组织增生而凹凸不平，称肥厚性卡他。

（4）化脓性炎　以形成脓汁为主要特征的炎症。脓汁由大量变性的嗜中性粒细胞、白蛋白、球蛋白、液化的坏死组织和少量浆液、病菌等组成。由于病原体不同，脓液的颜色也不一样，如链球菌和葡萄球菌感染时，脓汁呈灰白或黄白色、金黄色；铜绿假单胞菌和化脓棒状杆菌感染时，为黄绿色；腐败菌感染时，呈灰黑色并有异臭味。化脓性炎伴有出血时，呈灰红色。另外，动物的种类、坏死组织的数量及脓液脱水程度等也可改变脓液的性状，如犬的脓汁稀如水样（因酶的溶解能力强）；牛的脓汁较黏稠，脓液脱水或含多量坏死组织碎片时呈颗粒状；禽的脓汁呈干酪样（因含有抗胰蛋白酶）。

化脓性炎可发生于各种组织器官，其表现形式有以下几种。

① 脓性卡他。发生于呼吸道、消化道、泌尿生殖道等黏膜部位的化脓性炎。由急性卡他性炎发展而来，病理变化特点是黏膜充血、出血、肿胀，表面有多量的黄白色脓样分泌物。如鼻疽时鼻腔的化脓性炎。

② 蓄脓。是浆膜和黏膜发生的化脓性炎，在其相应的体腔内蓄积多量脓汁，也称"积脓"。如子宫蓄脓、胸腔蓄脓等。

③ 脓肿。是组织内发生的局限性化脓性炎。主要由金黄色葡萄球菌引起，表现为坏死组织溶解液化形成充满脓汁的腔，其周围由肉芽组织增生，形成结缔组织包膜。多发生于皮肤和内脏，如肺脓肿、肌肉组织脓肿等。

在化脓性炎的发展过程中，脓肿可突破皮肤、黏膜表面形成溃疡。深部脓肿如果向体表或自然管道穿破，这个穿破组织的通道称窦道。如果排脓的通道由增生的肉芽组织形成细小管道，它既通体表不断排脓，又通组织深部或体腔，此细小管道则称为瘘管。

④ 蜂窝织炎。是发生在皮下、肌膜下、肌间的化脓性炎。化脓沿着疏松结缔组织间隙扩散，形成弥漫性脓性浸润及炎性水肿，并且发生组织坏死、溶解形成脓汁，病变范围广，发展迅速。病原体主要是溶血性链球菌等，因其能产生透明质酸酶和链激酶，前者能溶解结缔组织中的透明质酸，后者能激活纤维蛋白溶酶，使纤维蛋白溶解。这样使病菌易于扩散，并沿淋巴管蔓延。

（5）出血性炎　指以渗出物中含有大量红细胞为特征的炎症。常伴发于各种组织的其他类型炎症过程中，如浆液性出血性炎、纤维素性出血性炎、化脓性出血性炎等。多发生于胃肠道。发炎部位的黏膜显著充血、肿胀并有出血点，严重时一片红染，内容物混有血液。胃和小肠的炎性出血，因血液被消化而形成酸性正铁血红素，使粪便呈棕黑色。

（6）腐败性炎（坏疽性炎）　指发炎组织感染了腐败菌，使炎灶组织和炎性渗出物腐败分解为特征的炎症。可单独发生，也可发生于其他类型炎症过程中，多发生于肺、子宫、肠等器官。发炎组织坏死、溶解和腐败，呈灰绿色或污黑色，有恶臭味。

上述各种炎症有区别也有联系，往往是同一个炎症的不同发展阶段。如浆液性炎是卡他性炎、纤维素性炎和化脓性炎的初期变化。有时在一个炎灶，中心为化脓性或坏死性炎，其外周为纤维素性炎，再外周为浆液性渗出性炎的变化。

**3. 增生性炎**

以细胞或结缔组织增生为特征的一种炎症。根据增生的特征分为以下两种类型。

（1）非特异性增生性炎（普通增生性炎）　由非特异性病原体引起的、不形成特殊病变结构的炎症。据增生组织的成分可分两种。

① 急性增生性炎。是以细胞增生为主的炎症，如急性肾小球性肾炎，肾小球毛细血管内皮细胞与球囊上皮显著增生，肾小球体积增大。

② 慢性增生性炎。主要以间质结缔组织的成纤维细胞、血管内皮细胞、淋巴细胞、浆细胞和组织细胞等增生为主，形成非特异性肉芽组织为特征的炎症，这种炎症从间质开始，故又称间质性炎，如慢性间质性肾炎、慢性关节周围炎慢性间质性肺炎等。其结果往往导致发炎器官的硬化或硬变。

（2）特异性增生性炎　由特异性病原微生物引起，增生组织有一定特殊结构的一种增生性炎，又称传染性肉芽肿或肉芽肿性炎。常见病原菌有结核杆菌、鼻疽杆菌、放线菌等，如结核杆菌引起的结核性肉芽肿，在肺脏、淋巴结等部位形成粟粒至豆粒大、灰白色半透明坚实的结节。镜下可见三层结构，即结节中心为干酪样坏死，坏死区常发生钙化，其周围是上皮样细胞（巨噬细胞吞噬病原菌后转化为上皮样细胞，胞体大、多边形、胞质丰富、淡染，细胞核呈圆形或卵圆形）和多核巨细胞构成的特异性肉芽组织，再外围是结缔组织增生和淋巴细胞浸润构成的非特异性肉芽组织。这种结节的形态结构通常反映某些传染病病原的特性。

另外，鼻疽结节、放线菌肉芽肿、寄生虫结节以及手术残留缝线等异物引起的增生性结节也属于典型的特异性增生性炎。

【分析讨论】
　　讨论1　如何理解"十病九炎"？
　　讨论2　炎症的本质。

## 实习实训

# 炎症性病变的观察与识别

【实训目标】通过对各种组织、器官炎症病理标本与切片的观察，认识和掌握各种炎症病理变化特征，并对各类炎症病变作出准确的病理学诊断。

【实训器材】眼观标本、病理切片、光学显微镜、显微数码互动系统或显微图像转换系统、计算机、投影机、课件。

【实训内容】

**1. 牛心肌病变**

眼观标本　眼观心肌色彩变淡，混浊无光，心脏呈扩张状态，似煮肉样，质地脆弱，心内外膜、切面上有灰黄色条纹或斑块。

病理切片　镜下可见心肌纤维发生颗粒变性或脂肪变性，重症时发生水疱变性和蜡样坏死、崩解、断裂。在坏死部和间质内有水肿和各种炎性细胞浸润。

病理诊断　急性心肌炎。

**2. 鸡肝脏病变**

眼观标本　眼观病肝体积肿大，被膜表面散在或密布圆形或不规则形黄白色或黄绿色坏死灶，坏死灶大小不一，中央稍凹陷，边缘稍隆起，有些部位坏死灶互相融合而形成大片坏死。

病理切片　镜下可见坏死灶中心肝细胞坏死崩解，外围区域肝细胞排列紊乱，并显示变性、坏死和崩解，其间见有大量的组织滴虫和巨噬细胞、淋巴细胞浸润。

病理诊断　鸡组织滴虫病坏死性肝炎。

**3. 猪肺脏病变**

眼观标本　眼观病变部肿胀，呈混浊半透明感，在肺心叶、尖叶和膈叶前下缘可见暗红色区域，有米粒大或岛屿状灰黄色病灶，切面流有淡黄色泡沫液体。

病理切片　镜下可见肺泡壁增宽，小血管和肺泡壁毛细血管扩张，支气管和肺泡腔内有淡红色浆液及少量白细胞、淋巴细胞和脱落上皮细胞，间质内有浆液和白细胞浸润。

病理诊断　浆液性肺炎。

**4. 猪胃部病变**

眼观标本　眼观胃黏膜充血、肿胀，黏膜表面被覆大量黏液性渗出物。

病理诊断　卡他性胃炎。

**5. 牛肺脏病变**

眼观标本　眼观病变可侵犯两肺叶大部或全部，病肺体积肿大，表面和切面呈暗红色、灰白色和灰黄色大理石样外观。切面干燥，呈颗粒状，质地变实如肝脏硬实，称肝变。

病理切片　镜下可见肺泡壁增宽，肺泡壁毛细血管扩张充血，肺泡腔有淡红色浆液；或混有丝网状的纤维素、大量红细胞及少量白细胞；或肺泡壁毛细血管充血减退，肺泡腔有大量纤维素和白细胞及少量红细胞；或肺泡腔仅见少量残存纤维素和少量白细胞等。还有的肺泡腔渗出物是大量纤维素和红细胞。

病理诊断　牛肺疫纤维素性肺炎。

**6. 猪淋巴结病变**

眼观标本　眼观淋巴结体积肿大，表面呈暗红色或黑红色，切面呈红白相间的大理石样花纹。

病理诊断　猪瘟出血性淋巴结炎。

**7. 猪肠管病变**

眼观标本　为慢性猪瘟特征性病变。眼观回肠末端、结肠和盲肠黏膜尤其是回盲瓣附近的肠滤泡发生坏死，并与渗出的纤维素凝固在一起，形成灰白色或黄白色，呈同心轮状、扣状肿，中心凹陷，外周突起。

病理诊断　猪瘟肠扣状溃疡。

**8. 猪肠管病变**

眼观标本　眼观大肠黏膜肿胀，肠壁变厚、变硬，黏膜有蚕豆大灰黑色的坏死灶或有弥漫性糠麸样纤维素附着。根据坏死程度不同，可见浮膜性或固膜性炎症变化。

病理诊断　猪副伤寒纤维素性坏死性肠炎。

**9. 牛肠管病变**

眼观标本　眼观肠壁变厚，肠管变粗，黏膜附有少量黏稠、混浊的糊状物，浆膜光滑苍白，有脑回状皱襞，不变形或用手扯不能平展。病变肠段与健康肠段相交错。

病理切片　镜下可见肠黏膜增厚，上皮细胞肿胀、变性和脱落。轻者以淋巴细胞增生为主，上皮样细胞较少；重者淋巴细胞较少，而上皮样细胞较多，并有少量多核巨噬细胞。肠绒毛变形，呈粗棒状或弯曲状，有的腺上皮增生。

病理诊断　牛副结核慢性增生性肠炎。

**10. 猪肺脏病变**

眼观标本　眼观肺脏内有一核桃大脓肿，隆突于肺脏表面。剖检时肿胀部柔软，表面光滑、颜色变淡，失去原有结构，周边有红色反应带。经福尔马林固定后切开病灶，其脓液中蛋白质凝固而呈豆腐渣样。

病理诊断　化脓性肺炎。

**11. 牛肺脏病变**

眼观标本　眼观肺表面及切面见有灰白色粟粒大至核桃大的结核结节，其结节质地坚实。结节周围可见暗红色充血、出血炎性反应带，切开结节，其中心为灰白色干酪样物，外围是肉芽组织包囊。

病理切片　镜下可见病变肺组织内有大小不等的结核结节，结节中心组织坏死呈干酪样或发生钙化，外层有大量上皮样细胞增生，并含有多核巨噬细胞，再外层有淋巴细胞、成纤维细胞或结缔组织包囊。

病理诊断　特异增生性结核性炎。

**12. 马肺脏病变**

眼观标本　眼观肺表面有灰白色粟粒至豆粒大的鼻疽结节，其结节坚实，突出肺脏表面。其周围可见暗红色充血、出血炎性反应带，切开结节，其中心为混浊黄白色脓样物，外围是肉芽组织包囊。

病理切片　镜下可见病变肺组织内有大小不等的鼻疽结节，结节中心组织坏死或钙化，外层有大量上皮样细胞增生，并含有多核巨噬细胞，再外层有淋巴细胞、成纤维细胞或结缔组织包囊。

病理诊断　马特异增生性鼻疽性肺炎。

【课堂作业】

1．描述 3 种以上眼观病变的病理变化特征。

2．绘制 3 张病理组织图，突出其病变特点，并完成图注。

## 【目标检测】

1．名词解释：炎症、白细胞游出、炎性细胞、炎性细胞浸润、渗出、纤维素性炎、卡他性炎、脓肿、败血症、菌血症、毒血症。

2．分别论述炎症过程中变质、渗出和增生性变化的发生机制及其意义。

3．急性炎症时有哪些局部表现和全身反应？为什么？

4．炎症介质有哪些？各有何作用？

5．炎症分几种类型？各类炎症的主要病理变化特点是什么？

6．简述渗出性炎的种类及其病变特征。

7．败血症的病理变化特点有哪些？

(梁运霞)

# 项目十一　肿瘤的认识与观察

## 【学习目标】
1. 掌握肿瘤的基本概念，了解肿瘤的发生原因与机制。
2. 熟悉肿瘤的生长与扩散方式、肿瘤的分类与命名。
3. 重点掌握畜禽常见肿瘤的组织来源与病变特征。
4. 观察和识别畜禽常见的肿瘤，区别常见的良性与恶性肿瘤。

## 【课前准备】
1. 预习本项目学习内容，明确学习目标与任务。
2. 熟悉肿瘤的基本概念与一般形态。

## 【学习内容】

### 一、肿瘤的概念

机体的某些组织细胞因受某些致瘤因素的作用而发生基因突变，并在体内无限制地分裂增生形成异常细胞群，这种异常细胞群常在体内形成局部肿块，称为肿瘤。这种异常增生所形成的肿瘤组织既不同于正常组织，也有别于炎症再生或肥大时增生的组织。它具有与机体不相协调而异常增生的能力，甚至在致瘤因素停止作用后，仍可无止境地继续生长，并且其分化程度极不成熟，无论是瘤组织细胞的形态结构或是功能代谢都具有其独特性，与正常组织细胞截然不同。

### 二、肿瘤的生物学特性

#### 1. 肿瘤的一般形态

（1）肿瘤的外形　肿瘤的外观形态多种多样，在一定程度上反映肿瘤的良性或恶性，也与肿瘤的发生部位、组织来源、生长方式等有关。一般有结节状、息肉状、乳头状、溃疡状、弥漫状和其他形状（图 11-1）。

（2）肿瘤的体积　肿瘤的体积大小极不一致，小的需在显微镜下才能发现，大的则可重达几千克到几十千克。肿瘤的大小与其良恶性质、生长时间及发生部位有一定关系。生长在体表或较大的体腔内（如腹腔），对机体或器官的功能没有太大影响，以及生长速度较慢的良性肿瘤通常较大；生长在狭小体腔（管道）内，生长速度较快，对机体影响较大的恶性肿瘤通常较小。

（3）肿瘤的色彩　与肿瘤的组织来源、有无出血和坏死性病变等因素有关。如黑色素瘤呈黑色，脂肪瘤呈黄色或黄白色，纤维瘤呈灰白色，淋巴肉瘤与纤维肉瘤呈鱼肉色，癌一般为灰白色且无光泽，血管瘤呈红色。若肿瘤继发出血或坏死时，切面上就可见到紫褐色的出血灶或土黄色的坏死灶。

（4）肿瘤的硬度　肿瘤的硬度与肿瘤的组织种类、肿瘤组织实质与间质的比例及有无变性坏死等有关。骨瘤、软骨瘤最硬，纤维瘤次之，黏液瘤、脂肪瘤较柔软；实质细胞多而间质少的肿瘤较软，为软性瘤；间质多，实质细胞少的肿瘤较硬，为硬性瘤。

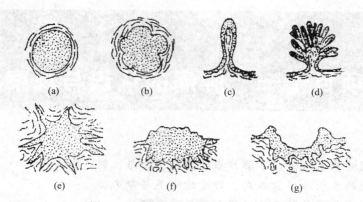

图 11-1. 肿瘤的生长方式与外观形态
（a）膨胀性生长，结节状；（b）膨胀性生长，分叶状；（c）突起性生长，息肉状；
（d）突起性生长，乳头状；（e）浸润性生长，树根状；
（f）向上突起与向下浸润性生长；（g）浸润性生长，溃疡状

**2. 肿瘤的组织结构**

（1）肿瘤组织的一般结构　肿瘤组织的一般结构与正常组织一样，包括实质和间质两部分。

① 肿瘤的实质。是指肿瘤细胞，为肿瘤的主要成分，决定肿瘤性质，也是肿瘤命名的主要依据。不同的肿瘤其瘤细胞各有不同，绝大部分肿瘤只有一种实质细胞，如脂肪瘤由异常增生的脂肪细胞构成；黑色素瘤由黑色素细胞构成。也有少数肿瘤由两种实质细胞构成，如乳腺的纤维腺瘤含有纤维瘤细胞和腺上皮瘤细胞等两种实质细胞。

② 肿瘤的间质。肿瘤的间质也是由结缔组织与血管所组成，它对肿瘤实质起着支持和营养作用。间质中的结缔组织一部分是原有的，而大部分则随肿瘤组织同时生长。

肿瘤间质的血管也是随肿瘤组织生长而同时形成的。生长迅速的肿瘤，其间质中血管多而结缔组织少。生长缓慢的肿瘤，间质中血管少而结缔组织多。有些肿瘤的间质只有血管，如纤维瘤。当肿瘤细胞的生长超过了血管生成，就会导致血液与营养的供应不足，常可引起肿瘤组织的缺血性坏死，这也是恶性肿瘤的特征之一。间质中还有淋巴细胞、浆细胞和巨噬细胞等细胞成分，这是机体免疫反应的表现。

（2）肿瘤组织的异型性　肿瘤组织无论在细胞形态和组织结构上都与其起源组织有不同程度的差异，这种差异称肿瘤组织异型性。其异型性愈大，表示瘤细胞分化程度（即肿瘤细胞发育成熟程度）愈低，恶性程度愈高；反之，异型性小，表示瘤细胞分化程度高，恶性程度低。肿瘤组织的异型性是区别良、恶性肿瘤的主要形态学依据。

① 良性肿瘤的异型性。良性肿瘤的异型性小，其瘤细胞的分化程度高，在细胞形态上与其起源组织细胞非常相似。如纤维瘤的瘤细胞与正常的结缔组织细胞十分相似。良性瘤的异型性主要表现在组织结构方面，即瘤细胞排列不规则，其瘤细胞及其纤维束排列紊乱，纵横交错。总之，良性瘤细胞分化成熟，细胞形态异型性小，与其起源组织的细胞十分相似，只是瘤细胞的排列不规则。

② 恶性肿瘤的异型性。恶性肿瘤的异型性大，无论在细胞形态或组织结构都与其起源组织差异很大，其表现有以下两方面。

a. 细胞形态的异型性。其瘤细胞体积较大，形态不规则，大小不一致，有时可见瘤巨细胞；胞核也较大，形态不规则，大小不一致，可出现巨核、双核或多核。核分裂象多见，并出现不对称、三极或多极核分裂等病理性核分裂象（图 11-2）。

b. 组织结构的异型性。瘤细胞排列紊乱，失去正常的结构和层次。

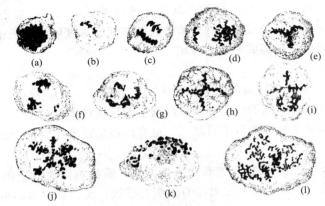

图 11-2. 肿瘤细胞异常核分裂象

（a）染色质过多型核分裂；（b）染色质过少型核分裂；
（c）、（d）不对称型核分裂；（e）、（f）三极型核分裂；
（g）、（h）四极型核分裂；（i）五极型核分裂
（j）六极型核分裂；（k）流产型核分裂；（l）巨大型核分裂

**3. 肿瘤组织的代谢特点**

肿瘤作为一种异常的增生组织，它的物质代谢与正常组织有明显不同。

（1）糖代谢  肿瘤组织中参与糖酵解的各种酶活性高于正常组织，许多肿瘤组织在有氧或无氧条件下均以无氧酵解的途径进行糖代谢。糖酵解的结果除了为瘤组织提供能量之外，在这个过程中形成许多中间产物，还可以被瘤细胞用来合成蛋白质、核酸与类脂，以保证肿瘤细胞的不断繁殖和生长需要。

（2）蛋白质代谢  肿瘤组织中的蛋白质合成过程大于分解过程。这一特点显然与肿瘤组织迅速生长的特性密切相关。在肿瘤发展的初期，合成蛋白质的原料主要来自食物摄入的蛋白质。然而，随着肿瘤的发展，开始动用肝细胞蛋白或血浆蛋白以及其他组织蛋白质来合成肿瘤细胞蛋白质。所以身体组织的蛋白质大量消耗，导致机体出现恶病质状态。肿瘤分解代谢中，氨基酸分解过程减弱，直接利用于合成蛋白质，以利于肿瘤的快速生长。肿瘤组织还能合成特殊的肿瘤蛋白，作为肿瘤的抗原，从而引起机体的免疫反应。由于某些肿瘤蛋白与胚胎性组织有共同的抗原性，被称为肿瘤胚胎性抗原。在肿瘤的诊断上，可依据这些抗原的检出而查出相关的肿瘤。

（3）酶系统改变  肿瘤组织酶系统的变化特点是氧化酶含量减少，蛋白分解酶的含量增加。并且肿瘤细胞中与原组织特殊功能有关的酶系统活性显著降低，甚至完全消失。例如肠黏膜原来含有多量碱性磷酸酶和酯酶，当肠黏膜发生癌肿之后，这两种酶的活性都降低。另外，肿瘤组织内的酶谱发生改变，如同工酶的变化使三磷酸腺苷失去对糖酵解的正常调节作用，糖异生作用的酶类活性下降，而与糖分解密切相关的酶类活性增高，使肿瘤组织即使在有氧条件下也不能将糖完全氧化而经酵解转化为乳酸。

（4）核酸代谢  肿瘤细胞比正常细胞合成 DNA 和 RNA 的功能旺盛，分解过程降低，肿瘤细胞内 DNA 和 RNA 的含量明显增高，所以肿瘤细胞的繁殖与生长均快速。在有些病毒或放射线引起的肿瘤中，其瘤细胞的 DNA 结构发生改变，与正常细胞不同，其蛋白质和酶的合成也发生改变，使细胞的结构和功能不同于正常细胞。

**4. 肿瘤的生长速度与生长方式**

(1) 肿瘤的生长速度　不同的肿瘤，其生长速度差异很大。一般而言，良性肿瘤分化好、成熟程度高，生长比较缓慢；恶性肿瘤分化差、成熟程度低，生长比较迅速，如多数的癌和肉瘤，在短时间内就可形成明显的肿块。

(2) 肿瘤的生长方式

① 膨胀式生长。为良性肿瘤的主要生长方式。肿瘤在生长过程中，瘤细胞将周围健康组织推开和挤压，并且常在周围引起纤维组织增生而形成纤维性包膜，呈结节状，与健康组织分界清楚。手术易于切除，术后不易复发。也有以该生长方式生长的恶性肿瘤，如位于淋巴组织内的肉瘤等。

② 浸润式生长。是大多数恶性肿瘤的生长方式。瘤细胞团块沿组织间隙向周围组织不断扩展，如树根入泥土一样，所到之处原有组织被摧毁，无包膜，与周围组织界限不清，手术不易切除，术后易复发。

③ 弥散性生长。多数造血组织肉瘤、未分化癌及未分化非造血间叶组织肉瘤多以这种方式生长。肿瘤细胞不聚集，分散、单个地沿组织间隙扩散，所以在瘤细胞所到之处，原有的组织结构基本仍能保持。

④ 突起（外生）性生长。这种生长方式主要见于体表、体腔或管道表面的肿瘤，即上皮性肿瘤。常向表面突起，形成乳头状、息肉状、菜花状肿瘤。

**5. 肿瘤的转移**

瘤细胞由原发瘤脱离，经淋巴道、血道或其他途径迁徙到身体的其他部位继续生长，形成与原发瘤相同类型肿瘤（子瘤）的过程为肿瘤的转移，所形成的子瘤叫转移瘤。肿瘤的转移途径主要有以下几种。

(1) 淋巴道转移　是癌常见的转移方式。癌细胞转移首先应浸润到肿瘤周围健康组织的淋巴管中，然后继续沿着淋巴管通路不断地繁殖和蔓延，形成淋巴管渗透。进入淋巴管的癌细胞随着淋巴液的流动先到局部淋巴结，再经过与机体免疫抗癌力（如局部淋巴结产生免疫活性细胞和具有吞噬作用的组织细胞）的斗争之后，那些未被杀伤的癌细胞就可存于淋巴结之内，从而获得繁殖的机会和形成转移瘤。癌细胞也可转移到远隔的淋巴结，然后转移到血液和其他组织器官。

(2) 血道转移　各种恶性肿瘤都可发生血道转移，但多见于肉瘤和晚期癌，并且大多数是随静脉的流向移动。瘤细胞侵入毛细血管及小静脉，也可经淋巴道入血。被血流带走后，如经静脉进入肺脏，易在肺脏形成子瘤；胃肠部肿瘤则常经门脉转移至肝脏形成子瘤。

(3) 种植性转移　生长于浆膜腔（如胸腔、腹腔、骨盆腔等）内的恶性肿瘤，当瘤细胞脱离原瘤后，可以发生瘤细胞的"播种"现象。其瘤细胞被撒播并黏附在邻近的浆膜上，形成新的续发瘤，称种植性转移。

(4) 肿瘤全身性扩散　恶性肿瘤晚期，在多数器官内形成大量的转移瘤。这是由于大量瘤细胞通过血道或血道-淋巴道等途径播散的结果，称为肿瘤的全身性扩散。

**6. 肿瘤的分类与命名**

(1) 肿瘤的分类　肿瘤的种类繁多，根据肿瘤的生长特性及对患体的危害程度不同，可分为良性肿瘤和恶性肿瘤；根据肿瘤的组织来源不同，又可分为上皮组织肿瘤、间叶组织肿瘤、神经组织肿瘤和其他类型肿瘤等（表 11-1）。

**表 11-1　肿瘤的分类**

| 项目 | 组织来源 | 良性肿瘤 | 恶性肿瘤 |
|---|---|---|---|
| 上皮组织 | 鳞状上皮 | 乳头状瘤 | 鳞状细胞癌、基底细胞癌 |
| | 腺上皮 | 腺瘤 | 腺癌 |
| | 移行上皮 | 乳头状瘤 | 移行细胞癌 |
| 间叶组织 | 支持组织： | | |
| | 纤维结缔组织 | 纤维瘤 | 纤维肉瘤 |
| | 脂肪组织 | 脂肪瘤 | 脂肪肉瘤 |
| | 黏液组织 | 黏液瘤 | 黏液肉瘤 |
| | 软骨组织 | 软骨瘤 | 软骨肉瘤 |
| | 骨组织 | 骨瘤 | 骨肉瘤 |
| | 淋巴造血组织： | | |
| | 淋巴组织 | 淋巴瘤 | 淋巴肉瘤 |
| | 造血组织 | | 白血病 |
| | 脉管组织： | | |
| | 血管 | 血管瘤 | 血管肉瘤 |
| | 淋巴管 | 淋巴瘤 | 淋巴肉瘤 |
| | 间皮组织 | 间皮瘤 | 恶性间皮瘤 |
| | 肌组织： | | |
| | 平滑肌 | 平滑肌瘤 | 平滑肌肉瘤 |
| | 横纹肌 | 横纹肌瘤 | 横纹肌肉瘤 |
| 神经组织 | 室管膜上皮 | 室管膜瘤 | 室管膜母细胞瘤 |
| | 神经节细胞 | 神经节细胞瘤 | 神经节母细胞瘤 |
| | 胶质细胞 | 胶质胶质瘤 | 多形性胶质母细胞瘤 |
| | 神经鞘细胞 | 神经鞘瘤 | 恶性神经鞘瘤 |
| | 神经纤维 | 神经纤维瘤 | 神经纤维肉瘤 |
| 其他 | 三种胚叶组织 | 畸胎瘤 | 恶性畸胎瘤、胚胎性癌等 |
| | 黑色素细胞 | 黑色素瘤 | 恶性黑色素瘤 |
| | 多种组织 | 混合瘤 | 恶性混合瘤、癌肉瘤 |

(2) 肿瘤的命名　肿瘤的命名也较复杂，其命名的原则是根据肿瘤的组织来源和良、恶性质来命名。同时结合其发生部位和形态特点，也有少数肿瘤沿用习惯名称。

① 良性肿瘤的命名。良性肿瘤通常是在其来源组织名称后加一"瘤"字。如来源于纤维组织的良性肿瘤称为纤维瘤，来源于腺上皮的良性肿瘤称腺瘤，来源于脂肪组织的良性肿瘤称脂肪瘤。个别良性肿瘤结合肿瘤的形状命名，如来源于皮肤被覆上皮的良性肿瘤，因其外形向外呈乳头状突起，称皮肤乳头状瘤。

② 恶性肿瘤的命名。恶性肿瘤的命名主要依其组织来源而异。

a. 癌。来源于上皮组织的恶性肿瘤称为"癌"。再根据其发生部位不同，在"癌"字前加上其组织或器官名称，如皮肤鳞状上皮癌、乳腺癌、胃癌、肺癌。

b. 肉瘤。来源于间叶组织（包括结缔组织、脂肪组织、肌肉、脉管、骨、软骨及造血组织等）的恶性肿瘤，称为"肉瘤"，再根据其发生部位不同，在"肉瘤"前加上其组织名称，如纤维肉瘤、脂肪肉瘤、骨肉瘤、淋巴肉瘤等。

c. 癌肉瘤。同一个恶性肿瘤中，既有癌的成分，又有肉瘤的成分，称为癌肉瘤。如子宫癌肉瘤就是由子宫黏膜上皮形成的癌和子宫内膜结缔组织形成的肉瘤共同组成的。

d. 其他恶性肿瘤。有些恶性肿瘤则不以上述原则命名，例如来源于未成熟的胚胎组织或神经组织的恶性肿瘤，称母细胞瘤或在其组织细胞名称前加一"成"字，如肾母细胞瘤（或称成肾细胞瘤）、髓母细胞瘤（或称成髓细胞瘤）、神经母细胞瘤（成神经细胞瘤）等。有些恶性肿瘤，因其成分复杂或组织来源尚不明确，习惯上在肿瘤名称之前加"恶性"二字来表示。如恶性畸胎瘤、恶性黑色素瘤等。

此外，还有些恶性肿瘤常采用习惯名称，如各种类型的白血病，因其来源于造血组织，血液中有大量异常白细胞出现，所以习惯上称之为白血病。还有一些恶性肿瘤以人名命名，如鸡马立克病等。

**7. 良性肿瘤与恶性肿瘤的区别**

肿瘤的良、恶性质，可根据其具体形态特征和生物学行为如生长方式、生长速度、能否转移与复发，以及对患体的影响等来进行区别（表 11-2）。

表 11-2  良性肿瘤与恶性肿瘤的主要区别

| 区别要点 | 良性肿瘤 | 恶性肿瘤 |
| --- | --- | --- |
| 外形 | 多呈结节状或乳头状 | 呈多种形态 |
| 生长方式 | 多呈膨胀式生长 | 多呈浸润式生长 |
| 生长速度 | 缓慢 | 较快 |
| 有无包膜 | 常有完整包膜 | 一般无包膜 |
| 转移 | 不转移 | 常发生转移 |
| 复发 | 不复发 | 常可复发 |
| 细胞分化程度 | 分化良好 | 分化不良 |
| 细胞排列 | 排列规则 | 排列不规则 |
| 核分裂象 | 极少 | 多见 |
| 破坏正常组织 | 破坏较少 | 破坏严重 |
| 对患体的影响 | 影响较小 | 影响严重 |

**8. 肿瘤对机体的影响**

肿瘤对机体的影响因其良恶性质、生长部位及大小不同而有所不同。

（1）局部影响

① 压迫和阻塞。肿瘤无论良性或恶性，当其长到一定体积时都可压迫器官和阻塞管腔，从而引起功能障碍。

② 破坏器官的结构和功能。主要为恶性肿瘤，当它生长到一定程度，就可破坏器官的结构和功能。如肝癌可广泛破坏肝组织，引起肝功能障碍。

③ 出血与感染。恶性肿瘤的浸润性生长可导致血管破坏、出血。如直肠癌出现便血。

④ 疼痛。多为恶性肿瘤晚期症状，常为顽固性疼痛，可能是肿瘤压迫或侵犯神经组织引起。

（2）全身影响  主要表现在恶性肿瘤引起的发热和恶病质。发热由恶性肿瘤的代谢产物、坏死崩解产物的吸收及继发感染等引起；恶病质是恶性肿瘤晚期最普遍出现的一种不良影响，其特征为患病动物出现全身软弱、厌食、消瘦、衰竭、负氮平衡、酸碱平衡紊乱等一系列现象。

### 三、肿瘤的发生原因与机制

**1. 肿瘤的发生原因**

（1）外源性致瘤因素  家畜、家禽和鱼类以及许多野生动物的肿瘤，很多与病毒有关，危害性也较大。生物性致瘤因素占重要地位，其次为化学性因素，物理性因素更次之。

① 生物性因素。包括某些病毒与寄生虫。

a. 病毒。研究证实，可导致动物肿瘤的病毒有几十种。如疱疹病毒、腺病毒、乳头状瘤病毒、致瘤 RNA 病毒等。其中，属疱疹病毒的马立克病病毒对养鸡业危害巨大，腺病毒主要引起大鼠和小鼠的肉瘤，乳头状瘤病毒可引起牛、兔、犬等多种动物和人类的乳头状瘤。已确认鱼类的多种肿瘤也是由病毒引起的，如狗鱼的淋巴肉瘤。

　　b. 寄生虫。寄生虫因素与肿瘤生成之间也有着密切的关系。如华枝睾吸虫感染与胆管上皮细胞发生癌变有关，猫的肥颈绦虫幼虫寄生于肝脏，可引起肝肉瘤。

　　② 化学性因素。最常见的化学性致瘤因素包括亚硝胺类、真菌毒素、多环芳烃化合物、某些激素、农药和微量元素等。

　　a. 亚硝胺。亚硝胺化合物普遍存在于自然界和许多食物（饲料）中，有近 100 种，其中 70 多种能致癌。这类物质致癌性很强、致癌谱很广，可引起家畜、家禽、鱼类等众多动物与人类多种器官组织的肿瘤。

　　b. 真菌毒素。广泛存在于高温、高湿地区霉变的粮食饲料（如玉米、谷物、花生等）中，黄曲霉毒素就是该菌产生的一种强烈的肝脏毒素。黄曲霉毒素及其衍生物约有 20 多种，其中以黄曲霉毒素 $B_1$ 的致病性最强，其次为黄曲霉毒素 $C_1$ 和黄曲霉毒素 $B_2$ 等。致癌靶器官主要是肝脏，也可诱发肺癌、肾癌、胃癌、乳腺癌和其他多种肉瘤。

　　除黄曲霉毒素外，杂色曲霉和构巢曲霉的毒性代谢产物杂色曲霉素、冰岛青霉产生的冰岛青霉素，以及某些菌株产生的白地霉素也能引发肿瘤。

　　c. 多环芳烃化合物。是最早被发现的化学性致癌物之一，存在于石油、煤焦油中。其中，3，4-苯并芘是强致癌物，主要诱发肺癌、皮肤癌、胃癌等。

　　d. 农药。研究证明，有致癌性的农药很多，如有机氯农药中的甲氧氯、灭蚁灵、二酯杀螨醇等；有机氮农药中的多菌灵、苯菌灵；有机磷农药中的敌百虫等。这些农药可个别诱发肝脏、胃、乳腺和卵巢的许多肿瘤。

　　e. 植物致癌毒素。蕨类植物（毛叶蕨）含有化学性致癌成分，可引起一些牛和羊的多种组织肿瘤，如乳头状瘤、腺瘤、腺癌、移行上皮癌、平滑肌肉瘤、血管瘤及纤维瘤等。

　　f. 芳香胺类和氨基偶氮染料。芳香胺类致癌物主要有乙萘胺、联苯胺等。氨基偶氮染料如猩红、奶油黄等，长期接触可引发肝癌、膀胱癌。

　　③ 物理性致癌因素。包括 X 射线、各种放射性元素和紫外线等。长期或大剂量地反复照射 X 射线镭等放射性同位素可引起各种肿瘤。长期接受紫外线照射，动物易引起皮肤癌。

　　（2）内源性致瘤因素　外源性致瘤因素只是引起肿瘤的一个条件，它必须通过内因而起作用。机体的内在因素在肿瘤的发生上有其重要影响。

　　① 种属。动物的种属不同，易发肿瘤种类也不一样，尤其是病毒性肿瘤。如马立克病病毒只专一地侵犯鸡，可引起恶性淋巴瘤。另外，同一致癌物对不同种属动物的诱癌效果也不一致，如黄曲霉毒素诱发鱼类肝癌的剂量比诱发其他动物肝癌的剂量要少许多。

　　② 年龄。病毒引起的肿瘤，各种年龄的动物都可发生。有的发病年龄还特别小，如鸡的马立克氏病，在约 18 日龄时就可在显微镜下发现其早期最小瘤灶，7 周龄左右出现肉眼可见的肿瘤；由化学性致瘤因素引起的肿瘤，发病年龄一般较大，可能与这类致癌物在体内积累以及诱发细胞畸变需要一个较长的时间有关。

　　③ 内分泌因素。内分泌紊乱与某些肿瘤的发生有一定关系，如雌激素分泌过多与乳腺癌的发生有关，而将卵巢切除可使肿瘤明显缩小。性激素状况显著异常的阉鸡较易患白血病，母鸡也比公鸡较容易发生白血病。

　　④ 免疫状态。机体的免疫状态对肿瘤的发生、发展有着重要的影响，免疫功能低下时易患肿瘤。如实验切除胸腺或使用免疫抑制剂的实验动物对诱瘤的敏感性明显高于免疫状态正常的对照动物，不仅诱发率高，诱发的时间也缩短。免疫监视是宿主机体对突变细胞的识别和消除，这种免疫反应为细胞免疫，即通过致敏 T 淋巴细胞、K 细胞、自然杀伤细胞、巨噬细胞对具有肿瘤特异性抗原的肿瘤细胞起监视杀伤作用。如肿瘤组织内淋巴细胞浸润较

多往往预后较好，局部淋巴结单核巨噬细胞增生显著预后也较好，肿瘤可较长时间内无转移。与此同时，体液免疫也起一定作用。因此，宿主机体抗癌免疫力的高低在肿瘤发生、发展中有着不容忽视的作用。

**2. 肿瘤的发生机制**

关于肿瘤的发病机制，目前还不十分清楚，普遍认为是遗传因素与环境因素共同作用的结果，以下三方面值得进一步探讨。

（1）细胞癌变的基础——异常基因的出现　动物机体由无数个细胞构成，构成细胞的遗传密码 DNA 中的基因具有自我复制功能，而异常基因的产生是自我复制错误的结果。异常基因很不稳定，在修复系统控制下可恢复为正常基因，环境改变有利于生存时基因的恢复。在这种基因恢复过程中如遇到致突变因子（如各种致癌因子）的作用，基因则无法恢复正常，而是继续以异常基因为模板，复制种种异常基因，使得在一条长长的 DNA 多核苷酸链上出现越来越多的异常基因的叠加。在一代又一代错误的复制中，异常基因积累到一定数目，整个 DNA 就会出现表型的变异，携带异常基因的细胞就会出现相应的病理学改变。

（2）各种致癌因子是异常基因突变的诱因　异常基因仅仅是基因异常而已，它不是癌基因，异常基因变成癌基因需要致癌因子的"掺入"。

致癌因子之所以能致癌，就是因为它能作用于细胞 DNA，干扰 DNA 的复制。它可以"掺入"细胞 DNA 中或切断正常 DNA 排列顺序，打乱正常基因的复制规律，形成异常基因，再进一步影响基因恢复系统，使基因无法恢复正常，继续按异常复制的途径配对。一旦影响到基因接触抑制系统，或异常基因数量上的增加由量变引起质变，则异常基因就转变成癌基因。病毒性、物理性和化学性致癌物等都是以同样的机制，即作用于细胞 DNA，使正常细胞转变为癌细胞。

（3）异常基因变成癌基因的免疫学因素　正常情况下，动物机体的免疫监视系统经常处于"监视"状态，一旦发现携带有异常基因的异常细胞，就会调动机体的免疫系统，或是加以修复，或是进行清除，抑制癌基因的产生与活化，维护体内细胞的正常。但在免疫功能抑制或缺损的情况下，一旦受到致癌物质的刺激，异常基因的自我修复系统就会失去功能，在各种致癌因子的参与下转化为癌基因，从而形成肿瘤。

此外，肿瘤细胞本身还能产生一种对免疫反应起阻抑作用的物质。肿瘤细胞表面有大量的唾液酸覆盖，其抗原的决定簇可被掩蔽，致使宿主的淋巴细胞抗原识别功能丧失等，也有利于肿瘤的生成和发展。

## 四、畜禽常见的肿瘤

**1. 良性肿瘤**

（1）乳头状瘤　是由上皮组织的异常增生所形成的一种良性肿瘤，主要发生于头、颈、外阴、乳房等皮肤，和口、咽、鼻、舌、食管、胃、肠等黏膜部位。

眼观　瘤体呈单乳头或分支乳头状突起，肿瘤表面如花椰菜状，颜色多为灰褐色、淡红色或灰白色，表面常有裂隙，摩擦时易碎裂和出血。其根部有蒂与基底相连，故容易切除（彩图 11-3）。

镜检　整个瘤组织形如手套，其中心为纤维结缔组织及血管构成的间质，乳头表面被覆为增生的上皮，其上皮细胞分化成熟，细胞形态与起源细胞相似，排列整齐，核分裂象少见。位于基部的细胞几乎处于同一平面上，无浸润性生长。

（2）纤维瘤　是由纤维结缔组织的异常增生所形成的一种良性肿瘤。多发生于皮下、黏膜、浆膜、肌膜、骨膜等富有结缔组织的部位。

**眼观** 瘤体与周围组织分界明显，呈球形、半球形或不规则形，白色或灰白色，质度坚硬，具有一定弹性（彩图 11-4）。

**镜检** 瘤组织主要由成纤维细胞、纤维细胞和胶原纤维等成分构成。细胞分化成熟，与正常的结缔组织细胞基本相似。但瘤组织中细胞和纤维成分的比例失常，细胞成分分布不均，纤维成分排列不规则，纵横交错。根据其瘤组织中细胞和纤维成分的比例不同，可将其分为两种。

硬性纤维瘤：其特点是瘤组织中纤维成分多，细胞成分少，质度较硬。

软性纤维瘤：其特点是瘤组织中纤维成分少，细胞成分多，质度较软。

（3）脂肪瘤 是由脂肪组织的异常增生所形成的一种良性肿瘤，多发生于皮下脂肪组织，也可发生于其他部位的脂肪组织。

**眼观** 瘤体多呈结节状、息肉状或呈扁圆形，质度柔软，淡黄色，体积大小不等，有完整的包膜，切面呈油脂状。

**镜检** 瘤细胞分化成熟，与正常的脂肪细胞极相似。瘤组织中有少量不均匀间质（结缔组织和血管），将肿瘤组织划分为大小不等的小叶。有的瘤组织含有多量的结缔组织成分，称纤维脂肪瘤。而有的瘤组织含有多量的毛细血管或内皮细胞数量增多，形成细小管腔或不形成管腔，称血管脂肪瘤。

（4）腹膜间皮瘤 是由间皮组织的异常增生所形成的一种良性肿瘤，多发生于腹腔浆膜，鸡肠系膜间皮瘤较为多见。

**眼观** 瘤体多呈结节状，遍及于肠浆膜及肠系膜上，有时在腹壁上成片分布。肿瘤结节呈圆形或椭圆形，有绿豆大至玉米粒大，有明显的蒂，结节质地较坚实，有完整的包膜，表面光滑，切面呈灰白色、均质（彩图 11-5）。

**镜检** 瘤细胞呈上皮样或梭形，瘤细胞核呈圆形或椭圆形，瘤组织中有少量纤维组织成分。

（5）浆液性囊腺瘤 是起源于腺上皮的一种良性肿瘤，可发生于黏膜或深部腺体，多呈结节状。多见于卵巢、肾上腺、乳腺、甲状腺等。

**眼观** 瘤体由大小不一、圆形或不正圆形的囊泡组成，外观像葡萄串。囊泡大的有花生米大，小的肉眼难辨。囊泡壁较薄，内贮清亮透明的浆液。瘤体根部与卵巢相连，腹腔脏器被排挤到腹腔的前下部。

**镜检** 瘤组织由大小不等的囊泡组成网状结构，其囊壁由结缔组织构成，内表面被覆一层立方形或低柱状上皮细胞，胞质内含少量嗜酸性颗粒，胞核位于细胞中央，呈圆形或椭圆形。有的囊壁发生断裂，彼此相互融合成较大的囊腔。

**2. 恶性肿瘤**

（1）鳞状细胞癌 是起源于复层扁平上皮或变移上皮的一种恶性肿瘤。主要发生于皮肤鳞状上皮，又称鳞状上皮癌。也可发生于皮肤型黏膜，如口腔、食管、喉头、阴道和子宫颈等黏膜处。

**眼观** 皮肤型鳞状上皮癌质地坚实，癌肿多呈大小不等的乳头状生长，形成花椰菜状突起，表面发生出血、炎症或溃疡。有的癌肿向深部组织发展，形成浸润性硬结。黏膜鳞状上皮癌质地较脆，多形成结节状或不规则的团块状向表面或深部呈浸润性生长，癌组织有时也可发生溃疡与出血。切面呈灰白色，形成均匀的结节状或粗颗粒样，干燥，无光泽，无包膜，与健康组织分界不很清楚。

**镜检** 癌组织形成典型的癌细胞巢，癌细胞巢的最外层相当于表皮的基底细胞层，与此相接的内层为棘细胞层，接近细胞巢中心有颗粒细胞层，中心部类似表皮的角化细胞，形成角化小体，称为角化珠或癌珠，此种癌称角化癌。如癌细胞巢的边缘部由柱状上皮细胞组成，其余由棘细胞组成，称为棘细胞癌。这种癌比角化癌的恶性程度高。另有以基底细胞为主要成分的癌，称为基底细胞癌。

（2）纤维肉瘤　是起源于结缔组织的一种恶性肿瘤。见于多种家畜和家禽，多发于四肢的皮下或深部组织，生长比较缓慢。

眼观　肿瘤体积较大，呈结节状或不规则形。早期呈膨胀性或外生性生长，有不完整包膜，与周围组织界限清楚。晚期则呈浸润性生长，无完整包膜，质地比较柔软，切面湿润有光泽，呈鱼肉色（彩图 11-6）。

镜检　瘤组织中细胞成分多，纤维成分少。瘤细胞呈梭形或卵圆形，大小不等，排列紊乱，纵横交错或呈漩涡状排列。瘤细胞分化程度低，常见有核分裂象，有时见有多核巨细胞。

（3）淋巴肉瘤　是起源于淋巴组织的一种恶性肿瘤。瘤细胞起源于淋巴结或其他含有弥散淋巴滤泡的组织内，牛、猪及鸡发病率较高。

眼观　淋巴肉瘤呈结节状或团块状，大小不等，质地柔软或坚实，切面颜色灰白或灰红，如鱼肉样，有时伴有出血或坏死。内脏器官的淋巴肉瘤有结节型和浸润型两种形式。结节型表现器官内形成大小不等的肿瘤结节，灰白色，与周围正常组织分界清楚，切面可见均质、无结构的肿瘤组织，外观如淋巴组织；浸润型则呈弥漫性浸润于正常组织之间，外观仅见器官（如肝脏）体积呈弥漫性肿大或增厚，而不见肿瘤结节。

镜检　肿瘤组织主要为一些不成熟的淋巴细胞样瘤细胞，胞质多，核分裂象多见，瘤组织结构紊乱。原发部位淋巴组织结构破坏或消失，无法辨认出淋巴小结和淋巴窦等结构。

（4）恶性黑色素瘤　是起源于产黑色素细胞形成的一种恶性肿瘤。常发于动物的尾根、肛门周围和会阴等富有产黑色素细胞的部位，多见于马属动物。

眼观　黑色素瘤为单发或多发，大小及硬度不一，呈深黑色或棕黑色结节状，切面干燥（彩图 11-7）。

镜检　瘤细胞排列致密，间质成分很少。瘤细胞呈圆形、椭圆形、梭形或不规则形。其大小不一，排列紊乱，大多数瘤细胞的胞质内充满黑色素颗粒或团块，呈棕黑色。瘤细胞胞质中，黑色素颗粒少时，还可见到胞核和嗜碱性胞质，黑色素颗粒多时，胞核和胞质常被掩盖，极似一点墨滴。

（5）腺癌　是起源于腺上皮的一种恶性肿瘤。多发生于胃、肠、卵巢和肝脏等部位。如鸡卵巢腺癌、牛羊原发性肝癌。

眼观　腺癌多为不规则团块，无包膜或包膜不完整，与周围健康组织分界不清。癌肿质硬而脆，颜色灰白，无光泽。常伴有出血、坏死与溃疡（彩图 11-8）。

镜检　已分化的腺癌其癌细胞都不同程度地表现出腺上皮的特征：细胞柱状、低柱状、多边形或其他形状。癌细胞可排列为腺管样、条索状、团块状。

【分析讨论】
　　讨论 1　肿瘤形成对动物机体的影响与危害有哪些？
　　讨论 2　动物和人对肿瘤形成的反应有何不同？

**实习实训** ┈┈┈┈┈┈┈┈┈┈┈┈┈┈┈┈┈┈┈┈┈┈┈┈┈┈┈┈┈┈┈┈┈┈┈┈┈┈┈┈┈┈

# 肿瘤性病变的观察与识别

【实训目标】通过对各种肿瘤标本与切片的观察，认识和掌握畜禽常见肿瘤的眼观形态与病理组织学特点，以及良性与恶性肿瘤的区别要点，对畜禽常见肿瘤作出准确的病理学诊断。

【实训器材】眼观标本、病理切片、光学显微镜、显微数码互动系统或显微图像转换系统、计算机、投影机、病理图片等。

【实训内容】

**1. 牛皮肤肿瘤病变**

眼观标本　眼观病变皮肤瘤体呈多乳头状突起，肿瘤表面如花椰菜状，颜色多为灰褐色或灰白色，其表面粗糙，摩擦时易碎裂。瘤体内部有腔隙，内表面比较光滑。

病理切片　镜下可见整个瘤组织形如手套，其中心为纤维结缔组织及血管构成的间质，乳头表面被覆为增生的上皮，其上皮细胞分化成熟，细胞形态与起源细胞相似，排列整齐，核分裂象少见。位于基部的细胞几乎处于同一平面上，无浸润性生长。

病理诊断　牛皮肤乳头状瘤。

**2. 驴皮下肿瘤病变**

眼观标本　眼观肿瘤呈圆形或卵圆形，瘤体光滑，与周围组织界限清晰，表面与切面颜色呈淡灰色或淡黄色，质地坚实。

病理切片　镜下可见肿瘤的主要组织成分为致密的胶原纤维束，呈波浪状或螺旋状排列，在纤维束之间见有类似成纤维细胞核的梭形纤维瘤细胞核。

病理诊断　驴皮下纤维瘤。

**3. 牛皮肤肿瘤病变**

眼观标本　眼观肿瘤外形呈不规则形，与周围组织界限不清，无包膜，质地坚实。瘤体大小不一，肿瘤常侵蚀皮肤或黏膜，以形成溃疡或引起继发感染。肿瘤切面为分叶状、均质和无光泽，呈淡红白色或呈鱼肉色。瘤体表面常见红褐色的出血区或灰黄色的坏死区。

病理切片　镜下可见瘤组织由不成熟的成纤维细胞索和数量不等的胶原纤维交织而成。瘤细胞通常呈梭形、卵圆形或星形，其中有多核瘤巨细胞和具有异形核的瘤细胞。胞核呈长圆形或卵圆形，染色深，核仁明显，约2～5个，常见有核分裂象。

病理诊断　牛皮肤纤维肉瘤。

**4. 牛皮肤肿瘤病变**

眼观标本　眼观瘤体大小不一，呈乳头状或分支乳头状突出于皮肤表面，肿瘤外形如花菜状，表面粗糙和有许多细小裂隙，有柄蒂或宽广的基部与皮肤相连。

病理切片　镜下可见瘤组织是由极度增厚的表皮组织所构成，构成乳头状或手套状结构。乳头的中部为由纤维组织与血管组织组成的间质，表层覆盖极度增生和角化过度的鳞状上皮，棘细胞层和颗粒层细胞变性，胞质发生空泡化，基部细胞几乎处于同一平面上，无浸润性生长现象。瘤细胞无异型性，排列整齐，核分裂象少见。

病理诊断　牛皮肤乳头状瘤。

**5. 猪肠系膜肿瘤病变**

眼观标本　眼观瘤体呈扁圆形，质地柔软，体积大小不等，呈淡黄色，有完整的包膜。生长于肠系膜及网膜上的脂肪瘤常有较长的蒂与母组织相连。与正常的脂肪组织相比，肿瘤有完整的纤维包膜，与周围组织界限清楚。

病理切片　镜下可见瘤组织类似于脂肪组织，有少量分布不均的结缔组织及血管构成的间质，间质将瘤组织分隔成大小不等的小叶。瘤细胞与脂肪细胞类似，无异型性，核分裂象少见。

病理诊断　猪肠系膜脂肪瘤。

**6. 鸡腹腔浆膜肿瘤病变**

眼观标本　眼观肠浆膜及肠系膜表面布满灰白色肿瘤结节，结节呈圆形或椭圆形，绿豆大至玉米粒大，有蒂，单个分布或密集成堆。表面光滑，切面均质，质地坚实。

病理切片　镜下可见瘤细胞呈椭圆形或梭形，排列较密集，多形成团块状，部分区域构成管状结构。胞核呈圆形、椭圆形或梭形，核分裂象易见。瘤组织中有少量纤维组织成分。

病理诊断　鸡腹腔浆膜间皮瘤。

**7. 猪肝脏肿瘤病变**

眼观标本　眼观病肝有结节状肿瘤，瘤体呈灰白色，外观如淋巴组织。切面似鱼肉状，质地较实，与周围正常组织之间的分界清楚，有时伴有出血或坏死。有的病例肿瘤组织呈弥漫性浸润在正常组织之间，外观仅见肝脏显著肿大或增厚，而不见肿瘤结节。

病理诊断　猪肝脏淋巴肉瘤。

**8. 鸭腹腔肿瘤病变**

眼观标本　肿瘤起源于鸭的卵巢，眼观瘤体是由大量的腺泡组成，其腺泡为囊泡状结构的腺腔。囊泡有豌豆大至黄豆大，囊泡内充满浆液性囊液。

病理切片　镜下可见瘤组织是由大量的、大小不等的囊泡组成，囊壁为单层上皮，囊泡内为均质红染的浆液。

病理诊断　鸭浆液性囊腺瘤。

**9. 鸡卵巢肿瘤病变**

眼观标本　眼观卵巢有大小不等、数量不一的肿块，肿块呈灰白色，质地硬实。表面粗糙不平，无光泽，也无包膜。多数病例在腺胃、肌胃、输卵管、肠及肠系膜表面形成广泛性结节状或菜花状续发性癌肿。

病理切片　镜下可见卵巢原有结构消失，癌组织形成明显的腺管样，癌细胞呈低柱状或立方形，胞核大而明显，呈单层或复层排列形成腺腔，腺腔周围有或多或少的间质结缔组织。

病理诊断　鸡卵巢腺癌。

**10. 牛皮肤肿瘤病变**

眼观标本　眼观癌肿呈生长型或糜烂型。生长型癌肿呈大小不一的乳头状生长，形成菜花状突起，表面常发生炎症或形成溃疡，并有出血。向深部组织发展，形成浸润性硬结。糜烂型癌肿起初为有结痂的溃疡，以后溃疡向深部发展，外观呈火山口状。肿瘤切面呈灰白色，质地柔软，形成均匀的结节形组织，结节之间有纤维组织分隔。

病理诊断　牛皮肤鳞状上皮癌。

**11. 鸡坐骨神经病变**

眼观标本　眼观坐骨神经肿大增粗，呈灰白色或灰黄色，病变神经多为一侧性。

病理诊断　神经型鸡马立克病。

**12. 鸡肝脏病变**

眼观标本　眼观病肝形成肿瘤性病变，瘤组织形成结节状肿块或呈弥漫性浸润入肝组织实质内。结节状病变可在器官表面或实质内形成灰白色肿瘤结节，大小和数量不一，结节的切面平滑。弥漫性病变为器官弥漫性增大，可比正常增大数倍，器官色泽变淡。

病理切片　镜下可见瘤组织主要以多形态细胞（包括淋巴细胞、浆细胞、成淋巴细胞、网状细胞以及少量巨噬细胞）的增生浸润为主要成分。器官的实质成分严重破坏消失，而被增生的瘤细胞替代。

病理诊断　内脏型鸡马立克病。

**13. 鸡脾脏病变**

眼观标本　眼观病脾体积显著肿大，并形成肿瘤结节。结节呈鱼肉色，大小和数量不一，结节的表面及切面平滑。

病理切片　镜下可见瘤组织主要以多形态细胞（包括淋巴细胞、浆细胞、成淋巴细胞、网状细胞以及少量巨噬细胞）的增生浸润为基本特征。

病理诊断　内脏型鸡马立克病。

**14. 鸡皮肤病变**

眼观标本　眼观病变皮肤以毛囊为中心形成丘疹状突起为主要特征。严重病例遍布皮肤各处，有时皮肤上也可见到较大的肿瘤结节。

病理诊断　鸡皮肤型鸡马立克病。

**15. 鸡眼部病变**

眼观标本　眼观病眼以虹膜发生环状或斑点状褪色为特征，以致虹膜变为弥漫性灰白色、混浊不透明。瞳孔先是边缘不整齐，重症病例见瞳孔变成小的针孔状。

病理诊断　鸡眼型鸡马立克病。

**16. 鸡肝脏病变**

眼观标本　眼观肝脏内肿瘤组织呈弥漫性增生，使肝脏体积显著肿大，俗称"大肝病"。

病理诊断　鸡白血病。

**【实训考核】**

1. 描述 3 种以上眼观肿瘤标本的病理变化特征。

2. 绘制 3 张肿瘤组织结构图，突出其病变特点，并完成图注。

## 【目标检测】

1. 名词解释：肿瘤、癌、肉瘤。

2. 肿瘤的常见形态有哪些？有哪些生长方式？

3. 肿瘤如何扩散转移？发生扩散转移意味着什么？

4. 肿瘤是如何分类与命名的？良性肿瘤与恶性肿瘤如何区别？

5. 肿瘤对机体的影响轻重取决于哪些因素？

（何书海）

# 模块二　病理诊断模块

## 项目十二　主要器官病变观察与病理诊断

### 子项目一　心脏病变观察与病理诊断

【学习目标】

1. 分析和理解心脏疾病的发生原因与机制。
2. 观察和认识各种常见心脏疾病的病理变化，并依据其病变特征建立正确的病理诊断。
3. 分析各种心脏疾病对机体的影响。

【课前准备】

1. 预习本项目学习内容，明确学习目标与任务。
2. 回顾正常心脏的形态结构与生理功能。

【学习内容】

心脏是血液循环的动力器官，也是动物生命活动的重要器官。当心脏患病导致其功能或形态结构发生改变时，必将引起全身或局部血液循环的障碍，进而导致各器官组织代谢、功能和结构的改变，甚至对生命活动造成严重威胁。本项目主要介绍心包炎、心肌炎和心内膜炎等三种最常见的心脏疾病。

#### 一、心包炎

心包炎是指心包壁层与脏层的炎症。心包炎通常是某些疾病过程中的一种伴发症，有时也会单独发生，如牛的创伤性心包炎。心包炎时心包腔内常蓄积多量炎性渗出物，根据渗出物的性质不同可区分为浆液性、纤维素性、出血性、化脓性、腐败性和混合性等类型。心包炎多见于猪、牛和禽类。

**1. 发生原因与机制**

引起动物心包炎的病因可分为传染性和创伤性两种类型，其中以传染性多见。

(1) 传染性心包炎　是由于细菌或病毒经血流直接侵入心包而引起，如牛巴氏杆菌病、鸡大肠杆菌病、猪传染性胸膜肺炎时的浆液或浆液-纤维索性心包炎。邻近器官的炎症也可直接蔓延至心包引起心包炎。

(2) 创伤性心包炎　是由机械性创伤所致，主要见于牛。因为牛的采食量大，采食时不经充分咀嚼即行吞咽，加上其口腔黏膜分布着许多角质化乳头，对硬性刺激物感觉比较迟钝，所以牛容易将一些尖锐的异物（铁钉、铁丝等）咽下，随着胃的蠕动异物可以向不同的方向穿刺，当异物从网胃向前方穿刺时，可穿过膈肌刺入心包或心肌，病原微生物也随之侵入，引起创伤性心包炎。

**2. 病理变化**

（1）传染性心包炎　表现为浆液性、浆液-纤维素性或纤维素性心包炎。多伴发于某些传染病的过程中，如猪瘟、传染性胸膜肺炎、牛巴氏杆菌病、鸡大肠杆菌病等。

眼观　心包腔内蓄积多量浆液或浆液-纤维素或纤维素性渗出物，使心包充盈而紧张，心包膜因炎性水肿而肥厚。心外膜充血，散在点状出血，浆膜面粗糙无光泽。发生纤维素性心包炎时，渗出的纤维素被覆在心外膜上，形成一层灰白色絮状或绒毛状物，俗称"绒毛心"（彩图 12-1-1）。结核性心包炎时，心外膜被覆数厘米厚的干酪样坏死物，状似盔甲，俗称"盔甲心"。此时心包和心外膜因结缔组织增生而显著变厚，粗糙无光泽。

镜检　初期心外膜呈现充血、水肿并伴有白细胞浸润，间皮细胞肿胀、变形，浆膜表面有少量浆液-纤维素性渗出物。随后间皮细胞坏死、脱落，浆膜层和浆膜下组织水肿、充血、白细胞浸润，间或有出血，在组织间隙内有大量丝网状纤维素。与发炎心外膜相邻的心肌纤维呈颗粒变性和脂肪变性，心肌纤维间充血、水肿及白细胞浸润。病程经过较久者，则转为慢性，渗出物被新生肉芽组织机化而形成瘢痕，且包裹心脏。

（2）创伤性心包炎　心包受机械性损伤所引起，因伴有细菌随着异物侵入心包，常常表现为浆液-纤维素性化脓性炎。或继发腐败菌感染，则可转化为腐败性心包炎。

眼观　心包腔高度充盈，心包膜增厚，失去原有光泽，变得粗糙不平。心包腔内充积大量污秽的纤维素或脓性渗出物，常因渗出物发生腐败而具恶臭气味。心外膜也变得粗糙肥厚，并常与心包膜发生粘连。在渗出物和心壁上常可查到刺入的异物或创痕（彩图 12-1-2）。多数病例还可伴发创伤性网胃炎和心肌炎。在网胃和心包之间有时可见异物穿行而形成的结缔组织性管道。

镜检　炎性渗出物由纤维素、嗜中性粒细胞、巨噬细胞、红细胞与脱落的间皮细胞等组成。慢性经过时，渗出物往往浓缩而变成干酪样并可发生机化，造成心包粘连。心肌受损时，则呈现化脓性心肌炎变化。

**3. 病理诊断**

（1）传染性心包炎　传染性心包炎时，心包腔内蓄积多量浆液或浆液-纤维素或纤维素性渗出物，使心包充盈而紧张，心包膜因炎性水肿而肥厚。心外膜充血，散在点状出血，浆膜面粗糙无光或形成"绒毛心"。

（2）创伤性心包炎　创伤性心包炎时，心包腔高度充盈，心包膜显著增厚，变得粗糙无光，心包腔内蓄积大量纤维素或脓性渗出物，常因渗出物发生腐败而显恶臭。心外膜也变得粗糙肥厚，并常与心包膜发生粘连。在渗出物和心壁上常可发现刺入的异物或创痕。

## 二、心肌炎

心肌炎是指心脏肌层的炎症。多呈急性经过，以心肌纤维的变性和坏死等变质性变化为主要特征。原发性心肌炎极为少见，多伴发于某些全身性疾病过程中，如传染病、中毒性疾病和变态反应性疾病等。

**1. 发生原因与机制**

心肌炎多发生于某些传染病（巴氏杆菌病、猪丹毒、口蹄疫、链球菌病）和中毒病

（砷、磷、有机汞中毒等）的过程中。

上述传染性或中毒性因素可通过血源性途径，直接侵害心肌，引起心肌炎的发生；也可作用于心内膜或心外膜，引起心内膜炎或心外膜炎，然后其炎症蔓延到心肌，引起心肌炎。其作用方式一是直接使心肌纤维变性、坏死；二是通过损伤血管，引起血液循环障碍，引起心肌炎的发生。

此外，病原体可致敏机体，引起机体的过敏反应，形成针对心肌的抗体或致敏淋巴细胞，造成心肌的免疫性损伤，而引起心肌炎的发生。

**2. 病理变化**

（1）实质性心肌炎　实质性心肌炎是以心肌纤维的变性、坏死性变化为主要特征的一种炎症，渗出和增生变化轻微。

眼观　心肌呈灰白色煮肉状，质地松软。心脏呈扩张状态，尤以右心室明显。炎症病变呈灶状分布，因而在心脏的表面或切面上可见许多灰红色或灰黄色的斑点状或条索状病变区。有时可见灰黄色条纹病变区围绕心腔呈环层状分布，形似虎皮样斑纹，称为"虎斑心"（彩图 12-1-3），在犊牛恶性口蹄疫时可见到。

镜检　轻者心肌纤维仅成颗粒变性或轻度的脂肪变性，重者发生水疱变性和蜡样坏死，甚至出现肌纤维崩解。在肌纤维坏死部位和间质中有嗜中性粒细胞、淋巴细胞、浆细胞和嗜酸性粒细胞浸润（彩图 12-1-4）。

（2）间质性心肌炎　间质性心肌炎以心肌间质渗出性变化明显，炎性细胞呈弥漫性或结节状浸润为特征，心肌纤维的变质性变化比较轻微，可发生于传染性和中毒性疾病过程中。

眼观　间质性心肌炎和实质性心肌炎极为相似。

镜检　初期表现为心肌的变质性变化，以后转变为间质增生为主。心肌纤维常呈灶性变性和坏死，并发生崩解与溶解吸收。间质呈现充血、出血，并有大量的炎性细胞浸润，晚期有成纤维细胞增生（彩图 12-1-5）。

（3）化脓性心肌炎　化脓性心肌炎是以心肌内形成大小不等的化脓灶为特征，常由化脓性细菌引起，如葡萄球菌、链球菌等。化脓菌可来源于脓毒败血症的转移性细菌栓子，见于子宫、乳房、肺脏等处。化脓性炎灶中的脓性栓子经血流转移到心脏，在心肌内形成局灶性化脓性炎症。此外，化脓性心肌炎也可由创伤性心包炎或邻近组织的化脓性炎症直接蔓延而致。

眼观　在心肌中散在大小不等的化脓灶或脓肿。新形成的化脓灶周围心肌呈充血、出血和水肿变化；陈旧性化脓灶周围有结缔组织包囊形成。脓液的色泽和性状因感染的细菌种类不同，可呈灰白色、灰绿色或灰黄色。此外，脓肿部位的心壁因心肌变薄及心腔内压作用，常向外扩张。

镜检　初期血管栓塞部发生出血性浸润，而后为嗜中性粒细胞和纤维素渗出。其周围是由充血、出血和嗜中性粒细胞组成的炎性反应带。化脓灶内及周围的心肌纤维发生变性和坏死。慢性化脓性心肌炎时，脓肿周围形成有结缔组织包囊。

**3. 病理诊断**

（1）实质性心肌炎和间质性心肌炎　眼观变化基本相似，以形成"虎斑心"或条纹状病变为主要特征。病理组织学变化表现炎症侵害的部位有所不同，前者炎症病变主要表现在心肌实质，以心肌纤维变性和坏死为主要特征，后者主要表现在间质，以间质炎性细胞浸润与结缔组织增生为主要特征。

（2）化脓性心肌炎　是以心肌发生化脓为主要特征，病变心肌散在有大小不等的化脓灶。

### 三、心内膜炎

心内膜炎是指心脏内膜的一种炎症性疾病。按照炎症发生的部位，可分为瓣膜性、心壁性、腱索性和乳头肌性心内膜炎。兽医临床最常见的是瓣膜性心内膜炎，以膜瓣血栓形成和瓣膜结缔组织的纤维素样坏死为特征。根据病变的特点，通常分为疣性心内膜炎和溃疡性心内膜炎两种。

**1. 发生原因与机制**

心内膜炎常伴发于慢性猪丹毒和化脓性细菌（如链球菌、葡萄球菌、化脓棒状杆菌等）感染的过程中。其发生可能是这些细菌的毒素引起结缔组织胶原纤维变性，形成自身抗原，或菌体蛋白与胶原纤维的黏多糖结合形成自身抗原。在这些抗原的刺激下，产生抗心内膜组织的自身抗体，在抗原抗体反应的基础上，激发变态反应，导致心瓣膜和心内膜的损伤和炎症。

**2. 病理变化**

（1）疣状心内膜炎　疣状心内膜炎又称单纯性心内膜炎，是以心脏瓣膜损伤轻微和形成疣状血栓为主要特征。

眼观　疣状物常见于二尖瓣的心房面，主动脉瓣的心室面，也可发生于三尖瓣和肺动脉瓣以及邻近的心内膜上。炎症局部初期呈灰白色或黄白色的小结节状，而后逐渐增大且互相融合，形成大小不等的结节状物，重叠于瓣膜或附近的心内膜上，外观呈菜花样（彩图 12-1-6）。

镜检　炎症早期心内膜内皮细胞肿胀、变性、坏死与脱落，其表面附着有白色血栓，主要由血小板、纤维素、少量细菌及嗜中性粒细胞组成。内皮下水肿，内膜结缔组织细胞肿胀变圆，胶原纤维变性或呈纤维素样坏死。炎症晚期，可见心内膜或血栓性疣状物下面肉芽组织增长，肉芽组织向血栓性内生长将其机化，同时伴有巨噬细胞和淋巴细胞浸润。

（2）溃疡性心内膜炎　溃疡性心内膜炎又称败血性心内膜炎，其病变特征是心瓣膜受损严重，炎症侵入瓣膜的深层并呈现明显的坏死和溃疡。

眼观　常见于二尖瓣，有时也见于三尖瓣和肺动脉瓣，可分为急性和亚急性两型，在家畜中以亚急性为多见。病变初期在瓣膜上出现淡黄色混浊的小斑点，以后融合成干燥、表面粗糙的坏死灶，常发生脓性分解而形成溃疡。另外，疣性心内膜炎时，疣状血栓发生脓性分解，脱落后也可形成溃疡，溃疡表面覆有灰黄色凝固物，周边常因结缔组织增生而形成小的隆起。病变严重时，可造成瓣膜穿孔，有时可损及腱索和乳头肌。

镜检　瓣膜深层组织发生坏死，局部有明显的炎性渗出、嗜中性粒细胞浸润及肉芽组织增生，表面附有由大量纤维素、崩解的细胞与细菌团块组成的血栓凝块。

**3. 病理诊断**

（1）疣状心内膜炎　心瓣膜有轻微损伤和形成疣状血栓，炎症局部形成有大小不等的疣状物，外观呈菜花样。

（2）溃疡性心内膜炎　心瓣膜受损严重，并呈现明显的坏死或形成较大的溃疡灶。病变严重时，可造成瓣膜穿孔或断裂。

【案例分析】

案例1　2012年10月3日，某动物医院有一3岁危重病犬前来就诊，病犬表现精神萎靡，眼眶凹陷，饮食欲废绝，呼吸、心跳加快，脉搏快数，四肢及腹下皮肤触之如面团，指压留痕。经治疗无效于次日死亡，死后剖检四肢及腹下皮肤颜色苍白；皮下组织呈半透明胶冻状；胸腔、腹腔内积液增多，呈淡黄色半透明液状；胃、肠浆膜面呈暗红色，血管扩张如树枝状；肝脏呈暗红色，被膜紧张，边缘钝圆，切口外翻，切面湿润多汁；肺呈暗红色，体积增大，重量增加，质地变实，切面上流出多量暗红色泡沫样液体；心包增厚，心包腔内积液较多，心包和心肌表面附着有大量白色絮状物，心脏表面和切面见有灰红色或灰黄色条索状病变。

案例2　2010年11月20日，某动物医院接诊一例奶牛病例，病牛表现精神萎靡，眼眶凹陷，饮食欲废绝，听诊瘤胃蠕动微弱，体温为38.4℃，呼吸、心跳、脉搏增数，在肷部可听到高亢的心音。颈静脉部位可见到随心跳节律而出现的明显波动。右肷部冲击式触诊有振水音。上坡时容易驱赶，而稍遇下坡时则不愿行走。医院兽医初步诊断为心包炎。决定采取强心、补液、抗菌的保守疗法进行治疗。结果病牛逐渐出现颈静脉怒张，下颌胸前水肿，听诊心脏区有拍水音，病情逐渐恶化，于11月23日死亡。死后剖检切开下颌及胸前垂皮，皮下均有胶冻状水肿，打开胸腔时流出大量乳黄色发臭的心包液，网胃壁、膈肌、心包膜及心脏（右侧）发现一创伤口，并相互粘连，切开时发现有一长约6cm两头尖锐的钢丝。心包膜增厚严重，并与心肌发生粘连。

问题分析：

（1）根据以上案例的各自临床表现与剖检所见，作出初步的病理诊断。

（2）各案例病理诊断的确定依据是什么？

**实习实训** ·······························································

# 心脏病变的观察与病理诊断

【实训目标】通过对心脏病理标本与切片的观察，认识和掌握心包炎、心肌炎和心内膜炎的病理变化特征，并对其病变作出准确的病理学诊断。

【实训器材】眼观标本、病理切片、光学显微镜、显微数码互动系统或显微图像转换系统、计算机、投影机、病理图片等。

【实训内容】

**1. 猪心脏病变**

眼观标本　眼观心外膜粗糙不平，表面有纤维素性渗出物，并形成绒毛状，故称"绒毛心"。

病理切片　镜下可见心外膜的间皮细胞变性、坏死和脱落，表面有纤维性渗出物。与心外膜邻接的心肌细胞发生变性。

病理诊断　纤维素性心外膜炎。

**2. 牛心脏病变**

眼观标本　眼观心外膜粗糙不平，表面有一大豆大溃疡状创口，并有纤维素性出血性渗出物。

病理诊断　牛创伤性心包炎。

**3. 牛心脏病变**

眼观标本　眼观病变心脏心室扩张，质地松软，切面无光泽，心壁增厚，心肌表面与切面呈灰红色或灰黄色虎皮样斑纹，故有"虎斑心"之称。

病理切片　镜下可见心肌纤维变性、坏死，间质血管充血、出血、水肿和炎性细胞浸润。

病理诊断　牛恶性口蹄疫急性心肌炎。

**4. 猪心脏病变**

眼观标本　眼观可见左心房室瓣的心房面有一灰褐色的疣状赘生物。

病理切片　镜下可见心内膜变性、坏死脱落，心内膜下结缔组织胶原纤维肿胀，结构消失。心内膜上的疣状物由纤维素、白细胞和血小板构成。

病理诊断　猪丹毒疣状心内膜炎。

**5. 猪心脏病变**

眼观标本　眼观心脏瓣膜上有一灰黄色或灰白色血栓附着，血栓可以剥离，剥离后局部显露溃疡面，心脏瓣膜增厚变形。

病理切片　镜下可见病变部坏死的心内膜组织崩解成为均质红染物，有许多细胞碎片，并形成表面极不整齐的溃疡，溃疡面上附着有白色血栓。

病理诊断　牛溃疡性心内膜炎。

【实训考核】

（1）描述 2 种以上眼观标本的病理变化特征。

（2）绘制 2 张以上的病理组织图，突出其病变特征，并完成图注。

【目标检测】

1. 名词解释：心包炎、心肌炎、疣性（单纯性）心内膜炎、溃疡性（败血性）心内膜炎。
2. 实质性心肌炎多发生于哪些情况下？其病理变化特点是什么？
3. 牛的创伤性心包炎是怎样发生的？
4. 疣状心内膜炎发生于什么疫病过程中？其疣状物是怎样形成的？其主要成分是什么？
5. 溃疡性（败血性）心内膜炎的病理变化特点是什么？

（杨名赫）

# 子项目二　造血器官病变观察与病理诊断

【学习目标】

1. 分析和理解造血器官疾病的发生原因、病变特征以及对机体的影响。
2. 观察和认识各种造血器官疾病的病理变化。
3. 依据各造血器官疾病的病变特征建立正确的病理诊断。

【课前准备】

1. 预习本项目学习内容，明确学习目标与任务。
2. 回忆动物常见的造血器官以及各造血器官的形态结构与生理功能。

【学习内容】

### 一、骨髓炎

骨髓炎是多因感染或中毒而引起的一种骨髓炎症性疾病。多由血源性感染引起，也可由外伤或手术感染引起。骨髓炎多发于长骨，四肢骨两端最易受侵。化脓菌和病毒的感染、中毒时，均有可能引起骨髓炎的发生。

**1. 分类与病理变化**

（1）急性骨髓炎 根据其病变性质不同，可分为化脓性骨髓炎和非化脓性骨髓炎两种。

① 化脓性骨髓炎。化脓性骨髓炎是由化脓菌感染引起。感染路径既可由血源性感染引起（如体内某处化脓性炎灶中的化脓菌经血液转移到骨髓），也可以由局部化脓性炎（如化脓性骨膜炎）直接蔓延引起，或骨折损伤所致的直接感染引起。

眼观 骺端或骨干的骨髓中可见脓肿形成，局部骨髓固有组织坏死、溶解。随着脓肿的扩大，化脓过程不仅可波及整个骨髓，还可侵及骨组织。骨干的骨密质被侵蚀时，可引起骨膜下脓肿。化脓性骨髓炎也可经骨骺端侵及关节，引起化脓性关节炎。如果大量化脓菌进入血液，则可导致脓毒败血症。

镜检 骨髓坏死、溶解，炎灶内有大量的嗜中性粒细胞。骨干骨密质中的骨细胞坏死，后期在病灶临近骨膜部位有新生的成骨细胞增生。

② 非化脓性骨髓炎 非化脓性骨髓炎是以骨髓各系血细胞变性、坏死、发育障碍为主要表现的急性骨髓炎，常见病因为病毒感染（如马传染性贫血病毒、鸡传染性贫血病毒）、中毒（如苯、蕨类植物中毒）。

眼观 病变不尽相同，一般表现为红骨髓颜色变淡为黄红色，或红骨髓呈岛屿状散在于黄骨髓中，有的可见长骨的红骨髓稀软，色污红。

镜检 骨髓各系细胞因变性坏死明显减少，并有浆液渗出和炎性细胞浸润。常见血管充血、出血性病变。

（2）慢性骨髓炎。慢性骨髓炎通常是由急性骨髓炎转变而来，可分为慢性化脓性骨髓炎和慢性非化脓性骨髓炎。

① 慢性化脓性骨髓炎。是由急性化脓性骨髓炎迁延不愈转变而来的慢性炎症过程。

眼观 病变的典型特征是骨干或骨髓中脓肿形成，其周围骨质常硬化成壳状，形成封闭性脓肿。有的脓肿侵蚀骨质及其相邻组织，形成向外开口的脓性窦道，不断排出脓性渗出物，长期不愈。

镜检 脓肿周围肉芽组织增生，包囊形成并发生纤维化，窦道周围肉芽组织明显增生并纤维化，骨组织增生。

② 慢性非化脓性骨髓炎。常见于马传染性贫血、慢性中毒等疾病过程中。

眼观 其主要特征是红骨髓逐渐变成黄骨髓，甚至变成灰白色，质度变硬。

镜检 骨髓各系细胞发生不同程度的变性坏死或消失，淋巴细胞、单核细胞、成纤维细胞增生，实质细胞被脂肪组织取代，网状内皮组织增殖病见网状细胞灶状或弥漫性增生，J-亚型白血病时以髓细胞增生为主。当机体遭受细菌、病毒、真菌、寄生虫及过敏原的侵害时，则有嗜中性或嗜酸性粒细胞系的骨髓组织增殖。

**2. 结果与对机体的影响**

（1）急性骨髓炎发病时，动物会出现高热、局部疼痛等症状，转为慢性骨髓炎时会有破溃、长期流脓、有死骨或空洞形成。当整个骨干被破坏后，有发生病理性骨折的可能。重症者常危及生命，有时会采取截肢的应急办法，导致患病动物终生残疾。

（2）外伤后引起的急性骨髓炎，除非有严重并发症或大量软组织损伤及感染等，一般全身症状较轻，但应注意并发厌气菌感染的危险。

（3）慢性骨髓炎在临床上常见有反复发作的情形，可出现长骨畸形、关节呈纤维性或骨性强直和癌变，严重影响动物健康、使役能力和经济价值。

**3. 病理诊断**

（1）急性化脓性骨髓炎　在骺端或骨干的骨髓中可见脓肿形成，局部骨髓固有组织坏死、溶解；化脓也可侵及骨组织，化脓侵蚀骨干到达骨膜下引起骨膜下脓肿。

（2）急性非化脓性骨髓炎　眼观红骨髓颜色变淡为黄红色，或红骨髓呈岛屿状散在于黄骨髓中，有的可见长骨的红髓稀软，色污红。

（3）慢性化脓性骨髓炎　脓肿周围肉芽组织增生形成包囊并发生纤维化，其周围骨质常硬化成壳状，形成封闭性脓肿。有的形成脓性窦道，窦道周围肉芽组织明显增生并纤维化。

（4）慢性非化脓性骨髓炎　红骨髓逐渐变成黄骨髓，甚至变成灰白色，质度变硬。镜下骨髓各系细胞不同程度的变性或坏死，淋巴细胞、单核细胞、成纤维细胞增生，实质细胞被脂肪组织取代。

## 二、脾炎

脾炎是指脾脏的一种炎症性疾病，多发生于各种传染病的过程中。

**1. 分类与病理变化**

根据其发病经过和病变特征的不同，可将脾炎分为急性炎性脾肿、坏死性脾炎、化脓性脾炎和慢性（增生性）脾炎四种类型。

（1）**急性炎性脾肿**

脾脏的急性炎性肿胀，简称"急性脾肿"、"败血脾"。多由病原微生物和血液原虫感染引起，常见于急性败血性传染病和急性经过的血原虫病。如急性炭疽、急性猪丹毒、急性副伤寒、急性马传贫、牛泰勒焦虫病、马梨形虫病、猪弓形虫病等。

眼观　脾脏体积增大，一般比正常增大 2～3 倍，有时甚至可达 5～10 倍；表现被膜紧张，边缘钝圆；切开时流出血样液体，切面隆起并富有血液，明显肿大时犹如血肿，呈暗红色或黑红色，白髓和脾小梁形象不清，脾髓质软，用刀轻刮切面，可刮下大量血粥样脾髓。在急性猪丹毒病例中，还可在脾脏切面的暗红色背景上见有颜色更深的小红点，小红点的中心有白髓。也就是在许多白髓周围显露有大小相近、颜色较脾切面更深的紫红色、边缘较整齐的小圆圈，称为"白髓周围红晕"现象。

镜检　可见脾髓内充盈大量血液，脾实质细胞（淋巴细胞、网状细胞）弥漫性坏死、崩解；白髓体积缩小，甚至几乎完全消失，仅在中央动脉周围残留少量淋巴细胞；红髓中固有细胞成分也大为减少，有时在小梁或被膜附近可见一些被血液排挤的淋巴组织。脾脏含血量增多是急性炎性脾肿最突出的病变，也是脾体积增大的主要组织学基础，是脾组织炎性充血的结果。在充血的脾髓中还可见病原菌和散在的炎性坏死灶，后者由渗出的浆液、嗜中性粒细胞和坏死崩解的脾实质细胞共同组成，其大小不一，形状不规则。此外，被膜和小梁中的平滑肌、胶原纤维和弹性纤维肿胀、溶解，排列疏松。

（2）**坏死性脾炎**　坏死性脾炎是以脾脏实质坏死为主要特征的一种急性脾炎，多见于出血性败血症。如鸡新城疫、禽霍乱、巴氏杆菌病、猪瘟、结核病、弓形虫病及牛坏死杆菌病等。

眼观　脾脏体积不肿大，其外形、色彩、质度与正常脾脏无明显差别，透过被膜可见分布不均的灰白色坏死灶。

镜检　可见脾脏实质细胞坏死明显，在白髓和红髓均可见散在的坏死灶，其中多数淋巴细胞和网状细胞已坏死，其胞核溶解或破碎，胞质肿胀、崩解；少数细胞尚具有淡染而肿胀的胞核。坏死灶内同时见浆液渗出和嗜中性粒细胞浸润，有些粒细胞也发生核破碎，脾脏含血量不见增多，故眼观脾脏的体积不肿大。被膜和小梁均见变性和坏死等变质性变化。

鸡新城疫和鸡霍乱时，会表现出坏死性脾炎。坏死主要发生在鞘动脉的网状细胞，并可扩大波及周围淋巴组织。此时鞘动脉的内皮细胞稍肿胀，尚可辨认，而外围的网状细胞都发生坏死，其胞核溶解，胞质肿胀、崩解，坏死细胞通常与渗出的浆液混合成均质一片。严重时周围的淋巴组织也发生坏死，且可与相邻的坏死灶互相融合。有的坏死性脾炎由于血管壁破坏，还可发生较明显的出血。例如有些猪瘟病例，脾脏白髓内出现灶状出血，严重时整个白髓的淋巴细胞几乎全被红细胞替代。

（3）化脓性脾炎　化脓性脾炎主要是由其他部位的化脓灶（如肺脓肿等）经血流转移而来，也可直接感染引起，如外伤及脾周围组织或器官化脓性炎症蔓延而致。

**眼观**　脾脏肿大或稍肿大，被膜下出现大小不等的黄色或白色化脓灶，以后逐渐软化或形成脓肿。陈旧的化脓灶周围可见包囊形成，中央可因钙盐沉积而发生钙化。

**镜检**　初期化脓灶内有大量的嗜中性粒细胞浸润，以后嗜中性粒细胞发生变性、坏死、崩解，与坏死组织共同形成脓汁。后期，化脓灶周围可见结缔组织增生、包裹。

（4）慢性脾炎　慢性脾炎是指伴有脾脏肿大的慢性增生性脾炎，多见于慢性传染病和寄生虫病。如结核、布氏杆菌病、副伤寒、亚急性或慢性马传染性贫血、牛传染性胸膜肺炎、锥虫病、焦虫病等。

**眼观**　脾脏轻度肿大或比正常肿大1～2倍，被膜增厚，边缘稍显钝圆，其质地硬实，切面平整或稍隆突，在暗红色红髓的背景上可见灰白色增大的淋巴小结呈颗粒状向外突出。

**镜检**　可见增生过程特别明显，此时淋巴细胞和巨噬细胞都可呈现分裂增殖。在不同的传染病过程中有的以淋巴细胞增生为主，有的以巨噬细胞增生为主，有的淋巴细胞和巨噬细胞都明显增生。

例如在亚急性马传贫的慢性脾炎时，脾脏淋巴细胞的增生特别明显，往往形成许多新的淋巴小结，并可与原有的白髓连接。在鸡结核性脾炎时，脾脏的巨噬细胞明显增生，形成许多由上皮样细胞和多核巨细胞组成的肉芽肿，其周围也见淋巴细胞浸润和增生。在布氏杆菌病慢性脾炎时，既可见淋巴细胞增生形成明显的淋巴小结，又可见由巨噬细胞增生形成的上皮样细胞结节散在分布于脾髓中。慢性脾炎过程中，还可见支持组织内结缔组织增生，因而使被膜增厚和小梁变粗。与此同时，脾髓中也见散在的细胞变性和坏死。

**2. 结果与对机体的影响**

（1）急性炎性脾肿的病因消除后，炎症逐渐消散，局部血液循环可恢复正常，渗出物被吸收，通过再生可完全恢复正常的结构和功能。如机体再生能力弱或脾实质破坏严重，脾脏则可萎缩硬化。

（2）坏死性脾炎的病因消除后，炎症可以消散，随着坏死物和渗出物的吸收，通过淋巴细胞和网状细胞的再生，一般能完全恢复脾脏的结构和功能。如脾脏的实质和支持组织严重受损，脾组织不能恢复原有结构，最终发生纤维化。

（3）慢性脾炎常随着慢性传染病过程的结束，增生的淋巴细胞逐渐减少，局部网状纤维胶原化，脾脏内结缔组织成分增多，导致脾脏纤维化，体积缩小，质地变硬。

**3. 病理诊断**

（1）急性炎性脾肿　脾脏体积增大2～10倍，被膜紧张，边缘钝圆；切面隆起富有血液，白髓和脾小梁形象不清，脾髓质软。镜检白髓体积缩小，甚至几乎完全消失。

（2）坏死性脾炎　脾脏体积不肿大，其外形、色彩、质度与正常脾脏无明显的差别，透过被膜可见分布不均的灰白色坏死小点。镜检可见脾脏实质细胞坏死特别明显，在白髓和红髓均可见散在的坏死灶。

（3）化脓性脾炎　脾脏肿大或稍肿，被膜下出现大小不等的黄色或白色化脓灶，以后逐渐软化或形成脓肿。化脓灶内有大量的嗜中性粒细胞浸润，可见其发生变性、坏死、崩解。陈旧的化脓灶可见包囊形成与钙化。

（4）慢性脾炎　眼观脾脏轻度肿大，被膜增厚，边缘稍显钝圆，质地硬实，切面平整或稍隆突，可见灰白色颗粒状向外突出的淋巴小结；可见脾脏切面色彩变淡，呈灰红色。镜检淋巴细胞和巨噬细胞分裂增殖特别明显。

### 三、淋巴结炎

淋巴结炎是指淋巴结的一种炎症性疾病，多发生于各种传染病或局部感染的过程中。

**1. 分类与病理变化**

根据其发展经过不同，可将淋巴结炎分为急性和慢性两种类型。急性淋巴结炎常见的有浆液性淋巴结炎、出血性淋巴结炎、坏死性淋巴结炎、化脓性淋巴结炎；慢性淋巴结炎初期为细胞增生性淋巴结炎，后期发展为纤维增生性淋巴结炎。

（1）急性淋巴结炎　急性淋巴结炎多见于猪瘟、猪丹毒、猪巴氏杆菌病等急性传染病过程中，或当某一器官、组织感染发炎时，相应的淋巴结也可发生同样变化。

① 浆液性淋巴结炎。浆液性淋巴结炎多发生于急性传染病的初期，或邻近组织有急性炎症时。

眼观　发炎的淋巴结肿大，被膜紧张，质地柔软，呈潮红色或紫红色；切面隆突，颜色暗红，湿润多汁。

镜检　可见淋巴结中的毛细血管扩张、充血；淋巴窦明显扩张，内含浆液，窦壁细胞肿大、增生并游离活化为巨噬细胞。扩张的淋巴窦内通常还有不同数量的嗜中性粒细胞、淋巴细胞和浆细胞，而巨噬细胞内常有吞噬的致病菌、红细胞、白细胞；还可见淋巴小结的生发中心扩张，并有细胞分裂象，淋巴小结周围、副皮质区和髓索处有淋巴细胞增生等。

② 出血性淋巴结炎。指伴有严重出血的单纯性淋巴结炎。出血性淋巴结炎通常是由浆液性淋巴结炎发展而来，其病变特征为较为严重的出血性变化。主要见于较为严重的急性传染病，如炭疽、猪瘟、猪丹毒、猪巴氏杆菌病等。

眼观　淋巴结肿大，呈暗红色或黑红色，被膜紧张，质地变实；切面湿润，稍隆突并含多量血液，呈弥漫性暗红色或呈红白相间的大理石样花纹（出血部暗红，淋巴组织呈灰白色）。在猪咽颊型炭疽时，其咽背及颌下淋巴结肿大、出血，切面干燥呈黑红色或砖红色。

镜检　除可见一般急性炎症的变化外，最明显的变化是出血，此时淋巴组织中可见充血和散在的红细胞或灶状出血，淋巴窦内及淋巴组织周围有大量渗出的红细胞。

③ 坏死性淋巴结炎。坏死性淋巴结炎是以淋巴结的实质发生坏死为特征的炎症，多由上述两种炎症的基础上发展而来。常见于猪弓形虫病、坏死杆菌病、仔猪副伤寒以及牛泰勒焦虫病等。

眼观　淋巴结肿大，呈灰红色或暗红色，切面湿润，隆突，边缘外翻，散在灰白色或灰黄色坏死灶和暗红色出血灶，坏死灶周围组织充血、出血，淋巴结周围常呈胶冻样浸润。

镜检　可见坏死区淋巴组织固有结构破坏，细胞核崩解（呈蓝染的颗粒），呈现出大小不一的坏死灶，坏死灶周围血管扩张，充血、出血及嗜中性粒细胞和巨噬细胞的浸润，若为弓形虫病或泰勒焦虫病时，巨噬细胞质内可见原虫体。淋巴窦扩张，其中有多量的巨噬细胞、红细胞、白细胞和组织崩解产物。被膜和小梁水肿，白细胞浸润。

④ 化脓性淋巴结炎。化脓性淋巴结炎是淋巴结的化脓性炎症过程。其特点是大量嗜中性粒细胞浸润并伴发组织的脓性溶解。多继发于所属组织器官的化脓性炎症过程中，是化脓

菌沿血流、淋巴流侵入淋巴结的结果。

眼观 淋巴结肿大，表面和切面可见大小不一的脓肿，脓肿周围有充血、出血现象。严重时淋巴结内充满脓液，好似一个结缔组织膜包裹的脓肿。

镜检 炎症初期淋巴窦内聚集浆液和大量嗜中性粒细胞，窦壁细胞增生、肿大。进而淋巴结的固有结构消失，组织溶解坏死，其中有大量的嗜中性粒细胞聚集，并多呈现核碎裂、崩解。周围组织发生充血、出血和嗜中性粒细胞浸润。淋巴窦内有多量脓性渗出物，有时可见化脓灶融合的现象。

（2）慢性淋巴结炎 慢性淋巴结炎多由急性淋巴结炎转变而来，是由致病因素反复或持续作用引起的以细胞增生为主要表现的淋巴结炎，又称为增生性淋巴结炎。常见于某些慢性疾病，如结核、布氏杆菌病、猪霉形体肺炎等。

眼观 发炎淋巴结肿大，灰白色，质地变硬，切面皮质与髓质界限难分，为一致的灰白色，切面稍隆起，常因淋巴小结增生而呈细颗粒状。后期淋巴结往往缩小，质地硬，切面可见增生的结缔组织不规则交错，淋巴结固有结构消失。

镜检 可见淋巴细胞、网状细胞显著增生，淋巴小结数目增多、肿大，生发中心明显。皮髓质间分界不清，淋巴小结与髓索及淋巴窦间界限消失，淋巴窦内充满增生的淋巴细胞，网状细胞肿大、变圆，散在于淋巴细胞间，充血和渗出现象不明显。后期淋巴结结缔组织显著增生，网状纤维变粗转变为胶原纤维，血管壁硬化。严重时，整个淋巴结可变为纤维结缔组织小体。

在结核病及布鲁杆菌病时，发生特异性增生性淋巴结炎。此时淋巴结内除有淋巴细胞、网状细胞增殖外，可见由上皮样细胞和多核巨细胞构成的特殊性肉芽组织的增生，严重时甚至整个淋巴结几乎充满上皮样细胞和多核巨细胞。

**2. 结果与对机体的影响**

① 浆液性淋巴结炎是急性淋巴结炎的早期变化，故损伤一般较轻，病因消除后易于恢复。进一步发展可转化为出血性、坏死性或慢性淋巴结炎。

② 出血性淋巴结炎的结果与实质损伤程度及出血量有关。轻者，病因消除可恢复正常，如继续加重（出血量大而实质损伤较重），通常转变为坏死性淋巴结炎。

③ 坏死性淋巴结炎，轻者因坏死成分少，较小的病灶可溶解吸收或机化，病因消除可恢复正常。严重者，其坏死灶可发生机化或包囊形成，如淋巴结组织广泛坏死，可导致淋巴结纤维化而完全失去功能。

④ 化脓性淋巴结炎，轻者因其化脓灶较小，可吸收、修复或机化，较大的化脓灶则形成脓肿，外有结缔组织包膜，其中脓汁逐渐浓缩进而钙化。其炎症可向周围组织发展，也可通过淋巴管、血管转移到其他淋巴结和全身其他器官，形成转移性多发性化脓灶，甚至发展为脓毒败血症。

**3. 病理诊断**

（1）浆液性淋巴结炎 淋巴结肿大，被膜紧张，质地柔软，呈潮红色或紫红色；切面隆突，颜色暗红，湿润多汁。镜检可见淋巴窦明显扩张，内含浆液，还有不同数量的炎性细胞。

（2）出血性淋巴结炎 淋巴结肿大，呈暗红色或黑红色，被膜紧张，质地稍显实；切面湿润，稍隆突并含多量血液，呈弥漫性暗红色而呈红白相间的大理石样花纹。

（3）坏死性淋巴结炎 淋巴结肿大，呈灰红色或暗红色，切面湿润，隆突，边缘外翻，散在灰白色或灰黄色坏死灶和暗红色出血灶，坏死灶周围组织充血、出血。

（4）化脓性淋巴结炎 淋巴结肿大，表面和切面可见大小不一的脓肿，脓肿周围有充血，出血现象。严重时淋巴结内充满脓液，好似一个结缔组织膜包裹的脓肿。

（5）慢性淋巴结炎　淋巴结肿大，灰白色，质地变硬；切面稍隆起呈灰白色，皮质与髓质界限不清，常因淋巴小结增生而呈细颗粒状。后期淋巴结往往缩小，质地变硬。

## 【案例分析】

**案例 1**　1 条雄性圣伯纳犬（14 月龄，体重 38kg），到某兽医中心就诊。主诉：该犬健康状况一直良好，无任何病史，就诊前两周曾被 1 条牧羊犬咬伤左后腿小腿部，当时由于伤口不大且出血不多，未去兽医诊所救治。后来患犬一直跛行且小腿伤口未愈合。就诊前两天，患犬突然不吃食物，精神沉郁，患肢不敢着地。临床检查：患犬体温 39.8℃，呼吸频数，左后肢悬起。左后肢小腿部伤口化脓肿胀，伤口周围被脓汁浸润；触摸患部硬固、灼热，挤压患部有淡黄色、黏稠的脓汁流出，患犬疼痛反应强烈。实验室检查：白细胞总数增加；取脓汁培养见有腐生葡萄球菌生长。X 射线检查：左肢胫骨距膝关节约 3.5cm 处骨组织呈"虫蚀"样改变，有一个直径为 0.6cm 的空洞，边缘模糊，周围层样骨膜反应，局部软组织肿胀增厚。

**案例 2**　某猪场部分成年猪发生疾病，大多无明显临床症状，有的病猪在死前十几小时左右发现减食，寒战，体温上升至 41℃以上，不久死亡；有的病猪未见任何临床症状而突然死亡。对病死猪尸体进行外部检查，无特征性病理变化。白猪可见全身或鼻部、耳部、腹部及腿部皮肤呈紫红色。剖检病死猪尸体，眼观可见心外膜及心房肌、胃和小肠有不同程度的出血；肝脏浊肿及淤血；肾脏浊肿并在皮质部见有针尖大的点状出血；肺脏淤血、水肿。同时发现脾脏淤血并有明显的肿大，呈暗红色或樱桃红色，被膜紧张，边缘钝圆，质度柔软；切面外翻、隆起而造成白髓、红髓不在一个平面上。除有上述病理变化之外，尚发现脾切面在暗红色的基面上，有颜色更深的小红点，在小红点的中心可见白髓，即形成"白髓周围红晕"现象。

**案例 3**　某猪场有两头猪发病，主要表现咽炎，体温升高至 41.5℃以上，精神沉郁，食欲不振，颈部、咽喉部明显肿胀，吞咽和呼吸困难，颈部活动不灵活。口、鼻黏膜呈蓝紫色，最后窒息而死。驻场兽医按程序上报当地动物卫生检疫与防疫行业部门，最后经行业部门兽医对病死猪进行尸体剖检，发现病死猪咽部发炎，扁桃体肿大，以扁桃体为中心出血和坏死。咽背及颌下淋巴结肿大、出血和坏死，切面干燥、无光泽，呈黑红色或砖红色，有灰色或灰黄色坏死灶，周围组织有大量黄红色胶样浸润。

**问题分析：**

（1）分析以上案例可能发生的是什么病？其发生原因是什么？

（2）确定各案例病理诊断的依据是什么？

## 实习实训

# 造血器官病变的观察与病理诊断

【实训目标】通过对造血器官病理标本和切片的观察，充分认识和掌握主要造血器官疾病的病理变化特征，并对其病变作出准确的病理学诊断。

【实验器材】眼观标本、病理切片、光学显微镜、显微数码互动系统或显微图像转换系统、计算机、投影机、病理图片等。

【实验内容】

**1. 牛淋巴结病变**

眼观标本  眼观淋巴结肿大潮红或紫红色，质地柔软。切面隆起，湿润，淋巴小结明显。

病理切片  镜下可见淋巴结内毛细血管扩张充血，以皮质部最明显；皮质和髓质的淋巴窦扩张，充满浆液、巨噬细胞和嗜中性粒细胞；淋巴小结生发中心增大，网状细胞间有浅红色渗出液。

病理诊断  急性浆液性淋巴结炎。

**2. 猪淋巴结病变**

眼观标本  眼观淋巴结肿大，呈暗红色或黑红色，整个淋巴结好像一个血肿。切面呈弥漫性暗红色或呈与灰白色淋巴组织相间的大理石样花纹。

病理切片  镜下可见淋巴结皮质、髓质血管普遍扩张充血，淋巴窦扩张，内有大量红细胞、单核细胞、淋巴细胞、嗜中性粒细胞。皮质淋巴小结变小或不规则，淋巴细胞疏松并减少，残留的淋巴细胞呈核浓缩、碎裂状态。髓质内有大量纤维蛋白渗出。

病理诊断  猪瘟急性出血性淋巴结炎。

**3. 牛脾脏病变**

眼观标本  眼观脾脏肿大，质硬，切面见大小不一散在或密集的结节，结节中央为灰白色豆腐乳样坏死物质，周围有灰红色肉芽组织围绕。有时坏死灶内有钙盐沉着，切开时发"沙沙"声。

病理切片  镜下可见脾脏的固有组织结构破坏，红髓白髓内有大量上皮样细胞、多核巨细胞增生，以及成纤维细胞增生。局部组织坏死呈均质红染的团块状，有的病灶见蓝色的钙化区。

病理诊断  结核性脾炎。

**4. 猪脾脏病变**

眼观标本  眼观脾脏高度肿大，边缘钝圆，被膜紧张，质地脆弱易碎；切面隆起，呈暗紫红色，脾小体与脾小梁不明显，脾髓软化呈粥状，极易用刀刮脱。常见于猪急性丹毒、急性副伤寒过程中。

病理切片  镜下可见脾髓含有大量血液，脾小体和小梁被分散；脾小体数量减少，体积缩小；中央动脉扩张出血，淋巴细胞间有红细胞；红髓高度充血，脾索与脾窦的界线消失，有嗜中性粒细胞浸润；小梁疏松，其间平滑肌纤维和网状细胞变性、坏死。

病理诊断  急性脾炎。

**5. 马脾脏病变**

眼观标本  眼观脾脏肿大，边缘钝圆、深红色，质度坚韧，被膜增厚。切面呈灰白色或灰黄色的脾小体增大，呈颗粒状突起。

病理切片  镜下可见网状内皮细胞普遍性增生，脾小体生发中心扩大，淋巴细胞增生活跃。病期稍久的，尚见小梁和被膜的纤维结缔组织增生。脾内各部有嗜中性粒细胞和巨噬细胞浸润，巨噬细胞内吞噬有棕黄色的含铁血黄色。

病理诊断  增生性脾炎。

**6. 马淋巴结病变**

眼观标本  眼观淋巴结肿大，呈黄白色，质度硬实；切面隆起，湿润，淋巴小结增大呈灰白色颗粒状。

病理切片  镜下可见淋巴小结生发中心增大，数量增多，其外围密布浓染的淋巴细胞，其中幼稚型淋巴细胞增多，许多淋巴细胞处于有丝分裂状态；在增生的淋巴细胞之间可见网状细胞增多，形成胞质丰富、核椭圆形的巨噬细胞，髓索中还见浆细胞聚集；淋巴窦扩张，窦内充满淋巴细胞和巨噬细胞。

病理诊断　增生性淋巴结炎。

## 【实训考核】

1. 描述 2 种以上眼观标本的病理变化特征。
2. 绘制 2 张以上的病理组织图，突出其病变特点，并完成图注。

## 【目标检测】

1. 何为骨髓炎？发生骨髓炎的常见原因有哪些？
2. 何为急性炎性脾肿？多发生于哪些疫病过程中？其病变特点是什么？
3. 哪些疾病可引起淋巴结炎？淋巴结炎有哪些类型？其病变特点各是什么？

（何书海）

# 子项目三　肺脏病变观察与病理诊断

## 【学习目标】

1. 分析呼吸器官疾病的发生原因，理解各种肺炎与肺气肿的发病机制。
2. 熟悉纤维素性肺炎的发展经过与分期。
3. 掌握各种肺炎和肺气肿的病理变化，并依据其病变特征建立正确的病理诊断。

## 【课前准备】

1. 预习本项目学习内容，明确学习目标与任务。
2. 回顾动物健康状态下肺脏的形态结构与生理功能。

## 【学习内容】

### 一、肺炎

细支气管、肺泡及其间质的炎症，称肺炎。肺炎是肺脏的常见病变之一，临床上比较多见。肺炎可根据其炎症侵害的范围大小和病变特点不同，分为支气管肺炎和纤维素性肺炎两种。根据其炎性渗出物的性质不同而分为浆液性、出血性、纤维素性、化脓性、坏疽性肺炎等多种，临床最常见的肺炎主要有支气管肺炎和纤维素性肺炎两种。

#### 1. 支气管肺炎

细支气管及其邻近肺泡的炎症，称支气管肺炎。因支气管肺炎常从支气管炎开始，然后其病变沿细支气管延及到所属肺泡，或沿支气管周围向周围肺泡蔓延，所以在支气管肺炎病灶内有一发炎的小支气管，故得名支气管肺炎。又因其病变仅限于肺脏的小叶范围（只发生于单个小叶或一群小叶），又称小叶性肺炎。

（1）病因与机制　引起支气管肺炎的原因，主要是细菌（巴氏杆菌、沙门杆菌、葡萄球菌、链球菌、支原体和霉菌等）。在有害因子（寒冷、感冒、过劳、长途运输和 B 族维生素缺乏等）影响下，机体抵抗力降低，特别是呼吸道防御能力减弱，进入呼吸道的病原菌可大量繁殖，引起支气管炎。炎症沿支气管蔓延，引起支气管所属或周围的肺泡发炎。另外，病原菌也可经血流运行至肺脏，引起间质发炎，继而波及支气管和肺泡，引起支气管肺炎。

（2）病理变化

眼观 病变区肺组织呈灰白色或灰黄色，质度坚实，不含空气，病灶有粟粒大至绿豆大不等，在肺的尖叶、心叶和膈叶的下部呈散在性的岛屿状分布，切开病变肺组织，其炎灶中心呈灰黄色，并见有一发炎的小支气管，用手挤压时可从支气管断端流出灰黄色混浊液体，在病灶周围有一红色炎性充血带，在外围有一苍白色代偿性气肿区。后期往往由数个病变区互相融合，形成较大的病变区，即形成融合性支气管肺炎。

镜检 病灶中心的支气管壁充血水肿，并有多量嗜中性粒细胞浸润，管壁增厚，管腔内蓄积多量浆液性或黏液性渗出物，其中混有多量嗜中性粒细胞和脱落的黏膜上皮。炎区内肺泡壁毛细管扩张充血，肺泡腔内充满多量的浆液性或黏液性渗出物，其中混有多量的嗜中性粒细胞和脱落的肺泡上皮及少量的红细胞和纤维素，病灶周围肺泡呈代偿性扩张（图 12-3-1）。

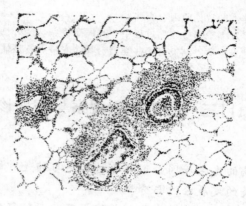

图 12-3-1. 支气管肺炎

（3）结果和对机体的影响

① 结果。支气管肺炎如治疗及时，迅速消除病因，加之护理得当，机体抵抗力和上呼吸道防御功能逐渐增强，炎症即可停止发展，炎性渗出物溶解吸收，损伤的肺组织由再生修复，肺组织形态和功能完全恢复。如治疗不及时，致病因素不能及时消除，再如护理不当，机体抵抗力持续处于低弱状态，就会使急性炎症转为慢性，长期迁延不愈。如继发化脓菌或腐败菌感染，则可导致发炎肺组织的化脓或腐败分解，而致发炎肺组织中出现化脓灶或腐败性坏死灶。

② 对机体的影响。支气管肺炎时，因病变区肺组织发生实变，呼吸功能丧失，轻者可通过周围健康肺组织呼吸加强而获得代偿，对机体影响不太明显。但严重者多因多个病灶相互融合，而形成融合性支气管肺炎，此时因较大面积肺组织失去呼吸功能而不能获得代偿，就会导致动物呼吸功能障碍，加之炎性产物和细菌毒素吸收，而引起内源性中毒，均可对机体造成严重影响。

**2. 纤维素性肺炎**

纤维素性肺炎是以细支气管和肺泡内充满大量纤维素性渗出物为特征。因纤维素性肺炎的病变可损及大片肺叶，又称为大叶性肺炎。

（1）病因与机制 纤维素性肺炎多由某些传染性因素所引起，多发生于某些传染病过程中，如牛、羊、猪的巴氏杆菌病及马、牛的传染性胸膜肺炎等均可引起纤维素性肺炎的发生。

上述传染病病原体可通过气源性、血源性和淋巴源性等不同途径侵入肺脏，损及肺组织，引起纤维素性肺炎。其中以气源性为主，病原菌随尘埃经吸气侵入肺脏，通过支气管树扩散，引起肺实质（细支气管和肺泡）的炎症。病原菌侵入肺泡后可在肺泡内大量繁殖，并可通过肺泡和肺泡管向其他肺泡迅速扩散蔓延。除此之外，也可通过支气管和血管周围及小叶间质等处的淋巴管或结缔组织迅速蔓延，引起肺间质的炎症。因其病原菌扩散迅速，蔓延广泛，故可侵害大片肺组织，引起大片肺组织的炎症。

在纤维素性肺炎时，由于病原菌数量多、繁殖快、毒力强，在其病原菌及其毒素的作用下，致使肺组织内毛细血管遭受严重损伤，管壁通透性增强，血浆纤维蛋白原大量渗出，故在细支气管和肺泡内及其间质中出现大量的纤维蛋白（纤维素）。

（2）病理变化　纤维素性肺炎是一个复杂的发展过程，根据其发展经过不同，可将其分为以下四个相互联系的发展时期。

① 充血水肿期。为纤维素性肺炎的初期病变，此期特点是肺泡壁毛细血管扩张充血，血浆液体大量渗出到肺泡内而引起炎性肺水肿。

眼观　病变肺组织可见其体积稍有增大，质度稍有变实，呈暗红色，切面光滑湿润，稍加压迫可从切面流出大量混有泡沫的血样（淡红色）液体，肺重增加，切一块肺组织投入水中呈半沉半浮状态。

镜检　病变区肺泡壁毛细血管扩张充血，细支气管和肺泡内蓄有多量淡红染浆液，其中混有少量的红细胞、嗜中性粒细胞和巨噬细胞等（图 12-3-2）。

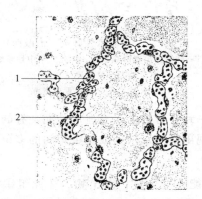 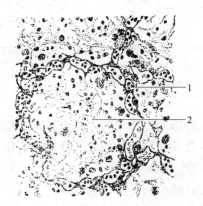

图 12-3-2. 纤维素性肺炎（充血水肿期）
1—肺泡壁毛细血管扩张充血；
2—肺泡内充满浆液，其中混有少量的
红细胞、白细胞和肺泡上皮

图 12-3-3. 纤维素性肺炎（红色肝变期）
1—肺泡壁毛细血管仍扩张充血；
2—肺泡内充满大量纤维素、红细胞和少量
的嗜中性粒细胞

② 红色肝变期。此期特点是肺泡壁毛细血管显著扩张充血，肺泡内有大量纤维素和红细胞渗出。

眼观　病变肺组织体积增大，质地坚实，似肝脏，呈暗红色，故称红色肝变期。切面干燥、粗糙不平，病肺重量增加，切块病肺组织投入水中可沉入水底。

镜检　肺泡壁毛细血管扩张充血，肺泡内有凝固呈网状的纤维素，其中混有多量的红细胞和少量的嗜中性粒细胞、巨噬细胞和脱落的肺泡上皮（图 12-3-3）。

③ 灰色肝变期。此期特点是肺泡内红细胞逐渐崩解消失，而纤维素和白细胞的数量更加增多，肺泡壁毛细血管因受压充血消失，甚至发生贫血。

眼观　病肺组织如红色肝变期基本相同，其不同的是病肺组织由暗红色转为灰白色，故称灰色肝变期。

镜检　肺泡内红细胞消失，纤维素和嗜中性粒细胞更加增多，肺泡壁毛细血充血消失，甚至发生贫血（图 12-3-4）。

④ 消散期。为纤维素性肺炎的结局期。此期特点是肺泡内白细胞坏死崩解，渗出的纤维素被白细胞释放的蛋白溶解酶溶解液化，其中一部分由血液和淋巴吸收带走，另一部分经咳嗽排出，此时肺泡重新通气，肺泡壁毛细血管重转通畅，同时肺泡上皮发生修复，肺组织结构和功能恢复。

眼观 病肺组织呈灰黄色，质地变软，切面湿润，按压切面可挤出灰黄色脓样液体。

镜检 肺泡内的细胞坏死崩解，纤维素溶解消失，肺泡充满空气。肺泡壁毛细血管血流通畅（图 12-3-5）。

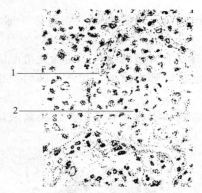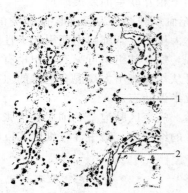

图 12-3-4 纤维素性肺炎（灰色肝变期）
1—肺泡壁毛细血管充血消失；
2—肺泡内充满大量嗜中性粒细胞和纤维素

图 12-3-5 纤维素性肺炎（消散期）
1—肺泡内出现巨噬细胞、坏死的嗜中性粒细胞及纤维素碎片；
2—肺泡壁毛细血管重现充血

在纤维素性肺炎时，肺脏各部病变的发展并非一致，有的处于充血水肿期，有的处于红色或灰色肝变期，有的处于消散期。整个病变区呈现出暗红，灰白或灰黄相间的多色性大理石样花纹（彩图 12-3-6）。

（3）结果和对机体的影响 大叶性肺炎时很少能完全恢复，渗出物、坏死组织常被机化，使肺组织致密而坚实，呈肉样色彩，称"肺肉变"。病变肺组织如继发化脓菌或腐败菌感染，则可引起发炎肺组织的化脓或腐败分解，严重时可形成肺空洞或继发脓毒败血症。常伴发纤维素性胸膜炎、心包炎，病程较长时可造成胸膜、心包和肺的粘连，纤维素性肺炎可很快引起动物呼吸和心功能障碍而死亡。

**3. 间质性肺炎**

间质性肺炎是以炎症主要侵害肺间质，以间质炎性细胞浸润和结缔组织增生为特征。

（1）病因和机制 引起间质性肺炎的原因极为广泛，其中一些病毒（如流感病毒、犬瘟热病毒、马鼻肺炎病毒）的感染均可引起间质性肺炎的发生；某些寄生虫感染，如肺丝虫感染可引起间质性肺炎的发生；猪感染蛔虫时，其蛔虫幼虫可通过血流途径侵入肺组织，引起间质性肺炎的发生；另外某些支原体（如猪肺炎支原体）感染，也可引起间质性肺炎的发生。

间质性肺炎的特点是发炎的肺间质内（如肺泡间隔、小叶间质、支气管和血管周围等间质内）发生不同程度的炎性细胞浸润和结缔组织增生。在炎症早期，主要以炎性细胞浸润占优势，浸润的炎性细胞主要有淋巴细胞、巨噬细胞、浆细胞、嗜酸性粒细胞等。到炎症晚期主要以间质结缔组织增生占优势，严重时因结缔组织显著增生，而将肺组织取代，使肺组织发生纤维化。

（2）病理变化

**眼观**　病变区肺组织中灰白色或灰红色，质地稍硬，切面平整。炎灶大小不一，呈局灶性分布，病灶周围常有肺气肿。病程较久者，病变区肺组织常发生纤维化而变硬。

**镜检**　支气管周围、血管周围、肺小叶间隔和肺泡壁及肺胸膜下有不同程度的水肿和淋巴细胞、单核细胞浸润。晚期病变主要以结缔组织增生为主要特征，间质增宽。

（3）结果和对机体的影响　急性间质性肺炎在病因清除后能完全消散，慢性病例常以纤维化而告终，可引起持久的呼吸障碍。

**4. 异物性肺炎**

异物性肺炎是由于吸入各种异物而引起，又称吸入性肺炎。

（1）病因和机制　吞咽障碍及强行灌药是异物性肺炎最常见的原因。当咽炎、咽麻痹、食道阻塞和伴有意识障碍病史时，由于吞咽困难，容易发生吸入或误咽现象，故可引起异物性肺炎的发生。

异物进入肺内，最初是引起支气管和肺小叶的卡他性炎症，随后病理过程剧烈加重，最终引起肺坏疽。

（2）病理变化

**眼观**　支气管腔内积有脓性分泌物，黏膜呈青灰色或灰红色。肺坏疽病灶多在肺脏的前下部，可见大小不一的空洞，内含污黑色恶臭的脓汁。病灶周围充血、水肿，肺表层可见有腐败性胸膜炎、脓胸等病变。

**镜检**　病变区肺组织发生脓性溶解或腐败崩解，呈碎片状，失去原有结构，病灶内见有大量的红细胞、白细胞及吸入的异物。

（3）结果和对机体的影响　因吸入异物的性质及其量的不同而异。当大量液体进入气管时，可立即出现不安、呼吸困难、反复咳嗽和发绀，严重者可在短时内出现窒息死亡。

**5. 病理诊断**

（1）支气管性肺炎，病变仅限于肺脏的小叶范围，病灶内有一发炎的小支气管。

（2）纤维素性肺炎，病变可侵害大面积肺组织，肺脏各部病变的发展不一致，整个病变区呈现出暗红、灰白或灰黄相间的多色性大理石样外观。

（3）间质性肺炎，病变主要侵害肺间质，以间质炎性细胞浸润和结缔组织增生为特征。

（4）异物性肺炎，最初以支气管和肺小叶的卡他性炎症为主，随后多继发化脓和肺坏疽，而在肺组织中形成化脓灶或肺空洞，病灶内可发现吸入的异物。

## 二、肺气肿

肺气肿是以肺脏含气量过多、体积膨胀为特征的一种肺脏疾病。根据其病变发生部位不同，可将其分为肺泡性肺气肿和间质性肺气肿两种类型。

**1. 肺泡性肺气肿**

因肺泡内含气量过多所引起的肺气肿，称肺泡性肺气肿。根据其发展经过不同，分为急性和慢性两种。

（1）病因和机制

① 急性肺泡性肺气肿。多因过度劳动和剧烈咳嗽所引起。在这些情况下，因吸气加深，

肺泡通气量增多,呼气时不能将其呼出,而致肺泡余气过度增多。同时,肺泡内过多余气又可压迫肺泡壁毛细血管,使其血流受阻,肺泡壁营养障碍,弹性回缩力降低,而发生高度扩张,故可引起急性肺泡性肺气肿。

② 慢性肺泡性肺气肿。多发生于慢性支气管炎和肺丝虫病等疾病过程中。在这些情况下,一方面因支气管黏膜炎性肿胀,而致支气管腔狭窄;另一方面因炎性产物或虫体、虫卵等的堆积,而致支气管管腔堵塞。在这种情况下,当动物吸气时,因支气管扩张,气体尚可通过进入肺泡。但呼气时,支气管管腔狭窄,气体呼出受阻,加之长期咳嗽,肺泡壁弹性减退,以致肺泡余气显著增多,所以,致使肺泡高度扩张,引起慢性肺泡性肺气肿。

(2)病理变化

眼观 肺脏体积膨大,边缘钝圆,颜色苍白,质地松软,重量减轻,切一块病肺组织置于水中可全漂浮于水面,触摸和切割病肺时可发出爆破音,切面干燥。

镜检 病变区肺泡极度扩张,肺泡隔变薄,毛细血管闭塞,有的肺泡破裂,融合成较大的囊腔(图12-3-7)。

**2. 间质性肺气肿**

因肺泡或细支气管破裂,空气进入肺间质而致间质内蓄积大量气体所引起的肺气肿,称间质性肺气肿。

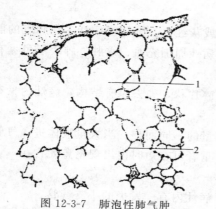

图 12-3-7 肺泡性肺气肿
1—肺泡极度扩张,且互相融合;
2—肺泡壁变薄毛细血管闭塞,肺泡壁变薄

(1)发生原因和机制 间质性肺气肿多因剧烈而持久的深呼吸或胸部外伤,造成细支气管和肺泡破裂,空气进入肺间质而引起。常发生于牛甘薯黑斑病中毒、肺丝虫感染等情况下。在这些情况下,均可引起细支气管和肺泡的破裂,致使气体大量进入并蓄积在间质内,引起间质性肺气肿。在间质性肺气肿时,因肺间质的气体可经肺根部进入纵隔,并经胸腔入口处到达颈部、肩部和背部皮下,引起这些部位的皮下气肿。

(2)病理变化

眼观 病变区肺小叶间质增宽,内有成串的气泡,严重者一些小气泡互相融合成大气囊,但整个肺脏的体积并不明显增大。剖检时还可见到颈部、肩部和背部发生皮下气肿。

镜检 肺间质增宽而形成较大的气囊,其间质和肺泡壁毛细血管管腔狭窄贫血,气囊周围肺组织发生压迫性萎缩。

**3. 肺气肿对机体的影响和结果**

轻度肺气肿在病因消除后,肺组织弹性恢复,可完全恢复正常,对机体影响不大。严重肺气肿时,由于呼吸功能障碍,气体交换受阻,可引起动物缺氧。同时,因体内 $CO_2$ 排出障碍,血液中 $CO_2$ 和 $H_2CO_3$ 含量均显著增高,故可引起呼吸性酸中毒。如肺胸膜下气囊破裂,空气进入胸腔可引起气胸,加之肺体积膨大,使胸内压升高,负压降低,血液回流受阻,而致全身静脉淤血,再加上肺气肿,肺循环阻力增加,故可导致右心衰竭,最后因全心衰竭而导致动物的死亡。

**4. 病理诊断**

(1)肺泡性肺气肿 肺脏体积膨大,颜色苍白,质地松软,重量减轻,触摸或切割时发出爆破音。

（2）间质性肺气肿　肺体积无明显变化，表现肺小叶间质增宽，内有成串的气泡，剖检时还可见到颈部、肩部和背部有皮下气肿病变。

**【案例分析】**

**案例1**　2011年4月，某养猪户来报其饲养的猪发病，病猪表现精神沉郁，食欲减退或废绝，结膜潮红或蓝紫，体温升高至40℃以上，呈弛张热，有时为间歇热；呼吸困难，并且随病程的发展逐渐加剧；咳嗽为固定症状，病初表现为干短带痛的咳嗽，继而转成湿长的咳嗽，但疼痛减轻或消失，气喘，流鼻液（初为白色浆液，后变得黏稠呈灰白色或黄白色）。胸部听诊，在病灶部分肺泡呼吸音减弱，可听到捻发音，以后肺泡呼吸音消失，可听到支气管呼吸音，而在其他健康部位，则肺泡音亢盛，常可听到各种啰音。胸部叩诊，可发现一个或数个小浊音区，其部位一般在胸前下三角区内。

**案例2**　2013年11月，某养猪场猪发病，临床症状表现为精神沉郁，食欲废绝，结膜充血、黄染；呼吸困难、频率增加，呈腹式呼吸，流铁锈色鼻液；体温升高达41～42℃，呈稽留热型，脉搏增加。肺部听诊初期呼吸音增强或有湿啰音、捻发音，肺泡音减弱，后期大片肺泡音消失，可听到支气管呼吸音；叩诊有大片浊音区。

**问题分析：**

（1）请根据以上案例的各自临床表现，作出初步的病理诊断。

（2）根据以上案例的各自临床表现，推测各案例中动物肺脏可能出现的病理变化。

**实习实训**

# 肺脏病变的观察与病理诊断

**【实训目标】** 通过对呼吸器官病理标本与切片的观察，充分认识和掌握各种肺炎和肺气肿的病理变化特征，并对其病变作出准确的病理学诊断。

**【实训器材】** 眼观标本、病理切片、光学显微镜、显微数码互动系统或显微图像转换系统、计算机、投影机、课件等。

**【实训内容】**

**1. 猪肺脏病变**

眼观标本　眼观病变区肺组织呈灰白色或灰黄色，质地坚实，不含空气，病灶有粟粒大至绿豆大不等，在肺的尖叶、心叶和膈叶的下部呈散在性的岛屿状分布，切开病变肺组织，其炎灶中心呈灰黄色，并见有一发炎的小支气管。

病理切片　镜下可见病灶中心的支气管壁充血水肿，管壁增厚，管腔内蓄积多量浆液性或黏液性渗出物，其中混有多量嗜中性粒细胞和脱落的黏膜上皮；炎区内肺泡壁毛细管扩张充血，肺泡腔内充满多量的浆液性或黏液性渗出物，其中混有多量的嗜中性粒细胞和脱落的肺泡上皮及少量的红细胞和纤维素，病灶周围肺泡呈代偿性扩张。

病理诊断　猪支气管性肺炎。

**2. 猪肺脏病变**

眼观标本　眼观病变区肺组织变实，肺表面与切面呈暗红色与灰黄色或灰白色相间的多色性大理石样外观。

病理切片　镜下可见肺泡壁毛细血管扩张充血，肺泡腔及支气管内充满多量的网状纤维素和红细胞、白细胞及脱落的肺泡上皮。

病理诊断　纤维素性肺炎。

**3. 猪肺脏病变**

眼观标本　眼观病变肺组织呈灰白色，结构致密、质地硬实。切面结构致密，因间质结缔组织增生形成纤维束状纹理。

病理切片　镜下可见肺间质纤维结缔组织大量增生，使肺组织结构遭受破坏，肺泡上皮细胞增大为立方状，肺泡腔内有脱落的上皮细胞、淋巴细胞和巨噬细胞。

病理诊断　间质性肺炎。

**4. 猪肺脏病变**

眼观标本　眼观病变区肺组织膨大，颜色苍白，肺泡因过度充气而呈大小不一的小气泡凸出于肺表面，指压留有压痕，并有捻发音，切面呈海绵状。

病理切片　镜下可见病变区肺泡极度扩张，肺泡隔变薄，毛细血管闭塞，有的肺泡破裂，融合成较大的囊腔。

病理诊断　肺泡性肺气肿。

**5. 牛肺脏病变**

眼观标本　眼观病变区肺小叶间质增宽，内有成串的气泡，严重者一些小气泡互相融合成大气囊，但整个肺脏的体积并不明显增大。

病理切片　镜下可见肺间质增宽而形成较大的气囊，其间质和肺泡壁毛细血管管腔狭窄，贫血，气囊周围肺组织发生压迫性萎缩。

病理诊断　间质性肺气肿。

**【实训考核】**

1. 描述 3 种以上眼观标本的病理变化特征。

2. 绘制 2 张以上的病理组织图，突出其病变特点，并完成图注。

## 【目标检测】

1. 名词解释：小叶性肺炎、大叶性肺炎、肺气肿。

2. 支气管性肺炎是怎样发生的？其病理变化有何特点？

3. 纤维素性肺炎主要发生于哪些疾病过程中？其病理变化可分哪几个相互联系的发展时期？各期有哪些病变特点？

4. 肺气肿可分哪几种类型？多发生于哪些情况下？各具哪些病变特点？

5. 讨论各种肺炎和肺气肿对机体的影响。

（阳刚）

# 子项目四　消化器官病变观察与病理诊断

**【学习目标】**

1. 了解和掌握胃炎、肠炎、肝炎的发生原因、分类及其对机体的影响。

2. 观察和认识各种胃炎、肠炎的病理变化，并依据其病变特征建立正确的病理诊断。

3. 观察和认识各种肝炎的病理变化，并依据其病变特征建立正确的病理诊断。

**【课前准备】**

1. 预习本项目学习内容，明确学习目标与任务。

2. 回忆动物主要消化器官的形态特征与生理功能。

## 【学习内容】

### 一、胃肠炎

胃肠黏膜及其深层组织的炎症，称胃肠炎。胃肠炎是家畜常发病之一。其发生原因很多，细菌、病毒和寄生虫等生物性因素的感染，采食大量粗劣不易消化的饲料或发霉变质的饲料，误食各种有毒物质等，均可引起胃肠炎的发生。

**1. 分类与病理变化**

按胃肠炎的发病部位和病理变化不同，可将其分为胃炎和肠炎两种。胃炎和肠炎往往同时发生或相继先后发生，但胃炎和肠炎在病理变化上各有特异之处。

（1）胃炎　胃炎是指胃黏膜及其深层组织的炎症，根据其发病经过不同，分为急性胃炎和慢性胃炎。

① 急性胃炎。根据其病变特点的不同，又可分为以下三种类型。

a. 急性卡他性胃炎。是胃黏膜表层的一种轻度炎症，临床较为多见。多由一些温热因素、饲喂霉变饲料或生物性因素（细菌、病毒、寄生虫等）感染引起。

**眼观**　胃黏膜尤其胃底黏膜弥漫性充血、肿胀，黏膜表面被覆多量黏液，并散发有点状出血和糜烂。

**镜检**　黏膜上皮变性、坏死和脱落，杯状细胞增多。固有层和黏膜下层毛细血管扩张、充血，固有膜内淋巴小结肿胀。组织间隙浆液渗出以及多量炎性细胞浸润。

b. 急性出血性胃炎。是以胃黏膜的弥漫性或斑点状出血为主要特征。多由一些传染性因素和中毒性因素引起。

**眼观**　胃黏膜充血、肿胀，失去原有光泽，并有弥漫性或斑点状出血，黏膜表面被覆多量红褐色黏液，肠内容物呈血样。

**镜检**　黏膜上皮变性、坏死和脱落，黏膜固有层和黏膜下层毛细血管扩张、充血，并有明显的出血。

c. 坏死性胃炎。是以发炎的胃黏膜变性坏死和形成溃疡为主要特征。多与传染性和中毒性因素有关，在家畜中以猪最为多见。

**眼观**　胃黏膜尤其胃底黏膜形成弥漫性溃疡，其溃疡灶大小不一，呈圆形不规则形。溃疡的深度也不相同，有的只表现黏膜表层的糜烂，有的深达黏膜下层、肌层，甚至造成胃穿孔，溃疡灶表面被覆多量黏液性或纤维性渗出物。

**镜检**　病变区胃黏膜上皮变性、坏死和脱落，溃疡灶周围的黏膜上皮轻度增生，病灶底部毛细血管扩张、充血，并有数量不等的炎性细胞浸润。

② 慢性胃炎。多由急性转化而来，也可由一些慢性感染（如马胃蝇寄生）直接引起。此型胃炎病程较长，病情也较缓和。

**眼观**　胃黏膜表面被覆有灰白色或灰黄色黏稠的黏液。有些病例因胃黏膜和黏膜下层腺体和结缔组织增生使胃黏膜和黏膜下层增厚，有些病例的胃腺发生萎缩兼有肥厚性胃炎和萎缩性胃炎病变，其黏膜上可见纵横交错的皱襞或呈现高低不平状态。

**镜检**　萎缩性胃卡他时，可见胃腺上皮萎缩，黏膜和黏膜下层有淋巴细胞与少量嗜中性粒细胞浸润，偶见新生淋巴小结形成。肥厚性胃卡他时，可见胃黏膜增厚和胃腺增生，黏膜下和肌层淋巴细胞浸润。

（2）肠炎　肠炎是指各段肠管的炎症，肠炎的发生原因与胃炎大致相同，并且常与胃炎与时或先后发生。肠炎也可根据其发病经过不同，分为急性和慢性两种。

① 急性肠炎。急性肠炎较为常见，根据其病变特点的不同，可分为以下多种类型。

a. 急性卡他性肠炎。是黏膜表层的一种轻度炎症，以黏膜充血和黏液渗出为主要特征。

眼观　肠黏膜充血、肿胀，有时伴有斑点状出血，黏膜表面伴有浆液或黏液渗出。肠壁淋巴小结肿胀，呈红褐色片状突起，肠系膜淋巴结也呈圆形肿大。

镜检　黏膜上皮损伤轻微，仅见部分上皮细胞发生变性，杯状细胞数量增多。黏膜固有层和黏膜下层毛细血管扩张、充血、水肿，并有轻度的出血和嗜中性粒细胞、淋巴细胞等炎性细胞浸润。

b. 急性出血性肠炎。是以肠黏膜明显出血为特征的一种重度急性肠炎，多由一些中毒性因素和感染性因素所引起。

眼观　肠黏膜肿胀，呈暗红色或黑红色，有斑点状或弥漫性出血，黏膜表面覆有多量红褐色黏液或暗红色血凝块。肠内容物混有淡红色或紫红色血液。肠壁明显增厚，有时在浆膜面也见有明显的斑点状出血（如鸡球虫病时）。

镜检　与急性卡他性肠炎基本相同，不同的是黏膜固有层和黏膜下层有明显的出血。

c. 纤维素性肠炎。是以大量的纤维素渗出和肠黏膜表面形成凝固的纤维素性假膜为主要特征的一种炎症。其发生原因多与感染有关，纤维素性肠炎往往伴有不同程度的黏膜坏死，根据其黏膜坏死的程度不同而分为浮膜性肠炎和固膜性肠炎。

浮膜性肠炎：其特点是发炎黏膜的坏死程度轻微，渗出的纤维素在黏膜表面形成一薄层纤维素性假膜，其假膜被浮于发炎黏膜表面，容易剥离或可自行脱落，剥离或脱落后发炎黏膜无明显缺损或仅留浅层缺损（糜烂）。

固膜性肠炎：其特点是发炎黏膜坏死程度严重，可深达整个黏膜层，渗出的纤维素与坏死的黏膜凝固在一起，形成一厚层与深层组织粘连牢固的纤维素性坏死性假膜。此种假膜不易剥离，如强行剥离，黏膜则留下深层的缺损（溃疡）。多见于猪瘟、仔猪副伤寒、鸡瘟等时。

眼观　浮膜性肠炎时，肠黏膜上纤维素性渗出物有时形成灰白色或灰黄色假膜，易于剥离。有时假膜自行脱落形成圆筒状结构，并混于粪便中排出体外。有时则形成条索状絮状物或糠麸样物被覆于黏膜表面，黏膜表层有浅层糜烂，黏膜下组织有不同程度的充血和水肿。

固膜性肠炎时，肠黏膜坏死程度严重，渗出的纤维素与坏死组织凝固在一起，形成一厚层纤维素性坏死性假膜，多与深层组织粘连牢固，难以剥离，如强行剥离，可留下深层的组织缺损（溃疡）。其病灶可呈局灶性或弥漫性不等，局灶性病变多发生于肠淋巴组织所在部位，形成圆形扣状肿或扣状溃疡。弥漫性病变可见黏膜大片坏死，其表面粗糙不平，并有糠麸样物覆盖于黏膜表面。

镜检　肠黏膜组织见有不同程度的坏死区，其中有大量纤维素性渗出物。坏死区外围交界处为炎性反应区，见血管扩张充血、炎性细胞浸润和交织成网状的纤维素渗出。浸润的炎性细胞以嗜中性粒细胞为主，其次为淋巴细胞、浆细胞和巨噬细胞。

② 慢性肠炎。慢性肠炎多由急性肠炎转化而来，也可因长期饲养管理不当或其他致病因素的作用所引起。其主要特征是肠黏膜与黏膜下层结缔组织增生及炎性细胞浸润。

眼观　肠黏膜表面被覆有多量黏液，肠腔内常有臌气现象。肠黏膜增厚，有时由于结缔组织的不均匀增生，使肠黏膜表面呈现高低不平的颗粒状或形成皱褶。病程较长者，增生的结缔组织收缩，使肠壁变薄。

镜检　肠黏膜上皮细胞变性、坏死、脱落，肠腺间结缔组织增生，肠腺萎缩或完全消失。有时结缔组织增生可侵及肌层和浆膜层，并有不同程度的炎性细胞浸润。

**2. 病理诊断**

（1）急性胃炎主要以胃黏膜的卡他性、出血性和坏死性变化为主要特征，胃黏膜有大量黏液渗出、出血和坏死溃疡等病变。

（2）慢性胃炎主要以胃黏膜和黏膜下层的腺体与结缔组织增生为主要特征，有的胃腺则发生萎缩，黏膜见有纵横交错的皱襞或呈现高低不等的状态。

（3）急性肠炎主要以肠黏膜的卡他性、出血性、纤维素性或纤维素性坏死性变化为主要特征，肠黏膜有大量黏液渗出、出血、纤维素渗出及坏死性病变。

（4）慢性肠炎主要以肠黏膜与黏膜下层结缔组织增生为主要特征，使肠黏膜表面呈现高低不等的颗粒状或形成皱褶。

## 二、肝炎

肝炎是多数动物的常见性疾病。其发生原因多由感染性因素和中毒性因素所引起。

**1. 分类与病理变化**

根据其发生原因和病变特点的不同，可将其分为以下两种。

（1）传染性肝炎

传染性肝炎主要由病毒、细菌、霉菌和寄生虫等生物性因素的感染所引起。

① 病毒性肝炎。侵害动物肝脏引起炎症的病毒都是一些嗜肝性病毒，如雏鸭肝炎病毒、火鸡包含体肝炎病毒、犬传染性肝炎病毒等。某些不是以肝脏为主要靶器官的病毒，如牛恶性卡他热、鸭瘟、马传染性贫血等病毒，也可引起肝炎。

眼观　肝脏呈不同程度肿大，肿大明显者其肝叶边缘钝圆，被膜紧张，切面外翻。肝呈暗红色或土黄色相间的斑驳色彩，其间往往有灰白色或灰黄色形状不一的坏死灶。胆囊肿大，胆汁蓄积，胆囊黏膜发炎。

镜检　肝小叶中央静脉扩张，小叶内见出血和坏死病灶。肝细胞发生水疱变性和气球样变，淋巴细胞浸润，肝窦充血。小叶间组织和汇管区内小胆管和卵圆形细胞增殖。部分病毒所致肝炎还可于肝细胞的胞核或胞质内发现特异性包含体；用免疫组织化学或特殊染色方法有时可发现细胞内病毒样粒子。病毒性肝炎病程较久时，可转为慢性经过，其主要特征为出现修复性反应，肝内出现大量结缔组织增生和最终导致肝硬变。

② 细菌性肝炎。引起此类肝炎的细菌种类很多，如沙门杆菌、坏死杆菌、钩端螺旋体和各种化脓性细菌等。其病理变化特征有坏死、化脓或肉芽肿形成等多种表现形式。

a. 坏死性肝炎。以肝组织的坏死为主要特征。

眼观　肝脏肿胀，表面和切面可见许多形态不一的灰白色凝固性坏死灶。其中，由禽巴氏杆菌引起的肝炎，坏死灶通常极其细小，多呈密集分布；坏死灶较大的，分布较为稀疏。由鸡白痢沙门杆菌引起者，除见坏死灶外，肝脏多有充血和出血。由钩端螺旋体引起者，在肝的切面还见呈黄绿色的胆汁淤积点。

镜检　坏死病灶集中于肝小叶内，因感染的细菌种类不同，坏死呈局灶性或弥漫性不等。坏死灶内的肝细胞完全坏死时，整个坏死灶呈均质无结构红染。有时尚见坏死细胞的轮廓和一些未完全溶解的核碎屑，坏死灶外围常有炎性细胞浸润。仔猪副伤寒时的肝坏死灶内还有渗出的纤维素和白细胞，以后可逐渐过渡为由单核细胞和网状细胞增生组成的细胞性结节。

b. 化脓性肝炎。以肝组织的化脓为主要特征，化脓菌一般经由门静脉侵入；少数情况则来源于肝附近化脓灶，也可发生于全身脓毒败血症时。

眼观　病变肝脏体积肿大，肝组织中有大小不一、数量不等、充满脓液的脓肿。

镜检　病变区肝组织发生脓性溶解，化脓灶内充满大量的嗜中性粒细胞和脓球（变性坏死的嗜中性粒细胞）。

c. 肉芽肿性肝炎。以肝组织内肉芽肿形成为主要特征，多由某些慢性感染，如结核杆菌、鼻疽杆菌、放线菌等感染时。

眼观　肝内肉芽肿的结构大致相同，多为大小不等的结节状病变。其结节中心为黄白色干酪样坏死物，如有钙化时质地坚硬，刀切时有磨砂音。

镜检　结节中心为均质无结构坏死灶，或有钙盐沉着；周围为多量上皮样细胞浸润，其间还可见到胞体较大的多核巨细胞；周围有多量淋巴细胞浸润和数量不等的结缔组织环绕，结节与周围组织分界清楚。

③ 霉菌性肝炎。其病原体常见有烟曲霉菌、黄曲霉菌等致病性真菌。由这些霉菌所引起的疾病，其病变实际上并不局限于肝脏。其中烟曲霉感染时，病变主要集中于肺脏；黄曲霉感染时，其主要病理变化为肝细胞脂肪变性、出血、坏死和淋巴细胞增生，间质小胆管增生。慢性病例则形成肉芽肿结节，其组织结构与上述肉芽肿相似，但可发现大量菌丝。

④ 寄生虫性肝炎。多由某些寄生虫在肝实质或肝内胆管内寄生繁殖，或某些寄生虫幼虫在肝脏内移行所引起。常见的有以下几种。

a. 鸡组织滴虫性肝炎。鸡组织滴虫主要寄生在鸡的盲肠黏膜和肝细胞内，以引起盲肠和肝脏的坏死性炎症为主要特征。其肝脏病变主要表现坏死性肝炎病变。

眼观　肝脏体积肿大，表面有许多圆形的坏死病灶，坏死灶呈黄色或黄绿色，中间凹陷，边缘凸起。

镜检　许多小叶肝细胞呈弥漫性坏死，坏死灶外围见有大量组织滴虫和巨噬细胞，并有淋巴细胞广泛浸润。病情较缓和的病灶内，因结缔组织增生而发生疤痕化。

b. 兔球虫性肝炎。其病原为艾美尔球虫，主要寄生于肠黏膜和肝胆管黏膜内。在肝内寄生，主要引起球虫性肝炎病变。

眼观　肝脏体积肿大，表面有数量不等的米粒大至豌豆大的黄白色结节。胆管扩张，管壁增厚，呈弯曲的条索状。

镜检　初期胆管黏膜呈卡他性胆管炎变化，以后由于胆管上皮增生，使胆管显著扩张，黏膜上皮呈乳头状或树枝状突起于胆管腔内，在上皮层内可见到球虫卵囊和裂殖体。慢性病变胆管周围和肝小叶间有多量结缔组织增生，附近的肝组织萎缩。

c. 幼虫移行性肝炎。某些寄生虫（蛔虫和肾虫）的幼虫在肝脏内移行时，可引起肝组织的损伤和肝炎的发生。

眼观　肝脏实质受到不同程度的破坏，继而出现纤维结缔组织增生的修复过程。在肝脏被膜与间质中可见结缔组织增生。肝脏表面有大量形态不一的白斑，白斑质地致密和硬固，有时高出被膜位置。

镜检　许多肝小叶内见局灶性坏死病灶，其周围有大量嗜酸性粒细胞以及少量嗜中性粒细胞和淋巴细胞浸润，小叶间和汇管区结缔组织增生。病程稍久的病例，小叶内坏死灶多被增生的结缔组织所取代而形成疤痕组织，这就是肉眼观察时所见的白斑。

（2）中毒性肝炎　中毒性肝炎是指由内、外源性的有毒物质作用所引起的一种肝炎。引起中毒性肝炎的有毒物质主要有化学毒（如四氯化碳、硫酸亚铁、三氯甲烷、磷、铜、砷、汞等有毒化学药物）、植物毒（各种有毒植物）、霉菌毒素（如黄曲霉等）和代谢产物（体内代谢过程中产生的中间代谢产物）。这些有毒物质都能对肝脏起毒害作用，只要达到了一定程度，就会引起中毒性肝炎的发生。

中毒性肝炎的主要病理变化是引起肝组织的重度变性和坏死，同时还伴有充血、水肿和出血。炎性细胞反应较生物性病因所致的肝炎微弱。

眼观　肝脏体积肿大，重量增加，呈黄褐色，切面湿润多汁。如有淤血兼有脂肪变性时，肝脏在黄褐色或灰黄色的背景上，见暗红色的条纹，呈类似于槟榔切面的斑纹。肝脏表面和切面发现有灰白色的坏死灶及暗红色出血点。

镜检　肝小叶中央静脉扩张，肝窦淤血和出血，肝细胞重度脂肪变性和颗粒变性，小叶周边、中央静脉周围肝细胞有散在的坏死灶。严重病例坏死灶遍及整个小叶呈弥漫性坏死，未完全坏死溶解的肝细胞间胞核固缩或碎裂。肝小叶内或间质中炎性细胞浸润不太明显，有时仅见少量的淋巴细胞浸润。

**2. 病理诊断**

（1）病毒性肝炎和细菌性肝炎是以肝脏的坏死性变化为主要特征，肝脏形成灶状坏死或化脓性病变。

（2）霉菌性肝炎是以肝脏的变性、坏死、出血或形成特异性肉芽肿为主要特征。

（3）寄生性肝炎主要以肝脏的灶状坏死（鸡组织滴虫病）或增生性胆管炎（兔球虫病）为主要特征。

（4）中毒性肝炎是以肝组织的重度变性和坏死，并伴有充血、水肿和出血性变化为主要特征。

---

**【案例分析】**

**案例 1**　某猪场育肥猪群突然发生呕吐，食欲减退，畜主投喂抗菌、解毒药物后疗效不理想，2 日后病猪出现腹泻，继而母猪、仔猪相继发病，不到 1 周时间，几乎传遍整个猪场。患猪病初体温升高（40.2～40.6℃），精神不振、厌食，先呕吐，随后出现水样腹泻，粪便沿肛门流下或喷射状排出，肛门红肿。随后出现脱水、消瘦、常大量饮水，被毛粗乱。哺乳仔猪粪便呈黄色或灰白色，内含未消化的凝乳块和气泡，味腥臭。发病末期，由于严重脱水，体重迅速减轻，发病后 1～4 天死亡。耐过小猪，生长缓慢。剖检病死猪，主要病变为：胃胀满，充满未消化的凝乳块；胃底黏膜充血、出血；小肠壁变薄，呈半透明状；大肠充满黄色或绿色粪便，肠黏膜易剥离；肠系膜充血；淋巴结肿大。

**案例 2**　病犬，4 岁母西施犬。厌食明显、呕吐、精神不振、嗜睡，偶见其拱腰排粪、粪便腥臭，痛感明显，眼结膜黄染。穿刺可见其腹腔积液偏黄色，心音弱，体温稍低，叩诊肝部浊音区扩大，病犬躲闪。

**问题分析：**

（1）根据以上案例的各自临床表现与剖检所见，作出初步的病理诊断。

（2）确定以上案例患病类型的病理诊断依据是什么？

---

**实习实训**

# 消化器官病变的观察与病理诊断

**【实训目标】**通过对消化器官病理标本与切片的观察，认识和掌握消化器官常见疾病的病理变化特征，并对其病变作出准确的病理学诊断。

**【实训目的】**眼观标本、病理切片、光学显微镜、显微数码互动系统或显微图像转换系统、计算机、投影机、病理图片等。

**【实训内容】**

**1. 猪胃病变**

眼观标本　眼观胃黏膜充血发红，肿胀增厚，胃底部黏膜变化最为明显。黏膜表面黏液增多，并常有出血点或糜烂。

病理切片　镜下可见黏膜上皮细胞变性、坏死脱落，固有层及黏膜下层血管充血，并有轻度出血、水肿和白细胞浸润。

病理诊断　急性卡他性胃炎。

**2. 猪胃病变**

眼观标本　眼观胃黏膜充血、肿胀，失去原有光泽，并有弥漫性或斑点状出血，黏膜表面被覆多量红褐色黏液。

病理切片　镜下可见黏膜上皮变性、坏死和脱落，黏膜固有层和黏膜下层毛细血管扩张、充血，并有明显的出血。

病理诊断　急性出血性胃炎。

**3. 猪胃病变**

眼观标本　眼观胃黏膜尤其胃底黏膜形成弥漫性溃疡，其溃疡灶大小不一，呈圆形不规则形。溃疡灶表面被覆多量黏液性或纤维性渗出物。

病理切片　镜下可见病变区胃黏膜上皮变性、坏死和脱落，溃疡灶周围的黏膜上皮轻度增生，病灶底部毛细血管扩张、充血，并有数量不等的炎性细胞浸润。

病理诊断　坏死性胃炎。

**4. 猪肠管病变**

眼观标本　眼观肠黏膜充血、肿胀，表面被覆灰白色黏稠的黏液。

病理诊断　急性卡他性肠炎。

**5. 猪肠管病变**

眼观标本　眼观肠黏膜增厚，形成皱襞，甚至呈脑回状或表面粗糙呈颗粒状。黏膜表面常覆盖大量黏液。肠壁增厚，质地变硬。

病理诊断　慢性卡他性肠炎。

**6. 猪肠管病变**

眼观标本　眼观肠黏膜肿胀，呈暗红色或黑红色，有斑点状或弥漫性出血，黏膜表面覆有多量红褐色黏液或暗红色血凝块。

病理切片　镜下可见肠黏膜上皮发生变性，部分上皮坏死、脱落，黏膜固有层和黏膜下层毛细血管扩张、充血、水肿，并有明显的出血。

病理诊断　急性出血性肠炎。

**7. 猪肠管病变**

眼观标本　眼观肠黏膜充血、出血、水肿或糜烂。表面形成有灰白色或灰黄色纤维素性假膜，或呈糠麸样被覆于黏膜表面。

病理切片　镜下可见肠黏膜表面被覆有不同程度的丝网状纤维素，黏膜上皮坏死、脱落，固有层和黏膜下层血管充血、出血、水肿和炎性细胞浸润。

病理诊断　浮膜性肠炎。

**8. 猪肠管病变**

眼观标本　眼观肠黏膜坏死或形成溃疡，其病灶可呈局灶性或弥漫性不等，局灶性病变多以肠淋巴滤泡为中心，形成圆形扣状肿或扣状溃疡；弥漫性病变可见黏膜大片坏死，其表面粗糙不平，并有糠麸样物覆盖。

病理诊断　固膜性肠炎。

**9. 猪肝脏病变**

眼观标本　眼观肝脏明显肿大，土黄色，质脆易碎。表面和切面可见许多形态不一的灰白色或灰黄色坏死灶。

病理切片　镜下可见肝组织内有数量不等的坏死病灶，坏死灶内肝细胞坏死或崩解消失，呈均质红染的无结构状态。有时尚见坏死细胞的轮廓和一些未完全溶解的核碎屑，坏死灶外围常有炎性细胞浸润。

病理诊断　坏死性肝炎。

【实训考核】

1. 描述 3 种以上眼观标本的病理变化特征。
2. 绘制 2 张以上的病理组织图，突出其病变特点，并完成图注。

## 【目标检测】

1. 名词解释：胃卡他、实质性肝炎、肝硬化、实质性黄疸、溶血性黄疸、阻塞性黄疸。
2. 胃炎可分为哪几种类型？其病理变化特点各是什么？
3. 肠炎可分为哪几种类型？其病理变化特点各是什么？
4. 肝炎可分为哪几种类型？多发生于哪些情况下？其病理变化特点各是什么？

（李鹏伟）

# 子项目五　泌尿与生殖器官病变观察与病理诊断

## 【学习目标】

1. 了解和熟悉泌尿生殖器官疾病的发生原因与发病机制。
2. 观察和认识各种肾炎、子宫内膜炎和乳腺炎的病理变化，并依据其病变特征作出正确的病理诊断。

## 【课前准备】

1. 预习本项目学习内容，明确学习目标与任务。
2. 回忆动物主要泌尿与生殖器官的组织结构与生理功能。

## 【学习内容】

### 一、肾炎

肾小球、肾小管及其间质的炎症称为肾炎。肾炎是肾脏及整个泌尿系统的常见病变之一。引起肾炎的因素很多，许多感染性因素、中毒性因素，以及变态反应性因素均可引起肾炎的发生。其他泌尿器官及体内其他器官的炎症也可转移到肾脏，引起肾炎的发生。

**1. 分类与病理变化**

根据肾炎时炎症的发生部位和炎症性质的不同，可将肾炎分为多种类型，临床上最常见的有肾小球性肾炎、间质性肾炎和化脓性肾炎三种。

（1）肾小球性肾炎　肾小球性肾炎是以炎症主要侵害肾小球为特征。

① 病因与发病机制。肾小球性肾炎多发生于某些传染病过程中，如猪瘟、猪丹毒、马传贫、鸡新城疫等均可伴发肾小球性肾炎的发生。对于其发生机制，目前主要有两种论点。

a. 免疫复合物性肾炎。机体在外源性（如链球菌的胞质膜抗原和异种蛋白质等）或内源性抗原（如由于感染或自身组织破坏而产生的变形物质等）刺激下产生相应的抗体，当抗原与抗体在血液中形成抗原-抗体复合物，随血液流经肾小球时沉着在肾小球血管内皮下或血管间质内。由于激活补体促使肥大细胞释放组胺，使血管通透性增高，同时吸引嗜中性粒细胞在肾小球内聚集，并促使毛细血管内形成血栓，内皮细胞、上皮细胞和系膜细胞增生，引起肾小球肾炎。

b. 抗肾小球基底膜性肾炎。在感染或其他因素作用下，细菌或病毒的某种成分与肾小球基底膜相结合，形成自身抗原，刺激机体使其产生抗自身肾小球基底膜抗原的抗体。或某些细菌及其他物质与肾小球毛细血管基底膜有共同抗原性，这些抗原刺激机体产生的抗体，既可与该抗原物质起反应，也可与肾小球基底膜起反应，并激活补体等炎症介质，引起肾小球基底膜的损伤和肾小球肾炎的发生。

② 类型与病理变化。根据其发病经过和病理变化，可将其分为急性、亚急性和慢性肾小球性肾炎。

a. 急性肾小球性肾炎。急性肾小球性肾炎的病程较短，病理变化主要发生在血管球及肾小囊内，包括变质、渗出和增生等变化。

眼观　肾脏轻度肿胀，被膜稍有紧张、易剥离，肾表面及切面呈棕红色，切面可见皮质增厚，皮质内肾小球呈灰白色，小颗粒状隆起。出血性肾小球肾炎时，在肾表面及切面皮质部均能见到针尖大到针鼻大的红色出血点。

镜检　初期病变主要表现在肾小球毛细血管，主要表现为管腔狭窄、贫血，仅有少量红细胞。血管内皮细胞及间质细胞增生，并有白细胞浸润，致使整个肾小球体积肿大，充满球囊腔，细胞密集，胞核数增多。

随着上述病变的发展，由于肾小球毛细血管内皮缺血，变性坏死，其管壁通透性增强，病变就会转入渗出过程占优势。此时血浆液体、血浆蛋白和红细胞渗出到球囊内，压挤血管球，使血管球体积缩小。当渗出以浆液为主时，球囊内充满大量浆液性渗出物，有时以红细胞渗出为主，其球囊内充满多量红细胞。根据球囊内渗出物的性质不同，可将其分为浆液性肾小球性肾炎和出血性肾小球性肾炎。肾小管上皮细胞可因供血不足而发生颗粒变性和脂肪变性。肾小管管腔内可出现细胞和蛋白成分所形成的各种管型。肾间质充血、水肿和少量白细胞浸润（彩图 12-5-1）。

b. 亚急性肾小球性肾炎。多由急性转化而来，所以在亚急性肾小球性肾炎初期，主要表现急性肾小球性肾炎变化。此期的主要病变特征是：球囊上皮，尤其是球囊壁层上皮显著增生，而在球囊内形成新月状（月牙状）形体，称"新月体"样增生。

眼观　肾脏肿大、色苍白，有"大白肾"之称，表面光滑，可散在较多的出血点，切面隆起，皮质增宽，与髓质分界明显。

镜检　主要表现肾小囊上皮细胞增生，当肾小囊壁层上皮细胞增生、重叠、被覆于肾小囊壁层的尿极侧，形成"新月体"。而当增殖的上皮细胞环绕肾小球囊壁时，则形成"环状体"。肾小管上皮细胞发生变性和坏死，肾小管的管腔内含有蛋白质、白细胞和脱落上皮形成的管型（彩图 12-5-2）。

c. 慢性肾小球性肾炎。慢性肾小球性肾炎发病缓慢，病程长，一般为数月至数年乃至终生。多由急性和亚急性转化而来，也可单独发生。其主要病变特点是肾小球被增生的结缔组织取代而发生纤维化，进而发生透明变性。

眼观　肾脏体积缩小，色泽苍白，质地变硬，被膜明显增厚，与实质粘连，不易剥离。表面呈颗粒状高低不平，故有"颗粒状皱缩肾"之称。切面皮质变薄，结构致密，与髓质界限不清。有时在皮质或髓质内有大小不等的囊肿，其中充满淡黄色尿液。

镜检　肾小球毛细血管壁增厚，管腔狭小甚至完全闭塞。肾小球可发生纤维化和玻璃样变。团块玻璃样变的肾小球显著缩小甚至消失，相应肾单位的肾小管因缺血而萎缩、消失。间质纤维组织增生，并有较多的淋巴细胞浸润。周围肾单位则发生代偿性变化，表现肾小球体积增大，肾小管扩大（彩图 12-5-3）。

（2）间质性肾炎　间质性肾炎是以炎症主要侵害肾间质，以间质内炎性细胞浸润和结缔组织增生为特征。

① 病因和发病机制。一般认为间质性肾炎与感染和中毒性因素有关，临床上多发生于马传贫、钩端螺旋体病、大肠杆菌病、牛恶性卡他热和水貂阿留申病等疾病过程中。在这些疾病过程中，各种病原微生物及其有毒产物、组织蛋白分解产物、胃肠内产生的有毒产物等在经肾脏排出时，均可侵害肾间质，引起肾间质的损伤和间质性肾炎的发生。

由于间质性肾炎与感染和中毒性因素有关，其病原异物多由血源途径侵害肾间质，所以，其病变多为两侧性。其炎症病变主要发生在肾间质，开始表现炎性细胞浸润占优势，而后则以结缔组织的增生占优势。由于间质炎性细胞浸润和增生，而致实质受压萎缩，甚至发生纤维化。

② 类型与病理变化。根据其炎症经过不同，可将其分为急性间质性肾炎和慢性间质性肾炎两种。

a. 急性间质性肾炎。多为间质性肾炎初期病变，其特点是以间质内炎性细胞浸润占优势。

眼观　病肾体积肿大，被膜紧张，容易剥离。剥离后表面光滑，并散发有多量针尖大至米粒大灰白色或灰黄色小病灶，重者小病灶互相融合成玉米粒大至更大的灰白色斑，故有"白斑肾"之称。切面可见这种病灶呈线条状散布。

镜检　肾间质内有多量的淋巴细胞、巨噬细胞，嗜中性粒细胞和浆细胞浸润，并有少量成纤维细胞增生，这是构成眼观所见灰白色斑点状病灶的基础（彩图 12-5-4）。

b. 慢性间质性肾炎。多为间质性肾炎晚期病变，其特点是以间质结缔组织增生占优势。

眼观　病肾体积缩小，质地变硬，被膜皱缩、增厚、不易剥离，表面高低不平，故有"皱缩肾"之称。切面皮质变薄，增生的结缔组织呈条纹状，常可在皮质和髓质内见到囊肿，其中充满淡黄色尿液。

镜检　肾间质结缔组织显著增生，压迫肾小球和肾小管，使其发生萎缩。有的肾小球发生纤维化或透明变性，部分肾小管发生阻塞，有的肾小球呈代偿性肥大，肾小管呈代偿性扩张，形成大小不一的囊泡。

（3）化脓性肾炎　化脓性肾炎是以肾组织发生化脓、在肾组织中形成化脓灶为特征。

① 病因和发病机制。化脓性肾炎是由各种化脓菌感染所引起的，多继发于机体其他部位或泌尿系统其他器官的化脓性炎症过程中。在此过程中，化脓菌可经两种途径侵入肾脏，引起化脓性肾炎的发生。

a. 血流性（下行性）感染。是指化脓菌经过血流到达肾脏。在机体其他部位发生化脓性炎时，其化脓菌可经化脓灶损伤的血管，以细菌团块的形式侵入血流，形成细菌性栓子。经血流到达肾脏，在肾小球毛细血管内引起栓塞，并停留和繁殖，侵害肾组织，引起肾脏的化脓性炎症。

b. 尿源性（上行性）感染。是指化脓菌通过尿液由下部尿道（输尿管、膀胱和尿道）上行至肾脏。在尿道、膀胱或输尿管感染化脓菌后，其化脓菌就可经输尿管内潴尿上行到肾盂，首先引起肾盂肾炎，进而化脓菌经肾乳头向肾实质蔓延，引起肾组织的化脓性炎症。此种化脓性肾炎又可称为肾盂肾炎。

在肾盂肾炎发展过程中，下部尿道炎症、结石形成、寄生虫的寄生、膀胱麻痹、泌尿道肿瘤等预置因素的存在，在肾盂肾炎的发病学环节中起着重要作用。因为在这些预置因素的作用下，可使泌尿道发生狭窄和尿液的排出受阻，造成尿液的潴留，为化脓菌的繁殖和上行蔓延创造了有利条件，故对肾盂肾炎的发生有促进作用。

② 病理变化

眼观 肾脏体积肿大，被膜紧张、易于剥离，在肾表面散布灰白色或灰黄色、粟粒大至黄豆大的化脓灶。切开化脓灶可从切面流出灰白色或灰黄色脓液，切面可见化脓灶呈局灶性（肾小球病变）或呈条纹状（肾小管病变）。如为肾盂肾炎，除见上述病变外，还可见到肾盂扩张，并蓄积多量的脓液。

镜检 初期病变在肾小球毛细血管或间质毛细血管内可见有细菌栓子，继而在其周围有大量的炎性细胞浸润，主要为嗜中性粒细胞，病灶区肾组织发生坏死和脓性溶解，化脓灶内聚集大量的嗜中性粒细胞（彩图 12-5-5）。如时间较久转为慢性时，可在脓肿周围见有结缔组织增生所形成的脓肿膜。

**2. 病理诊断**

（1）肾小球性肾炎 肾小球肿大，呈灰白色颗粒状隆起，出血性肾小球肾炎时肾表面及切面有针尖大到针鼻大出血点；亚急性肾小球性肾炎球囊上皮显著增生形成"新月状体"；慢性肾小球性肾炎肾小球发生纤维化。

（2）间质性肾炎 肾表面散发有针尖大至米粒大、灰白色或灰黄色小病灶，重者小病灶相互融合成玉米粒大或更大的灰白色斑，切面病灶呈线条状；慢性间质性肾炎病肾体积缩小，质地变硬，被膜皱缩。

（3）化脓性肾炎 肾表面散布灰白色或灰黄色、粟粒大至黄豆大的化脓灶。

## 二、子宫内膜炎

子宫内膜炎是以炎症主要侵害子宫黏膜为特征的一种炎症性疾病，为乳牛的常发性疾病。

**1. 病因与发病机制**

子宫内膜炎的发生原因多为细菌性感染，引起子宫内膜炎的病原菌主要有化脓棒状杆菌、葡萄球菌和链球菌，其次还有大肠埃希菌、坏死杆菌、沙门杆菌和布氏杆菌等。这些病原菌可通过两种途径侵入子宫：一是上行性（阴道）感染，另一是下行性（血源或淋巴源）感染。其中绝大多数子宫内膜炎是由上行性感染所引起，多因分娩及产后感染所致。

在分娩及产后期间，子宫黏膜因胎儿的通过或人工助产会造成不同程度的机械性损伤，其黏膜屏障功能降低，加之产前子宫黏膜发生变性、分解、脱落。这些浅表而广泛的子宫黏膜损伤，以及在此期间子宫内蓄积多量的恶露（变性脱落的胎盘碎片、胎膜血管流出的血液、残留于子宫内的胎水和大量的分泌物），均为细菌的侵入和繁殖创造了有利条件。同时，子宫和阴道内常在性微生物也乘虚而迅速繁殖，发挥致病作用。所以，在分娩及产后期间容易造成子宫黏膜的感染和引起子宫内膜炎的发生。

此外，在某些传染病过程中，如布氏杆菌病、马副伤寒性流产等时，以及其他全身性感染或局部炎症时，其病原体也可通过血液或淋巴侵入子宫并侵害子宫黏膜，引起子宫内膜炎的发生。

**2. 分类与病理变化**

子宫内膜炎可根据其炎症性质不同，分为卡他性子宫内膜炎和化脓性子宫内膜炎。

（1）卡他性子宫内膜炎 卡他性子宫内膜炎是子宫黏膜的一种轻度炎症，是以黏膜表面有大量黏液渗出为特征。根据其炎症经过不同，分为急性卡他性子宫内膜炎和慢性卡他性子宫内膜炎。

① 急性卡他性子宫内膜炎

**眼观** 子宫外形及浆膜无明显变化，切开子宫可见子宫内膜潮红，伴有点状或斑状出血，黏膜表面被覆有多量黏液性渗出物，子宫腔内蓄积有多量黏液性渗出物。如子宫黏膜有坏死、脱落时，可见黏膜遗留有糜烂或溃疡。如炎症侵及子宫壁肌层或浆膜层时，可见子宫体积增大，子宫壁增厚。

**镜检** 黏膜小血管扩张充血，伴有显著的水肿和炎性细胞浸润，黏膜上皮发生不同程度的变性、坏死和脱落，如炎症侵及肌层和浆膜层时，可见肌纤维变性，肌纤维间和浆膜下血管充血、水肿，并有多量的炎性细胞浸润。

② 慢性卡他性子宫内膜炎。多由急性转化而来，初期呈现急性卡他性子宫内膜炎变化，如黏膜充血、水肿和炎性细胞浸润、黏膜表面被覆一层黏液性渗出物。当其发展到慢性时，则以结缔组织增生为主要特征，此时可见黏膜肥厚。随着结缔组织的不断增生，黏膜层子宫腺受到压迫，其分泌物排出受阻而在腺腔内蓄积，致使其管腔呈囊状扩张，此时可见黏膜表面有呈半球状隆起、大小不等的囊肿，内含灰白色混浊液体。有的腺管完全萎缩，此处黏膜变薄呈现疤痕化或皱缩状态。

（2）化脓性子宫内膜炎 化脓性子宫内膜炎是由化脓菌感染，以子宫内膜化脓为特征。

**眼观** 子宫体积膨大，子宫腔扩张，触压子宫有波动感，切开子宫可见子宫腔内蓄积多量脓性渗出物。子宫黏膜表面粗糙、污秽、无光泽，黏膜有糜烂或溃疡灶，其表面附有一层坏死的组织碎屑。

**镜检** 初期可见黏膜层有大量的炎性细胞浸润（主要为嗜中性粒细胞），继而浸润的炎性细胞和黏膜组织发生坏死、脱落，并发生脓性溶解。黏膜下层组织发生充血、水肿和炎性细胞浸润。

**3. 病理诊断**

（1）卡他性子宫内膜炎 子宫黏膜表面有大量的黏液渗出，子宫腔内蓄积多量黏液性渗出物。

（2）化脓性子宫内膜炎 子宫黏膜化脓，子宫黏膜表面粗糙、污秽，有糜烂或溃疡灶，其表面附有一层坏死的组织碎屑，子宫腔内蓄积多量脓性渗出物。

## 三、乳腺炎

乳腺炎为乳腺的一种炎症性疾病，本病可发生于各种动物，最常发生于奶牛和奶山羊。

**1. 病因和发病机制**

引起乳腺炎的细菌种类很多，如葡萄球菌、链球菌、大肠埃希菌、沙门杆菌、化脓棒状杆菌、铜绿假单胞菌、多杀性巴氏杆菌、蜡样芽孢杆菌、布氏杆菌、结核分枝杆菌、牛放线菌等，但以金黄色葡萄球菌、无乳链球菌、停乳链球菌和乳房炎链球菌最常见。此外，混合感染也常发生。除了结核性和布氏杆菌乳腺炎是血源性感染外，其他微生物侵入门户多为乳头孔和乳头管。

机械性和理化性因子、毒物作用和乳汁停滞等对促成细菌侵入乳腺起着重要作用。例如挤奶方法不当，可造成乳头皮肤或黏膜的创伤；母牛因病卧地和母猪乳头接近地面与地面摩擦；吮乳咬伤乳头等机械性损害，为细菌侵入乳腺创造有利条件。不按时挤奶、产后无仔畜吮乳或断乳后喂给大量多汁饲料以致乳汁分泌过于旺盛等，均可使乳汁积滞和酸败，成为细菌生长繁殖的良好培养基。还有饲养管理不当，如畜舍潮湿或温度过低，使动物机体抵抗力降低，输乳管及乳池中的常在菌乘虚繁殖，并发挥致病作用。此外，环境不卫生，乳腺受污染，也可引起乳腺的感染和发病。

**2. 分类和病理变化**

乳腺炎的分类较为复杂，一般根据其病原种类和病变特点的不同，分为非特异性乳腺炎和特异性乳腺炎。

(1) 非特异性乳腺炎。是由非特异性病原体引起，无特征性病变的一类乳腺炎。根据其发病经过的不同，分为急性弥漫性乳腺炎、慢性弥漫性乳腺炎和化脓性乳腺炎三种。

① 急性弥漫性乳腺炎。是牛的一种常发性乳腺炎，多发生于泌乳初期。病原体主要是葡萄球菌和大肠埃希菌，或葡萄球菌、大肠埃希菌与链球菌的混合感染。此型乳腺炎的病变特点是以渗出变化为主，根据其渗出物的性质不同，又可将其分为以下几种。

a. 浆液性乳腺炎。是一种最轻微的渗出性炎症，以浆液渗出为主。

眼观 乳腺肿大，皮肤紧张、色红、易于切开，切面湿润有光泽。乳腺小叶呈灰黄色，小叶间及皮下结缔组织血管充血、水肿。

镜检 乳腺腺泡腔内含有少量均质并带有空泡（脂肪滴）的渗出物，其中混有少数嗜中性粒细胞和脱落上皮，最突出的病变是小叶和腺泡间的结缔组织炎性水肿。

b. 卡他性乳腺炎。以黏液渗出为主。

眼观 乳腺肿大、硬实，切面较干燥，因乳腺小叶肿大而呈淡黄色颗粒状，按压时有混浊的黏液流出。

镜检 腺泡腔内有许多脱落上皮和白细胞（嗜中性粒细胞、单核细胞和淋巴细胞），间质血管充血、水肿。

c. 纤维素性乳腺炎。以纤维素渗出为主。

眼观 发炎的乳腺坚实，切面干燥，呈白色或黄色，在乳池和输乳管黏膜上可见纤维素性渗出物。

镜检 腺泡腔内有数量不等的纤维素渗出，其中混有少量的嗜中性粒细胞、单核细胞和脱落上皮细胞。

d. 出血性乳腺炎。以红细胞渗出为主。

眼观 切面平滑，呈暗红色或黑红色，按压时从切面流出淡红色或血样稀薄液体，其中混有絮状血凝块，输乳管及乳池黏膜常见出血点。

镜检 除了腺泡上皮细胞变性、脱落，和间质内血管充血或血栓形成及白细胞渗出外，在腺泡腔或间质内有大量红细胞渗出。

② 慢性弥漫性乳腺炎。通常是由无乳链球菌和乳腺炎链球菌感染引起，这是奶牛的一种常见性乳腺炎。一般呈慢性经过，本病常发生在泌乳期以后。此型乳腺炎是以乳腺的实质萎缩和间质结缔组织增生为主。

眼观 通常只有少数乳区发病，而且多发生于后侧乳区。初期病变与急性弥漫性乳腺炎相似。后期，乳池和输乳管显著扩张，管腔内充满绿色黏稠的脓样渗出物。黏膜因上皮增生而呈结节状、条纹状或息肉状肥厚，周围乳腺实质萎缩甚至消失，尚存的部分正常腺泡呈岛屿状散在其中。在乳池、输乳管和小叶间有大量的结缔组织增生或疤痕化，病变乳腺显著缩小和发生硬化。

镜检 初期乳池、输乳管及腺泡腔内充满带有空泡（脂肪滴）的渗出物，其中混有嗜中性粒细胞和脱落上皮。以后病变部嗜中性粒细胞减少，浸润的细胞成分主要为淋巴细胞、浆细胞和单核细胞，同时有成纤维细胞的大量增生。乳池和输乳管黏膜因上述炎性细胞浸润和上皮增生而肥厚，形成皱襞和息肉状突起。最后，由于增生的纤维组织疤痕性收缩，残留的腺泡、输乳管和乳池被牵引而显著扩张，上皮萎缩或鳞状化生。

③ 化脓性乳腺炎。主要由化脓棒状杆菌，其次为链球菌和铜绿假单胞菌引起。最常发

生于母牛和母猪，其次是母羊。除泌乳期的乳腺外，停乳期的乳腺也可受到侵害，化脓性乳腺炎多为慢性经过。

本病侵害一个或几个乳区，发病乳区肿大，常呈结节状，脓肿可向皮肤穿孔，形成窦道。切面可见大小不等的脓肿，充满带有黄绿色或黄白色、恶臭稀薄或浓稠的脓汁。脓灶周围为两层膜包裹，内层是柔软的肉芽组织，外层是致密的结缔组织。化脓性乳腺炎有时可表现为皮下及间质的弥漫性化脓，炎症可由间质蔓延到实质，引起大范围的乳腺组织化脓和坏死。

由于化脓性炎对乳腺实质破坏较严重，输乳管和乳池也遭破坏，不易再生恢复，大都形成疤痕而愈合。化脓性乳腺炎的最严重后果是引起脓毒败血症而致死亡。

（2）特异性乳腺炎　是由某些特异性病原菌感染所引起，并具有特异性炎症病变。常见有以下几种。

① 结核性乳腺炎。是由结核杆菌的感染所引起，以形成结核性特异性炎症病变为特征的一种乳腺炎。主要见于牛，多为血源性感染，其病变有以下类型。

a. 干酪性乳腺炎。是以发生干酪样坏死为特征的一种结核性乳腺炎。

眼观　其病变常侵害整个乳房或几个乳区，发病部位显著肿胀而坚硬，切面有呈地图状分布的干酪样坏死灶，在病灶周围可见红晕。

镜检　初期病变为血管充血、水肿和炎性细胞浸润，并有大量的纤维蛋白渗出，而后发炎组织则迅速发生干酪样坏死。

b. 结节性乳腺炎。是以乳腺内形成数量不等的结核结节为特征。

眼观　乳腺内有数量不等的结核结节，其结节呈灰白色、硬实，有粟粒大、高粱粒大至豌豆大。

镜检　结节性病变主要由增生的特异性肉芽组织和普通肉芽组织构成，病灶中心可能发生干酪样坏死和钙化。

② 布氏杆菌性乳腺炎。是由布氏杆菌感染所引起的一种乳腺炎。主要见于牛和羊，呈亚急性或慢性经过。

眼观　初期无明显眼观变化，后期由于结缔组织增生和乳腺实质萎缩，可见病变部肿胀、硬实，呈结节状。

镜检　炎症病灶主要是由增生的淋巴细胞和上皮细胞形成的小结节，其中混有少量的嗜中性粒细胞和巨噬细胞，并见结缔组织增生，结节内的腺泡萎缩和上皮变性、坏死。

③ 放线菌性乳腺炎。是由放线菌感染所引起的一种乳腺炎。常见于牛和猪。一般经皮肤损伤感染，在乳腺皮下或深部形成放线菌化脓灶。

眼观　患部肿胀，切开为由厚层结缔组织包囊的脓肿，脓汁稀薄或浓稠，其中含有淡黄色细颗粒。脓肿及其邻近的皮肤可逐渐软化和破裂，形成向外排脓的窦道。乳腺深部的脓肿破溃时，可开口于输乳管或乳池，在乳汁中可检出放线菌块。

镜检　病灶中心为放线菌块或脓液，放线菌菌块的中心是交织的菌丝，其周围的菌丝作放射状排列。菌块周围为变性的嗜中性粒细胞形成的脓球，病灶周围则是浸润有淋巴细胞和浆细胞的纤维结缔组织。

**3. 病理诊断**

（1）特异性乳腺炎　急性弥漫性乳腺炎乳腺病变区呈现浆液性、卡他性、纤维素性或出血性渗出性变化；慢性弥漫性乳腺炎乳腺表现实质萎缩和间质结缔组织增生；化脓性乳腺炎发病乳区肿大，形成大小不等的化脓灶或坏死灶。

（2）非特异性乳腺炎　病变乳腺形成有结核结节、布病结节或放线菌肿等特异性炎症病变。

**【案例分析】**

**案例** 某养殖户，母猪产后处理不当，产后15天阴道仍有脓性分泌物排出。母猪产后体温升高，采食量下降，泌乳量减少，不时从阴门流出灰色或黄褐色稀薄脓液，尾根、阴门上常粘有阴道排出物，并形成干痂；阴道检查，阴道壁无炎症病灶，子宫颈开张，脓性渗出物从子宫颈流出。

**问题分析：**

(1) 上述案例可能发生的是什么病？其发生原因是什么？

(2) 确定本案例病理诊断的依据是什么？

**实习实训**

## 泌尿生殖器官病变的观察与病理诊断

**【实训目标】** 通过对泌尿生殖器官病理标本与切片的观察，认识和掌握泌尿生殖器官常见疾病的病理变化特征，并对其病变作出准确的病理学诊断。

**【实训器材】** 眼观标本、病理切片、光学显微镜、显微数码互动系统或显微图像转换系统、计算机、投影机、病理图片等。

**【实训内容】**

**1. 猪肾脏病变**

眼观标本 眼观肾脏轻度肿胀，被膜稍有紧张、易剥离，肾表面及切面呈棕红色，切面皮质增厚，肾小球呈灰白色、小颗粒状隆起。如为出血性肾小球肾炎时，在肾表面及切面皮质部均能见到针尖大到针鼻大的红色出血点。

病理切片 镜下可见肾小球肿大，毛细血管丛几乎充满整个肾小囊，内皮细胞和外膜细胞肿胀、增生，使肾小球呈现明显的细胞增多。肾小囊内可见渗出的炎性细胞和红细胞，肾小管上皮肿胀、变性，肾小管管腔狭窄。

病理诊断 急性肾小球肾炎。

**2. 猪肾脏病变**

眼观标本 眼观肾脏肿大、颜色苍白，有"大白肾"之称，表面光滑，可能散播有多量的出血点，切面隆起，皮质增宽，与髓质分界明显。

病理切片 镜下可见肾小囊上皮细胞增生，囊壁增厚，形成上皮性"新月体"，肾小球毛细血管丛坏死、塌陷，肾小管上皮变性、坏死，管腔内有管型物。

病理诊断 亚急性肾小球肾炎。

**3. 猪肾脏病变**

眼观标本 眼观肾脏体积缩小，表面凹凸不平或呈颗粒状。肾表面和切面呈灰白色或淡黄色，质地硬实，被膜增厚，不易剥离。切面皮质变薄、致密，组织纹理杂乱，皮质和髓质分界不清。

病理切片 镜下可见肾小球多数发生纤维化，肾小囊外面有大量纤维组织增生，使肾小囊环状增厚。肾小管萎缩，肾间质纤维组织明显增生，并有淋巴细胞浸润。

病理诊断 慢性肾小球肾炎。

**4. 牛肾脏病变**

眼观标本 眼观肾脏显著肿大，被膜紧张、易剥离。剥离后表面光滑，并散布有多量针尖大至米粒大、灰白色或灰黄色病灶。重者小病灶互相融合成玉米粒大至更大的灰白色斑，切面可见这种病灶呈条纹状散布。切面皮质增宽，组织纹理杂乱。

病理切片 镜下可见肾间质水肿，肾小体旁、血管周围及肾小管之间有多量炎性细胞浸润，并有成纤维细胞增生，肾小管上皮变性、坏死。

病理诊断 急性间质性肾炎。

**5. 牛肾脏病变**

眼观标本 眼观肾脏稍肿大，颜色较深，被膜易剥离。表面有多量稍隆起的粟粒大、灰黄色或乳白色、圆形化脓灶，化脓灶周围有红色炎性反应带。切面化脓灶较均匀地散布于皮质部。

病理切片 镜下可见肾小球内有细菌团块形成的栓塞，其周围有大量嗜中性粒细胞浸润，局部组织坏死和脓性溶解，化脓灶周围有充血、出血和炎性水肿。

病理诊断 血源性化脓性肾炎。

**6. 牛卵巢病变**

眼观标本 眼观两侧卵巢有囊肿形成，数量不等，大小不一，囊壁较厚且紧张，其内充满清亮的液体。

病理诊断 卵巢囊肿。

**7. 牛子宫病变**

眼观标本 眼观子宫黏膜肿胀、粗糙，散布大小不等的出血点，表面被覆浆液性或黏液性渗出物，有时黏膜形成糜烂。

病理诊断 急性卡他性子宫内膜炎。

**8. 奶牛乳腺病变**

眼观标本 眼观病变区乳腺明显肿胀，质地硬脆，易于切割。切面湿润，部分乳腺小叶呈灰红色，小叶间质增宽、水肿。

病理诊断 奶牛卡他性乳腺炎。

**【实训考核】**

1. 描述 3 种以上眼观标本的病理变化特征。
2. 绘制 2 张以上的病理组织图，突出其病变特点，并完成图注。

## 【目标检测】

1. 急性肾小球性肾炎多发生于哪些情况下？其病理变化特点是什么？
2. 何为间质性肾炎？其病理变化特点是什么？
3. 根据炎性渗出物的性质不同，可将子宫内膜炎分为哪几种？其病变特点各是什么？
4. 乳腺炎是怎样发生的？其病变特征有哪些？

(李鹏伟)

# 子项目六 脑和脊髓病变观察与病理诊断

**【学习目标】**

1. 掌握神经组织的基本病理变化。
2. 观察和认识脑炎、脑软化以及脑脊髓炎的病理变化，依据其病变特征建立正确的病理诊断。

**【课前准备】**

1. 预习本项目学习内容，明确学习目标和任务。
2. 回顾脑和脊髓的基本结构与生理功能。

**【学习内容】**

## 一、神经组织的基本病理变化

### 1. 神经细胞的变化

神经细胞由神经细胞体和神经纤维两部分组成。在各种疾病过程中，由于缺氧、感染、中毒或营养物质缺乏，必然导致神经细胞的变化，包括神经细胞体的变化和神经纤维的变化。

（1）神经细胞体的变化

① 神经细胞肿胀。细胞肿胀或称细胞变性，表现神经细胞体肿大，树突变粗，胞质中充满微细的蛋白颗粒，胞核偏在，尼氏小体（染色质）溶解。多因细胞缺氧、感染或中毒，细胞代谢障碍所致。如鸡新城疫和猪瘟过程中发生非化脓性脑炎时，病变神经元胞体肿胀变圆，染色变浅，中央染色质或周边染色质溶解，树突肿胀变粗，核肿大淡染、靠边。神经细胞肿胀是一种可复性变化，但肿胀持续时间过久，则神经细胞逐渐坏死，此时可见核破裂、溶解消失，胞质染色变淡或完全溶解。

② 神经细胞固缩。又称神经细胞的缺血性变化，是神经细胞因缺血、缺氧所发生的坏死性变化。起初表现细胞皱缩，胞质结构消失，继而细胞变性、肿胀，而后胞核皱缩、破裂，整个细胞崩解消失。

③ 空泡变性。是指神经细胞质内出现小空泡。常见于病毒性脑脊髓炎，如羊痒病和牛海绵状脑病时，主要表现为神经细胞和神经纤维网中出现大小不等的圆形或卵圆形空泡。一般单纯性空泡变性是可复性的，但严重时则可导致细胞坏死。

④ 液化性坏死。是指神经细胞坏死后进一步溶解液化的过程。在严重中毒或全身感染时，神经细胞可发生液化性坏死。最初细胞肿胀，有空泡形成，细胞质结构消失，尼氏小体溶解，核固缩，而后胞核破碎、消失，整个细胞溶解消失。

⑤ 包含体形成。神经细胞中包含体形成可见于某些病毒性传染病的过程中。包含体的大小、形态、染色特性及存在部位，对一些疾病具有确诊价值。

（2）神经纤维的变化 神经纤维由轴突和髓鞘组成，神经纤维的变化包括轴突和髓鞘的变化。当神经纤维损伤时，如切断、挤压、挫伤或过度牵拉时，轴突和髓鞘二者都会发生相应的变化，包括轴突变化、髓鞘崩解和细胞反应三个环节。

① 轴突变化。轴突出现不规则的变化，断裂并收缩成椭圆形小体，或崩解形成串珠状，并逐渐被吞噬细胞吞噬消化。

② 髓鞘崩解。形成单纯的脂质和中性脂肪，称为脱髓鞘现象。在 H.E 染色切片中脂滴溶解成空泡。

③ 细胞反应。在神经纤维损伤处，由小胶质细胞参与细胞碎片的吞噬作用（吞噬轴突和髓鞘的碎片），并把髓磷脂转化为中性脂肪。当脑组织局部缺血、缺氧发生水肿时，以及在梗死、脓肿及肿瘤周围，星形胶质细胞可发生肥大。

### 2. 神经胶质细胞的变化

神经胶质细胞包括星形胶质细胞、小胶质细胞、少突胶质细胞，在脑组织内起支持、营养和保护作用。

（1）星形胶质细胞变化 在缺氧、中毒等致病因素作用下，星形胶质细胞可出现增生、肥大、变性等变化。增生是星形胶质细胞对损伤的修复反应，呈弥散性和局灶性增生，称为胶质增生病。这种星形胶质细胞增生通常是病毒性脑炎的重要特征之一。当致病因素作用较弱时，星形细胞表现肥大，即细胞变大，胞质增多，常呈现极微细空泡，胞核增大偏于一侧，并有神经胶质纤维形成。星形细胞变性见于缺血、缺氧及急性炎症病灶等情况。表现为胞体肿胀呈颗粒状，最后出现核浓缩而死亡。有时可在星形胶质细胞内生成变性小体，即淀粉样小体。当星形胶质细胞死亡而消失时，淀粉小体仍可残留在脑组织中。

（2）小胶质细胞变化　小胶质细胞主要位于脑灰质中，是脑内的巨噬细胞，属于单核巨噬细胞系统。在神经细胞发生变性时，小胶质细胞增生并在变性细胞周围积聚，形成所谓的"卫星现象"。这是小胶质细胞企图处理变性的及正在死亡的神经细胞残体的一种表现。如果神经细胞死亡，小胶质细胞进入神经细胞内，吞噬其细胞质，称为噬神经细胞现象。在坏死的神经细胞处，小胶质细胞还可呈局灶性增生，形成神经胶质结节。常见于病毒性脑炎时，如禽脑脊髓炎、猪瘟的非化脓性脑炎、马乙型脑炎等疾病过程中。

（3）少突胶质细胞变化　正常时，少部分位于灰质大神经细胞周围，大部分在白质纤维间排列成行。对缺氧、中毒、高热等损害很敏感。常可发生如下变化。

① 急性肿胀。表现胞体肿大、胞质内形成空泡，核浓缩，染色变深。多见于中毒、感染和脑水肿。该变化是可复性的，当病因消除后，细胞形态可恢复正常，若液体积聚过多，胞体持续肿胀，可致细胞破裂崩解。

② 增生。表现为数量增多。见于脑水肿、狂犬病、破伤风、乙型脑炎等疾病。在慢性增生时，少突胶质细胞也可围绕在神经元周围，形成卫星现象，在白质内的神经纤维内形成长条状的细胞索，或聚集于血管周围。

③ 黏液样变性。在脑水肿时，少突胶质细胞胞质出现黏液样物质，H.E染色呈蓝紫色，同时胞体肿胀，核偏于一侧。

**3. 脑组织血液循环障碍**

脑组织具有丰富的血管，在各种病理过程中，常可引起脑组织的血液循环障碍。包括充血、淤血、出血、血栓形成、栓塞和梗死等。

（1）充血　多发生于感染性疾病、日射病和热射病。眼观脑组织色泽红润，血管扩张，有点状出血。镜检可见小动脉和毛细血管扩张，并充满红细胞。

（2）淤血　多发生于全身性淤血，主要见于心脏和肺脏疾病时。另外，颈静脉受压也可引起脑组织淤血，如颈部肿瘤、炎症以及颈环关节变位等均可压迫颈静脉而引起脑淤血。眼观脑组织色泽暗红，静脉怒张。镜检可见小静脉和毛细血管扩张，并充满红细胞。

（3）缺血　脑缺血可并发于各种全身性贫血，脑动脉痉挛、血栓形成和各种栓塞，以及脑瘤、脑积水等过程中。在这些情况下，均可使动脉管腔狭窄或堵塞，而引起脑组织缺血，进而导致脑组织坏死。

（4）血栓形成、栓塞和梗死　脑动脉血管内血栓形成或各种栓子的栓塞，轻者可导致脑组织缺血，重者可导致脑组织梗死。

（5）血管周围管套　脑组织受到损伤时，血管周围间隙中出现数量不等的炎性细胞，环绕血管形成管套，称此为"管套形成"。管套的厚薄与浸润细胞的数量有关，有的只有一层细胞组成，有的可达几层或十几层细胞。管套的细胞成分与病因有一定关系。链球菌感染时，以嗜中性粒细胞为主；李氏杆菌感染时，以单核细胞为主；病毒性感染时，以淋巴细胞和浆细胞为主；食盐中毒时，以嗜酸性粒细胞为主。

**4. 脑脊液循环障碍**

（1）脑积水　由于脑脊液回流受阻，以致脑脊液在脑室内过多蓄积的现象，称脑积水。脑积水有先天性的，也有获得性的。先天性脑积水主要见于幼犬、犊牛、马驹和仔猪。获得性脑积水见于多种动物，在脑膜炎、脉络膜炎、室管膜炎、颅内肿瘤、囊尾蚴（棘球蚴、多头蚴）寄生和某些病毒性感染等，都可使脑脊髓液回流障碍，引起脑积水。

轻度脑积水变化不明显，病因消除后，积水很快回收，对机体影响不大。但严重脑积水时，可使脑组织受压而逐渐萎缩，甚者引起脑组织血液循环障碍，导致动物死亡。

（2）脑水肿　脑实质内蓄积过多的液体而使脑体积增大，称为脑水肿。根据原因及发生机制，将其分为以下两种类型。

① 血管源性脑水肿。由血管壁的通透性升高所致。常见于细菌内毒素血症、弥漫性病毒性脑炎、金属毒物（铅、汞、锡和铋）中毒以及内源性中毒（如肝病、妊娠中毒、尿毒症）等。另外，任何占位性的病变，如脑内肿瘤、血肿、脓肿、脑包虫等压迫静脉而使脑组织静脉血液回流受阻，均可引起脑水肿的发生。

脑水肿时表现硬脑膜紧张，脑回扁平，蛛网膜下腔变狭窄或阻塞，色泽苍白。表面湿润，质地较软。切面稍突起，白质变宽，灰质变窄，灰质和白质的界线不清楚，脑室变小或闭塞，小脑因受压而变小。镜下表现血管外周间隙和细胞周围增宽，充满液体，组织疏松。

② 细胞毒性脑水肿。指水肿液聚集在细胞内。内、外源性毒物中毒时，细胞内的腺苷三磷酸（ATP）生成障碍，使细胞膜的钠泵供能不足，钠离子在细胞内蓄积，细胞内的渗透压升高所致。另外，低渗性水中毒也可产生细胞毒性水肿。其病理变化类似于血源性水肿。

## 二、脑炎

脑炎是指脑实质的炎症。如同时伴有脑膜炎症，称为脑膜脑炎；如同时伴有脑脊髓炎症，称为脑脊髓炎。一般根据其炎症性质的不同分为非化脓性脑炎和化脓性脑炎两种类型。

**1. 非化脓性脑炎**

非化脓性脑炎是指其炎症过程中无大量嗜中性粒细胞浸润，或虽有少量嗜中性粒细胞浸润，但不会引起脑组织的脓性溶解，而是以脑组织神经细胞变性、坏死、脑血管周围有大量炎性细胞（淋巴细胞、浆细胞或嗜酸性粒细胞）浸润，构成"血管套"和胶质细胞增生等变化为特征的一种脑炎。根据其发生原因和病理变化特点的不同分为以下两种。

（1）病毒性脑炎　病毒性脑炎属于典型的非化脓性脑炎，其病变主要侵害脑脊髓实质，脑脊髓膜变化轻微。此型脑炎也是动物脑炎中最常见的一种，多见于动物的乙型脑病、伪狂犬病、猪瘟、犬瘟热、鸡新城疫、禽脑脊髓炎等传染病过程中。

眼观　软脑膜及脑实质充血、水肿，脑回变短、变宽，脑沟变浅。重症病例脑组织表面及切面可见有点状出血，并有散在或聚集成群的粟粒至米粒大软化灶。

镜检　主要表现以下特征。

a. 神经细胞变性、坏死。神经细胞变性的通常形式是，中心染色质溶解，并逐渐扩展到整个细胞，然后细胞肿胀、苍白，细胞核消失。严重时神经细胞固缩、变圆，深染伊红，核固缩或消失。神经细胞数量减少，如鸡患脑脊髓炎时，小脑浦肯野细胞变性、坏死，而且数目明显减少。

b. 血管变化。脑血管扩张充血，血流停滞，血管内皮细胞肿胀。血管周围有浆液渗出，间隙增宽，由集聚的淋巴细胞、单核细胞等构成"血管套"（彩图 12-6-1）。

c. 神经胶质细胞增生。神经胶质细胞呈弥漫性或局灶性增生，且主要是小胶质细胞的增生为主。变性、坏死的神经细胞被吞噬后，常为增生的胶质细胞所取代，形成胶质细胞结节（彩图 12-6-2）。

病毒性脑炎不仅有上述共同的病变，由于病原的不同，还有一些特异病变。如在狂犬病的脑神经细胞胞质内见有病毒包含体，这是诊断狂犬病的重要依据。其病毒包含体多为圆形或椭圆形，染色呈嗜伊红性（彩图 12-6-3）。

（2）嗜酸性粒细胞性脑炎　由食盐中毒引起的以大量的嗜酸性粒细胞浸润为特征的一种脑炎。本病多发于鸡、猪在食入含盐过多的饲料，而饮水又受限制的情况下。

眼观　软脑膜充血，脑回变平，脑实质有小出血点，其他病变不明显。

镜检　大脑软脑膜充血、水肿，有时有出血。脑膜及灰质内血管周围有嗜酸性粒细胞构成的血管套，多者达十几层。脑实质毛细血管内常形成微血栓，靠近血管的部位也有嗜酸性粒细胞浸润（彩图 12-6-4）。

**2. 化脓性脑炎**

化脓性脑炎是指其炎症过程中有大量的嗜中性粒细胞浸润和脑组织的脓性溶解，在脑组织中形成大小不一的化脓灶为特征的一种脑组织炎症。

化脓菌侵入脑组织的途径主要有二。一是血源性蔓延，即病原体从机体其他部位的化脓灶侵入血液，经血流转移到脑内血管，首先引起脑栓塞性血管炎，破坏血脑屏障，进入脑组织，随后有大量嗜中性粒细胞浸润而形成脓肿。另一是直接蔓延，在筛窦与内耳、副鼻窦等部位化脓性炎症时，其化脓菌

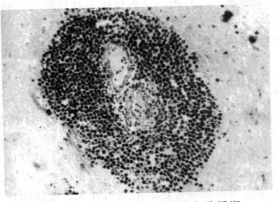

图 12-6-4　血管周围嗜酸性粒细胞浸润

可经这些部位直接蔓延至脑组织，引起化脓性脑炎的发生。

**眼观**　软脑膜充血，脑组织中见有大小不等的化脓灶，蛛网膜下腔内充满奶油状脓液或灰黄色纤维素性脓性渗出物。严重者脑回、脑沟被脓液覆盖而模糊不清。

**镜检**　蛛网膜下腔有多量脓性渗出物，其中有大量的嗜中性粒细胞和脓球。脑实质内也形成有微小的局灶性化脓灶，其中浸润有大量嗜中性粒细胞和脓球。陈旧的脓肿灶周围由增生的神经胶质细胞及结缔组织形成包囊。

## 三、脑软化

脑软化是指脑组织坏死后分解液化的过程。因为脑组织富含类脂质（磷脂类物质）和水分，而类脂质对凝固酶有抑制作用，因此脑组织坏死后不易发生凝固，而很快发生液化，变成乳糜状，即形成脑软化。

引起脑软化的病因很多，如细菌、病毒的感染，维生素等营养物质的缺乏，霉菌毒素中毒等都可引起脑软化的发生。由于病因不同，脑软化形成的部位、大小及数量均有不同。下面介绍三种常见脑软化性疾病。

**1. 马中毒性脑软化**

马中毒脑软化是由霉玉米中的镰刀菌毒素中毒引起的一种中毒性疾病。该毒素耐热，对马属动物的脑白质具有明显的选择性毒性作用，髓鞘是原发的作用部位。

**眼观**　硬膜下腔积液、出血，软脑膜充血、出血，蛛网膜下、脑室及脊髓中央管内脑脊液增多。在大脑半球、丘脑、桥脑、四叠体及延脑的白质中形成大小不一的软化灶，质地较软，其色泽呈黄色或浅黄色糊状，如伴有明显出血而呈灰红色。大的软化灶常为单侧性，在脑表面有波动感。

**镜检**　脑膜血管和脑组织内血管扩张充血，其周围间隙积聚水肿液和红细胞，附近脑组织因水肿而疏松。脑组织崩解呈颗粒状，形成软化灶，并有大量水肿液积聚。病灶周围胶质细胞增生，有时可形成胶质小结。其他部位的神经细胞变性，并出现卫星现象与噬神经原现象。

**2. 牛海绵状脑病（疯牛病）**

牛海绵状脑病是由朊病毒感染所引起的一种人畜共患性传染病，又称"疯牛病"。其病变主要侵害中枢神经系统，以脑组织软化为主要特征。

本病无明显眼观变化。镜检可见脑干灰质两侧对称性变性，脑干神经核内的神经细胞和神经纤维网中散在分布有中等大小的圆形或卵圆形空泡。脑干迷走神经背核、三叉神经束核、孤束核、前庭核、红核及网状结构的神经细胞核周围和轴突内形成有单个或多个大空

泡，使胞体呈气球样，使局部脑组织呈海绵状结构，故称之为海绵状脑病。延脑、中脑的中央灰质部，下丘脑的室旁核区以及丘脑的中隔区空泡变性最为严重，而小脑、海马、大脑皮层和基底神经节很少形成空泡。此外，由于神经细胞变性及坏死，使神经细胞的数量减少，而胶质细胞表现增生和肥大。

**3. 鸡营养性脑软化**

鸡的营养性脑软化是由维生素 E 缺乏引起，又称"疯狂病"。维生素 E 缺乏还可引起雏鸡的渗出性素质和肌肉萎缩。

鸡脑软化通常发生于 15～30 日龄，有时青年鸡或成年鸡也可发生。病鸡运动吃力，共济失调，角弓反张，头后抑或向下拳缩，少数鸡全身麻痹，最终导致衰竭死亡。

眼观 最常见的病变部位是小脑、纹状体、大脑、延脑与中脑。小脑软化肿胀，脑膜水肿，脑回被挤平，表面有微细出血点，病灶小时肉眼不能分辨。脑软化症状出现 1～2 天后，坏死区即出现绿黄色、不透明外观。纹状体坏死组织常显苍白、肿胀和湿润，早期就与正常组织分界明显。

镜检 病变包括血液循环障碍、脱髓鞘和神经细胞变性。脑膜、小脑、大脑血管充血、水肿。因毛细血管内微血栓形成而引起坏死。神经细胞变性，尤以浦肯野细胞和大运动核里的神经细胞病变最明显，细胞皱缩并深染，核呈典型的三角形，周边染色质溶解。

## 四、脊髓炎

脊髓炎是指由病毒、细菌、螺旋体、立克次体、支原体、原虫等感染所致的脊髓灰质或白质的炎性病变，以肢体瘫痪、感觉障碍和植物神经功能障碍为主要临床特征。临床上虽有急性、亚急性和慢性等不同的表现形式，但在病理学上均有病变部位神经细胞变性、坏死、缺失；白质中髓鞘脱失、炎性细胞浸润、胶质细胞增生等变化。

本病的确切病因尚未明了，受凉、过劳、创伤等常为本病的诱因。病前数天或 1～2 周常有上呼吸道或肠道感染病史、疫苗接种史，或有受凉、过劳、负重、扭伤等诱因。脊髓炎大多为病毒感染所引起的自身免疫反应，或因中毒、过敏等原因所致的脊髓炎症。其病原主要有流感病毒、带状疱疹病毒、狂犬病毒、脊髓灰质炎病毒等。由于脊髓炎常与脑炎同时发生，所以除单纯性脊髓损伤造成的脊髓炎外，常常体现为脑脊髓炎的临床表现。

**1. 犬猫脊髓炎**

犬猫脊髓炎是指发生于脊髓实质和血管的炎症性疾病。因常伴发脊髓膜炎而又称脊髓膜脊髓炎。多发生于犬，猫的发病率较低。

该病多数由感染引起。常见于犬瘟热、狂犬病、伪狂犬病、猫传染性腹膜炎、破伤风、弓形虫病、全身性霉菌感染等，也见于感冒、败血症和脓毒败血症，还可见于脊椎骨折、跌倒及脊髓振荡。特发性脊髓炎见于肉芽肿性脑脊髓炎。

眼观 主要表现为软脊膜和脊髓水肿，严重者出现脊髓软化、坏死、出血。

镜检 脊髓神经细胞变性，炎性细胞浸润、渗出，神经细胞肿胀，慢性期神经细胞萎缩，神经髓鞘脱失、轴突变性，神经胶质细胞增生。

**2. 禽传染性脑脊髓炎**

禽传染性脑脊髓炎（又称"流行性震颤"）是由禽脑脊髓炎病毒引起的一种主要侵害雏鸡中枢神经系统的传染病。以共济失调、头颈震颤和两肢麻痹、瘫痪为特征。产蛋鸡表现产蛋下降，蛋重减轻。

眼观 病死雏鸡一般无特征性肉眼病理变化。有时可见脑部轻度充血，仔细检查仅可在胃的肌层中出现灰白色区。

　　**镜检**　病理组织学病变特征表现为中枢神经系统非化脓性脑脊髓炎，出现大量由小淋巴细胞浸润形成的血管套，神经胶质细胞增生。神经细胞变性坏死，中央染色质溶解，并出现轴突型变性。外周神经系统无病变。腺胃肌层和胰腺间质内淋巴滤泡呈灶状增生。

### 3. 猪传染性脑脊髓炎

　　猪传染性脑脊髓炎又名"捷申病"。是由猪捷申病毒感染导致猪中枢神经系统受侵害而产生的一系列神经症状的传染病，以感觉过敏、震颤、麻痹、瘫痪和惊厥为特征。1929年，首次发现于捷克斯洛伐克的捷申地区，所以又称"捷申病"。捷申病主要流行于欧洲，同时非洲也有散发。目前已分布到了世界各地，发病率为50%，致死率为70%～90%，给养猪业带来了很大损失。自2003年我国内蒙古首次分离到该病毒以来，我国其他省份和地区也不断有该病的报道。

　　**眼观**　脑膜水肿、充血，脑血管充血，发生弥散性的非化脓性脑脊髓炎。

　　**镜检**　炎症以脊髓最为严重，其中脊髓腹角、小脑皮层、间脑和视神经床等处最为明显。神经细胞变性、坏死，神经元被吞噬和神经胶质细胞增生，伴随变性坏死的噬神经细胞结节形成。血管周围淋巴细胞浸润，形成管套现象，还有部分浆细胞和嗜中性粒细胞。大脑的组织学变化较小脑轻微。

---

**【案例分析】**

　　**案例1**　一牧场的牛被牧羊犬咬伤后肢，后自愈。2个月后，发现该牛逐渐表现出精神沉郁，食欲减少，不久食欲和饮水停止，明显消瘦，腹围变小。随后病牛精神狂暴不安，神态凶猛，意识紊乱，不断嚎叫，声音嘶哑。病牛不时磨牙，大量流涎，不能吞咽，瘤胃臌气，有的兴奋与沉郁交替出现，最后倒地不起，转入抑制状态。发病7天后，该牛最后以麻痹死亡。随后兽医工作人员对该牛进行了病理剖检，在对死亡牛的大脑进行病理组织学检查后，发现在大脑神经元内发现病毒包含体。

　　**案例2**　秋季阴雨天气，一鸡场饲养的海布罗种肉鸡在3周龄至1月龄相继发病，主要临床症状为共济失调，病鸡营养状况一般都较好。病鸡发病突然，脚软弱不能站立，很快倒于一侧，偶见两腿轻度震颤，部分鸡头部紧缩，扭向一侧，绝大多数雏鸡在症状后1～2天死亡。病理剖检发现肝、脾、肾、心、肺、腺胃、肌胃等器官以及皮肤、骨骼肌无任何眼观病变。绝大多数病鸡脑膜有不同程度充血，小脑有数量不等的圆形出血点，部分小脑水肿，脑回变平，质地软而易碎，少数鸡大脑也有少量圆形淡红色出血点。询问该批鸡的饲料配方和添加剂，得知都以玉米、大麦、麸皮等为主，蛋白质饲料只有鱼粉或鲜鱼，且鱼粉质量较差，鲜鱼也常发臭变质。饲料添加剂主要为维生素和矿物质。

　　**案例3**　一只宠物犬突然起病，迅速发生运动障碍。初期病犬表现背腰肌群、腹肌群、股肌群高度痉挛、肿胀，触诊病犬表现知觉敏感，背腰弓起，腹围蜷缩，不让摸，不让抱，特别是一碰脊背就叫或咬，病犬表现为两前肢仁立，头高抬起，伸颈喘粗气。数日后发生后躯瘫痪，靠两前肢拖着后躯前进。食欲下降或不食，呕吐，大便不利，排稀软或黑色黏液大便。病犬结膜充血，尤其是巩膜呈树枝状充血，有眼眵，下颌淋巴结肿大，鼻干，有清涕或黏涕，气管敏感，肺部听诊可闻干性或湿性啰音，体温升高0.5～1℃，个别病犬高达40℃以上。

　　**问题分析：**
　　(1) 请根据以上案例的各自临床表现和剖检所见，作出初步的病理诊断。
　　(2) 确定各案例病理诊断的依据是什么？

**实习实训** ----------------------------------------------------------------

# 神经器官病变的观察与病理诊断

【实验目标】通过对脑和脊髓病理标本与切片的观察，认识和掌握脑和脊髓常见疾病的病理变化特征，并对其病变作出准确的病理学诊断。

【实训器材】眼观标本、病理切片、光学显微镜、显微数码互动系统或显微图像转换系统、计算机、投影机、病理图片等。

【实训内容】

**1. 牛脑病变**

眼观标本　眼观可见蛛网膜及软膜水肿增厚，微混浊，血管因充血扩张，有时可见暗红色出血点，脑回增厚，脑沟狭窄。脑实质松软，切面潮红湿润，小血管充血、水肿及小点状出血。

病理切片　镜下可见呈非化脓性脑炎变化，表现为神经细胞变性和坏死，多数病例在变性的神经细胞质中可见到一至多个圆形或卵圆形的嗜酸性包含体。胶质细胞弥漫性或灶状增生，形成胶质细胞结节，或出现于神经细胞体内形成嗜神经细胞现象。小血管周围淋巴细胞呈围管样浸润，形成血管套。

病理诊断　狂犬病非化脓性脑炎。

**2. 猪脑病变**

眼观标本　眼观可见脑膜增厚，血管因充血而显露，有时可见暗红色出血点。脑实质松软，切面湿润，小血管充血、水肿，并有点状出血。

病理切片　镜下可见呈嗜酸性粒细胞性脑炎变化，血管壁及周围有许多幼稚型嗜酸性粒细胞和少量淋巴细胞浸润。脑实质血管数量增多，内皮肿胀变圆或脱落。血管扩张充血，周围间隙增宽，浸润多量嗜酸性粒细胞，围绕血管形成管套。

病理诊断　猪食盐中毒嗜酸性细胞性脑炎。

**3. 猪脑病变**

眼观标本　眼观可见脑膜下和脑组织内形成有大小不等、数量不一的化脓灶。化脓灶周围血管充血发红，形成分界炎。

病理切片　镜下可见脑组织内有大量嗜中性粒细胞及少量单核细胞、淋巴细胞浸润，纤维素渗出，血管扩张充血，血管周围有少量嗜中性粒细胞浸润，血管周围间隙水肿增宽。

病理诊断　化脓性脑炎。

【实训考核】

1. 描述 3 种眼观标本的病理变化特征。
2. 绘制 2 张病理组织图，突出其病变特点，并完成图注。

## 【目标检测】

1. 神经组织的基本病理变化有哪些？
2. 脑积水是怎样发生的？其主要病变特征是什么？
3. 非化脓性脑炎可发生于哪些情况下？其病变特点是什么？
4. 脑软化主要发生于哪些疫病过程中？其病变特征是什么？

（何书海）

## 子项目一　畜禽常见细菌性疫病
## 病变观察与病理诊断

【学习目标】
1. 熟悉畜禽常见细菌性疫病的病原与发病机制。
2. 观察和认识畜禽常见细菌性疫病的病理变化。
3. 依据畜禽常见细菌性疫病的病理变化特点，建立正确的病理诊断。

【课前准备】
1. 预习本项目学习内容，明确学习目标与任务。
2. 了解畜禽常见细菌性疫病的流行特点及其对畜禽养殖生产的危害。

【学习内容】

### 一、巴氏杆菌病

巴氏杆菌病是由多杀性巴氏杆菌感染所引起的多种动物共患性传染病。急性型常以败血症和各组织器官发生出血性炎症为主要特征，又称为出血性败血症。

**1. 病原与发病机制**

病原为多杀性巴氏杆菌，本病的感染分内源性感染和外源性感染两种途径。巴氏杆菌是动物体内一种常在的条件性病原菌，它们生存在畜、禽的扁桃体和上呼吸道，由于其毒力较弱，在机体健康和上呼吸道防御屏障功能强时不引起发病。但当动物受到寒冷、潮湿、拥挤、通风不良、营养缺乏、饲料突变、长途运输等诱因的作用，使机体抵抗力和上呼吸道防御屏障功能降低时，这些常在性病原菌就会乘机大量繁殖，毒力增强，并侵入淋巴或血流而发生内源性感染。外源性感染以患病动物为主要传染源，细菌随患病动物的分泌物、排泄物，以及尸体内脏和血液等污染周围环境，通过被污染的饲料、饮水和其他器物，经消化道、呼吸道或皮肤伤口感染发病。

**2. 类型与病理变化**

多杀性巴氏杆菌能感染多种动物。猪巴氏杆菌病又称"猪肺疫"，急性病例为出血性败血症，咽喉炎和肺炎为主要病理特征，慢性病例以慢性肺炎为特征；牛巴氏杆菌病又称"牛出血性败血症"，以败血症和出血性炎症为主要病理特征；禽巴氏杆菌病又称"禽霍乱"，以最急性型和急性型为多见，多呈败血症变化。

(1) 猪巴氏杆菌病

① 最急性型。多呈急性经过，以咽喉炎和败血症为主要特征。咽喉部黏膜及周围组织充血、水肿，引起声门部狭窄。咽喉周围组织有明显的出血，严重时向前扩展至舌系带和舌，向后延伸到下颌部。败血症变化表现为急性淋巴结炎，颌下、咽后和颈部的淋巴结炎最

明显；全身浆膜、黏膜出血，胸膜和心外膜出血显著；浆膜发生浆液-纤维素性炎症；肺脏充血、水肿；脾脏呈坏死性脾炎，通常不肿大。

② 急性型。主要病变为纤维素性肺炎、胸膜炎、心外膜炎。肺部病变最为典型，多发生于尖叶、心叶和膈叶的前下部，严重者可危及整个肺叶。病变肺组织肿胀、质地变实，被膜粗糙，肺小叶间质水肿、增宽。由于不同的病变区其发展时期不同，而呈现出暗红色、灰黄色或灰白色，整个病变区肺组织呈现出多色性的大理石样外观（彩图 13-1-1）。胸腔和心包内有多量淡红色混浊积液，内混有纤维素。胸膜和心包膜表面因有纤维素渗出而粗糙不平，有时心包和胸膜或者肺与胸膜发生粘连。

③ 慢性型。慢性经过者，尸体消瘦，贫血，肺炎病变陈旧，有的肺组织内有坏死或干酪样物，外有结缔组织包围；胸膜增厚，甚至与周围邻近组织发生粘连。支气管淋巴结、纵隔淋巴结和肠系膜淋巴结有干酪样变化。

（2）牛巴氏杆菌病

① 败血型。全身可视黏膜淤血呈紫红色，皮下组织、体腔浆膜、呼吸道和消化道黏膜，以及肺和肌肉有散在性出血点。心、肝、肾等实质脏器变性，脾不肿大，呈现急性坏死性脾炎，全身淋巴结充血、水肿，呈急性浆液性淋巴结炎。浆膜出现浆液-纤维素性炎，心包腔内蓄积有多量絮状纤维素性渗出物。

② 水肿型。主要表现为颌下、咽喉部、颈部、面部、胸前等处发生不同程度的炎性水肿，切开水肿部流出淡黄色液体，皮下呈黄色胶冻样。颌下、咽部、颈部和肺门淋巴结充血、水肿，切面湿润，呈急性淋巴结炎变化。肺淤血、水肿，消化道呈卡他性或出血性炎，各实质脏器变性。

③ 肺炎型（胸型）。主要呈现纤维素性肺炎和浆液纤维素性胸膜炎病变。整个肺脏有不同大小和不同时期的肝变性肺炎病灶，病变部质地变实，肺表面与切面呈暗红色、灰红色或灰白色大理石样外观。除此之外，还表现有纤维素性胸膜炎、心包炎，胸腔、心包腔积有大量纤维性渗出物。全身浆膜、黏膜点状出血，实质脏器变性。

（3）禽巴氏杆菌病　禽巴氏杆菌病（禽霍乱），多呈败血症变化。根据其病理变化特点不同，分为最急性型、急性型和慢性型三种，以最急性型和急性型为多见。

① 最急性型。见于本病流行初期，病程极短，不显示任何临床症状而突然死亡，剖检多无特征性变化，仅见心脏冠状沟的心外膜有针尖大的出血点，肝脏肿大，有时在肝脏表面散在有针尖大、灰白色或灰黄色坏死灶。

② 急性型。病变较为典型，尸体一般营养良好，被毛蓬乱，鸡冠及肉髯发紫，嗉囊积食，从口腔和鼻腔流出黏稠液体，肛门附近的羽毛多被粪便污染。剖检特征为腹膜、皮下组织及腹部脂肪常见点出血。心包变厚，心包内积有多量不透明淡黄色液体，有的含纤维素絮状液体，心外膜、心冠脂肪出血尤为明显。肺有充血或出血点。肝脏稍肿大，质变脆，呈棕色或黄棕色，表面散布许多灰白色、针头大坏死点（彩图 13-1-2）。脾脏无变化或稍微肿大，质地较柔软。肌胃出血显著，肠道尤其是十二指肠呈卡他性和出血性肠炎，肠内容物含有血液。

③ 慢性型。多数由急性型转来，通常只是某些局部发生病变，如纤维素性坏死性肺炎、心包炎、胸膜炎、腹膜炎、关节炎等。

**3. 病理诊断**

（1）猪巴氏杆菌病（猪肺疫）　最急性型以败血症和咽喉炎为主要特征，咽喉部急性炎症、出血、水肿及胶冻样浸润，急性淋巴结炎，全身浆膜、黏膜出血，浆液-纤维素性炎症，肺脏充血、水肿，脾脏呈坏死性脾炎；急性型以纤维素性肺炎为主要特征，肺脏尖叶、心叶和膈叶的前下部肺组织出现不同肝变期肺炎病灶，呈现多色性的大理石样外观；慢性型多以肺部陈旧性的纤维素性肺炎、纤维素性胸膜肺炎及心外膜炎为主要特征。

（2）牛巴氏杆菌病　急性型以败血症变化为特征，内脏器官出血，在浆膜与黏膜以及肺、舌、皮下组织和肌肉出血，急性坏死性脾炎，急性浆液性淋巴结炎，浆液性纤维素性浆膜炎，纤维素性心包炎；水肿型多以肺水肿，淋巴结水肿，咽喉部、颈部、面部、胸前等处发生不同程度的黄色胶冻样炎性水肿；肺炎型以纤维素性胸膜肺炎为特征，肺脏发生肝变呈灰红色或灰白色大理石样外观。

（3）禽巴氏杆菌病（禽霍乱）　剖检可见心脏冠状沟的心外膜有针尖大出血点，肝脏表面散在多数灰白色或灰黄色、针尖至粟粒大小的坏死灶，纤维素性坏死性肺炎、心包炎、胸膜炎、腹膜炎、关节炎等。

## 二、沙门菌病

沙门菌病是由沙门菌属的细菌感染所引起的人畜共患性传染病。在畜禽中对猪、牛和鸡的危害最为严重，最常见的有猪沙门菌病（猪副伤寒）、牛沙门菌病（牛副伤寒）和鸡沙门菌病（鸡白痢）。

**1. 病原与发病机制**

病原为沙门菌属的细菌，猪沙门菌病的病原为猪霍乱沙门菌和鼠伤寒沙门菌，主要传染源是病猪和隐性带菌猪。病原通过消化道侵入机体后，破坏肠壁黏膜屏障进入肠壁淋巴组织繁殖，产生内毒素，引起肠壁发炎。病原沿淋巴管扩散到肠系膜淋巴结，被巨噬细胞吞噬并在其中繁殖，并经胸导管进入血液，形成菌血症，继而引起败血症，造成全身组织的损伤和病理变化。

牛沙门菌病的病原为鼠伤寒沙门菌、都柏林沙门菌或纽波特沙门菌，主要传染源是病牛和带菌牛，由粪便、尿、乳汁以及流产的胎儿、胎衣和羊水排出病菌，污染水源和饲料等，最终经消化道感染健康牛群。病原菌经消化道感染，侵害肠黏膜，并突破局部屏障侵入血液，引起心血管系统、实质脏器和胃肠等系统器官的病理变化。病变的发生同沙门菌具有多种毒力因子有关，其中主要的有脂多糖、肠毒素，如霍乱毒素样肠毒素、细胞毒素与毒力基因等。脂多糖可防止巨噬细胞的吞噬与杀灭作用，并引起患牛发热、黏膜出血、白细胞增多、弥散性血管内凝血、循环衰竭等中毒症状，甚至休克死亡。毒力基因和细胞毒素可促使病原菌对肠黏膜的侵害，肠毒素可使肠的分泌增加，故可引起肠炎和腹泻的发生。

鸡沙门菌病的病原为鸡白痢沙门菌，主要传染源是病鸡和隐性带菌鸡，感染途径为消化道感染、交配或人工授精、种蛋垂直感染等。患病公鸡精液带菌，可传染给母鸡，母鸡感染后，病菌主要存于卵巢中，主要引起慢性卵巢炎和卵子变性。病母鸡或带菌母鸡所产的鸡蛋带菌，孵化出的雏鸡带菌并可发病。病雏也可向外界排菌，通过病健雏的直接或间接接触，经消化道感染发病。临床上以排白色痢便为主要特征。

**2. 类型与病理变化**

（1）猪沙门菌病（猪副伤寒）　主要发生于仔猪，尤其是 2～4 月龄较为多见，成年猪多以伴发的形式出现。根据其病理变化特点不同，分为急性型和慢性型。急性型呈败血症病变，慢性型呈坏死性肠炎病变。

① 急性败血型。以败血症变化和肝脏的点状坏死为病变特征。病死猪耳部、鼻端、面部及腹部皮肤呈蓝紫色。全身浆膜、黏膜及各内脏器官点状出血。全身淋巴结发生急性淋巴结炎，脾脏呈急性炎性脾肿，胃黏膜有大小不等的出血斑，肠黏膜充血、潮红，肠壁淋巴滤泡肿胀。肠系膜淋巴结索状肿大，切面呈大理石样。肝脏肿大，被膜下密布细小的灰黄色坏死点。

② 慢性肠型。以坏死性肠炎为特征，多见盲肠、结肠，有时波及回肠后段。病猪表现为

尸体消瘦，皮肤粗糙，在胸、腹下部或腿内侧等薄皮部，常见痂样湿疹，可达黄豆或豌豆大，暗红色或黑褐色。肠道病变主要在回肠和大肠，可见回肠、盲肠、结肠发生广泛性的纤维素性肠炎变化，肠黏膜表面附有大量的糠麸样纤维素性渗出物（彩图 13-1-3）或呈现纤维素性坏死性肠炎变化，肠黏膜上覆有一层灰黄色纤维素性坏死性假膜或形成四周隆起，中央凹陷，边缘不整的溃疡面（彩图 13-1-4）。肝、脾肿大、有坏死点，肠系膜淋巴结充血、肿大、坏死。

（2）牛沙门菌病（牛副伤寒）　主要发生于 10～14 天以上的犊牛。犊牛发病后常呈流行性，而成年牛则为散发。

① 成年牛。主要表现急性出血性肠炎。剖检可见肠黏膜充血、出血，大肠黏膜脱落，有局部坏死区。肠系膜淋巴结呈不同程度的水肿、出血。肝脏脂肪变性或灶状坏死。胆囊壁增厚，胆汁混浊，呈黄褐色。病程长的病例，肺部有肺炎区。脾脏充血、肿大。

② 犊牛。急性型呈败血症变化，心壁、腹膜、膀胱黏膜有小出血点。胃肠道呈急性卡他性或出血性炎症，炎症主要位于皱胃和小肠后段。肠系膜淋巴结、肠孤立淋巴滤泡与淋巴集结增生，均呈"髓样肿胀"或"髓样变"。脾脏肿大、质软，镜下为淤血和急性脾炎，也可见网状内皮细胞增生与坏死。肝脏表面可见数量不一的灰黄色或灰白色细小病灶，镜下为肝细胞坏死灶、渗出灶或增生灶（即副伤寒结节）。肾偶见出血点和灰白色小灶。亚急性型或慢性型，主要表现为卡他性或化脓性支气管肺炎、肝炎和关节炎。肺炎主要位于尖叶、心叶和膈叶前下缘，可见到实变和化脓灶，并常有浆液纤维素性胸膜炎。肝炎基本表现为上述三种灶状病变，但增生灶较为明显。关节受损时常表现为浆液-纤维素性关节炎。

（3）鸡沙门菌病（鸡白痢）　是由鸡白痢沙门菌引起，幼雏感染后常呈急性败血型变化，发病率和死亡率都高。成年鸡感染后，多呈慢性或隐性带菌，可随粪便排出，因卵巢带菌，可通过种蛋垂直传播，严重影响孵化率和雏鸡成活率。

① 雏鸡。1 周龄以内的病死雏鸡可见其脐环愈合不良，卵黄变性和吸收不良。1 周龄以上的病雏鸡主要病变为肝脏肿大，表面及切面散在有针尖至小米粒大小的灰白色或灰黄色坏死灶。胆囊肿大、充盈（彩图 13-1-5）。脾脏充血、肿大，被膜下散在有针尖大至小米粒大的灰白色或灰黄色坏死灶。肺脏充血、淤血，病程长者见有灰白色或灰黄色结节或干酪样坏死。心肌肿胀，有大小不等的灰白色坏死结节。肾脏肿大，肾小管和输尿管内充满灰白色尿酸盐。盲肠肿大，肠腔内有灰白色或灰黄色干酪样坏死物。

② 产蛋鸡。产蛋鸡主要以卵巢炎和卵黄性腹膜炎为主要特征。剖检可见卵子变性、变形、变色（彩图 13-1-6）。卵黄囊由正常的深黄色或淡黄色变为灰色、红色、褐色或铅黑色，其内容物为红色、褐色的半流状物或呈干酪样，大小不等，形态不规则，多带有柄蒂，蒂断裂后，其囊泡游离于腹腔，当病变囊泡破裂后，其卵黄物质布满腹腔，引起卵黄性腹膜炎。此时可见腹膜充血、肿胀呈污灰色，表面被覆有卵黄和浆液-纤维素性渗出物。

**3. 病理诊断**

（1）猪沙门菌病（仔猪副伤寒）　急性败血型呈败血症变化和肝脏的点状坏死，慢性肠型呈回肠和大肠的固膜性肠炎。

（2）牛沙门菌病（牛副伤寒）　成年牛呈急性出血性肠炎，犊牛呈急性败血性病变和慢性卡他性或化脓性支气管肺炎、肝炎和关节炎。

（3）鸡沙门菌病（鸡白痢）　雏鸡肝、脾、肾肿大，表面及切面散在有针尖至小米粒大小的灰白色或灰黄色坏死灶，肾小管和输尿管内充满灰白色尿酸盐，盲肠肠腔内有灰白色或灰黄色干酪样坏死物。成年鸡呈卵巢炎和卵黄性腹膜炎。

### 三、大肠杆菌病

大肠杆菌病是由致病性大肠埃希菌感染所引起的一类人畜共患性传染病。本病主要侵害幼畜和幼禽，常引起幼畜禽的严重腹泻、肠毒血症和败血症而造成大批死亡。特别是对猪和鸡的危害最为严重，临床上常见的有猪大肠杆菌病、禽大肠杆菌病。

**1. 病原与发病机制**

（1）猪大肠杆菌病　根据其菌型种类和表现特点不同，可分为仔猪黄痢、仔猪白痢、猪水肿病3种类型。

① 仔猪黄痢。又称早发性大肠杆菌病，是由产肠毒素大肠埃希菌感染引起。多发生于1周龄内（尤其是1～3日龄）初生仔猪，属于一种高度致死性肠道传染病，以剧烈腹泻、排黄色液状粪便、迅速脱水死亡为特征。带菌母猪是主要的传染源，病菌随母猪和病仔猪粪便排出，散布在周围环境，特别是污染母猪乳头和皮肤，仔猪通过吮乳或舔舐母猪皮肤引起感染和发病。如果母猪初乳中缺乏母源抗体，病原菌即可在仔猪黏膜上皮中繁殖并产生毒素。刺激肠黏膜上皮细胞分泌大量液体，同时抑制绒毛上皮细胞的吸收作用而引起剧烈腹泻，导致脱水和酸碱平衡紊乱，最后虚脱而死亡。

② 仔猪白痢。是由致病性大肠埃希菌感染引起的一种急性肠道传染病，10～30日龄仔猪易发，以排出腥臭的乳白色或灰白色浆液状或糊状粪便为主要特征。天气突变、舍内环境较差或暴饮暴食等都是本病的诱因。在上述非特异性病因影响下和胃肠道消化障碍基础上发生肠道内菌群紊乱，在仔猪白痢发病中有重要意义。发生腹泻的机制：其细菌毒素一方面对肠黏膜的侵害和损伤，另一方面由于炎症刺激使肠的蠕动加快和肠液的分泌增加，加之肠黏膜的炎性渗出，引起腹泻。食糜中的大量脂肪得不到充分的消化，与肠腔内碱性离子（钙离子、镁离子、钠离子、钾离子）结合，形成灰白色脂肪酸皂化物，而使粪便变成灰白色，临床上表现为拉白色痢便。

③ 猪水肿病。是由溶血性大肠埃希菌感染引起的一种急性肠毒血症。断乳前后仔猪多发，发病率不高，但死亡率很高。临床特点为突然发病，体温不高，头部水肿，共济失调和惊厥。本病的传染性不明显，通常呈散发性，常常在一窝仔猪中较肥壮而生长快的首先发病。本病的发生似与饲料和饲养方法的改变、气候变化有关，也与消化功能紊乱、肠道微环境改变，以及微量元素缺乏有关。引起水肿的大肠埃希菌菌株一般不具菌毛黏着素，但可产生肠毒素，一旦在小肠内繁殖，则产生和释放一种有抗原性的水肿病因子（EDP，又称大肠埃希菌神经毒素），从肠道吸收后使小血管受损，管壁通透性增强，而引起水肿。

（2）禽大肠杆菌病　禽大肠杆菌病是由致病性埃希氏大肠埃希菌引起的多种疾病的总称，包括大肠埃希菌性肉芽肿、腹膜炎、输卵管炎、脐炎、滑膜炎、气囊炎、眼炎、卵黄性腹膜炎等疾病。病禽和带菌禽为主要传染源。大肠埃希菌属于体内常在性与条件性致病菌，当饲养条件差或饲养管理不当，如养殖密度过于拥挤、舍内潮湿、通风不良、过冷过热或温差太大、有毒有害气体刺激、营养不良以及感染其他疫病等，而使机体抵抗力降低时，这种条件性致病菌就会大量繁殖，发挥致病作用，引起本病。病禽和带菌禽可随粪便排出病菌，通过污染蛋壳、感染胚胎造成胚胎或幼雏的早期死亡，或通过粪便污染饲料饮水传染给健康幼雏引起本病。

**2. 类型病理变化**

（1）猪大肠杆菌病

① 仔猪黄痢。病死仔猪严重脱水，皮肤皱缩，肛门松弛，肛周有黄色稀粪污染。胃膨胀，胃内充满酸臭的凝乳块，胃底部黏膜充血或出血。小肠扩张，肠腔内充满腥臭的黄色或

黄白色内容物和气体，肠壁变薄，黏膜充血、水肿。肠系膜淋巴结充血、肿大。心、肝、肾等实质脏器变性、坏死。胃肠黏膜发生纤维素性或纤维素性坏死性炎症变化。

② 仔猪白痢。病死猪体消瘦，肛门与尾部沾污有白色痢便。主要病变位于胃和小肠前部，胃内有少量凝乳块，胃黏膜充血、出血、水肿，表面覆有数量不等的黏液。肠黏膜有卡他性炎症变化，表现为肠壁变薄，灰白半透明，肠黏膜充血、潮红、易剥落，肠壁淋巴小结稍肿大，肠腔内含有大量气体或有少量稀薄黄白色酸臭的粪便。肠系膜淋巴结肿大，心、肝、肾等实质脏器肿胀、变性。

③ 猪水肿病。病死猪体营养良好，皮肤、黏膜苍白。眼睑和面部水肿。切开头部皮肤，皮下蓄积水肿液，皮下组织呈胶冻状。喉头黏膜水肿（彩图 13-1-7），贲门与胃底黏膜水肿（彩图 13-1-8），呈半透明胶冻状。结肠肠系膜水肿。全身淋巴结水肿，颌下淋巴结和肠系膜淋巴结更为明显。心包、胸腔积液，肺水肿、出血。

（2）禽大肠杆菌病　　大肠埃希菌所侵害的部位不同，其病理变化可表现出多种类型，其特征是引起心包炎、肝周炎、气囊炎、腹膜炎、输卵管炎、滑膜炎、大肠埃希菌性肉芽肿和脐炎等病变。

① 鸡胚与幼雏早期死亡型。蛋壳被粪便污染或产蛋母鸡患有大肠埃希菌性卵巢炎或输卵管炎，致使鸡胚卵黄囊被感染，在鸡胚孵化过程中感染发病，造成鸡胚或幼雏早期死亡。死亡胚胎或幼雏卵黄呈黄棕色水样物或干酪样物，多数病雏还有脐炎，病雏腹部大，脐孔发红、水肿，俗称"大肚脐"。剖检卵黄囊充血、出血，卵黄吸收不良。

② 败血型。主要发生于 6～8 周龄肉仔鸡，强毒力致病菌通过脐、消化道或呼吸道水平传播，而在短期内造成大批幼雏感染，引起急性败血症变化。表现为突然死亡，皮肤、肌肉淤血，血液凝固不良，呈紫黑色。肝脏肿大，呈紫红色或铜绿色，肝脏表面散在白色的小坏死灶。肠黏膜弥漫性充血、出血，整个肠管呈紫色。心脏体积增大，心肌变薄，心包腔充满大量淡黄色液体。肾脏体积肿大，呈紫红色。肺脏充血、出血、水肿。

③ 呼吸道感染（气囊炎）型。主要发生于 6～9 周龄雏鸡，多与霉形体病、新城疫、传染性法氏囊炎混合感染。病菌主要侵害气囊，以引起气囊炎为主要特征。表现气囊混浊或呈云雾状，囊壁增厚，气囊表面有黄白色纤维素性渗出物，气囊内有黏稠的黄色干酪样分泌物（彩图 13-1-9）。

④ 心包炎与心肌炎型。由大肠埃希菌经血源性传播而引起，主要以心包炎和间质性心肌炎为特征，表现为心包膜混浊、增厚，心包腔中有浆液-纤维素性渗出物，心包膜及心外膜上有纤维蛋白附着，呈灰白色或灰黄色，严重者心包膜与心外膜粘连（彩图 13-1-10）。心肌内有大小不一的灰白色结节，切面有灰白色或带粉红色的致密组织，杂有灰黄色坏死灶。

⑤ 肝周炎型。主要以纤维素性肝包膜炎为特征，表现为肝脏肿大，被膜增厚，表面有一层黄白色的纤维素附着（彩图 13-1-11），肝脏变形，质地变硬，肝实质有许多大小不一的坏死点。

⑥ 肉芽肿型。主要以肝脏、心脏、盲肠与肠系膜等部位形成典型的肉芽肿为特征。眼观这些器官见有粟粒大至黄豆大肉芽肿结节，结节的切面呈黄白色，呈放射状或环状波纹和多层性，中央有脓性渗出物。镜检结节中心为含有大量核碎屑的坏死灶。由于病变呈波浪式进展，故聚集的核碎屑物呈轮层状；坏死灶周围环绕上皮样细胞带，结节的外围可见厚薄不等的普通肉芽组织，其中尚有异染性细胞浸润。

⑦ 输卵管炎型。多见于产蛋鸡，呈慢性输卵管炎病变，特征是输卵管高度扩张，内积异形蛋样渗出物，表面不光滑，切面呈轮层状，输卵管黏膜充血、增厚。镜检上皮下有异染性细胞积聚，干酪样团块中含有许多坏死的异染性细胞和细菌。

⑧ 卵黄性腹膜炎型。多见于产蛋鸡和母鹅，病变主要侵害卵巢、卵泡和输卵管，以引起卵黄性腹膜炎为特征。剖检可见腹腔内充满淡黄色腥臭的液体和破损的卵黄，腹腔脏器表面覆盖一层淡黄色纤维素性渗出物，肠系膜发炎，肠袢互相粘连（彩图 13-1-12），肠浆膜散在针头大的点状出血。卵巢中卵泡变形皱缩，呈灰色、褐色或酱色。病程较长者，滞留在腹腔内的卵黄物质凝固成硬块，切面成层状。输卵管黏膜发炎，有针头大出血点和淡黄色纤维素性渗出物沉着，管腔中也有黄白色的纤维素性凝块。

⑨ 关节炎型。多见于幼、中雏鹅及肉仔鸡，多慢性经过，以纤维素性或化脓性关节炎为特征。表现跗关节和趾关节肿大，关节腔内有纤维素性渗出物或混浊的关节液，滑膜肿胀增厚。

⑩ 眼炎型。单侧或双侧眼肿胀，有干酪样渗出物，眼结膜潮红，严重者失明。镜检见全眼都有异染性细胞和单核细胞浸润，脉络膜充血，视网膜完全破坏。

**3. 病理诊断**

（1）仔猪黄痢　1周龄内仔猪严重脱水，肛周有黄色稀粪污染，胃内充满酸臭凝乳块，胃底部黏膜充血或出血，小肠腔内充满腥臭的黄色或黄白色内容物和气体，肠系膜淋巴结充血、肿大。

（2）仔猪白痢　10～30 日龄仔猪排白色痢便，胃和小肠前部黏膜充血、出血、水肿和卡他性炎症，肠腔内有黄白色或灰白色黏性稀薄的内容物，肠系膜淋巴结肿大。

（3）猪水肿病　断乳前后仔猪眼睑和面部水肿，贲门与胃底黏膜半透明胶冻状水肿，结肠肠系膜、全身淋巴结、颌下淋巴结和肠系膜淋巴结水肿。

（4）禽大肠杆菌病　鸡胚与幼雏早期死亡，卵黄吸收不良，成年鸡气囊炎、肝周炎、纤维素性心包炎、关节炎，产蛋鸡卵黄性腹膜炎。

## 四、结核病

结核病是由结核分枝杆菌感染引起的一种人畜共患慢性传染病，其特征是渐进性消瘦，并在多种组织形成结核结节（肉芽肿）和干酪样坏死灶。家畜中以牛的结核最为多见，特别是奶牛最多发。

**1. 病原与发病机制**

牛结核病是由分枝杆菌属牛分枝杆菌引起的一种慢性传染病。以组织器官的结核结节性肉芽肿和干酪样、钙化的坏死病灶为特征。病原为结核分枝杆菌，有人型、牛型、鼠型和禽型，牛结核病主要由牛型结核杆菌引起。结核杆菌的形态，不同的型稍有差异。人型结核菌是直的或微弯的细长杆菌，呈单独或平行相聚排列，多为棍棒状，间有分支状。牛型结核菌比人型菌短粗，且着色不均匀。禽型结核菌短而小，呈多形性。本菌不产生芽孢和荚膜，也不能运动，为革兰染色阳性菌。

结核病畜是主要传染源，结核杆菌在机体中分布于各个器官的病灶内，因病畜能由粪便、乳汁、尿及气管分泌物排出病菌，污染周围环境而散布传染，主要经呼吸道和消化道传染，也可经胎盘传播或感染。

经呼吸道感染到达肺泡的结核杆菌趋化和吸引巨噬细胞，并为巨噬细胞所吞噬。在有效细胞免疫建立以前，巨噬细胞将其杀灭的能力很有限，结核杆菌在细胞内繁殖，一方面可引起局部炎症，另一方面可发生全身性血源性播散，成为以后肺外结核发生的根源。

（1）结核结节的形成机制　结核杆菌侵入体内或由原发病灶转移到某一局部组织。首先在局部繁殖，侵害局部组织。在结核杆菌存在部位，最初出现大量嗜中性粒细胞，嗜中性粒细胞可吞噬结核杆菌，阻止病菌扩散，但却不能将病菌消灭，病菌则在其胞体内繁殖，最终导致嗜中性粒细胞解体。随后，在病灶中出现大量的单核吞噬细胞，一是来源于血液，二是来源于局部组织巨噬细胞的增殖。这种细胞对结核杆菌具有强大的吞噬能力，但能否消灭取决于机体抵抗力和病菌毒力强弱。如病菌毒力较强，病菌在细胞体内不能被消灭，而在胞体内继续繁殖，导致巨噬细胞解体。如机体抵抗力较能建立有效的细胞免疫，病菌就会在细胞体内被消灭，菌体崩解后，菌体内类脂质成分弥散于吞噬细胞体内，使之转变为胞体较大、胞质淡染的上皮样细胞。上皮样细胞大量出现是机体抵抗力增强的象征。在结核病灶内上皮样细胞之间还可出现一些多核巨细胞，又称"朗罕细胞"。其胞体特别大，其中有几个甚至几十个胞核，其吞噬能力更为强大。这种细胞是由上皮样细胞经融合，或核分裂而胞体不分裂所形成。由上述上皮样细胞和多核巨细胞构成的肉芽组织，称特异性肉芽组织。其病灶中心上皮样细胞在细菌毒素作用下发生干酪样坏死和钙化，周边则由肉芽组织增生和淋巴细胞浸润包围。所以，一个典型的结核结节有三层结构，即中心层为干酪样坏死灶或钙化，中间层为上皮样细胞和多核巨细胞构成的特异性肉芽组织，外围层为由增生的成纤维细胞和淋巴细胞所构成的普通肉芽组织（彩图 13-1-13）、（彩图 13-1-14）。

（2）结核结节的类型

① 增生性结核结节。此种结节最为多见，其特点是在组织和器官内形成粟粒大至豌豆大灰白色结节。其结节有时孤立散在，有时密发，有时几个结节互相融合形成较大的融合性结节。此种结节以特殊肉芽组织的增生占优势，中心干酪样坏死不大或缺乏，周围有密集的淋巴细胞与普通肉芽组织围绕。

② 渗出性结核结节。此种结核较为少见，其特点是：在结核病灶内有明显的渗出性变化，主要表现为有多量浆液、纤维素的渗出和大量的巨噬细胞、淋巴细胞和少量嗜中性白细胞浸润。并且这些渗出与病灶内的组织，很快发生干酪样坏死。病灶局部失去原有结构，形成灰黄色或灰白色干燥的干酪样物质，称为干酪样坏死。在其干酪样坏死灶的周围仅有薄层肉芽组织包围（彩图 13-1-15）。

**2. 类型与病理变化**

（1）原发性结核　原发性结核是机体第一次感染结核杆菌所引起的结核，多发生于犊牛。主要通过呼吸道和消化道感染，其病变多局限于肺和肠及其所属淋巴结。

肺脏原发性结核最突出的病变特征是在肺脏及其所属淋巴结内形成数量不等、大小不一的结核结节。结节中心为灰白色或黄白色的干酪样坏死，周围为颜色稍深的肉芽组织。结节分布在一个至数个肺小叶之内，数量多为一个，偶见两个以上。原发病灶的结核杆菌可迅速侵入所属的淋巴管和淋巴结，引起淋巴管和淋巴结的结核性炎症。

胃肠道原发性结核多发生于扁桃体和小肠。扁桃体结核病变表现为干酪样坏死或黏膜溃疡，并继发咽背淋巴结的干酪样坏死。小肠病变主要位于小肠的后 1/3 处，特别是回肠的淋巴小结，多形成干酪样坏死或黏膜溃疡病变。并由此通往肠系膜淋巴结和淋巴管，形成淋巴结干酪样坏死和淋巴管的串珠状结节。

（2）续发性结核　续发性结核是指原发病灶痊愈后再次感染结核或原发病灶内的结核杆菌向外扩散，在周围组织或其他器官形成结核病变。原发病灶内细菌经血道或淋巴道向全身各器官扩散，而在多个器官形成续发性结核的过程，称晚期全身化。

① 肺结核。根据病原扩散的途径不同，其表现形式也各有不同。

a. 干酪性支气管肺炎。结核杆菌沿支气管扩散引起干酪性支气管肺炎。以形成腺泡性、小叶性和大叶性干酪性支气管肺炎 3 种病变为特征。腺泡性干酪性支气管肺炎病变多局限于肺小叶内的局部肺泡，炎灶仅有小米粒大小。当病变扩展到整个肺小叶时，称小叶性干酪性支气管肺炎，病灶有黄豆到蚕豆大小，呈灰白色或灰黄色干酪样。病变再进一步波及更多小叶乃至整个肺叶时，病灶形成大面积的干酪样坏死，称大叶性干酪性支气管肺炎。

b. 粟粒性结核。结核杆菌经血流扩散引起粟粒性结核，多发生于肺脏和肾脏等部。肺粟粒性结核时可见肺表面和切面均匀分布大小一致的灰白色结节。可表现渗出性和增生性两种形式。增生性结节中心为干酪样坏死或钙化，周围有结缔组织包膜。渗出性结节中心为灰黄色坏死，周边有红色炎性反应带。

② 淋巴结结核。结核杆菌经淋巴道扩散可引起淋巴结结核，多发生于支气管、纵隔和肠系膜等部位的淋巴结（彩图 13-1-16）、（彩图 13-1-17）。淋巴结高度肿大，切面可见大部分淋巴组织发生干酪样坏死呈灰黄色，其中散在灰白色钙化灶，坏死灶之间为增生的肉芽组织。

③ 浆膜结核。结核杆菌经血源性和淋巴源性扩散或直接蔓延均可引起浆膜结核，多发生于胸、腹膜、心包等浆膜表面，有两种表现形式。

a. 珍珠病。多发生于胸、腹膜上，为增生性结核，在浆膜面上形成许多黄豆大至玉米粒或更大的结核结节。结节为增生性结节，呈灰白色，近圆形，表面光滑，好似在浆膜表面撒布一层珍珠。故有"珍珠病"之称（彩图 13-1-18）。

b. 干酪样浆膜炎。多发生于心包或心外膜上，为渗出性结核，其特征是在浆液-纤维素性炎症的基础上，发生干酪样坏死。浆膜常因结核性肉芽组织增生而增厚，因大量干酪样坏死物被覆在心脏表面状似盔甲，俗称"盔甲心"。

**3. 病理诊断**

① 肺脏形成结核性肺炎或结核结节，病期较久者结核病灶相互融会，结节中心发生干酪样坏死或钙化，或形成脓腔和空洞。

② 肺门淋巴结或肠系膜淋巴结形成原发性或续发性结核结节。

③ 胸、腹腔浆膜形成许多绿豆至豌豆大灰白色，表面光滑的珍珠样结核结节。

# 五、猪丹毒

猪丹毒是由猪丹毒杆菌感染所引起的一种急性、亚急性或慢性传染病，其临床特征是急性败血型或亚急性疹块型，慢性疣状心内膜炎及皮肤坏死与多发性非化脓性关节炎（慢性）。根据临床和剖检特征可分为急性型、亚急性型和慢性型猪丹毒。

**1. 病原与发病机制**

病原为猪丹毒杆菌，病猪与带菌猪为主要传染源，病菌主要通过消化道或损伤的皮肤等途径感染。病原体侵入机体后，很快进入血液引起菌血症。如果病原毒力强，在体内大量繁殖可引起败血症。如果病原毒力较弱或机体抵抗力较强时，病原只在局部组织或器官繁殖，如局限在皮肤血管引起皮肤疹块型病变。病原也可长期存在或作用于体内某一部位，使结缔组织的胶原纤维变性，或菌体蛋白与胶原纤维的黏多糖结合，形成自身抗原，而引起机体的自身免疫反应（变态反应）性疾病，如引起心内膜炎、关节炎和皮肤坏死的病变。

**2. 类型与病理变化**

（1）急性败血型　病死猪主要表现为败血症变化和皮肤形成丹毒性红斑。可视黏膜淤血发绀，耳根、颈部、胸前、腹壁和四肢内侧等处皮肤充血形成不规则的鲜红色的丹毒性红斑，其红斑相互融合成片，并稍隆突于正常皮肤表面。随着病程的发展，红斑上形成浆液性水疱，水疱破溃后逐渐干固形成黑色痂皮。

剖检皮下、浆膜及黏膜散在小出血点，胸腔、腹腔及心包腔内有少量浆液-纤维素渗出。全身淋巴结呈急性出血性淋巴结炎变化，外观肿大，呈紫红色，切面隆突，湿润多汁，伴点状出血。脾脏肿大，呈樱桃红色，质地柔软，结构模糊（彩图 13-1-19）。肾淤血、肿大，俗称"大红肾"（彩图 13-1-20），呈现出血性肾小球肾炎变化，表面及切面有小出血点。胃肠呈卡他性或出血性肠炎变化。

（2）亚急性型（疹块型）　此型特征为皮肤上出现特征性疹块，疹块通常多见于颈部、背部，其他（如头、耳、腹部及四肢）亦可出现，但较为少见。疹块的皮肤略隆起，大小不等，多呈方形、菱形或不规则形，与周围界限明显（彩图 13-1-21）。疹块的色泽最初呈苍白色，以后转变为鲜红色或紫红色，或呈边缘红色而中心苍白。严重时疹块可相互融合成片，导致大块皮肤坏死。

（3）慢性型　由急性和亚急性转化而来，以形成疣状心内膜炎、关节炎和皮肤坏死为主要特征。

① 疣状心内膜炎。其病变主要发生于二尖瓣，其次是主动脉瓣。二尖瓣瓣膜见有大量灰白色的血栓性增生物，表面高低不平，外观似花椰菜样（彩图 13-1-22）。基底部因有肉芽组织增生，使之牢固地附着于瓣膜上而不易脱落。瓣膜上的血栓增生物常可引起瓣膜孔狭窄或闭锁不全，继而导致心肌肥大和心腔扩张等代偿性变化。若血栓一旦软化脱落，则往往使心肌、脾脏、肾脏小动脉发生阻塞而形成梗死。

② 关节炎。主要侵害四肢关节，尤其是腕关节和跗关节最为多见。患病关节肿胀，关节囊内蓄有多量浆液性纤维素性渗出物，滑膜充血、水肿，关节软骨面有小糜烂，关节面粗糙。病程较久者，因肉芽组织增生，在滑膜上形成灰红色绒毛样物和关节囊发生纤维性增厚，甚至使关节粘连和变形。

③ 皮肤坏死。主要发生于背部、肩部，外耳和尾部等也可发生。其坏死灶有时呈局灶性，有时可遍及整个背部。坏死的皮肤逐渐干燥形成干性坏疽，呈黑褐色，质地坚硬，其坏死的皮肤可通过分界炎和痂下愈合而脱落痊愈。

**3. 病理诊断**

（1）急性型　呈败血症变化，皮肤形成丹毒性红斑，全身淋巴结和脾脏肿大，肾脏淤血、出血、肿大，呈暗红色。

（2）亚急性型　皮肤出现典型疹块。

（3）慢性型　皮肤坏死、关节肿胀、疣状心内膜炎。

## 六、副猪嗜血杆菌病

副猪嗜血杆菌病是由副猪嗜血杆菌感染引起的，以多发性浆膜炎、关节炎为特征的一种传染病。

**1. 病原与发病机制**

病原为副猪嗜血杆菌，病猪和带毒猪为主要传染源，一般通过呼吸道感染，也可通过消化道感染。2 周到 4 月龄的猪都可能发生感染，以 5～8 周龄的断乳保育仔猪最为多见。病菌广泛存在于环境中，健猪鼻腔、咽喉等上呼吸道黏膜上也常有本病菌存在，属于一种条件性病原菌。当猪群健康状况良好、抵抗力强时，病原不能发挥致病作用。当猪体健康水平下降、抵抗力降低时，病原就会大量繁殖引起发病。各种应激因素，特别是在发生呼吸道疾病，如猪喘气病、流感、蓝耳病、伪狂犬病和呼吸道冠状病毒病等情况下，更易引起本病的发生。

呼吸道感染首先引起上呼吸道黏膜的卡他性或脓性炎症，继而突破局部屏障侵入血流，引起菌血症。病菌在血液中大量繁殖，并产生大量毒素，引起败血症和毒血症。由于其病菌和细菌毒素的作用，使血管的通透性增强，而引起多发性纤维素性浆膜炎和关节炎的发生。

**2. 类型与病理变化**

（1）胸膜炎型　胸腔内积有大量灰黄色或淡红色积液，胸膜、肺外膜表面附着有纤维素性渗出物（彩图 13-1-23），心外膜表面形成一层绒毛状纤维素性假膜（彩图 13-1-24），心包与心外膜严重粘连。肺脏淤血、水肿，表面常被覆薄层纤维素性假膜，并常与胸壁发生粘连。

（2）腹膜炎型　腹腔内积有红色混浊积液，腹腔浆膜表面、肠浆膜和肝脾表面附着有大量的纤维素性渗出物，常导致脏器之间或脏器与腹膜之间的粘连（彩图 13-1-25、彩图 13-1-26）。

（3）关节炎型　关节周围组织发炎和水肿，关节囊肿大，关节滑液增多、混浊，内含黄绿色的纤维素性化脓性渗出物。

（4）纤维素性化脓性脑膜炎型　蛛网膜腔内积蓄有纤维素性化脓性渗出物，脑髓液混浊。脑软膜充血、淤血和轻度出血，脑回变得扁平，脑膜与头骨内膜及脑实质之间粘连。镜检脑膜血管充血并有出血，脑膜内有大量嗜中性粒细胞浸润，呈化脓性炎症变化。

**3. 病理诊断**

（1）胸、腹腔浆膜发生浆液性纤维素性炎，浆膜腔积液，浆膜表面附着有纤维素性渗出物。

（2）关节组织发炎，关节肿大，关节囊内蓄积有黄绿色纤维素性化脓性渗出物。

（3）脑组织发生纤维素性化脓性炎症，蛛网膜腔内蓄积有纤维素性化脓性渗出物。

## 七、链球菌病

链球菌病是由链球菌感染所引起的一种人畜共患性传染病。动物链球菌病中以猪、牛、羊、马、鸡较常见。临床表现多种多样，可以引起局灶性化脓创和出血性败血症。

**1. 病原与发病机制**

病原为链球菌，多数致病菌株具有溶血能力。致病性链球菌主要通过呼吸道或受损皮肤和黏膜感染。侵入体内的病原菌，首先在入侵的局部分裂繁殖，并在菌体外面形成一层黏液状荚膜，以保护细菌的生存。溶血性致病链球菌在其代谢过程中，能产生一种透明质酸酶，可溶解结缔组织中的透明质酸，使其结构疏松，通透性增强，便于病菌在组织中扩散和蔓延，可很快突破局部屏障侵入淋巴管和淋巴结，继而突破淋巴屏障，沿淋巴系统扩散到血液，引起菌血症。

病菌在生长过程中，可产生大量毒素（溶血素），而使红细胞大量溶解，以及血液成分的改变、血管壁的损伤和整个血液循环的障碍，网状内皮系统的吞噬功能降低，引发全身性败血症。或者病原突破血脑屏障，侵入脑脊髓组织，引起脑脊髓炎，导致病情的恶化。如机体抵抗力较强，可将病菌局限在局部组织或关节囊内，引起局部脓肿或化脓性关节炎。

**2. 类型与病理变化**

（1）猪链球菌病

① 急性败血型。主要呈现出血性败血症变化，病死猪胸、腹部及四肢内侧皮肤淤血发绀。耳、腹下及四肢末端皮肤有紫红色出血斑，皮下、黏膜、浆膜出血，血液凝固不良。鼻黏膜充血、出血，呈紫红色。喉头、气管黏膜出血，常见大量泡沫样液体。脾肿大，呈暗红色或蓝紫色，软而易脆裂，肾脏多轻度肿大、充血和出血。全身淋巴结有不同程度的充血、出血和水肿，有的淋巴结切面坏死或化脓。胸、腹腔及心包腔内积有大量黄色或混浊液体，内含纤维素性絮状物或附着于脏器表面，有的造成脏器的粘连。

② 脑脊髓炎型。脑膜和脊髓软膜充血、出血，脑脊髓液增多。有的病例脑膜下水肿，脑切面可见白质与灰质有针尖大出血点，并有败血型病变。

③ 慢性关节炎型。患病关节呈现浆液-纤维素性炎症变化，关节皮下有胶样水肿，关节囊膜面充血、粗糙，滑液混浊，关节囊内外有黄色胶冻样液体或纤维素性脓性物质。

④ 心内膜炎型。心瓣增厚，表面粗糙，在瓣上有菜花样赘生物，常见二尖瓣或三尖瓣，

有时还见于心房、心室和血管内。

⑤ 淋巴结脓肿型。断乳仔猪和生长育肥猪多见，主要表现为在颌下、咽部、颈部等处的淋巴结化脓和形成脓肿。受害淋巴结最初出现小脓肿，然后逐渐增大，感染后 3 周局部显著隆起，触诊坚硬、有热痛。脓肿成熟后，表皮坏死，破溃流出脓汁。脓汁排净后，肉芽组织生长结疤愈合。

（2）牛链球菌病

① 乳房炎型。急性病例患病乳房组织松弛，有浆液浸润。切面发炎部分明显隆起，小叶间呈黄白色，柔软有弹性。乳房淋巴结髓样肿胀，切面湿润多汁，点状出血。乳池、乳管黏膜脱落，管腔内有脓性渗出物。腺泡间组织水肿、变宽。慢性病例以间质增生和乳腺硬化为特征，乳腺组织肥大或萎缩兼有。切面隆起，硬度增加。有局灶性的浆液-纤维素性或化脓性炎症病变。乳池黏膜呈细粒状突起，乳管壁增厚，管腔变窄，腺泡萎缩，失去泌乳作用。小叶萎缩，呈浅灰色。乳房淋巴结肿大。

② 肺炎型。以肺炎和败血症变化为主，皮肤、浆膜、黏膜点状出血。皮下组织有胶样浸润，胸腔积有浆液偶有带血。肺脏有浆液-纤维素性或化脓性炎症变化。脾脏充血、肿大，脾髓呈黑红色，质韧如橡皮，即所谓的"橡皮脾"，为本病证特征。

③ 绵羊链球菌病。主要以败血症变化为主。表现为尸僵不显著或不明显。咽喉部及下颌淋巴结肿胀，皮肤、浆膜、黏膜广泛点状出血。肺脏呈现大叶性肺炎变化，有时肺脏尖叶有坏死灶，肺脏常与胸壁粘连。胆囊肿大，肾脏质地变脆、变软、肿胀、梗死，被膜不易剥离。子宫黏膜、胃、大小肠浆膜和黏膜有弥漫性出血点，各脏器浆膜面常覆有纤维素性渗出物。

**3. 病理诊断**

（1）猪链球菌病　急性以出血性败血症、脑脊髓炎为特征，慢性以关节炎、心内膜炎、淋巴结化脓为特征。

（2）绵羊链球菌病　以败血症变化、各浆膜和黏膜出血和纤维素性渗出为特征。

（3）牛链球菌病　以乳房和乳房淋巴结脓肿，以及肺脏的浆液-纤维素性或化脓性炎症为特征。

**【案例分析】**

　　**案例 1**　2013 年 4 月，某养鸡场 16 日龄鸡发病。表现咳嗽、打喷嚏、流鼻液。户主凭经验认为是慢性呼吸道病，用泰乐菌素饮水治疗无效；20 日龄改用罗红霉素（饮水 3 天）治疗仍无效。此时大群鸡只出现全身症状，并开始零星死亡。症状观察：鸡群状况不良，病鸡精神沉郁、羽毛松乱，闭目缩颈垂翅，个别鸡只伸颈张口喘气，有湿啰音，流浆液性鼻汁；部分病鸡拉白色米汤样、黄绿色稀粪；采食量下降，个别废绝，但饮水量略有增加。剖检所见：皮肤与肌肉不易分离，干爪；气管内有浆液性和干酪样渗出物；心包膜增厚，混浊，其上覆盖灰白色渗出物，心包腔有浆液性渗出物；气囊增厚、混浊；肝被膜表面亦覆盖一层灰白色渗出物；肾肿大苍白，输尿管变粗，内有大量白色尿酸盐沉积，呈花斑状——花斑肾。小肠黏膜充血，有卡他性炎症。泄殖腔有一包白石灰样粪便。

　　**案例 2**　2012 年 6 月上旬，某猪场猪群暴发疫情，正准备出售时，猪突然发病，刚开始只有两头，经当地兽医治疗，病情稍有好转，第 5 天又发病 7 头，其发病率为 50%，死亡率为 33.3%。临床观察：多数是突然发病，发病后呈现精神沉郁，食欲废绝，高热稽留，耳部、胸腹下和四肢内侧皮肤呈暗红色，并有出血斑点；少数病猪表现步态蹒跚、转圈、共济失调、四肢游泳状动作，最后卧地不起，衰竭或麻痹死亡。

剖检所见：主要表现为败血症和脑炎；可视黏膜潮红；皮下、皮内脂肪有出血点；全身淋巴结呈不同程度的肿大、充血、出血，尤其是肠系膜淋巴结最为明显；心包液增多，呈淡黄色；肝脏肿胀呈暗红色；脾脏肿大，个别增大 1～3 倍，呈暗红色，边缘有出血性梗死、质软；肾充血，被膜下以及切面上有时可见小出血点；胃肠有不同程度的淤血、出血；其中两头病猪脑脊液增多，脑膜有不同程度的充血、出血，脑切上可见针尖大的出血点。

　　问题分析：
　　（1）请根据以上案例的各自临床表现和剖检所见，作出初步的病理诊断。
　　（2）请针对各案例拟定出进一步诊断的方法和关键性的防控措施。

**实习实训**

## 畜禽细菌性疫病病变的观察与病理诊断

　　【实训目标】通过对各种细菌性疫病病理标本与切片的观察，认识和掌握畜禽常见细菌性疫病的病理变化特点，并对其病变作出准确的病理学诊断。
　　【实训器材】眼观标本、病理切片、光学显微镜、显微数码互动系统或显微图像转换系统、计算机、投影机、病理图片等。
　　【实训内容】
　　**1. 猪咽喉病变**
　　眼观标本　肉眼观察咽喉部水肿，病变周围结缔组织呈胶冻样，喉黏膜充血、出血。
　　病理诊断　猪巴氏杆菌病咽喉炎。
　　**2. 猪肺病变**
　　眼观标本　眼观两侧肺脏体积肿大，失去原有的光泽，尖叶、心叶和膈叶的前下部有大小不等的颗粒状隆起，切面上有一支气管，病灶内支气管壁增厚。
　　病理诊断　猪巴氏杆菌病支气管性肺炎。
　　**3. 猪肺病变**
　　眼观标本　眼观病变波及整个肺大叶，使大片肺组织发生肝变。但在不同的肝变区，处于不同的发展时期，而呈现出红白相间的大理石样外观。肺胸膜表面有渗出的纤维素附着，引起纤维素性胸膜肺炎病变。
　　病理诊断　猪巴氏杆菌病纤维素性肺炎。
　　**4. 鸡肝脏病变**
　　眼观标本　眼观肝脏体积肿大，被膜紧张，边缘变钝，质地脆弱易碎，呈棕红色或紫红色。肝脏表面及切面弥散大量灰白色或黄白色针尖大至粟粒大坏死点。
　　病理诊断　鸡巴氏杆菌病坏死性肝炎。
　　**5. 猪肠管病变**
　　眼观标本　眼观可见回肠、盲肠和结肠黏膜发生纤维素性坏死炎症变化，肠黏膜表面有糠麸样渗出物附着，或形成有纤维素性坏死性假膜，假膜脱落的部位形成溃疡。
　　病理诊断　仔猪副伤寒纤维素性坏死性肠炎。
　　**6. 猪肝脏病变**
　　眼观标本　肝脏体积增大，质地脆弱，表面及切面散布淡黄色或灰白色针尖大坏死灶。

病理诊断　仔猪副伤寒坏死性肝炎。

**7. 鸡肝脏病变**

眼观标本　肝脏体积增大，表面及切面散布针尖大至粟粒大灰黄色坏死灶或灰白色结节。

病理切片　镜下可见肝组织灶性坏死，病灶内肝细胞变性坏死、崩解。或被增生的网状组织所代替，形成细胞增生性结节。

病理诊断　雏鸡白痢坏死性肝炎。

**8. 鸡卵巢病变**

眼观标本　眼观以卵巢炎为特征，卵黄囊由正常的深黄色或淡黄色变为灰色、红色或褐色，其内容物为红色或褐色半流状物及干酪样。囊体大小不等，形状不规则，多带有柄蒂。

病理诊断　母鸡沙门菌病卵巢炎。

**9. 鸡气囊炎病变**

眼观标本　以纤维素性气囊炎为特征，眼观可见气囊混浊或呈云雾状，囊壁增厚，气囊表面有黄白色纤维素性渗出物，气囊内有黏稠的黄色干酪样分泌物。

病理诊断　鸡大肠埃希菌性气囊炎。

**10. 鸡心包病变**

眼观标本　以心包炎和间质性心肌炎为特征，眼观可见心包膜混浊增厚，心包腔内有浆液性纤维素性渗出物，心包膜及心外膜上有纤维素附着，呈灰白色或灰黄色，严重者心包膜与心外膜粘连。心肌内有大小不一的灰白色结节，切面有灰白色或粉红色的致密组织，杂有灰黄色坏死灶。

病理诊断　大肠埃希菌性心包炎。

**11. 鸡肝脏病变**

眼观病变　以纤维素性肝包膜炎为特征，眼观可见肝脏肿大，被膜增厚，表面有一层乳白色或黄白色的纤维素附着。肝脏变形，质地变硬，肝实质有许多大小不一的坏死灶。

病理诊断　鸡大肠埃希菌性肝周炎。

**12. 猪皮肤病变**

眼观病变　皮肤上有大小不一的菱形或非正方形的红色或紫红色疹块，质地坚硬，稍隆起，与周围组织界限明显。

病理诊断　皮肤疹块型猪丹毒。

**13. 猪皮肤坏死病变**

眼观病变　皮肤干酪样坏死，形成黑紫色痂皮，周围皮肤形成炎性反应带，或因痂皮固缩与周围组织分离形成裂隙。

病理诊断　皮肤坏死型猪丹毒。

**14. 猪心脏病变**

眼观病变　心脏瓣膜上形成疣状物。

病理诊断　心内膜炎型猪丹毒。

**15. 牛肺脏病变**

眼观病变　肺脏表面粗糙不平，切面有粟粒大至核桃大、灰白色或灰黄色的结核结节，结节中心为灰白色干酪样坏死，周围有灰红色的肉芽组织，有的结节干酪样坏死部位有局灶性的乳白色钙化灶。

病理切片　镜下可见肺脏有数量不等的结核性结节，结节中心为干酪样坏死，中间层为由大量上皮样细胞和少量多核巨噬细胞构成的特异性肉芽组织，外层为由淋巴细胞、成纤维细胞或结缔组织构成的普通肉芽组织。

病理诊断　牛肺结核。

**16. 猪心脏病变**

眼观病变  心脏体积肿大，心外膜增厚，外膜表面附着一层绒毛状纤维素性渗出物。

病理诊断  副猪嗜血杆菌病。

【实训考核】

1. 从所观察的标本中描述 3 种眼观病理标本的病理变化特征。
2. 从所观察的病理切片中选择绘制 2 张病理组织图，突出其病变特点，并完成图注。

## 【目标检测】

1. 何为猪肺疫？其病理变化特点有哪些？
2. 猪副伤寒的病原是什么？主要侵害哪些部位？其病理变化特点是什么？
3. 雏鸡白痢的病原是什么？其临床特征与病变特点各是什么？
4. 猪大肠杆菌病的类型及病变特点各是什么？
5. 奶牛结核病的病理变化特点有哪些？
6. 猪丹毒的类型及其病理变化特点是什么？
7. 猪链球菌病的发病类型及病理变化特点是什么？

（阳刚）

# 子项目二  畜禽常见病毒性疫病病变观察与病理诊断

【学习目标】

1. 熟悉畜禽常见病毒性疫病的病原与发病机制。
2. 观察和认识畜禽常见病毒性疫病的病理变化。
3. 依据畜禽常见病毒性疫病的病理变化特点建立正确的病理诊断。

【课前准备】

1. 预习本项目学习内容，明确学习目标与任务。
2. 了解畜禽常见病毒性疫病的流行特点及其对畜禽养殖生产的危害。

【学习内容】

## 一、口蹄疫

口蹄疫是由口蹄疫病毒感染所引起的一种急性、热性、高度接触性传染病。其主要特征为成年动物的口腔黏膜、蹄部和乳房等处皮肤发生水疱和溃烂，幼龄动物多因心肌受损使其死亡率升高。

**1. 病原与发病机制**

病原为口蹄疫病毒。口蹄疫病毒主要侵害偶蹄兽，偶见于人和其他动物。家畜以牛最为易感，其次是猪。仔猪和犊牛不但易感而且死亡率高。各型病毒的致病性没有太大差异，其引发的病症也基本相同，主要引起口腔黏膜、蹄部和乳房皮肤发生水疱和溃烂。

病畜为主要传染源，在其患病部位水疱皮及水疱液中含有大量病毒。水疱破溃后，可直接向外排毒，病畜和健畜可通过直接接触进行传染。

病毒侵入机体后，首先在侵入部位的上皮细胞内生长繁殖，引起浆液渗出而形成原发性水疱（常不易发现）。1～3 天后进入血液形成病毒血症，导致体温升高和全身症状。病毒随血液扩散到所嗜好的部位（如口腔黏膜、蹄部、乳房皮肤组织内）继续繁殖，引起局部组织内的淋巴管炎，造成局部淋巴淤滞，形成淋巴栓，若淋巴液渗出淋巴管外则形成继发性小水疱。水疱可融合增大乃至破裂。此时患畜体温恢复正常，血液中病毒量减少乃至消失，逐渐从乳、粪、尿、泪及涎水中排毒。此后病畜进入恢复期，多数病例逐渐好转。但有些幼龄动物常因病毒侵害心脏，引起急性心肌炎，导致心肌变性、坏死而致死亡。

**2. 类型与病理变化**

（1）牛、羊口蹄疫 牛患口蹄疫时病变主要发生在易遭受机械性损伤的区域，如口、鼻皮肤、口腔黏膜，特别是舌、蹄叉、乳腺。在唇内侧、齿龈、舌面和颊部黏膜形成蚕豆至核桃大的水疱，有时在鼻镜和外鼻孔形成水疱。有的水疱破溃形成浅表的红色糜烂，如有细菌感染，糜烂加深，发生溃疡，有的愈合成瘢痕（彩图 13-2-1）。在趾间、蹄冠的柔软皮肤上也发生水疱，并很快破溃，出现糜烂，或干燥结成硬痂。若病牛体弱或糜烂部位被粪尿等污染，可继发感染化脓，形成溃疡、坏死，甚至蹄壳脱落。当乳头皮肤出现水疱（主要见于奶牛），很快破溃，形成烂斑，若波及乳腺则引起乳腺炎。

犊牛口蹄疫主要表现为心肌炎病变，心包膜有出血点，心肌松软，心肌发生变性和坏死，切面有灰白色或淡黄色斑点或条纹，好似虎皮样花纹，有"虎斑心"之称（彩图 13-2-2）。

羊口蹄疫与牛大致相似，绵羊的水疱多见于蹄部，山羊则多见于口腔，呈弥漫性口膜炎，水疱发生在硬腭和舌面。山羊患恶性口蹄疫死亡率 100%，死亡原因为心肌炎。

（2）猪口蹄疫 患猪口、鼻皮肤、口腔黏膜（包括舌、唇、齿龈、咽、腭）形成小水疱或糜烂（彩图 13-2-3）。蹄冠、蹄叉、蹄踵等部位出现局部发红或形成米粒大、蚕豆大的水疱，水疱破裂后表面出血，形成糜烂（彩图 13-2-4）。病变也可发生在鼻面和泌乳母猪的乳头上。

哺乳仔猪的口蹄疫，常引起心肌炎病变。表现为心包膜有弥漫性或斑点状出血，心脏质地松软，色泽变淡如煮肉状。心室壁和乳头肌有大小不等、界限不清的灰白色或淡黄色斑块或条纹，呈现虎皮样花纹，称"虎斑心"。

**3. 病理诊断**

（1）成年患畜口、鼻、蹄部及乳房皮肤及口腔黏膜形成水疱，水疱破溃后形成糜烂或溃疡。

（2）幼年患畜心肌变性和坏死，呈现灰白色或淡黄色斑块或条纹状病变，形成"虎斑心"。

## 二、猪伪狂犬病

猪伪狂犬病是由伪狂犬病病毒所引起猪的一种发病急、传播迅速的烈性传染病，哺乳仔猪以中枢神经症状为特征，呈现非化脓性脑炎；断乳仔猪及育肥猪以呼吸系统症状为主；妊娠母猪表现流产、死胎、木乃伊胎。

**1. 病原与发病机制**

病原为伪狂犬病病毒，是一种疱疹病毒，能在很多种动物细胞中生长繁殖，并产生明显的细胞病变（CPE）和核内嗜酸性包含体。猪是伪狂犬病毒的贮存宿主，病猪、带毒猪是本病的重要传染来源，通过消化道、呼吸道、伤口及配种等途径传播。另外，母猪感染后，可通过胎盘传递给子代，造成母猪流产、死胎和仔猪死亡。

**2. 病理变化**

哺乳仔猪发生非化脓性脑膜脑炎，表现脑膜及实质充血、出血、水肿变化（彩图 13-2-5），断乳仔猪及育肥猪表现间质性肺炎病变。流产母猪有轻度子宫内膜炎，流产、产死胎，死产胎儿大小较一致（彩图 13-2-6），有不同程度的软化现象，胸腔、腹腔及心包腔有多量棕褐色潴留液，肾及心肌出血，肝、脾有灰白色坏死点。公猪表现为阴囊水肿和渗出性鞘膜炎。

组织病变主要表现非化脓性脑膜脑炎及神经节炎，有明显的血管套。在脑神经细胞内、鼻咽黏膜、脾及淋巴结的淋巴细胞内可见核内嗜酸性包含体和出血性炎症。有时可见肝脏小叶周边出现凝固性坏死。肺泡隔、小叶间质增宽，有淋巴细胞、单核细胞浸润。

**3. 病理诊断**

(1) 母猪发生子宫内膜炎，流产和产死胎。流产胎儿胸腔、腹腔及心包腔有多量棕褐色潴留液，肾及心肌出血，肝、脾有灰白色坏死点。

(2) 哺乳仔猪发生非化脓性脑膜脑炎，脑组织内形成明显的"血管套"。

(3) 脑神经细胞内、鼻咽黏膜、脾及淋巴结的淋巴细胞内可见核内嗜酸性包含体。

(4) 断乳仔猪及育肥猪呈现间质性肺炎病变。

## 三、猪瘟

猪瘟又称典型猪瘟或欧洲猪瘟，是猪的一种急性、热性和高度接触传染的病毒性传染病，主要有急性、亚急性和慢性等临床类型，急性型以全身各器官组织发生广泛性点状出血、脾脏梗死和坏死为特征。

**1. 病原和发病机制**

病原为猪瘟病毒，属于黄病毒科瘟病毒属单股 RNA 病毒，目前认为猪瘟病毒只有一个血清型，但病毒的毒力差异很大。通常将猪瘟病毒分为高、中、低和无毒力株。高毒力株可引起各种年龄的猪发生典型的急性猪瘟，表现腹部和大腿内侧皮肤出血和回盲瓣口呈纽扣状结节。中毒力株一般引起亚急性或慢性感染，病猪有高病毒血症。低毒力株感染妊娠母猪时病毒可侵袭子宫中的胎儿，造成死产或胎儿生后不久即死去的弱仔，分娩时排出大量猪瘟病毒。

病猪和带毒猪为主要传染源，病毒主要经消化道侵入机体。猪瘟病毒侵入猪体后，首先在扁桃体的隐窝上皮细胞内增殖，然后扩散至周围的淋巴网状组织，并在脾、骨髓、内脏淋巴结以及小肠的淋巴样组织中大量增殖，最后侵入实质脏器。通常在感染后 5～6 天内病毒即可传播到全身，并经口、鼻、泪腺分泌物、尿和粪便等排泄到外界环境中。

**2. 类型与病理变化**

(1) 急性败血型猪瘟

① 皮肤、浆膜、黏膜出血。全身皮肤尤其耳、颈部、腹下及四肢内侧皮肤出现大小不等的出血斑点（彩图 13-2-7），皮下组织出血性浸润。心外膜、喉黏膜、膀胱黏膜斑点状出血。

② 出血性淋巴结炎。全身各部淋巴结发生急性出血性炎症，表现淋巴结肿大、出血，表面呈暗红色，切面呈红白相间的大理石样外观，严重时整个淋巴结类似一个血肿（彩图 13-2-8）。

③ 出血性肾炎。脏发生出血性炎症，但以出血最为明显。在肾表面或切面均弥散有针尖大至粟粒大的出血点（彩图 13-2-9）。

④ 脾脏出血性梗死。脾脏边缘或一端形成黄豆大或更大的出血性梗死灶，梗死灶肿胀，突出于脾脏表面，质地坚实，呈红褐色。切面致密、干燥，并失去原有结构（彩图 13-2-10）。

(2) 亚急性胸型猪瘟 此型猪瘟是在急性败血型猪瘟的基础上，又有巴氏杆菌的并发感染。此型猪瘟除具有急性败血型猪瘟变化外，还具有典型的纤维素性肺炎、胸膜炎和心包炎等巴氏杆菌病的病变特征。病变肺脏表面隆起，无光泽或附有纤维素性假膜，有时可见肺、肋、胸膜粘连。肺炎病灶发生"肝变"，质地变实。表面及切面呈暗红色、灰黄色或灰白色相间的大理石样花纹（彩图 13-2-11）。心脏见有纤维素性心包炎和心外膜炎病变。

（3）慢性肠型猪瘟　此型猪瘟是在急性败血型猪瘟的基础上，又并发感染沙门菌，而导致肠管发生纤维素性坏死性肠炎。除具有败血型猪瘟变化外，最突出的变化是在回肠末端、结肠和盲肠（尤其回盲口附近）形成纤维素性坏死性肠炎，病变以肠壁淋巴滤泡为中心。首先肠壁的淋巴小结增生肿胀，中心发生坏死，并有纤维素渗出，与坏死组织凝固在一起，形成干涸的坏死痂。由于其炎症的发展是间歇性的，时而加重，时而减轻，故使其坏死和渗出的纤维素形成轮层状或纽扣状结构，故称"扣状肿"。扣状肿呈灰白色或灰黄色，干燥，隆突于肠黏膜表面。当其坏死痂脱落后，遗留有扣状溃疡，严重时甚至造成肠穿孔，称为"烂肠瘟"（彩图 13-2-12）。

**3. 病理诊断**

（1）急性败血型猪瘟　全身皮肤、浆膜、黏膜出血，淋巴结肿大，切面呈红白相间的大理石样外观；肾表面或切面弥散有针尖大至粟粒大的出血点，呈"雀斑肾"；脾脏边缘形成黄豆至蚕豆大小或更大的梗死灶。

（2）亚急性猪瘟　出血性纤维素性肺炎。肺脏发生"肝变"，表面及切面呈暗红色、灰黄色或灰白色相间的大理石样花纹。

（3）慢性猪瘟　纤维素性坏死性肠炎。回肠末端、结肠和盲肠（尤其回盲口附近）形成纤维素性坏死性肠炎，形成大小不等的局灶性、灰黄色、圆形纽扣状溃疡，呈轮层状，灰褐色或黑褐色，中央稍凹陷。病变以肠壁淋巴滤泡为中心。

## 四、猪繁殖与呼吸障碍综合征（蓝耳病）

猪繁殖与呼吸障碍综合征又称"高致病性蓝耳病"，是由猪繁殖与呼吸障碍综合征病毒感染所引起的一种以繁殖障碍和呼吸道病变为特征的传染病。以母猪流产、死胎、木乃伊胎，哺乳仔猪和断乳仔猪呼吸道病变为主要特征。

**1. 病原与发病机制**

猪繁殖与呼吸障碍综合征病毒是本病病原，猪是唯一的易感动物，怀孕中、后期的妊娠母猪和胎儿最为易感。本病主要危害繁殖母猪和仔猪，患病母猪及其所产的仔猪为主要传染源。本病多经接触性传染，主要通过呼吸道感染。病毒侵入机体后，首先在肺泡巨噬细胞中增殖，造成肺泡巨噬细胞和肺组织损伤，引起间质性肺炎病变，肺泡壁增厚，并有单核巨噬细胞浸润。临床上呈现呼吸障碍综合征症状。随后大量病毒进入血液和其他组织。病毒对巨噬细胞侵害严重，而使机体的防御与免疫功能降低，常引起其他病菌的继发感染。在母猪妊娠后期，病毒可穿过胎盘，感染胎儿，故可造成妊娠中后期流产、早产、产死胎、木乃伊胎或弱仔。

**2. 病理变化**

（1）母猪病变　母猪怀孕后期流产、早产、自溶胎、木乃伊、死胎和弱仔（彩图 13-2-13）。剖检流产胎儿全身皮肤出血（彩图 13-2-14），体表淋巴结如下颌、股前淋巴结充血、肿大，表面有弥漫性出血点。心肌柔软，心冠脂肪有出血点；肺脏淤血、水肿，有局灶性肺炎病变。

（2）仔猪病变　仔猪病变最为典型。仔猪皮下、头部水肿、胸腹腔积液，肺多出现间质性肺炎，表现为充血、出血、水肿，呈红褐色花斑状（彩图 13-2-15）。镜检肺脏呈间质性肺炎变化，肺泡隔中有巨噬细胞浸润，肺泡壁上皮细胞增生肥大，肺泡内有炎性渗出物，病程长者可出现胸膜肺炎。淋巴结中可见淋巴滤泡坏死、增生。耐过猪呈多发性浆膜炎、关节炎、非化脓性脑膜炎和心肌炎等病变。晚期因血液循环与呼吸严重障碍，部分病猪全身皮肤特别是耳部皮肤淤血发绀，呈蓝紫色，故称"蓝耳病"（彩图 13-2-16）。

**3. 病理诊断**

（1）患病母猪　怀孕母猪中后期流产、早产、产死胎、自溶胎、木乃伊弱仔。流产胎儿全身皮肤出血，体表淋巴结充血、出血、肿大。

（2）患病仔猪　仔猪皮下、头部水肿；肺脏变实，呈间质性肺炎变化。全身淋巴结充血、出血、肿大。脾脏变实呈泡沫样，边缘或表面可见梗死灶；肾脏表面可见针尖至小米粒大出血点。

## 五、猪圆环病毒病

猪圆环病毒病是由圆环病毒感染所引起的一种新型传染病，各种日龄的猪均可感染和发病，临床上以仔猪先天性震颤、断乳仔猪多系统衰竭综合征及皮炎肾病综合征为主要特征。

**1. 病原和发病机制**

病原为猪圆环病毒，对猪具有较强的感染性，可经口腔、呼吸道途径感染不同年龄的猪群，育肥猪多表现为阴性感染，不表现临床症状；少数怀孕母猪感染后，可经胎盘垂直感染仔猪，造成仔猪先天性震颤或断乳仔猪多系统衰竭综合征。

淋巴细胞缺失和淋巴组织巨噬细胞浸润，是断乳仔猪多系统衰竭综合征的基本特征。与外周血液和淋巴组织中的 B 细胞、T 细胞减少及单核巨噬细胞增多直接相关。

**2. 类型与病理变化**

（1）断乳仔猪多系统衰竭综合征

① 淋巴器官病变。全身淋巴结肿大 2~5 倍，特别是腹股沟淋巴结、纵隔淋巴结、肺门淋巴结、肠系膜淋巴结及颌下淋巴结等肿大更为明显。切面湿润隆突，质地变硬，髓质发白或呈粉红色，皮质淋巴窦有出血，而致淋巴结的边缘呈暗红色（彩图 13-2-17）。有的病例并发细菌感染，淋巴结则可呈现出血性或化脓性炎症病变。脾脏肿大，呈肉样变化，表面有脓性渗出物和坏死。

② 心脏病变。心包积液，心脏扩张，心肌松弛，心冠部脂肪水肿（彩图 13-2-18）。

③ 肝脏病变。肝脏发暗，萎缩，由于肝小叶结缔组织增生，而呈现不同程度的花斑样。胆囊扩张，囊内胆汁蓄积、浓稠（彩图 13-2-19）。

④ 肾脏病变。肾脏肿大，色泽变浅，被膜增厚，较难剥离，皮质脆而易碎，表面有散在性白色坏死灶（彩图 13-2-20）。

⑤ 肺脏病变。呈现弥漫性间质性肺炎变化，体积肿胀，质地变实；严重病例肺泡出血，颜色加深，整个肺脏呈紫褐色，有的病例肺尖叶和心叶发生肉变。

⑥ 胃肠病变。胃的食管部黏膜水肿和非出血性溃疡。回肠和结肠段肠壁变薄，盲肠和结肠黏膜充血和淤血。

（2）皮炎肾病综合征　主要发生于育肥猪，可见病猪耳朵、肚皮、臀部等部皮肤增厚，呈圆形或不规则型隆起。肾脏肿大、苍白，有红色出血点，淋巴结肿大，胆囊肿大，脾脏萎缩。

**3. 病理诊断**

（1）断乳仔猪多系统衰竭综合征　肺有轻度多灶性或高度弥漫性间质性肺炎；肝脏有以肝细胞的单细胞坏死为特征的肝炎；肾脏有轻度至重度的多灶性间质性肾炎；心脏有多灶性

心肌炎；淋巴结、脾、扁桃体和胸腺常出现多样性肉芽肿炎症。

（2）皮炎肾病综合征　耳朵、肚皮、臀部等部皮肤有圆形或不规则形隆起，肾脏肿大、苍白、有出血点。

### 六、犬瘟热

犬瘟热是由犬瘟热病毒感染所引起犬的一种高度接触性传染病。病犬以表现双相热型、呼吸道和消化道卡他性炎症、非化脓性脑脊髓炎及皮肤湿疹样病变为主要特征。

**1. 病原与发病机制**

犬瘟热病毒在分类上属副黏病毒科、麻疹病毒属、RNA 病毒。病犬为主要传染源，发病初期病犬的分泌物、排泄物中含有大量病毒。经飞沫或污染物传播，通过呼吸道和消化道感染。病毒可在侵入门户附近的淋巴组织中大量复制，经 7～8 天的潜伏期后引起病毒血症，出现急性发热，高热持续 4 天左右，然后降至常温，经过 11～12 天体温再次升高出现第二个热峰，这种双相性发热是本病的主要临床特征。病毒通过血流扩散至全身，可在多种组织中复制，引起一系列病理变化与临床表现，如上呼吸道的卡他性炎症、皮肤的水疱性或化脓性炎症、消化道黏膜炎症引起的严重腹泻、口腔黏膜炎症引起的流涎、脑脊髓炎引起的抽搐、癫痫等神经症状等。

**2. 病理变化**

（1）皮肤病变　病犬尸体消瘦，发生化脓性结膜炎、溃疡性角膜炎或鼻黏膜化脓性炎（彩图 13-2-21）。腹下、四肢内侧、耳郭、包皮等处皮肤发生水疱性或化脓性皮炎（彩图 13-2-22），干固后可形成褐色痂皮。有时可见脚部肉趾增厚、变硬。

（2）胃肠病变　胃肠黏膜卡他性炎症，常有糜烂和溃疡病灶。孤立淋巴滤泡和集合淋巴滤泡肿胀，严重病例可发生出血性肠炎。肠黏膜上皮细胞内也可见胞质和胞核包含体。

（3）肝肾病变　肝脏、肾脏呈颗粒变性和脂肪变性。尿道黏膜，特别是肾盂和膀胱黏膜充血，上皮细胞内有核内包含体。

（4）脑的病变　脑膜充血、水肿，脑室扩张，脑脊液增加，镜检，呈非化脓性脑脊髓炎变化，病变主要位于小脑脚、前髓帆、小脑有髓神经束和脊髓白质。病变特点是在有髓神经束部位出现界限明显的不规则的海绵状孔眼，称为海绵样病变。胶质细胞内有核内包含体。病程较久的病例神经细胞发生渐进性坏死和胶质细胞增生。

**3. 病理诊断**

（1）急性胃肠炎型犬瘟　胃肠黏膜弥漫性出血，肠黏膜脱落，肠系膜淋巴结肿大、出血，肠黏膜上皮细胞内也可见胞质和胞核包含体。

（2）神经症状型犬瘟　脑膜充血、水肿，镜检，呈非化脓性脑脊髓炎变化，在有髓神经束部位出现界限明显的不规则的海绵状孔眼，称为海绵样病变。胶质细胞内有核内包含体。

（3）呼吸道感染型犬瘟　上呼吸道黏膜充血和卡他性炎。随着病情发展，特别是伴发细菌感染后使病情复杂化。上呼吸道黏膜发生卡他性或化脓性炎症，黏膜上皮内可见核内病毒包含体。肺部发生支气管性肺炎，炎症多见于尖叶、心叶和隔叶的前缘，病灶呈大小不等的红褐色，质地硬实。有时病灶布满全肺，多伴发纤维素性胸膜炎。

### 七、高致病性禽流感

禽流感是禽流行性感冒的简称，又称真性鸡瘟或欧洲鸡瘟，是由 A 型禽流感病毒感染所引起禽类的一种急性、高度致死性传染病，临床上以急性败血性死亡到无症状带毒等多种病症为特点。世界卫生组织将高致病性禽流感列为 A 类动物疫病，我国将其列为一类动物疫病。

**1. 病原与发病机制**

病原为正黏病毒科流感病毒属的 A 型流感病毒，该病毒易发生变异，在自然界它们组合成众多的亚型毒株。

本病毒可感染多种家禽和野鸟，天然病例见于鸡、火鸡、鸭、鹅及多种野鸟。患病或带毒禽鸟为主要传染源，病毒通过病禽的分泌物、排泄物和尸体等污染饲料、饮水及其他物体，通过直接接触和间接接触发生感染，经消化道、呼吸道、伤口和眼结膜等引起传染，呼吸道和消化道是主要的感染途径。

病毒入侵机体后，首先在呼吸道和消化道黏膜上皮大量繁殖，细胞破裂后释放，引起黏膜上皮的进一步感染，导致黏膜组织的损伤。随着病毒毒力的增强和黏膜屏障能力的降低，病毒就会突破局部屏障，随淋巴液侵入血液，形成病毒血症，并随血流侵入全身组织器官，引起全身性的组织损伤和病理变化。

**2. 类型与病理变化**

禽流感的病理变化因感染病毒株毒力的强弱、病程长短和禽种的不同而变化不一。

(1) 急性型禽流感　多见于高致病性禽流感暴发时，患禽表现突然发病死亡，无特征性病变。

(2) 亚急性型禽流感

① 呼吸系统病变。眼、鼻有分泌物，鸡冠及肉髯淤血发紫、水肿，颜面、头颈部肿大，皮下水肿呈胶冻状（彩图 13-2-23）。鼻窦内充满黏液或干酪样物，喉头、气管黏膜充血、出血，在黏膜表面有多量黏液性分泌物；肺脏肿胀，有严重淤血、出血（彩图 13-2-24）；气囊膜增厚，内有纤维素性或干酪样物。

② 消化系统病变。口腔内有黏液，嗉囊内积有酸臭的液体；腺胃乳头出血（彩图 13-2-25），有脓性分泌物，腺胃与食道、腺胃与肌胃交界处有带状出血；肌胃角质下出血（彩图 13-2-26）；十二指肠及小肠黏膜红肿，有程度不等的出血点或出血斑；盲肠扁桃体肿大、出血；直肠黏膜及泄殖腔出血。火鸡还能见到卡他性或纤维素性肠炎和盲肠炎。

③ 生殖系统病变。卵泡充血、出血（彩图 13-2-27）。有的卵泡变形、破裂，卵黄液流入腹腔，形成卵黄性腹膜炎；卵巢充血、出血，输卵管内有黄白色黏液性或脓性分泌物（彩图 13-2-28）。

④ 实质脏器病变。肝脏肿大，有出血点，可见灰黄色坏死点、血肿（毛细血管破裂）；心包膜增厚，冠状沟及心外膜出血，心肌条状或点状坏死；胰腺出血和淡黄色斑点状坏死点；肾脏肿大，肾小管中含有尿酸盐沉积。

**3. 病理诊断**

(1) 鸡冠、肉髯严重淤血水肿，头、颈、胸部皮下水肿，呈淡黄色胶冻样，喉头、气管黏膜、腿部、胸部肌肉、腹部脂肪、腺胃、肌胃角质膜下及泄殖腔黏膜等处有出血斑点。

(2) 腺胃乳头、盲肠扁桃体、小肠、直肠和泄殖腔黏膜有出血点和出血斑。

(3) 卵泡充血、出血，输卵管发生黏液性或化脓性炎，以及卵黄性腹膜炎。

(4) 实质脏器的广泛性出血和局灶性坏死。

## 八、鸡新城疫

鸡新城疫又称亚洲鸡瘟、伪鸡瘟等，是由新城疫病毒感染所引起的一种急性高度接触性败血型传染病，主要特征为呼吸困难、下痢、神经紊乱、黏膜和浆膜出血。

**1. 病原与发病机制**

病原为新城疫病毒，病鸡和带毒鸡为主要传染源，可通过口鼻分泌物、粪便、蛋等排出病毒，经消化道、呼吸道、眼结膜、损伤的皮肤和黏膜等途径感染健康鸡。

病毒从呼吸道或消化道侵入后，先在呼吸道和肠道内繁殖，随后突破黏膜屏障迅速侵入血流，形成病毒血症。继而病毒在血液中大量繁殖，而引起败血症。本病毒属于一种泛嗜性病毒，可随血流扩散至全身各部。病毒可存在于病鸡所有器官，可造成许多器官组织的损伤。由于病毒对血管壁的损伤，使血管壁的通透性增强，引起浆液渗出、水肿和出血性变化。由于病毒对消化道、呼吸道黏膜的损伤，而致使严重的消化紊乱和呼吸中枢紊乱，导致呼吸困难。慢性病例后期，病毒主要存在于中枢神经系统和骨髓中，引起脑脊髓炎变化。故可引起特征性的神经症状。

**2. 病理变化**

本病以出血性败血性变化为基础，消化道变化明显，以黏膜的弥漫性出血和溃疡为主要特征。

（1）出血性素质病变　病死鸡颈部、胸部皮下组织呈胶样浸润，体腔与内脏浆膜、消化道与呼吸道黏膜均有不同程度的出血斑点。鼻腔及喉头充满污灰色黏液，黏膜充血或有小点出血，偶有纤维素性坏死点。气管内集有大量黏液，黏膜充血或出血。肺脏充血、水肿，多见有小而坚实的肺炎病灶。气囊膜增厚、混浊，有时气囊内积有炎性渗出物。心、肝、脾、胰、肾等实质脏器体积肿大，被膜紧张，质地柔软易碎，表面与切面多散在有针头大至粟粒大的灰白色坏死灶。脑组织呈现非化脓性脑膜脑炎病变。表现脑膜充血、出血，脑实质中见胶质细胞增生灶、神经细胞变性、血管周围淋巴细胞浸润与血管内皮细胞肿胀等病理变化。产蛋鸡卵黄膜充血或出血，甚至卵黄破裂流入腹腔。

（2）消化道黏膜病变　口腔和咽部黏膜黏液增多，有芝麻至米粒大小黄白色隆起的纤维素性坏死性病灶。食管黏膜充血、水肿，黏液分泌增多。嗉囊常充满散发酸败气味的食物和污灰色的液体（彩图13-2-29、图13-2-30）。

腺胃黏膜出血，其出血多见于腺胃乳头处（彩图13-2-31）。有时在腺胃与食道或腺胃与肌胃的交界处常呈带状或不规则的出血斑，近食道的腺胃黏膜出血斑点常形成溃疡。肌胃角质层下的肌肉有出血点，从小肠到盲肠和直肠黏膜有大小不等、数量不一的出血点。

小肠肠黏膜红肿，有小点状或麸皮样坏死灶，有些大似枣核状，单个，突出于肠表面，黄褐色，脱落后成溃疡。其炎症病变主要以肠淋巴滤泡为中心，首先表现为淋巴滤泡肿胀，继而发生局灶性坏死，同时伴有纤维素渗出，并与坏死组织凝结在一起，形成纤维素性坏死性痂皮。其病灶有南瓜子大小，呈岛屿状隆起。当其痂皮自行脱落或强行剥离后可留下深层溃疡，常见于十二指肠后半段与空肠、回肠的黏膜面。盲肠与直肠黏膜皱褶常呈条纹状出血，在盲肠基部的扁桃体呈紫红色肿大、出血或坏死（彩图13-2-32）。

**3. 病理诊断**

（1）心、肝、脾、胰、肾等实质脏器体积肿大，质地柔软易碎，表面与切面多散在有针头大至粟粒大的灰白色坏死灶。

（2）脑组织非化脓性脑膜脑炎病变，脑实质中见胶质细胞增生灶、神经细胞变性、血管周围淋巴细胞浸润与血管内皮细胞肿胀等。

（3）腺胃黏膜、腺胃乳头、腺胃与食道或腺胃与肌胃的交界处常呈带状出血，肌胃角质层下的肌肉有出血点。肠黏膜形成出血和"枣核状"坏死溃疡，盲肠基部扁桃体出血或坏死。

## 九、传染性法氏囊病

传染性法氏囊病是由传染性法氏囊病病毒引起雏鸡的一种急性、高度接触性传染病，以腹泻、颤抖、极度虚弱，法氏囊、腿肌和胸肌、腺胃和肌胃交界处出血为特征。本病毒主要侵害的靶器官为中枢免疫器官法氏囊，使机体免疫力下降，对多种病原易感性增强，造成严重的免疫抑制现象。主要病理变化为法氏囊的出血和坏死性炎症，故又称为传染性法氏囊炎。

**1. 病原与发病机制**

病原为传染性法氏囊病病毒，病鸡和带毒鸡为主要传染源，通过粪便排出大量的病毒，污染饲料、饮水、垫料、用具等经消化道或呼吸道感染健康鸡。病毒侵入机体后，首先侵害鸡的中枢免疫器官法氏囊，主要在法氏囊内 B 淋巴细胞内增殖，导致法氏囊淋巴组织及其细胞发生变性、坏死，使其产生免疫球蛋白和体液免疫功能发生障碍，引起免疫抑制和免疫应答反应降低。所以，本病主要侵害雏鸡和幼年鸡，成年鸡因法氏囊萎缩而不易感染发病。

**2. 病理变化**

本病的典型病变在法氏囊，以法氏囊淋巴组织的出血和坏死性变化为主要特征。其他器官和组织如盲肠、扁桃体、脾脏、胸腺、骨骼肌等也有相应的病变。

(1) 法氏囊病变　法氏囊充血、水肿，体积肿大，质量增加，体积和质量可达正常的2～3倍。法氏囊表面常被覆多量淡黄色胶冻样渗出物，原有的纵行条纹变得明显。切开法氏囊可见囊内蓄积大量红褐色胶冻样渗出物，其黏膜重度充血、肿胀，黏膜皱褶趋于平坦。黏膜表面散在有斑点状出血，重者发生弥漫性出血，整个黏膜呈现紫红色，类似一个血肿 (彩图 13-2-33)。有的病例在法氏囊黏膜表面见有粟粒大黄白色圆形坏死灶，囊内有大量黄白色奶油状物或黄白色干酪样物质。慢性病例随着病程的迁延可见法氏囊体积缩小，质量减轻，呈灰白色。

(2) 肾脏病变　肾脏体积肿大，肾小管因蓄积尿酸盐而显著扩张，形成"花斑肾" (彩图 13-2-34)，输尿管扩张，管内充满大量的尿酸盐。

(3) 肌肉出血　胸部、腹部和腿部肌肉出血，顺肌纤维走向呈条纹状或斑点状出血，严重病例发生大面积弥漫性出血 (彩图 13-2-35)。

(4) 消化道病变　腺胃和肌胃交界处常见有斑点状或带状出血 (彩图 13-2-36)，盲肠扁桃体肿大并突出于黏膜表面，有出血点。泄殖腔黏膜表面见有不同程度和大小不等的出血点。

(5) 其他病变　脾脏轻度肿大，被膜下散布有灰白色或灰红色坏死灶。另外，患鸡因生前严重腹泻而重度脱水，皮肤干瘪，身体消瘦。

**3. 病理诊断**

(1) 病死鸡脱水，腿部和胸部肌肉出血，腺胃和肌胃交界处带状出血。

(2) 法氏囊充血、水肿，呈斑点状或弥漫性出血，黏膜有灶状坏死。

## 十、鸡传染性支气管炎

鸡传染性支气管炎是由鸡传染性支气管炎病毒感染引起的鸡的一种急性、高度接触传染性呼吸道传染病。其特征是病鸡咳嗽、喷嚏和气管发生啰音。雏鸡还可出现流鼻涕，蛋鸡产蛋量减少和质量低劣，肾脏肿大，有尿酸盐沉积。

**1. 病原与发病机制**

病原为鸡传染性支气管炎病毒，属于冠状病毒科冠状病毒属，单股 RNA 病毒，有囊膜，其上有花瓣状纤突。病鸡和带毒鸡是主要传染源，病鸡从呼吸道排毒，通过空气飞沫、饲料、饮水经消化道或呼吸道感染易感鸡。

**2. 类型与病理变化**

(1) 呼吸道型　主要病变是气管、支气管黏膜充血、出血 (彩图 13-2-37)，鼻腔和鼻窦内有浆液性、卡他性和干酪样渗出物。气囊混浊或含有黄色干酪样渗出物。在死亡鸡的后段气管或支气管中可能有一种干酪性的栓子。在大的支气管周围可见到小灶性肺炎。产蛋母鸡的腹腔内可发现液状的卵黄物质，卵泡充血、出血、变形。

（2）肾脏型　肾脏肿大、出血，呈斑驳状的"花斑肾"（彩图 13-2-38），肾小管和输尿管因尿酸盐沉积而扩张。严重病例，白色尿酸盐沉积可见于其他组织器官表面。

**3. 病理诊断**

（1）呼吸道型　气管、支气管黏膜出血，气管、支气管管腔及鼻腔、鼻窦内有浆液性、卡他性和干酪样渗出物。

（2）肾脏型　"花斑肾"和肾小管、输尿管内尿酸盐沉积。

---

**【案例分析】**

**案例 1**　2007 年 2 月 26 日，某养殖户饲养 6 头母猪，前 2 头母猪所产仔猪发病全部死亡，中间 2 头母猪产仔后分别在 16 日龄和 18 日龄仔猪开始发病、死亡，仅分别存活 2 头和 3 头仔猪，且生长不良，最后 2 头母猪在产仔后第 19 天左右开始发病死亡。病死仔猪剖检见耳尖发绀，脾稍肿大、表面有少量针尖大小出的血点。肾表面及切片有多量针尖大的出血点。脑膜表面充血、出血、水肿，有多量脑脊液，大脑质地较软，全身淋巴结充血、水肿，膀胱积尿，黏膜有少量针尖大出血点。

**案例 2**　某养殖户从牲畜交易市场购买 70 头长白约克夏二元仔猪，买回后立即对猪进行去势，并注射疫苗，不久猪开始出现异常，主要表现为高热 41～42℃，皮肤潮红，后肢内侧仔细观察有出血点，眼内分泌物增多，猪群喜欢拥挤扎堆，有便秘和腹泻现象，个别猪两耳发绀，呈蓝紫色，经过抗生素治疗后未见好转，猪陆续出现死亡。剖检主要病变表现肠黏膜、膀胱黏膜、胃黏膜、心外膜等处有出血点，肝脏肿大变性，肾脏皮质有密密麻麻针尖大小的出血点，脾脏淤血，边缘有小的梗死灶。

**案例 3**　某猪场断乳仔猪发病，表现为渐进性消瘦，呼吸困难，腹式呼吸明显，随着病情的延长，陆续出现皮肤黏膜苍白、黄染的症状，病程比较长，病死猪剖检的病理变化为淋巴结的明显肿大，肺脏肿大，质地坚硬，胃溃疡，肝脏萎缩，胆囊扩张，囊内胆汁蓄积、浓稠，肠道黏膜尤其是结肠黏膜水肿出血，肾脏肿大、苍白，有坏死灶。

**案例 4**　2007 年 3 月 9 日，某厂护厂的 5 只藏犬中有 2 只发病，出现眼、鼻分泌物增多，可视黏膜出血，咳嗽，呼吸困难，精神沉郁，食欲下降，听诊肺部有湿啰音，呼吸音增强，体温 41℃，嗜睡，有饮欲。一只出现肌肉阵发性痉挛，共济失调，转圈，惊厥，抽搐，呈癫痫样发作，持续时间数秒至数分钟不等，发作的次数每天由几次发展到十几次，3 日后死亡。

问题分析：

（1）请根据以上案例的各自临床表现和剖检所见，作出初步的病理诊断。

（2）请针对各案例拟定出进一步诊断的方法和关键性的防控措施。

---

**实习实训**

## 畜禽病毒性疫病病变的观察与病理诊断

**【实训目标】**通过对各种病毒性疫病病理标本与切片的观察，认识和掌握动物常见病毒性疫病的病理变化特点，并对其病变作出准确的病理学诊断。

【实训器材】眼观标本、病理切片、光学显微镜、显微数码互动系统或显微图像转换系统、计算机、投影机、病理图片等。

【实训内容】

**1. 猪口鼻病变**

眼观标本　眼观患猪口鼻黏膜形成水疱和糜烂。

病理诊断　猪口蹄疫口鼻黏膜浆液性炎。

**2. 猪蹄部病变**

眼观标本　患猪蹄冠、蹄叉、蹄踵等部位出现局部红肿或形成豆大的水疱，水疱破裂后表面出血，形成糜烂。

病理诊断　猪口蹄疫蹄部皮肤浆液性炎。

**3. 猪心肌病变**

眼观标本　眼观心外膜有弥漫性或斑点状出血，心肌色泽变淡，呈煮肉样，有大小不等、界限清晰的灰白色或灰黄色斑纹。

病理诊断　猪口蹄疫心肌炎。

**4. 猪皮肤病变**

眼观标本　眼观耳部、腿部、腹下皮肤出现大小不等斑点状出血。

病理诊断　猪瘟皮肤出血。

**5. 淋巴结病变**

眼观标本　眼观淋巴结肿大、出血，表面呈暗红色，切面呈红白相间的大理石样外观。

病理诊断　猪瘟出血性淋巴结炎。

**6. 猪肾脏病变**

眼观标本　眼观肾脏表面或切面弥散有针尖大至粟粒大的出血点，外观类似麻雀蛋样。

病理切片　镜下可见肾小球体积增大，球内毛细血管充血，肾小囊变窄，囊腔内有红细胞渗出和炎性细胞浸润。肾小管上皮变性、坏死。

病理诊断　猪瘟出血性肾炎。

**7. 猪脾脏病变**

眼观标本　眼观脾脏边缘形成黄豆大小的出血性梗死灶、肿胀，突出于脾脏表面，质地坚实，呈红褐色。切面致密，失去原有结构。

病理切片　镜下可见脾脏有梗死灶，病变区血管严重淤血和出血，并有血栓形成，梗死区内脾小体坏死。

病理诊断　猪瘟脾脏出血性梗死。

**8. 猪肺脏病变**

眼观标本　眼观病肺表面隆起，无光泽，或附有纤维素性假膜，肺炎病灶发生"肝变"，质地变硬，表面及切面呈暗红色，灰黄色或灰白色相间的大理石样花纹。

病理诊断　胸型猪瘟纤维素性肺炎。

**9. 猪肠管病变**

眼观标本　眼观回肠末端、结肠和盲肠，尤其回盲口附近，形成"扣状肿"，呈灰白色或灰黄色，干燥，隆起于肠黏膜表面。坏死痂皮脱离者，留下扣状溃疡。

病理诊断　肠型猪瘟纤维素性坏死性肠炎。

**10. 猪耳病变**

眼观标本　眼观病猪耳部皮肤发生严重淤血，呈暗红色或蓝紫色。

病理诊断　猪蓝耳病耳部淤血。

**11. 流产胎儿（猪）**

眼光标本　眼观流产胎儿发生全身性出血素质，全身皮肤形成广泛性的斑点状出血。

病理诊断　猪蓝耳病流产胎儿皮肤出血。

**12. 猪肺脏病变**

眼观标本　眼观肺脏发生间质性肺炎变化，肺表现充血、出血、水肿，呈红白相间的花斑状。

病理切片　镜下可见病变区肺泡内有炎性渗出物，肺泡壁上皮增生，肺泡隔有炎性细胞浸润。

病理诊断　猪蓝耳病仔猪肺炎。

**13. 鸡喉气管病变**

眼观标本　眼观病鸡喉气管黏膜充血、水肿，并发生弥散性斑点状出血，黏膜表面覆盖一层黏液性出血性渗出物。

病理诊断　鸡瘟喉气管黏膜出血性炎。

**14. 鸡腺胃病变**

眼观标本　眼观腺胃黏膜肿胀，腺胃乳头肿大隆起，乳头顶端见有出血和坏死。在腺胃与肌胃交界处形成出血带，肌胃角质层下有出血点。

病理诊断　鸡瘟腺胃乳头出血坏死。

**15. 鸡肠管病变**

眼观标本　眼观肠黏膜充血、出血和形成纤维素性坏死性炎症，炎症病变以淋巴滤泡为中心，淋巴滤泡肿胀，并有局灶性坏死，坏死组织与渗出的纤维素黏结在一起，形成纤维素性坏死性痂皮。有的痂皮脱落留下深层溃疡。

病理诊断　鸡瘟纤维素性坏死性肠炎。

**16. 鸡法氏囊病变**

眼观标本　眼观法氏囊体积肿大，表面常被覆有多量的淡黄色胶冻样渗出物。切开法氏囊可见囊内蓄积大量的红褐色胶冻样渗出物，其黏膜重度充血、肿胀。黏膜表面散在有斑点状出血，重者法氏囊发生弥漫性出血，呈紫葡萄样。有的法氏囊黏膜出现干酪样坏死。

病理切片　显微可见法氏囊内淋巴小结髓质区淋巴细胞变性坏死，淋巴小结内外血管充血、出血，间质出现多量异嗜性粒细胞。重者坏死病变波及囊内所有的淋巴小结，或扩大至皮质区，坏死物均质红染无结构。

病理诊断　鸡传染性法氏囊炎。

**17. 鸡肾脏病变**

眼观标本　眼观肾脏体积肿大，肾小管因蓄积尿酸盐而显著扩张，形成"花斑肾"。

病理诊断　鸡传染性法氏囊炎肾脏尿酸盐沉积。

**18. 鸡肌肉病变**

眼观标本　眼观胸部、腹部、腿部肌肉呈条纹状或斑点状出血，严重病例出现大面积的弥散性出血。

病理诊断　鸡传染性法氏囊炎肌肉出血。

**【实训考核】**

1. 从所观察的标本中描述 4 种以上眼观病理标本的病理变化特征。

2. 从所观察的病理切片中选择绘制 2 张病理组织图，突出其病变特点，并完成图注。

3. 通过标本观察，识别各种病毒性疫病病变标本的病理变化。

## 【目标检测】

1. 口蹄疫的临床表现及其发病机制是什么？
2. 猪伪狂犬病的主要病理变化有哪些？
3. 猪瘟的类型及其典型病理变化有哪些？
4. 猪繁殖-呼吸障碍综合征的临床表现与病理变化特征有哪些？
5. 猪圆环病毒病的类型与病变特征有哪些？
6. 禽流感与鸡新城疫的病理鉴别诊断是什么？
7. 传染性法氏囊病的病理变化特征有哪些？
8. 鸡传染性支气管炎的分型与病变特征有哪些？
9. 鸡传染性喉气管炎的病理变化特征是什么？

(王一明)

# 子项目三　畜禽常见霉形体及真菌性疫病
# 病变观察与病理诊断

## 【学习目标】

1. 熟悉畜禽常见霉形体与真菌性疫病的病原与发病机制。
2. 观察和认识畜禽常见霉形体与真菌性疫病的病理变化。
3. 依据常见霉形体与真菌性疫病的病理变化特征建立正确的病理诊断。

## 【课前准备】

1. 预习本项目学习内容，明确学习目标与任务。
2. 了解畜禽常见霉形体与真菌性疫病的流行特点及其对畜禽养殖生产的危害。

## 【学习内容】

### 一、霉形体病

#### 1. 猪霉形体肺炎

猪霉形体（支原体）肺炎又称猪地方流行性肺炎、猪支原体性肺炎，是由猪肺炎霉形体（猪肺炎支原体）感染所引起的一种高度接触性慢性呼吸道传染病。因其临床特征主要是气喘和咳嗽，俗称"猪气喘病"。以融合性间质性肺炎、慢性支气管周围炎、血管周围炎、肺气肿，肺脏尖叶、心叶、中间叶和膈叶前缘呈"肉样"或"胰样"实变，同时伴发肺门淋巴结和纵隔淋巴结增生性炎症为特征。

（1）病原与发病机制　猪肺炎霉形体是一种介于细菌和病毒之间的没有细胞壁的多态微生物，寄居于猪的呼吸道，具有多形性，其中常见的有球状、球杆状和杆状等。病猪和隐性带菌猪是其传染源。猪肺炎霉形体常存在于患猪的鼻道、喉头、气管、支气管、细支气管、肺内和肺门与纵隔淋巴结等处。病猪通过咳嗽随飞沫和痰液向外界排出大量霉形体，使周围猪群发生接触性感染。本病主要通过呼吸道感染，圈舍通风不良、潮湿和拥挤，易引起本病流行。哺乳仔猪可通过患病母猪传染，当几窝仔猪并群饲养时易暴发本病。病猪症状消失半年至 1 年仍可排毒。

霉形体进入呼吸道后，首先侵入黏膜的淋巴间隙，并沿淋巴流扩散，引起支气管周围炎。炎症常侵及左右两侧肺脏下垂的尖叶、心叶、中间叶和膈叶的前下部。随着炎灶的扩大，发展为支气管肺炎和融合性支气管肺炎。

在疾病过程中，特别是慢性病例，肺门淋巴结、纵隔淋巴结以及左右两肺支气管周围淋巴组织显著增生，成为此型肺炎炎区内大量淋巴细胞浸润的来源，显示淋巴组织及其生成的淋巴细胞在本病发病机制上的重要作用。

（2）类型与病理变化　根据其发展经过和病理变化的不同，可将本病分为以下三种类型。

① 急性型。较少见，多发生于新疫区或怀孕以及哺乳的母猪。剖检可见两侧肺叶呈均等的高度膨大，色泽灰红或灰白，表面光滑，边缘钝圆，切面湿润。在心叶、尖叶和中间叶上散在黄豆大小、灰红或灰白色稍透明的病灶，病灶质地坚实，切面湿润，像鲜嫩的肌肉样，俗称"肉变"或"胰变"（彩图 13-3-1）。切开后从小支气管流出混浊、灰白带泡沫的浆液性或黏液性液体。肺门淋巴结和纵隔淋巴结显著肿大，质地坚实，切面湿润，呈灰白色脑髓样。

② 慢性型。此型多发生于老疫区的仔猪，中猪通常由仔猪期感染发病迁延而来。由于病程较久，患猪大多体格瘦弱，被毛无光泽。剖检见肺气肿和融合性支气管肺炎病变，在心叶、尖叶和膈叶的下部，出现融合性支气管肺炎病灶。病灶呈灰红色或灰黄色，质地坚实，略透明。切面湿润多汁，从切面流出灰白色黏稠的液体。有些病灶呈灰红色虾肉样外观，严重时病灶互相融合成较大的类似纤维素性肺炎灰色肝变期变化（彩图 13-3-2）。肺门和纵隔淋巴结显著肿大，为正常的 3～10 倍，呈灰白色脑髓样，质地坚硬。

③ 继发感染型。继发感染是引起病猪病情加重和死亡的重要原因之一，常继发感染的病原有巴氏杆菌、各种化脓性细菌、肺炎球菌、沙门菌，以及猪鼻霉形体等。晚期病例除有本病的固有变化外，还可见到肺有大小不等的灰黄色坏死灶、化脓灶和干酪样坏死灶等。胸膜常发生纤维素性炎症，并发生胸膜粘连。眼观各肺叶病变区域色彩不一，多呈灰黄色、灰红色，硬度显著增加，表面常覆有灰黄色絮样或片状渗出物；切面平整、致密，或见一些干燥、无光泽的灰黄色与灰白色坏死灶呈镶嵌样分布，压挤时常见从支气管断端流出黄色或黄绿色黏稠脓液。肺门淋巴结和全身淋巴结发生点状出血和坏死等病变。

（3）病理诊断

① 急性型。肺脏充血、水肿、出血，出现灰红色或灰白色，质地坚实的"肉变"或"胰变"区。肺门淋巴结和纵隔淋巴结呈现增生性炎症变化，体积肿大，质地坚实。

② 慢性型。呈现肺气肿和融合性支气管肺炎变化。

③ 继发感染型。除见本病固有的变化外，还可见到纤维素性、化脓性肺炎和坏死性病变。

**2. 鸡霉形体病**

（1）病原与发病机制　鸡霉形体病的病原有鸡败血霉形体和鸡滑液囊霉形体两种，霉形体的自然宿主是鸡和火鸡，病鸡和带菌鸡是主要传染源，大量病原体随其排泄物及分泌物排出，通过易感鸡与感染鸡直接接触而感染，也可以通过尘埃或飞沫经呼吸道吸入而传染，通过被污染的器具、饲料、饮水等方式经消化道传染。病鸡和带菌鸡的精液、输卵管中都含有病原体，并能将病原体经卵垂直传播给下一代，特别是正在发病和病后不久的种鸡所产蛋中含菌较多，种蛋在孵化过程中，本菌逐渐增殖，使鸡胚 14～21 日龄发生死亡，或出现难脱壳的弱雏，这种弱雏早期发生气囊炎，成为新的传染源。

（2）类型与病理变化

① 鸡败血霉形体病。属于一种慢性呼吸道传染病，又称鸡慢性呼吸道病。其病变特征是上呼吸道及鼻窦黏膜、气囊等处发生浆液性、卡他性、化脓性、干酪性炎症。鼻腔、喉头、气管、肺、气囊和眶窦中含有黏液性渗出物，气管黏膜增厚，气囊膜轻度混浊、增厚、

水肿，有灰白色增生性结节（彩图 13-3-3）。严重的慢性病例，气囊膜呈混浊或浅黄色肥厚，囊腔内有大量干酪样物，特别是胸气囊和肺之间、腹气囊和腹壁之间有干酪样渗出物。炎症延及眼部时，眼结膜发生浆液性、黏液性或化脓性炎症，一侧或双侧的眼部肿胀（彩图 13-3-4），眼角流出浆液性、黏液性或脓性渗出物，有时渗出物中带有泡沫，结膜囊内积有黄白色干酪样物质。肺充血、水肿，背侧可见大小不等的灰白色硬结，肺切面可见以支气管为中心的小叶性肺炎。肝脏覆有一层淡黄色或白色伪膜，呈纤维性肝周炎。

② 鸡滑液囊霉形体病。主要以侵害关节膜和腱鞘滑膜为主，又称鸡传染性滑膜炎或传染性关节炎。其病变特征为关节肿大，滑膜囊和腱鞘发炎。气囊受侵害后，出现混浊、增厚，有干酪样结节。公鸡有睾丸炎，母鸡卵巢萎缩。

（3）病理诊断

① 鸡败血霉形体病。病鸡鼻腔、喉头、气管、肺、气囊和眶窦发炎，有黏液性渗出物，气囊膜混浊、增厚，有灰白色结节。

② 鸡滑液霉形体病。病鸡关节和滑液囊肿大，滑膜囊和腱鞘发炎，病变关节腱鞘的滑液囊内常积有黏稠的奶酪样渗出物。

**3. 牛羊霉形体病**

牛羊霉形体病又称传染性胸膜肺炎，是由丝状霉形体感染引起的高度接触性传染病，主要病理特征为高热、咳嗽和纤维素性胸膜肺炎。

（1）病原与发病机制　病原是丝状霉形体，病羊和带菌羊是本病的主要传染源，病原菌存在于病羊肺组织、胸腔渗出液及纵隔淋巴结中，经支气管分泌物排出，污染周围环境。病愈后肺组织内的病原体能存留很长时间，并可散布传染。传染途径主要通过飞沫经呼吸道传染。

（2）病理变化　以一侧性或两侧性纤维素性胸膜肺炎为主要特征。胸腔内有大量淡黄色液体或纤维素性渗出物，胸膜变厚而粗糙，上有黄白色纤维素性渗出物附着，甚至造成胸膜与肋膜、心包发生粘连。肺脏肝变区凸出于肺表面，呈暗红色至灰白色不等，切面呈大理石样外观，肺间质增宽，小叶界限明显。支气管淋巴结和纵隔淋巴结肿大，切面湿润，有点状出血。心包积液，心肌松弛柔软，并发生淤血、出血、水肿。急性病例可见肝、脾肿大，胆囊肿胀。肾脏肿大，被膜下有小出血点。

（3）病理诊断

① 胸膜变厚而粗糙，有黄白色纤维素性渗出物附着，胸膜与肋膜、心包膜发生粘连。

② 肺脏出现肝变区，肺表面与切面呈大理石样外观，肺间质增宽，小叶界限明显。

③ 支气管淋巴结和纵隔淋巴结肿大，切面湿润，有点状出血。

## 二、放线菌病

放线菌病是由放线菌感染所引起的一种人畜共患性慢性传染病，以形成传染性肉芽肿和化脓性炎症为主要特征。牛放线菌病常发生头骨疏松性骨炎；羊放线菌病多见皮下及皮下淋巴结脓性肿胀；猪放线菌病常发生乳房、扁桃体和腭骨的肿胀。

**1. 牛放线菌病**

牛放线菌病是一种多菌性的非接触性慢性传染病，以头、颈、颌下和舌等部位形成放线菌肿为主要特征。

（1）病原与发病机制　病原为牛放线菌、林氏放线菌和伊氏放线菌，此外金黄色葡萄球菌和化脓棒状杆菌等也可参与致病作用。牛放线菌主要引起骨骼的病变，林氏放线菌主要引起皮肤和软组织器官（如舌、乳腺、肺等）的病变。

放线菌病原体存在于环境污染的土壤、垫草、饲料和饮水中，是体内的常在性寄生菌，寄生于动物口腔和消化道中。当换齿、口蹄疫等口腔黏膜或皮肤有破损时，便可突破屏障引起感染。当牛采食带刺的饲料时，常可刺伤口腔黏膜而发生感染和引起本病。主要侵害牛，以 2～5 岁幼龄牛最易感染，特别是换齿期间。

牛放线菌和林氏放线菌所引起的组织病理变化基本一致，其发病机制可能与机体对病菌产生变态反应有关。病菌侵入组织后首先在局部发生炎症反应，形成圆形灰白色或灰黄色小结节，其中心可见到菌块，菌块周围浸润有大量嗜中性粒细胞，周围包围有少量上皮样细胞和多核巨细胞。外围为新生的成纤维细胞形成的包膜，其中伴有大量淋巴细胞、巨噬细胞和浆细胞浸润。以后在结节性病灶周围又形成同样的结节，如此发展下去形成大小不等、呈分叶状的肉芽肿，称为"放线菌肿"。放线菌肿的软硬度，主要是由其中的纤维组织和炎性细胞的比例决定的。纤维组织的比例大则较硬，炎性细胞的比例大则较软。其断面常见软化的灰白色或灰黄色病灶，内有黏液脓性内容物和淡黄色砂粒状的菌块，因其硬度和色彩似硫黄粉粒，故俗称"硫黄颗粒"（彩图 13-3-5），陈旧的菌块可发生钙化。

有时放线菌肿内可发生脓性溶解形成脓肿，脓肿破溃后向体表形成瘘管排脓。脓液为黄色奶油样，其中常混有淡黄色砂粒样菌块。此外，放线菌可经血流或淋巴流扩散，引起转移性放线菌肿。有时也可经呼吸道入肺，引起肺放线菌病。

（2）病理变化　牛放线菌常侵害下颌骨，患部肿大，受侵骨发生骨膜炎和骨髓炎，甚至发生大块骨坏疽性病变。随着骨髓内肉芽组织增生，使骨和骨膜肿大增厚，形成大量骨样组织。肿大的骨样组织内含有化脓灶和菌块，骨组织粗糙、疏松呈海绵状。有时附着在骨骼上的皮肤化脓破溃，流出脓汁，形成瘘管，经久不愈。经常受侵害的部位除下颌骨外，还有头颈部皮下组织、唇、舌、淋巴结和肺。头、颈、颌下等部位的软组织受侵后常出现硬结，无热无痛，逐渐增大，隆突于皮肤表面，顶部脱毛，破溃后流出黄白色脓液（彩图 13-3-6）。硬结切面呈海绵状结构，海绵状孔隙内散在肉芽组织或小的化脓灶，结节周围环绕结缔组织包膜。

唇和舌受侵时，唇黏膜下组织内出现数量不等的豌豆大至鸡蛋大的圆形、卵圆形硬实结节，当发生脓性软化时则形成脓肿。舌黏膜和肌层内散发粟粒大至玉米粒大的结节，隆起于舌面，或突破黏膜呈红黄色蕈状增生，后期因舌内结缔组织弥漫性增生，坚硬如木板，故临床上称为"木舌病"。

淋巴结放线菌病通常是由邻近组织中的病原菌经淋巴管扩散而引起的，常见于下颌淋巴结、咽淋巴结、上颌淋巴结和纵隔淋巴结等。淋巴结肿大变硬，切面呈灰白色颗粒状，含有黄色软化灶，有时发生脓性软化时则形成脓肿，内贮黏稠的脓液，周围包裹结缔组织性包膜。

肺脏受侵害时主要发生于肺的膈叶，结节较大，由肉芽组织构成，在肉芽组织内散发小的化脓灶，脓汁内含砂粒样菌块，结节周围包裹结缔组织性包膜。

（3）病理诊断

① 头、颈、颌下等部位形成肉芽肿和脓肿，脓液呈乳黄色，含有硫黄样颗粒。下颌淋巴结、咽淋巴结、上颌淋巴结和纵隔淋巴结肿大变硬，切面呈灰白色颗粒状，含有黄色软化灶，内贮黏稠的脓液，周围包裹结缔组织性包膜。

② 唇和舌受侵时，其受侵部位形成肉芽肿或脓肿和溃疡。

③ 肺脏受侵时，其膈叶形成肉芽肿，或出现化脓灶，脓汁内含砂粒样菌块。

**2. 羊放线菌病**

羊放线菌病是由林氏放线菌等病原菌感染引起的一种慢性传染病，其病理变化特征是头颈部皮肤、皮下及皮下淋巴结呈脓性肿胀。

（1）病原与发病机制　病原为林氏放线菌，主要侵害头部和颈部皮肤及软组织，可以蔓延到肺部。病菌平常存在于污染的饲料和饮水中，当羊的口腔黏膜被草芒、谷糠或其他粗饲料刺破时，细菌即乘机由伤口侵入软组织，如舌、唇、齿龈、腭及附近淋巴结，有时损害到喉、食道、瘤胃、肝、肺及浆膜。

（2）病理变化　羊的下颌骨组织或软组织如鼻、唇、颊部、局部淋巴结、附睾、乳房与肺内发生单个或多个放线菌肿，表面呈蓝紫色，挤压有淡黄色的液体渗出。组织学病变可见典型的菊花或玫瑰花形菌块，其周围是嗜中性粒细胞、上皮样细胞和多核巨细胞等成分构成的肉芽肿。

（3）病理诊断　鼻、唇、颊部、局部淋巴结、附睾、乳房与肺内发生单个或多个放线菌肿或带有瘘管的脓肿，显微镜下病变组织内可见典型的菊花或玫瑰花形菌块。

**3. 猪放线菌病**

猪放线菌病是由猪放线菌引起的一种慢性传染病，主要病理特征为皮肤、黏膜或其他组织形成明显的肉芽肿或脓肿。

（1）病原与发病机制　病原为猪放线菌，患病猪和带菌猪为主要传染源。猪放线菌常存在于各种年龄健康猪的扁桃体、口腔和健康母猪的阴道内。猪的上呼吸道、消化道和皮肤，污染的土壤、饲料和饮水也存在该菌。猪放线菌属于条件性致病菌，主要通过损伤的黏膜或皮肤感染。大部分 6 月龄或更大的公猪在包皮内也存在猪放线菌，未感染的公猪与感染公猪同舍时也会受到感染。饲养公猪的猪圈地板、饲养人员的鞋常受到本病的污染。猪放线菌可在交配时由公猪传给母猪。

（2）病理变化　肉芽肿或脓肿常发生于乳房、扁桃体、耳郭、包皮、口腔黏膜和淋巴管等处。乳房受侵时，乳头基部出现硬块，逐渐蔓延到乳头，乳腺局部或全部变成硬固的肿瘤样，乳房表面凹凸不平，乳头缩短或继发坏疽（彩图 13-3-7）。放线菌肿由致密结缔组织构成，其中含有大小不等的脓性软化灶，灶内有黄色砂粒状菌块（彩图 13-3-8），切面呈海绵状或筛孔状。耳郭受害时，耳郭皮肤和皮下结缔组织显著增生，切面偶见软化灶，内含黄色砂粒状放线菌菌块。肺脏、心脏、肝脏、脾脏、皮肤和小肠出血，肺小叶坏死和纤维素渗出，肠系膜淋巴结和肾脏可见到粟粒状脓肿。

（3）病理诊断　乳房、扁桃体、耳郭、包皮、口腔黏膜、肠系膜淋巴结和肾脏等处出现粟粒状肉芽肿或脓肿，其中含有大小不等的脓性软化灶，灶内有黄色砂粒状菌块，切面呈海绵状或筛孔状。

## 三、曲霉菌病

曲霉菌病是由曲霉菌感染所引起的一种人畜共患性真菌性传染病，自然界许多禽类和哺乳动物都能感染此病，其中以禽类发病率较高，育雏期的幼禽（鸡、鸭、鹅、鸽等）易感性最强，往往造成大批发病和死亡。曲霉菌主要侵害呼吸器官，其主要病变特征是在受侵器官、组织内形成肉芽肿结节。禽类在肺及气囊发生霉菌性炎症或形成肉芽肿结节；哺乳动物则在肺组织内形成多发性肉芽肿。

**1. 禽曲霉菌病**

禽曲霉菌病是禽类最为常见的一种霉菌病，幼禽最易感染，常呈急性暴发性流行，发病率和死亡率较高；成禽常呈慢性散发，其特点是病程较长，病变较严重。禽曲霉菌病表现形式有曲霉菌性肺炎、曲霉菌性脑炎、曲霉菌性眼炎、曲霉菌性皮炎，还可呈现消化系统曲霉菌病、心血管系统曲霉菌病、泌尿系统曲霉菌病、蛋源性曲霉菌病等。

（1）病原与发病机制　烟曲霉菌是引起禽曲霉菌病的主要病原，对禽类的致病性最强，以孢子和菌丝两种形态分布于肺脏和气囊等组织器官。

根据病原菌来源，禽曲霉菌病分为内源性感染和外源性感染两类。内源性病原菌存在于正常禽类机体内，这类病原菌对禽类是条件致病菌，正常情况下并不致病，但当机体抵抗力下降时，即可大量繁殖，造成内源性感染。外源性病原菌存在于自然环境内，常通过污染饲料、垫料、器具和禽舍内的空气，经呼吸道和消化道感染。经鼻腔吸入机体内的曲霉菌孢子，首先在肺泡壁吸附繁殖，在侵入部位引起炎症。随后或侵入局部淋巴结或随血流转移至其他器官组织，并在侵入组织内繁殖，造成组织器官的损伤。代谢产生的酶类和酸性代谢产物导致组织细胞变性和坏死，局部血液循环障碍。感染性病灶互相融合，加之炎性细胞浸润和组织增生，形成广泛性的组织坏死和肉芽肿性炎症。

（2）病理变化

① 肺脏曲霉菌病。肺脏曲霉菌病是禽曲霉菌病最为常见的表现形式，主要由于吸入污染环境中的曲霉菌孢子所致，又称禽曲霉菌性肺炎。

剖检可见上呼吸道有浆液性或卡他性炎症，气囊和肺部的病变具有特征性，胸腹气囊膜混浊、肥厚。气囊膜上有大量黄白色霉菌结节，肺脏表面有散在或密集的针头大、小米大、绿豆大乃至豌豆大、灰白色或灰黄色结节（彩图 13-3-9）。其结节易于剥离，切开见有层次结构，内部包有干酪块。在肺炎结节周围常看到红晕，有时数个或十多个结节融合在一起，形成较大的坏死灶。有时形成较大的灰白色或灰绿色的菌丝团块（霉斑）覆盖肺脏及其他器官表面。有时在皮下、体腔内形成巨大的霉菌结节。有时在肠系膜上密布小米粒大小的霉菌结节。用这种团块涂片可看到菌丝呈烧瓶状的分生孢子体。

镜检可见肺脏组织病变由局部性肺炎、肉芽肿性结节和坏死灶构成。肺组织充血，并有浆液性、卡他性炎症，有些部位发生坏死，间质中有单核细胞、淋巴细胞和假嗜酸性粒细胞浸润。肉芽肿结节可密布于肺组织中，结节的结构具有层次性。中心为干酪样坏死，其中有粗大分支的菌丝体，H.E 染色菌丝体呈深蓝色，周围是核破裂的坏死物（彩图 13-3-10）。向外是由上皮样细胞、多核巨细胞、巨噬细胞构成的霉菌性肉芽组织。最外层是淋巴细胞和成纤维细胞形成的普通肉芽组织。

② 脑膜脑炎性曲霉菌病。是由曲霉菌自气囊病灶侵入血管随血流扩散到脑部，在大脑和小脑形成肉芽肿、化脓和坏死性病灶。组织学检查，除发现菌丝生长外，大脑病变以坏死和假嗜酸性粒细胞及单核细胞浸润为特征，在坏死区周围出现水肿，血管周围浸润有淋巴细胞，有时可见到动脉栓塞、血管炎和渗出性真菌性脑膜炎。

③ 眼曲霉菌病。眼曲霉菌病是由于曲霉菌自气囊病灶侵入血管随血流扩散到眼部而引起，以眼炎为特征。眼结膜、瞬膜充血肿胀，继之眼睑肿胀，最后形成蚕豆大干酪物，有时上下眼睑粘连在一起，有的鸡在角膜中央还形成溃疡。

（3）病理诊断

① 肺脏曲霉菌病。肺脏和气囊等呼吸器官发生广泛性炎症和灰白色半透明或混浊的霉菌性肉芽肿结节。

② 脑膜脑炎性曲霉菌病。大脑和小脑形成肉芽肿、化脓和坏死性病灶。

③ 眼曲霉菌病。眼结膜、瞬膜、眼睑充血肿胀，角膜有溃疡。

**2. 猪曲霉菌病**

猪曲霉菌病又称猪霉菌性肺炎，是由致病性曲霉菌感染所引起的一种真菌性传染病，以引起霉菌性肺炎和形成霉菌性肉芽肿结节为主要特征。

（1）病原与发病机制　病原主要为烟曲霉菌、黄曲霉菌、毛霉菌、白霉菌等，广泛存在于自然界，在气温高、空气湿度大的雨季，致病性霉菌大量繁殖，通过呼吸道或消化道感染而发病。致病性霉菌的致病作用既有感染性作用，也有中毒性作用。霉菌先感染肺部，以呼吸道症状为主；霉菌产生的毒素被吸收后，因霉菌毒素的作用，出现消化道和神经系统症状。

（2）病理变化　鼻腔内有灰白色脓性鼻液堵塞鼻道，喉部肿胀，气管、支气管含有大量灰白色黏液。气管、肺、胸膜可见有团块状霉菌斑，肺与胸膜常发生粘连。肺充血、水肿、间质增宽，充满混浊液体。将肺切开，切面流出大量带泡沫的血水。肺组织散在豆粒大、米粒大小、鸽蛋大、数量不等的灰白或黄白色肉芽肿结节，结节较柔软有弹性，结节切面层次结构明显，内容物呈干酪样。全身淋巴结肿大，切面多汁，有干酪样坏死。

（3）病理诊断　气管、肺、胸膜可见有团块状霉菌斑，肺组织散在如豆粒大、米粒大小、鸽蛋大、数量不等的灰白或黄白色肉芽肿结节，结节柔软有弹性，结节切面层次明显，中心为坏死的干酪样物质，周围为肉芽组织。

## 【案例分析】

**案例 1**　2005 年 11 月，某猪场一头体重 55～60kg 育肥猪出现咳嗽、气喘，当时没有引起饲养员的重视，一周内同一个圈舍 60 头 55～60kg 育肥猪，有 51 头出现同一病症，有两头病情严重的死亡，送兽医院剖检见在心叶、尖叶和中间叶上散在黄豆大小、灰红色或灰白色稍透明的病灶，病灶质地坚实，切面湿润，像鲜嫩的肌肉样，俗称"肉变"或"胰变"。切开后从小支气管流出混浊、灰白带泡沫的浆液性或黏液性液体。肺门淋巴结和纵隔淋巴结显著肿大，质地坚实，切面湿润，呈灰白色脑髓样。

**案例 2**　2003 年 8 月，某大型肉牛育肥场购进了 200 多头架子牛，其中有几头牛颈部有一小肿块。由于开始肿块较小，且牛并无其他异常表现，并未引起技术人员注意。直到 10 月，这几头牛肿块逐渐增大，且其中 1 头牛肿块部开始破溃。患病牛体温、精神、食欲都很正常；肿块非常坚硬，且没有弹性，无热无痛，界限明显。头部肿块在上颌骨的眼眶下，手摸肿块，可感觉肿块和颌骨连在一起。挤压破溃的肿块，流出污血和脓液，脓液中含有坚硬光滑、黄白色的细小菌块，很像"硫黄颗粒"。取菌块涂片、染色，为革兰阴性。

**案例 3**　2010 年 7 月 3 日某县养殖户王某购入肉食雏鸡 3500 羽，7 日龄饮水免疫新-支 H120 疫苗，13 日龄时进行法氏囊疫苗免疫，15 日龄鸡群开始出现甩鼻和排稀便现象，当时正处于雨季，舍内比较潮湿，无干燥的垫料可换。户主以为是接种疫苗引起的应激反应和天气变换影响。遂在饮水中添加治疗呼吸道病的药物，用药 2 天后，病鸡不但未见好转，病情反而继续加重，至 18 日龄开始出现死亡。剖检在气囊和肺部的变化比较突出。在肺脏、胸腹部气囊厚、混浊，呈皮革样。有的病鸡可引起肺水肿，整个肺脏成为黄白色干酪样物质，切面可见大小不等的圆形黄色结节。

问题分析：

（1）请根据以上案例的各自临床表现和剖检所见，作出初步病理诊断。

（2）请针对各案例拟定出进一步诊断的方法和关键性的防控措施。

**实习实训**

# 霉形体与真菌性疫病病变的观察与病理诊断

【实训目标】通过对各种霉形体与真菌性疫病病理标本与切片的观察，认识和掌握动物常见霉形体和真菌性疫病的病理变化特点，并对其作出准确的病理学诊断。

【实训器材】眼观标本、病理切片、光学显微镜、显微数码互动系统或显微图像转换系统、计算机、投影机、病理图片等。

【实训内容】

**1. 猪肺脏病变**

眼观标本　眼观两侧肺叶高度肿大，色泽灰白，表面光滑，边缘钝圆。在心叶、尖叶和中间叶上散在黄豆大小稍透明的病灶，病灶质地坚实，呈"肉样"或"虾肉样"实变。有的病例肺内病灶相互融合形成较大的病变区。

病理切片　显微镜下可见肺泡增大，小支气管和血管周围淋巴细胞呈圆管性增生。支气管壁水肿和淋巴细胞浸润，管壁增厚，管腔变窄，黏膜上皮脱落。

病理诊断　猪霉形体性肺炎。

**2. 鸡关节病变**

眼观标本　眼观病鸡关节和滑液囊肿大。

病理诊断　鸡霉形体性关节炎。

**3. 牛皮肤病变**

眼观标本　眼观病变皮肤发生硬结，突出于皮肤表面，顶端脱毛，破溃。硬结的切面呈海绵状结构，海绵状空隙内散在肉芽组织，结节周围环绕结缔组织膜。

病理切片　显微镜下可见放线菌肿的中心形成圆形小结节，其中心为嗜中性粒细胞，周围环绕成纤维细胞、少量上皮细胞和多核巨细胞，外围为疏松结缔组织，结缔组织网眼中常伴有淋巴细胞和浆细胞浸润。结节周围为新生的肉芽组织，伴有大量淋巴细胞、巨噬细胞和浆细胞，外围有成纤维细胞形成的结缔组织包膜。

病理诊断　牛皮肤放线菌肿。

**4. 鸡肺脏病变**

眼观标本　眼观肺脏表面和切面有大小不等、灰白色混浊的霉菌性肉芽肿结节和坏死灶。

病理切片　显微镜下可见肺组织充血、浆液渗出，有些部位发生灶状坏死，间质有单核细胞、淋巴细胞浸润。特征病变为肉芽肿病变。中心层为干酪样坏死，其中有染成蓝灰色的粗大的分支菌丝体。中间层为上皮样细胞、多核巨细胞构成的霉菌性肉芽组织。外层为淋巴细胞和成纤维细胞形成的普通肉芽组织。

病理诊断　鸡曲霉菌性肺炎。

【实训考核】

1. 描述 3 种眼观病理标本的病理变化特征。
2. 绘制 2 张病理组织图，突出其病变特点，并完成图注。

【目标检测】

1. 猪霉形体病的病变变化特点是什么？
2. 鸡霉形体病的类型与病理变化特点有哪些？
3. 鸡霉形体病与鸡传染性支气管炎、鸡传染性喉气管炎的鉴别诊断是什么？
4. 牛放线菌病和猪放线菌病病变易侵害的部位各有哪些？其病变特点各是什么？
5. 雏禽曲霉菌病病变主要侵害哪些部位，其病变特征是什么？

（薛邦玉）

# 子项目四　畜禽常见寄生虫病病变观察与病理诊断

## 【学习目标】

1. 熟悉畜禽常见寄生虫病的病原与发病机制。
2. 观察和认识畜禽常见寄生虫病的病理变化。
3. 依据畜禽常见寄生虫病的病理变化特点建立正确的病理诊断。

## 【课前准备】

1. 预习本项目学习内容，明确学习目标与任务。
2. 了解畜禽常见寄生虫病的病原及其对畜禽生产的危害。

## 【学习内容】

### 一、球虫病

球虫病是由艾美尔科球虫感染所引起的一种原虫病。本病可发生于多种畜禽，但对鸡、兔的危害性最为严重。

**1. 病原与发病机制**

病原为艾美尔科球虫，本病以食入感染性卵囊而发病。卵囊被易感动物吞食后被消化酶所消化，子孢子从卵囊内逸出，侵入易感肠段肠黏膜上皮细胞内变为滋养体，滋养体经无性分裂形成体积较大的裂殖体。裂殖体经过反复多代的裂体生殖，即可转形为有性繁殖阶段，首先形成配子体，配子体增大和核分裂，分别形成大、小配子体，通过受精形成合子。合子周围形成1～2层包膜发育成卵囊，离开上皮细胞随粪便排出。

卵囊内的合子在体外分裂成孢子体，并在孢子体外周形成壁膜，称为孢子囊，孢子囊继续分裂成子孢子，完成孢子生殖形成感染性卵囊。

由于裂殖体在肠管黏膜上皮内大量繁殖的过程中，严重破坏黏膜，而引起黏膜发炎和损伤。一方面引起肠管的功能障碍，严重影响营养物质的消化吸收，导致营养不良；另一方面由于肠黏膜及其血管的损伤，大量的体液和血液流入肠腔内，引起患病畜禽的血痢、贫血和消瘦；加之肠内有毒物质与炎性产物的吸收，使机体发生自体中毒，导致病情的恶化。

**2. 病理变化**

临床上最多见的是鸡球虫病和兔球虫病，其中鸡球虫病其球虫主要寄生在肠黏膜上皮内，以引起球虫性肠炎为主要特征；而兔球虫病其球虫主要寄生在肝胆管上皮内，以引起球虫性肝炎为主要特征。

（1）鸡球虫病　病鸡消瘦，鸡冠和可视黏膜苍白，泄殖腔周围羽毛被粪、血污染，羽毛蓬乱。体内病变主要在肠管，以引起卡他性出血性肠炎为主要特征。病变主要侵害盲肠，急性病例可见一侧或两侧盲肠显著肿大，可为正常的2～3倍，其中充满新鲜或凝固的暗红色血液。盲肠黏膜增厚，有严重的糜烂甚至坏死脱落，与肠内容物及血凝块混合，形成"肠栓"（彩图 13-4-1）。肠腔内充满混有血液的内容物，取肠内容物涂片镜检可发现大量的球虫卵囊。取肠切片镜检，可见肠黏膜上皮变性、坏死和脱落，黏膜上皮内见有裂殖体，在肠腔内见有球虫卵囊（彩图 13-4-2）。

（2）兔球虫病　兔球虫病时，其球虫主要寄生在肝胆管内，以引起球虫性肝炎为主要病理特征。剖检可见病肝肿大，从表面或切面见有粟粒大至豌豆大的黄白色结节（彩图 13-4-3），此即扩张的胆管。切开时可见管内充满大量凝乳状物，取其涂片镜检，可发现大量的球虫卵囊（彩图 13-4-4）。肝组织学检查，初期可见胆管上皮坏死脱落。稍后胆管上皮增生，呈乳头状或树枝状，胆管扩大，管壁增厚，慢性病例胆管壁及肝小叶间结缔组织增生，胆管管腔内见有多量球虫卵囊。

**3. 病理诊断**

（1）鸡球虫病　剖检病变主要在盲肠，可见盲肠显著肿大，肠腔内充满混有血液的内容物，取肠内容物涂片检查可发现大量球虫卵囊。

（2）兔球虫病　剖检病变主要在肝脏，可见肝脏肿大，表面或切面见有粟粒大至豌豆大的黄白色结节，切开结节见有扩张的胆管，管内充满大量凝乳状物，取其涂片镜检，可发现大量的球虫卵囊。

## 二、猪弓形虫病

弓形虫病是由弓形虫感染引起的一种人、畜、禽共患性原虫病。本病可侵害多种畜禽，猪、牛、羊、犬、猫、鸡、鸭均可感染，猪的发病率最高。

**1. 病原与发病机制**

本病的病原体为龚地弓形虫，消化道是本病的主要感染途径，人、畜、禽主要通过误食卵囊或带虫动物的肉、内脏及乳、蛋中的滋养体、包囊引起感染。虫体也可通过胎盘感染胎儿，滋养体也可通过受伤的皮肤、黏膜侵入人、畜、禽的体内。弓形虫对寄生的细胞有特异的选择性，虫体侵入机体后，首先在局部大量繁殖，然后进入血液，并通过血流传播到全身，寄生到各组织内，引起各部组织的损伤，形成各部组织的局灶性坏死、出血和炎症性病变。虫体在肠黏膜上皮内寄生可不断繁殖和产生卵囊。卵囊随粪便排至外界环境，在外界适宜的温度和湿度条件下形成孢子体即成熟的卵囊，被易感动物或人食入后发生感染。

**2. 病理变化**

本病主要病理变化特征为广泛性的渗出性出血，间质性肺炎，实质脏器变性、坏死及非化脓性脑膜脑炎等。

病猪体表各部（耳、颈、背腰、下腹、四肢内侧）皮肤因渗出性出血而出现紫红色斑点（彩图 13-4-5）。浆膜腔内常有多量橙黄色清亮的渗出液，以胸腔及心包腔内尤为显著。

肺脏体积膨大、充血、水肿，表面湿润有光泽，呈淡红色或橙黄色。切开肺脏切面可流出较多混有泡沫的浅红色液体，切面被膜增厚、间质增宽，并散布有灰白色针尖到粟粒大的坏死灶。镜检可见肺泡壁毛细血管扩张、充血，肺泡隔毛细血管充血，肺泡腔及细支气管内有不同数量的浆液、纤维素渗出，以及少量的嗜中性粒细胞、淋巴细胞、嗜酸性粒细胞、巨噬细胞及脱落的肺泡上皮。在巨噬细胞和脱落上皮的胞质内见有被吞噬的滋养体型虫体或有弓形虫假囊形成。

肝脏肿大、变性，表面可见散在或密布的出血点与针尖大到粟粒大的灰黄色或灰白色病灶（彩图 13-4-6）。镜检可见肝小叶内有数量不等的小坏死灶或结节。灶内有细胞崩解产物、少量的滋养体，周围可见吞噬有弓形虫的巨噬细胞。

淋巴结肿大、充血、出血，特别是肠系膜和胃、肝、肾、肺等内脏淋巴结最为显著。被膜与周围结缔组织呈黄色胶样浸润，切面湿润，有出血点和灰白色粟粒大坏死灶。镜检可见淋巴组织不同程度的坏死，并可发现吞噬有滋养体型虫体或有弓形虫假囊的巨噬细胞。

脾脏轻度肿胀，被膜下有少量小出血点，切面呈暗红色，白髓结构模糊，脾小梁明显，散在有坏死灶。镜检白髓中央动脉周围淋巴细胞显著减少，其周边或整个淋巴组织发生凝固性坏死，红髓亦可见大小和形状不等的坏死灶。

肾脏变性，部分病例在被膜下可见散在的出血点。膀胱黏膜上见有针尖大出血点。镜检部分病例可见肾小球膨大，毛细血管内皮细胞及小囊上皮细胞肿胀、增生，并有少数嗜中性粒细胞和淋巴细胞浸润。肾小管上皮细胞变性或坏死，管腔中可见管型。

心包蓄有黄色透明液体，心肌褪色，柔软，房室腔均扩张，尤以右心房最为明显，各房室腔内均存有凝血块。镜检可见心肌纤维颗粒变性、间质水肿与淋巴细胞浸润。

大肠和小肠浆膜呈斑驳状出血，小肠黏膜呈卡他性炎，回盲口处黏膜发生出血和坏死。镜检可见肠黏膜上皮变性、坏死和脱落。固有层和黏膜下层血管扩张充血，并有淋巴细胞和嗜酸性粒细胞浸润，肠壁淋巴小结坏死、出血。

大脑表现脑软膜内血管充血，脑实质散发许多细小的非化脓性坏死灶。镜检可见灰质中毛细血管充血或出血，血管周围淋巴间隙扩张，多数病例血管内皮肿胀、增生，管壁及周围有一至数层淋巴细胞浸润。神经细胞变性，小胶质细胞呈弥漫性或局灶性增生，并见噬神经现象或卫星现象。多数病例在灰质深层见到小的坏死灶，灶内有游离的弓形虫或在神经细胞内形成"假包囊"。

**3. 病理诊断**

（1）广泛性的渗出性出血　体表皮肤因渗出性出血形成紫红色斑块。

（2）间质性肺炎　肺脏体积膨大，表面湿润有光泽，呈淡红色或橙黄色。切面散布有灰白色针尖到粟粒大坏死灶，坏死产物中可检出虫体。

（3）坏死性肝炎　肝脏肿大，表面及切面散在或密布针尖大到粟粒大灰黄色或灰白色坏死灶。取其坏死组织涂片镜检，可见少量的弓形虫滋养体或吞噬有弓形虫的巨噬细胞。

（4）淋巴结炎　淋巴结肿大、充血、出血，切面湿润，有出血点和灰白色粟粒大坏死灶。淋巴结触片镜检可见有弓形虫假囊或吞噬有滋养体型虫体的巨噬细胞。

（5）非化脓性脑炎　表现脑软膜充血，脑实质散发许多细小的非化脓性坏死灶。取其坏死组织涂片镜检，可见有游离的弓形虫或在神经细胞内形成"假囊"。

## 三、猪附红细胞体病

猪附红细胞体病是由附红细胞体感染所引起的猪的一种急性、热性共患性寄生虫病，牛、羊、猫、人均可感染，猪的发病率最高。临床以贫血、溶血性黄疸、发热、呼吸困难为主要特征。

**1. 病原与发病机制**

病原为附红细胞体，不同品种、年龄、性别的猪均可感染发病。节肢动物（虱、螨）为主要传播媒介，也可通过污染的手术器械或注射针头传播。本病主要发生于夏秋季节，冬季也可发生。

附红细胞体感染进入猪体后，主要寄生在骨髓和外周血液中。在一定条件下可大量繁殖，并附着于红细胞膜上，使红细胞体积增大、变形，红细胞膜凹陷或形成空洞，脆性增强，易于破裂。并且虫体抗原不断地释放入外周血液中，刺激和引发单核巨噬细胞系统增生和免疫应答反应，使附红细胞体和被寄生的红细胞受到破坏，导致机体贫血、黄疸、发热等一系列病理反应。同时，由于红细胞的大量丧失和贫血，刺激骨髓造血组织，使其红细胞的再生增多，使外周血液中出现大量的巨红细胞、网织红细胞、多核红细胞等幼稚型红细胞。

**2. 病理变化**

剖检可见尸僵不全，全身皮肤黄染，并有大小不等的斑点状出血，耳尖、四肢末梢、腹下、股内侧出血更为突出。全身脂肪黄染，血液稀薄，色淡，凝固不良。皮下结缔组织及内脏浆膜黄染，并有胶冻样水肿，胸腹腔内有淡黄色积液。肝脏肿大，呈土黄色或棕黄色，质地脆弱易碎，并有出血点或坏死点。或出现黄色条纹状坏死灶，表面凹凸不平。胆囊肿胀，充满绿色黏稠的胆汁。淋巴结水肿，切面多汁，呈灰白色或灰褐色。脾脏肿大，质地柔软。

切片镜检可见肝脏肝小叶有灶状坏死，肝细胞脂肪变性，星状细胞吞噬有含铁血黄素。心脏心肌纤维发生颗粒变性，间质水肿。肺脏水肿或有支气管炎病变。肾脏肾小囊腔变窄，内有红细胞和纤维素渗出，肾小管上皮变性、坏死。

**3. 病理诊断**

（1）全身皮肤黄染，并有大小不等的斑点状出血。

（2）皮下结缔组织及内脏浆膜黄染，并有胶冻样水肿，胸腹腔内有淡黄色积液。

（3）血液稀薄、色淡、凝固不良，取血涂片镜检可发现猪附红细胞体。

（4）肝脏肿大，有黄色点状或条纹状坏死灶。取肝组织切片镜检，可见肝小叶发生灶状坏死，肝细胞脂肪变性，并可发现吞铁细胞。

### 四、鸡住白细胞虫病

鸡住白细胞虫病是主要侵害禽类血液、肌肉和内脏器官的一种原虫病。鸡、鸭、鹅和火鸡以及多种野禽均可发生本病，在鸡群中可引起暴发性流行，以肌肉和内脏器官广泛性出血为主要特征。

**1. 病原与发病机制**

病原为鸡卡氏住白细胞虫，库蠓为其传播媒介。库蠓通过叮咬病鸡再叮咬健鸡，将成熟的子孢子传入鸡体内，子孢子在血管内皮细胞中繁殖，形成裂殖体。当感染至9～10天时，内皮细胞被摧毁，裂殖体释出并随血流转运至肾、肝、脾、心、肺、卵巢、睾丸、肌肉及脑等各处继续发育。至感染后约两周时，成熟的裂殖体发生破裂，释放出大量裂殖子。这些裂殖子有的被鸡体内的巨噬细胞吞噬，发育为巨型裂殖体；有的再次进入肝脏内成为肝裂殖体；有的进入血液在红细胞和白细胞内开始配子生殖。当库蠓在吸吮鸡的外周血液时，血中的雌、雄配子体被吸取到库蠓的胃内，并发育成大、小配子；大、小配子结合形成合子，随后形成卵囊；成熟的卵囊内含有大量子孢子，成熟的子孢子可通过库蠓的叮咬进行传播。

**2. 病理变化**

本病主要病变特征为广泛性的肌肉和内脏器官出血，以及由裂殖体形成的灰白色小结节。病鸡贫血，鸡冠与肉髯苍白，又称"白冠病"（彩图13-4-7）。口角有出血痕迹或口腔内有血凝块，全身肌肉多处见出血点或出血斑，尤以胸肌、腿部肌肉常见大片出血。内脏病变也较严重，肾脏、肺脏、肝脏、心脏、脾脏、胰腺、卵巢和睾丸等均见出血，其中肾脏和肺脏出血特别严重，常有大片血凝块覆盖（彩图13-4-8）。有些病例可见肌肉和器官内有针帽大的灰白色裂殖体结节（彩图13-4-9）。在胃肠浆膜、肠系膜和肺脏可见到更大的巨型裂殖体结节（彩图13-4-10）。

**3. 病理诊断**

（1）病鸡贫血，鸡冠与肉髯苍白。

（2）全身皮下、肌肉和内脏器官广泛出血。

（3）胸肌、腿肌、心肌和肝、脾等实质脏器见有针帽大或更大一些的灰白色裂殖体结节。

（4）取病鸡血液、实质脏器涂片，或取裂殖体结节压片可发现配子体或裂殖体。

## 五、鸡组织滴虫病

组织滴虫病是由组织滴虫感染所引起的一种原虫病，主要发生于火鸡和鸡，以 2 周龄至 4 月龄火鸡易感性最高，8 周至 4 月龄雏鸡也易感。其主要病变特征是在盲肠和肝脏形成坏死性炎症，又称为盲肠肝炎。在疾病的末期，由于血液循环障碍，病鸡头部变成暗褐色或暗黑色，又称为黑头病。

### 1. 病原与发病机制

本病病原体属鞭毛虫纲单鞭毛科火鸡组织滴虫，多以消化道为主要感染途径。当组织滴虫通过消化道进入肠道，在肠道某些细菌（如大肠埃希菌）的协同作用下，滴虫则侵入盲肠黏膜内大量繁殖，引起盲肠黏膜发炎、出血和坏死。进而炎症向肠壁深层发展，可波及肌层和浆膜层，引起整个盲肠的严重损伤。在肠壁各层寄生的组织滴虫，可突破肠壁屏障，侵入肠壁毛细血管，随门脉循环进入肝脏，破坏肝组织，而引起肝组织坏死和炎症性病变。

### 2. 病理变化

盲肠病变多以一侧较为严重，但也有两侧同时受侵害的。剖检可见一侧或两侧盲肠肿大、增粗，肠壁增厚、硬实、失去弹性。肠内容物硬实，形似香肠（彩图 13-4-11）。剪开肠管，肠腔内充满大量干燥、硬实、干酪样凝固物和凝血块混合物。如横切肠管可见干酪样内容物呈同心层状结构，其中心为暗红色的凝血块，外围是淡黄色干酪化的渗出物和坏死物。盲肠黏膜表面被覆着干酪样坏死物，黏膜失去光泽，可见出血、坏死或形成溃疡。炎症也波及黏膜下层、肌层和浆膜，可见程度不同的充血、出血和水肿。镜检，盲肠黏膜充血，有浆液、纤维素渗出和炎性细胞浸润，黏膜上皮变性、坏死、脱落，渗出液中可见组织滴虫。随后，黏膜固有层中可见许多圆形或椭圆形、淡红色的组织滴虫（H.E 染色），并见有异染性细胞、淋巴细胞和巨噬细胞浸润。肠腔内有由脱落上皮、红细胞、白细胞、纤维素和肠内容物混合而成的团块。

肝脏发生不同程度肿胀，被膜表面可见散在或密布有圆形或不规则形的坏死灶，坏死灶大小不一，呈黄白色或黄绿色火山口样，中央稍凹陷，边缘稍隆起。有些病例，肝脏散在许多坏死灶，使肝脏外观呈斑驳状（彩图 13-4-12）。有些部位坏死灶互相融合而形成大片坏死。镜检坏死灶中心部肝细胞已完全坏死崩解，只见数量不等的核破碎的异染性细胞，外围区域的肝细胞索排列紊乱，并显示变性、坏死和崩解，其间见有大量的组织滴虫。坏死灶周边见有巨噬细胞及淋巴细胞浸润，有的巨噬细胞胞质内吞噬有组织滴虫。严重时，肝脏的固有结构完全破坏，被坏死组织及各种炎性细胞取代。

### 3. 病理诊断

（1）病鸡头部变成暗褐色或暗黑色，俗称"黑头病"。

（2）盲肠肿大、增粗，肠壁增厚、硬实，形似香肠。剪开肠管，肠腔内充满大量干燥、硬实、混有凝血块的干酪样凝固物。

（3）肝脏肿大，表面可见散在或密布圆形或不规则形的坏死灶。坏死灶大小不一，中央稍凹陷，边缘稍隆起，呈火山口样。

（4）取病鸡肝脏坏死灶的坏死组织制成悬滴标本可检出活动的组织滴虫。

## 六、囊尾蚴病

囊尾蚴病是由各种绦虫的幼虫（囊尾蚴、绦虫蚴）感染所引起的一种人畜共患性寄生虫病，又称绦虫蚴病或囊虫病。有些囊尾蚴的终末宿主是人，如猪囊尾蚴、牛囊尾蚴。同时，人体又是某些囊尾蚴寄生的中间宿主。因此，严格控制家畜或人的囊尾蚴病，对保障人类公共卫生和身体健康具有极为重要的意义。

**1. 病原与发病机制**

绦虫蚴的种类较多，不同种类的绦虫可在不同的中间宿主体内发育成各种不同类型的绦虫蚴（如囊尾蚴、棘球蚴、多头蚴、裂头蚴等），从而引起不同的家畜或人发生不同的绦虫蚴病。

绦虫蚴属于一类幼虫，其成虫主要寄生在人、犬和野生食肉动物等终末宿主的小肠内，其终末宿主可随粪便排出成熟节片（孕节或虫卵），污染饲料或饲草，被中间宿主牛、羊、兔等草食动物和猪等杂食动物采食后感染。

**2. 类型与病理变化**

（1）猪囊尾蚴病　猪囊尾蚴病是由寄生在人小肠内的有钩绦虫的幼虫感染所引起的一种绦虫蚴病，常称为猪囊虫病。其病变特征是在肌纤维间形成无色半透明的大米粒到豆粒大的包囊，民间称之为"米猪"。人是有钩绦虫的终末宿主，有钩绦虫的成熟节片可随人的粪便排出，被猪误食后，节片中的幼虫在猪的小肠内逸出并钻入肠壁，经血液或淋巴到达全身各部肌肉，发育成囊尾蚴，引起猪囊尾蚴病。当人误食了感染有囊尾蚴的病猪肉后，可感染有钩绦虫。同时人也可成为中间宿主，感染囊尾蚴病。

猪囊尾蚴主要侵害咬肌、颈部肌肉、颊部肌肉、肩胛肌、臀肌，有时也可见于舌肌、心肌及肺、脑等器官。剖检时可见猪肉内有数量不等的幼虫所形成的囊泡（彩图13-4-13），囊泡内有透明液体，囊壁上有一高粱米粒大小的白色头节。虫体死亡后囊液被吸收，形成肉芽肿样结构或钙化病灶。

（2）牛囊尾蚴病　牛囊尾蚴病是由寄生在人小肠内的无钩绦虫的幼虫感染所引起的一种绦虫蚴病，又称牛囊虫病。牛囊尾蚴的发育方式和病变特征与猪囊尾蚴基本相似，其成虫无钩绦虫寄生在人的小肠内，幼虫（牛囊尾蚴）寄生在骨骼肌或心肌内，剖检可见患部肌肉内形成有小豆大至大豆大的小囊泡（彩图13-4-14），囊泡内充满液体，囊泡呈白色，内有无钩绦虫幼虫，其头节附于囊壁上。囊泡外有少量结缔组织与肌组织连接。大量寄生时可压迫肌组织，使肌组织萎缩。病程较长者，其虫体死亡，由致密的结缔组织包囊包围，最后机化形成瘢痕。

（3）细颈囊尾蚴病　细颈囊尾蚴病是由犬和野生食肉动物泡状绦虫的幼虫（细颈囊尾蚴）所引起的一种绦虫蚴病。

细颈囊尾蚴的发育过程：犬等终末宿主随粪便排出的孕节或虫卵，被猪等中间宿主误食后而感染。虫卵胚膜在胃肠中消化，其幼虫逸出并钻入肠壁血管，随血流进入肝脏，并在肝脏内发育成囊尾蚴。囊尾蚴有时可穿过肝被膜落入腹腔，而在大网膜和肠系膜上发育成感染性细颈囊尾蚴，如被犬误食，即可在肠内发育成泡状绦虫成虫。

细颈囊尾蚴常寄生在猪、牛、羊的大网膜、肠系膜及肝脏等部位，其虫体大小不等，小者有豌豆大，大者有鸡蛋大，呈囊泡状，囊泡内充满液体。囊壁上有一细长颈的头节，故称细颈囊尾蚴。肝脏内有细颈囊尾蚴寄生时，剖检肝脏体积肿大，肝表面可见到数量不等的包囊，其囊壁为结缔组织包膜，包囊内有幼虫，包囊周围的肝组织发生压迫性萎缩（彩图13-4-15）。

（4）多头蚴病（脑包虫病）　多头蚴病是由多头绦虫的幼虫（多头蚴）所引起的一种绦虫蚴病。多头绦虫寄生在犬的小肠，其幼虫（多头蚴）主要寄生在绵羊的脑内，此外，也可寄生于山羊、牛等脑内，又称"脑包虫病"。患畜临床常呈现明显的转圈运动，俗称"脑回旋病"。

多头绦虫成虫主要寄生于犬和野生食肉动物的小肠内，可随粪便排出孕节或虫卵，污染饲料或饲草，被羊等中间宿主采食后感染。多头蚴在羊的胃肠内虫卵胚膜被溶解，幼虫逸出钻入肠壁血管，随血流进入脑和脊髓，并在脑和脊髓内发育成成熟的多头蚴。

多头蚴病的病理变化主要为脑部病变，剖检可在脑内发现多头蚴。虫体外形呈现一个充满流体的囊泡，大小不一，小如豌豆，大于鸡蛋。囊壁内膜附有头节，称为多头蚴。脑实质因受囊泡的压迫而发生贫血和萎缩，重者脑组织发生脑膜脑炎、脑坏死和钙化病变。

（5）棘球蚴病（包虫病）　棘球蚴病是由细粒棘球绦虫的幼虫（棘球蚴）所引起的一种绦虫蚴病。本病主要侵害牛、羊和猪，多寄生于肝脏、肺脏等器官。

细粒棘球绦虫主要寄生于犬等终末宿主的小肠内，当其虫卵随粪便排出体外被牛、羊等中间宿主误食后引起感染。虫蚴在胃肠内逸出，并钻入肠壁血管，随血流到达全身各部，发育成成熟的棘球蚴。通常最先侵害肝脏，其次肺脏、肾脏、心脏、脑、生殖器官等。主要病变是在肝脏等器官内有棘球蚴囊泡形成。剖检轻症病例仅见肝脏表面有少量黄豆大至鸡蛋大小的灰白色圆形囊肿，呈半球状隆突于肝脏表面。其囊肿质地稍坚实，囊内充满淡黄色透明液体，少数较小的囊肿触摸易脱落。重症病例肝脏显著肿大，表面密布大小不等、相互重叠的灰白色囊肿，切面呈蜂窝状结构(彩图 13-4-16)。

（6）豆状囊尾蚴病　豆状囊尾蚴病是由豆状带绦虫（又称锯齿带绦虫）的幼虫（豆状囊尾蚴）感染所引起的一种绦虫蚴病。豆状绦虫寄生于终末宿主犬和猫的小肠内，其虫体外形的边缘呈锯齿状，又称为锯齿绦虫。当其孕节或虫卵随犬和猫的粪便排出，被兔误食后，虫蚴在胃肠内逸出，并钻入肠壁血管，随血流到达肝脏，并发育成豆状囊尾蚴。豆状囊尾蚴主要寄生于兔的肝脏、肠系膜和网膜等部位。虫蚴在肝组织内移行一段时间后，在肝被膜下再停留 14 天左右，最后穿过被膜进入腹腔，并在肠系膜和网膜上寄生。

虫蚴在肝组织内移行过程中，可引起一种急性囊尾蚴性肝炎，表现肝表面和切面布满白色条纹状病灶，仔细剥开病灶可发现细小的白色虫蚴囊泡。其病变周围肝组织出现炎性充血、水肿，肝细胞索变性、坏死。经时较久者，可发展为肝硬变。

寄生在肠系膜和网膜上的虫蚴囊泡类似豌豆形状和大小，呈灰白色半透明状，内含一个白色头节。囊泡常形成葡萄串状，一般为 5～10 个，多者可达数百个。

**3. 病理诊断**

（1）猪囊尾蚴病和牛囊尾蚴病主要在肌纤维间发现有大米粒到豆粒大、无色半透明的虫体包囊。

（2）羊多头蚴病可在脑部检查出脑内多头蚴。

（3）牛、羊棘球蚴病可在肝脏等器官内检查到棘球蚴囊泡，呈半球状隆突于肝脏表面。

（4）兔豆状囊尾蚴病可在肝脏、肠系膜和网膜上检查到类似豌豆大小，呈乳白色半透明的虫蚴囊泡。

## 七、旋毛虫病

旋毛虫病是由旋毛虫的幼虫和成虫感染所引起的一种人畜共患性寄生虫病。其幼虫对人、畜的危害性大，主要侵害人、猪、犬和野生肉食动物。

**1. 病原与发病机制**

旋毛虫的成虫寄生在宿主的小肠内，称肠旋毛虫。幼虫寄生在宿主的横纹肌内，称肌旋毛虫。其发育的基本过程是：人或动物吞食含有旋毛虫包囊的病肉后，包囊被胃液溶解，幼虫从囊内逸出，迅速钻进在十二指肠或空肠黏膜皱襞内寄生，约经两昼夜，肌旋毛虫变成性成熟的旋毛虫成虫。经雌雄交配后，雄虫死亡，受精的雌虫侵入小肠黏膜、肠腺管腔内或淋巴间隙内，分批产出大量幼虫（每条雌虫可产 500～10000 条幼虫）。幼虫也分批的钻入淋巴管，随淋巴流进入血液，并经血流到达肌组织，在肌纤维内形成肌旋毛虫。

旋毛虫幼虫对横纹肌具有亲嗜性，尤其活动频繁的肌肉最易感染，如膈肌（特别是膈肌角）、咬肌、舌肌、肋间肌、肩甲肌、心肌、腓肠肌及股部肌肉等。这与上述部位肌肉活动频繁、血液循环旺盛、能满足虫体的营养与代谢需要有关。

成虫在小肠内寄生，可引起小肠的卡他性肠炎，对机体影响不大。幼虫在横纹肌内寄生，可形成虫体包囊或包囊性肉芽肿。陈旧包囊可被体液中的钙盐沉着而发生钙化，若钙化波及虫体，幼虫则迅速死亡。

在家畜中以猪的旋毛虫病最为多见，猪旋毛虫病多因误食被带有旋毛虫包囊的骨、肉、洗肉水污染的饲料，或吞食患有旋毛虫病的病鼠而感染发病。人误食了患有旋毛虫病的病猪肉可引起人患旋毛虫病。所以，旋毛虫病的病猪肉是人旋毛虫病的主要来源。因此，加强猪肉旋毛虫的检验，对人的食品卫生和身体健康具有十分重要的意义。

**2. 病理变化**

旋毛虫成虫和幼虫都有致病作用，其病理变化主要发生在肠道和肌肉。成虫在小肠内寄生危害性较小，以引起轻度的卡他性肠炎为主要特征，如表现小肠黏膜肿胀、充血、出血、黏液分泌增多等变化。

幼虫在横纹肌内寄生，以形成肌旋毛虫包囊为主要特征。肌肉病变初期眼观难以辨认，只有在包囊发生钙化或形成肉芽肿后，眼观才能在肌组织中发现散在性的白色小点状病变。

镜检 病初在横纹肌内肌纤维之间可见到呈直杆状的幼虫，此时肌纤维无明显变化。而后可见幼虫进入肌纤维内，虫体变得细长，此时可见肌纤维肿胀变性，横纹消失。虫体周围的肌浆溶解，肌核坏死崩解。随着幼虫的不断发育，虫体逐渐蜷曲，使肌纤维呈纺锤形膨胀，虫体所在部位形成梭形肌腔，肌腔内残存细胞分裂增殖，形成多核型成肌细胞。以后多核型成肌细胞核逐渐消失，从而形成透明的囊壁，构成旋毛虫的包囊（彩图13-4-17）。

在幼虫侵害肌纤维的同时，肌组织呈现不同程度的炎性反应。主要表现淋巴细胞、嗜中性粒细胞和嗜酸性粒细胞浸润。而后由成纤维细胞增生，与淋巴细胞、嗜酸性粒细胞等炎性细胞共同构成肉芽肿，从而形成肉芽肿性包囊，陈旧的包囊中心可见坏死和钙化灶。

**3. 病理诊断**

（1）肌肉内形成有旋毛虫包囊或包囊性肉芽肿，在包囊发生钙化或形成肉芽肿后，眼观可在肌组织中发现散在性的白色小点状病变。

（2）肉样压片用低倍镜检查，可在旋毛虫包囊内发现有卷曲的旋毛虫虫体。

**【知识拓展】**

**猪旋毛虫虫体检查法**

国家《肉品卫生检验试行规程》中规定：食肉旋毛虫检查时，应采取左右膈肌角的肌肉，剥去肌膜，用肉眼仔细地观察，如有肉眼可见的乳白色、灰白色、黄白色的小点，即属旋毛虫可疑，应剪下小点制成压片，经显微镜检查确定。实际检验过程中，因未发生机化和钙化的虫体肉眼难以察觉，《肉品卫生检验试行规程》要求，必须对每块送检样品进行随机采样，用小剪顺肌纤维方向，剪取麦粒大肉粒24粒，顺序排列在旋毛虫检验器上，盖上另一玻片，捻紧螺丝使肉片压薄，用低倍镜检查，发现有卷曲的虫体为阳性（彩图13-4-18）。

**【案例分析】**

案例1 2013年7月，某养鸡户来报其饲养的雏鸡发病，鸡群表现精神不好，羽毛逆立，鸡冠发白，采食量下降，不愿走动，拉橘红色稀便或全血便，发病和死亡数量越来越多。送检病死鸡剖检可见病变主要在盲肠，可见一侧或两侧盲肠显著肿大，其中充满新鲜或凝固的暗红色血样内容物。

　　**案例 2**　　2011 年 3 月，某猪场猪群暴发疫情，病猪病初表现精神不振，食欲减退，怕冷聚堆，咳嗽，尿液淡黄，体温升高（41～42℃），病猪皮肤发红，指压褪色；中期病猪行走后躯摇晃，喜卧厌立，便秘或拉稀，精神沉郁，呼吸困难，皮肤苍白，耳内侧、颈背部、腹侧部皮肤出现暗红色出血点，可视黏膜轻度肿胀，轻度黄疸；后期病猪耳朵变蓝色、坏死，排血便和血红蛋白尿，最后衰竭死亡。剖检可见全身皮肤黄染，并有大小不等的斑点状出血，耳尖、四肢末梢、腹下、股内侧最为突出。全身脂肪黄染，血液稀薄，凝固不良。肝脏肿大，呈土黄色或棕黄色，并有出血点或坏死点，胆囊肿胀，充满绿色黏稠的胆汁。淋巴结水肿，呈灰白色或灰褐色，脾脏肿大，质地柔软。

　　**案例 3**　　2012 年 6 月下旬，某养殖场饲养的 3000 羽 40 日龄雏鸡出现精神不振，厌食，羽毛松乱，排出黄绿色稀粪，有的病鸡便中带血，个别鸡出现衰竭死亡，剖检见其病变主要在盲肠和肝脏。表现一侧或两侧盲肠肿大，内有干燥坚硬的干酪样栓子堵塞肠管，整个肠管形似香肠。肝脏表面形成圆形或不规则的黄白色或黄绿色坏死灶，坏死灶大小不一，中央稍凹陷，边缘稍隆起，呈火山口样。

　　**问题分析：**

　　（1）请根据以上案例的各自临床表现和剖检所见，作出初步的病理诊断。

　　（2）请针对各案例拟定出进一步诊断的方法和关键性的防控措施。

---

**实习实训**

# 畜禽寄生虫病病变的观察与病理诊断

　　**【实训目标】** 通过对畜禽常见寄生虫病理标本与病理切片的观察，认识和掌握畜禽常见寄生虫病的病理变化特点，并对其病变作出准确的病理学诊断。

　　**【实训器材】** 病理标本、病理切片、光学显微镜、显微数码互动系统或显微图像转换系统、计算机、投影机、病理图片、猪膈肌角肉样、旋毛虫检验器、载玻片等。

　　**【实训内容】**

　　**1. 猪骨骼肌病变**

　　眼观标本　　眼观骨骼肌内寄生有大量有钩绦虫的幼虫（猪囊虫），虫体呈乳白色囊泡状，有米粒大小。有的部位虫体死亡后囊液被吸收，形成肉芽肿样结构或钙化病灶。

　　病理诊断　　猪肌肉囊虫感染。

　　**2. 猪心脏病变**

　　眼观标本　　眼观心脏表面或切面有数量不等的有钩绦虫的幼虫（猪囊虫），幼虫呈囊泡状，有绿豆大至豌豆大小。

　　病理诊断　　猪心肌囊虫感染。

　　**3. 猪脑病变**

　　眼观标本　　眼观脑的表面或切面寄生有大量有钩绦虫的幼虫（猪囊虫），幼虫呈囊泡状，有绿豆大至豌豆大小。

　　病理诊断　　猪脑囊虫感染。

　　**4. 牛心脏病变**

　　眼观标本　　眼观心肌内寄生有大量无钩绦虫的幼虫（牛囊虫），幼虫囊泡明显突出于心脏表面，有豌豆大至大豆大小。

病理诊断　牛心肌囊虫感染。

**5. 猪肝脏病变**

眼观标本　眼观肝脏寄生有泡状绦虫的幼虫（细颈囊尾蚴），幼虫呈囊泡状，有核桃大，周围有一厚层被膜包囊，从包囊内取出的虫体可见有一乳白色细长的头节，包囊周围肝组织发生压迫性萎缩。

病理诊断　猪肝脏细颈囊尾蚴感染。

**6. 牛肝脏病变**

眼观标本　眼观肝脏寄生有细粒棘球绦虫的幼虫（棘球蚴），幼虫呈囊泡状，有黄豆大至鸡蛋大小，切面呈蜂窝状结构。

病理诊断　牛肝脏棘球蚴感染。

**7. 兔肠系膜病变**

眼观标本　眼观肠系膜上寄生数个豆状带绦虫的幼虫（豆状囊尾蚴），幼虫呈豌豆样透明的囊泡状，囊壁上有一白色小点（虫体头节），虫体彼此连接成串。

病理诊断　兔肠系膜感染豆状囊尾蚴。

**8. 猪肌肉病变**

眼观标本　初期病变眼观难以辨认，只有在包囊发生钙化或机化后，才能在肌组织中发现散在性的白色小点状病变。

病理切片　镜下可见骨骼肌内有数量不等的旋毛虫包囊，包囊周围为透明的囊壁，包囊内为呈螺旋状蜷曲的旋毛虫幼虫。受侵肌纤维肿胀变性，横纹消失。虫体所在部位形成梭形肌腔，虫体周围的肌质溶解，肌核坏死崩解，病变肌组织呈现不同程度的炎性反应，陈旧的包囊中心可见坏死和钙化灶。

病理诊断　猪肌旋毛虫感染。

**9. 猪骨骼肌病变**

病理切片　镜下可见骨骼肌内有数量不等的住肉孢子虫包囊（即米氏囊），位于肌纤维内，与肌纤维呈平行方向，呈梭形或细长杆状，受侵肌纤维呈梭形膨大。有的肌纤维发生变性、坏死，肌纤维或包囊附近可见有大量的嗜酸性粒细胞浸润。

病理诊断　猪住肉孢子虫感染。

**10. 牛食管壁肌肉病变**

眼观标本　眼观食管壁肌肉内寄生有多条住肉孢子虫，虫体为黄白色或乳白色包囊（米氏囊），包囊呈长梭形，长径可达 1～2cm。

病理切片　镜下可见牛食管壁肌肉中由数量不等的住肉孢子虫寄生。

病理诊断　牛住肉孢子虫感染。

**11. 绵羊心肌病变**

病理切片　镜下可见心肌纤维和心肌普金野纤维内有住肉孢子虫寄生。

病理诊断　绵羊住肉孢子虫感染。

**12. 鸡盲肠病变**

眼观标本　眼观两侧盲肠显著肿大，肠浆膜上有斑点状出血。肠腔内充满暗红色血液，盲肠黏膜增厚，部分黏膜坏死脱落，与肠内容物及血凝块混合，形成"肠栓"。

病理切片　镜下可见肠黏膜上皮变性、坏死和脱落，黏膜上皮内见有裂殖体，在肠腔内见有球虫卵囊。

病理诊断　鸡盲肠球虫感染。

**13. 鸡肺脏病变**

**眼观标本**　眼观肺脏表面见有针帽大或更大一些灰白色的裂殖体结节。

**病理诊断**　鸡住白细胞虫感染。

**14. 鸡肝脏病变**

**病理切片**　镜下可见肝组织间有裂殖体的聚集，裂殖体呈圆形或椭圆形，具有较厚的均质性包膜，胞质内充满深蓝色、圆点状裂殖子。凡有裂殖体寄生的部位，都伴有肝细胞变性坏死、炎性细胞浸润和明显的出血。

**病理诊断**　鸡住白细胞虫感染。

**15. 鸡盲肠病变**

**眼观标本**　眼观两侧盲肠肿大，肠壁增厚、硬实、失去弹性，形似香肠。剪开肠管，肠腔内充满大量干燥、硬实、干酪样凝固物。

**病理诊断**　鸡盲肠组织滴虫感染。

**16. 鸡肝脏病变**

**眼观标本**　眼观肝脏体积肿大，肝表面密布有圆形或不规则形的黄白色或黄绿色坏死灶。坏死灶大小不一，中央稍凹陷，边缘稍隆起，呈火山口状，整个肝脏外观呈斑驳状。

**病理切片**　镜下可见肝组织散在许多小坏死灶，坏死灶中心部肝细胞坏死崩解，外围区域肝细胞索排列紊乱，并显示变性、坏死和崩解，其间见有大量的圆形红染的组织滴虫。坏死灶周边见有巨噬细胞及淋巴细胞浸润，有的巨噬细胞胞质内吞噬有组织滴虫。

**病理诊断**　鸡肝脏组织滴虫感染。

**【实训考核】**

1. 通过标本观察，识别各种寄生虫病病变标本的病理变化。
2. 从所观察的标本中选择描述 3 种寄生虫病病变标本的病理变化特征。
3. 从所观察的病理切片中选择绘制 2 张病理组织图，突出其病变特点，并完成图注。

# 【目标检测】

1. 畜禽常见寄生虫病的流行特点与危害性是什么？
2. 鸡球虫病和兔球虫病的侵害部位和病理变化特点有何不同？
3. 猪弓形虫病的病理变化特点有哪些？
4. 猪附红细胞体病可引起哪些主要病理反应？其机制是什么？
5. 鸡住白细胞虫病是怎样发生的？其病理变化特点有哪些？
6. 鸡组织滴虫病主要侵害哪些器官？其主要病变特征是什么？

（薛邦玉）

# 项目十四　病理诊断技术

## 子项目一　尸体剖检技术

【学习目标】
1. 理解尸体剖检的目的与意义，熟悉各种畜禽尸体剖检的基本程序。
2. 掌握各种畜禽尸体剖检的技术方法。
3. 掌握各种病料的采取、保管及送检方法。

【课前准备】
1. 预习本项目学习内容，明确学习目标与任务。
2. 复习常见畜禽主要器官的形态结构特点。
3. 回顾主要器官或组织常见的病理变化特点。

【学习内容】

### 一、尸体剖检概述

**1. 尸体解剖的目的与意义**

（1）尸体解剖的目的　尸体剖检是运用病理解剖知识和病理诊断技术，检查尸体的病理变化，诊断和研究疾病的一种方法。其目的在于通过全面检查尸体的病理变化，查明病畜患病和死亡的原因，确定疾病的性质，建立客观而准确的病理学诊断。剖检时，必须对病尸的病理变化做到全面观察，客观描述，详细记录，然后运用辩证唯物主义的观点，进行科学分析和推理判断，从中作出符合客观实际的病理解剖学诊断。

（2）尸体剖检的意义

① 验证在动物死前的诊断和治疗是否正确，以便及时总结经验，提高对疾病的认识能力和诊疗水平。

② 对一些群发病（如传染病，寄生虫、中毒病和代谢病等）通过尸体剖检可及早确诊和采取及时有效地预防与控制措施。

③ 可收集和积累病理资料，以便对疾病进行全面系统的研究。

**2. 尸体变化**

动物死亡后，受体内存在的酶和细菌的作用，以及外界环境的影响，逐渐发生一系列的死后变化。正确地辨认尸体变化，可以避免把某些死后变化误认为生前变化。尸体的变化有多种，其中包括尸冷、尸僵、尸斑、尸体自溶、尸体腐败、血液凝固。

（1）尸冷　指动物死亡后，尸体温度逐渐降至外界环境温度水平的现象。尸冷之所以发生是由于机体死亡后，机体的新陈代谢停止，产热过程终止，而散热过程仍在继续进行。在死后的最初几小时，尸体温度下降较快，以后逐渐变慢。通常在室温条件下，一般以每小时1℃的速度下降，因此动物的死亡时间大约等于动物的体温与尸体温度的温差。尸体温度下降的速度受外界温度的影响，如受季节的影响，冬季天气寒冷将加速尸冷的过程，而夏季炎热将延缓尸冷的过程。检查尸体的温度有助于确定死亡的时间。

（2）尸僵　动物死亡后其肢体发生僵硬的现象，称为尸僵。尸僵是由于肌细胞蛋白质发生凝固，致使肌肉固缩变得致密僵硬而形成尸僵。尸僵一般在动物死后 1～6h 开始发生，经 10～24h 发展完全，在死后 24～48h 开始缓解。尸僵的发生和缓解一般是按头部、颈部、前肢、体躯和后肢的顺序进行。尸僵除见于骨骼肌外，心肌、平滑肌同样可以发生，心肌的尸僵在死后 0.5h 左右即可发生。周围气温较高时，尸僵出现较早，解僵较快；寒冷时则出现较晚，解僵较迟。肌肉发达的动物尸僵较明显，死于破伤风的动物尸僵发生快而明显。死于败血症的动物，尸僵不显著或不出现。心肌变性或心力衰竭的心肌，则尸僵不出现或不完全，这种心脏质地柔软，心脏扩张，并充满血液。

（3）尸斑　动物死亡后，血液由于受重力的影响，沉降到尸体低下部位而出现的色斑，称为尸斑。动物死后，由于心脏和大动脉管的临终收缩及尸僵的发生，将血液排挤到静脉系统内，并受重力作用，血液流向尸体的低下部位，使该部血管充盈血液，组织呈暗红色（死后 1～1.5h 出现）。初期指压褪色，并且这种色斑可随尸体位置的变更而改变。后期由于发生溶血使该部组织染成红色（一般在死后 24h 左右开始出现），此时指压或改变尸体位置不会褪色，即尸斑形成。

检查尸斑，对于死亡时间和死后尸体位置的判定有一定意义。临床上应与生前充血、淤血加以区别。充血、淤血发生的部位和范围一般不受重力作用的影响，如肺淤血或肾淤血时，两侧表现是一致的，还常伴有水肿的发生。而尸斑则仅出现在尸体的低下部，除重力因素外没有其他原因，也不伴发其他变化。在采取病料时，如无特异病变、特殊需要，最好不取这些部位的组织。

（4）尸体自溶与腐败　尸体自溶是指体内组织受到自身蛋白溶解酶的作用，而发生自体溶解的过程。表现最明显的是胃肠和胰腺。在外界气温较高、死亡时间较长的情况下，剖检时常可见到胃肠道黏膜的脱落，就是一种自溶现象。

尸体腐败是指尸体组织蛋白由于受到腐败菌的作用发生腐败分解的现象。参与腐败过程的腐败菌主要是厌氧菌，它们主要来自消化道，也有从体外侵入的。死于败血症或有大面积化脓的动物尸体极易腐败。尸体腐败可破坏生前病变，给剖检工作带来困难，因此，动物死后剖检应尽早进行，最好在 6h 以内进行。尸体腐败有以下几种表现形式。

① 腹围膨大。是由于胃肠内细菌大量繁殖，使胃肠内容物腐败发酵而产生大量气体的结果。

② 尸绿。是由于组织分解产生的硫化氢与红细胞分解产生的血红蛋白和铁结合形成硫化血红蛋白和硫化铁，致使腐败组织呈绿色，此种变化在肠道最为明显。

③ 尸臭。在尸体腐败过程可产生大量有恶臭气味的气体，如硫化氢等，故使尸体发出腐臭味。

④ 实质脏器腐败。实质脏器腐败后体积增大，质地柔软，呈泡沫状。

**3. 尸体剖检的注意事项**

为保证尸体剖检的顺利进行，并达到其预期目的，在剖检前必须做好一些必要的准备工作。如剖检器械和消毒药品，以及对剖检人员的防护等。尤其对患传染病死亡尸体的剖检，剖检人员既要预防自身的感染，又要注意防止病原的扩散。

（1）剖检时间的确定　应在动物死后尽早进行，特别是炎热的夏季，最好在死后 6h 以内进行。死后超过 24h 的尸体，由于尸体自溶与腐败而难于辨别原有病变，失去剖检意义。剖检最好在白天进行，晚间应在充足的日光灯下辨别脏器的色彩。

（2）剖检地点的选择　最好在专用的动物剖检室进行。在畜牧场死亡的动物，可在其设置的剖检场所进行。如在室外剖检时，应选择远离水源、居民区、道路和畜舍的地点进行。

剖检前，先掘好深达 2m 的尸坑；剖检后，将尸体连同垫布或垫草和污染的土壤一起投入坑内，在撒上生石灰或 3%～5% 的来苏儿或其他消毒药，然后用土掩埋。

（3）剖检尸体的搬运　对疑似传染病的尸体，特别是类似炭疽等烈性传染病尸体的搬运，为防止其病原的扩散，必须在搬运前进行相应的处理。在搬运前要用浸透消毒液的棉花堵塞天然孔，并用消毒液喷湿体表各部，以防运输时造成病原的扩散。剖检场地、运输车辆和绳索等，都要进行严格消毒。如疑为炭疽时，可在肢体末端皮肤上切一小口采血做涂片检查，或切开腹壁局部，取脾组织进行检查。若确定为炭疽则严禁剖检，并将尸体与被污染的场地、用品等进行严格消毒与处理。

（4）剖检器械和消毒药品的准备

① 剖检器械。常用的有剥皮刀、脏器刀、外科刀、脑刀、外科剪、肠剪、镊子、骨锯、骨斧、量尺、量杯、注射器和针头、磨刀棒等。

② 消毒药品。常用的有 3%～5% 来苏儿、5% 石炭酸、3% 碘酊、0.2% 高锰酸钾、70% 酒精等。另外，还要准备一些固定液，如 10% 福尔马林、95% 酒精，用于采集和送检病料的固定与保存。

（5）剖检人员的防护　剖检人员应注意自身保护，剖检人畜共患病的动物尸体时更应严格防护。穿戴好工作衣帽，外罩橡胶或塑料围裙，戴乳胶手套并外加线手套，穿胶靴，必要时还要戴上口罩和眼镜。如无手套，可在手上涂抹凡士林或其他油类保护。不慎损伤皮肤时，应立即消毒包扎。剖检完毕，尸体处理后，先除去手套。如未戴手套时，先清洗双手，再脱去全部防护衣物，投入消毒液中浸泡。消毒器械要另用消毒液浸泡。在全部工作完毕后，再次洗净双手，用消毒液浸泡，最后用清水将手上消毒液冲洗干净。为了除去粪便与尸腐的臭味，可用巴氏消毒液或百毒杀浸泡，既消毒又除臭。剖检器械和衣服消毒后，用清水洗净。橡胶制品晾干后要抹上滑石粉以防粘连。金属器械擦干后要涂抹凡士林防锈。

（6）尸体消毒与处理　在剖检前应对尸体表面喷洒消毒液。如需搬运尸体，应用不透水容器，特别是炭疽、开放性鼻疽等传染病的尸体时，应先用浸透消毒液的药棉团塞紧尸体的天然孔。如确定为传染病的尸体，可采用焚尸炉焚烧、投入专用的尸坑或临时掘坑深埋等方法处理。消毒应参照中华人民共和国国家标准《畜禽产品消毒规范》执行。

**4. 尸体剖检记录与剖检报告**

（1）尸体剖检记录　剖检记录是综合分析和诊断疾病的原始资料，也是尸体剖检报告的重要依据，应与剖检同时进行。如因剖检人手紧缺不能同时进行时，可采取补记。

剖检记录的范围主要包括两方面内容：一方面应忽略记录畜主姓名、畜别、品种、性别、年龄、特征、生前表现与治疗情况、死亡时间、剖检时间、剖检地点、剖检编号、剖检人员等；另一方面应记录剖检所见，应遵循系统、客观、准确的原则，力求完整详细，如实反映尸体的各种病理变化，并明确描述病变的发生部位、大小、形状、结构、颜色、湿度、透明度、质地、气味、表面和切面的特征等。有些病变用文字难以表达时，可绘图补充说明，同时配合拍照或将整个器官保存下来（表 14-1-1）。

（2）尸体剖检报告　尸体剖检报告是根据尸体剖检记录剖检所见，结合生前表现及其他相关资料，综合分析剖检病变与生前症状的有机联系，阐明其发病与死亡原因，进而作出诊断结论，并提出行之有效的防控措施。

剖检报告的内容包括以下部分。

① 概述。主要阐述畜主姓名、畜别、品种、性别、年龄、特征、死亡时间、剖检时间及地点、临床摘要及临床诊断等。

表 14-1-1  动物尸体剖检记录格式                                        编号：

| 送检单位 | | | | | | 送检人 | |
|---|---|---|---|---|---|---|---|
| 畜别 | | 品种 | | 性别 | | 年龄 | 特征 | |
| 病料种类 | （尸体、活体、器官组织、其他病料） | | | 送检日期 | | | |
| 临床摘要：（简要记录生前主要临床表现，以及诊断与治疗等情况） | | | | | | | |
| 病理变化：（详细记录剖检所见，要力求完整详细，如实反映尸体的各种病理变化，并明确描述病变的发生部位、大小、形状、结构、颜色、湿度、透明度、质度、气味、表面和切面的特征） | | | | | | | |
| 检验项目：（病理切片、细菌检验、病毒检验、毒物检验等） | | | | | | | |
| 病理诊断：（根据剖检所见与检验结果，作出初步诊断） | | | | | | | |

检验单位（盖章）        检验医师（签名）＿＿＿＿＿
年  月  日  时

② 剖检情况。应以剖检记录为依据，详细报告剖检变化，包括眼观变化和组织学变化及各种实验检查情况。

③ 病理剖检诊断。根据剖检所见，结合各器官的病变特点，对各主要器官病变作出诊断。

④ 病理诊断结论。根据剖检诊断，结合生前临床诊断及其他有关材料，综合分析，作出病理诊断结论，并阐明其发病和致死的原因及提出防控措施与建议（表 14-1-2）。

表 14-1-2  尸体剖检报告格式                                        编号：

| 公司或畜主 | | 畜种 | | 性别 | | 年龄 | | 特征 | |
|---|---|---|---|---|---|---|---|---|---|
| 死亡时间 | | 剖检时间 | | | 剖检地点 | | | | |
| 临床摘要：（以剖检记录为依据） | | | | | | | | | |
| 病理剖检情况：（以剖检记录为依据，详细报告剖检变化，包括眼观变化和组织学变化及各种实验检查情况） | | | | | | | | | |
| 病理剖检诊断：（根据剖检所见，结合各器官的病变特点，对器官病变作出诊断） | | | | | | | | | |
| 病理诊断结论：（根据剖检诊断，结合生前临床诊断及其他相关材料，综合分析，作出病理诊断结论，并阐明其发病和致死的原因及提出防控措施与建议） | | | | | | | | | |

检验单位（盖章）                                检验医师（签名）＿＿＿＿＿
年  月  日  时

## 二、尸体剖检术式

尸体剖检术式是指尸体剖检方法和步骤。常规剖检术式是由表及里，分外部检查和内部检查两大部分。

### 1. 牛的尸体剖检术式

（1）外部检查  是指在剥皮前对尸体外表的检查，其检查内容包括以下方面。

① 尸冷。检查尸体的体温，有助于确定死亡时间。

② 尸僵。检查尸僵程度是否完全，死于败血症的动物，尸僵不全。死于破伤风的动物，因生前肌肉运动剧烈，死后尸僵特别明显。

③ 尸腐。检查尸体腐败情况，有助于判断死亡时间和生前病情，死于败血症或有大面积化脓的动物尸体极易腐败。

④ 肢体形态。检查有无骨折、关节移位、肢体变形、腹部膨胀程度等。

⑤ 营养状况。主要检查尸体胖瘦。

⑥ 可视黏膜。检查眼结膜、口鼻黏膜、肛门和生殖器黏膜等。着重检查可视黏膜的色

彩和完整性，观察其有无贫血、充血、淤血、出血、黄疸和外伤等。

⑦ 体表检查。检查体表有无新旧外伤。此外还要检查和天然孔的开闭状态和有无分泌排泄物。

（2）内部检查

① 剥皮和皮下组织检查

a. 剥皮。首先使尸体仰卧，从下唇正中线沿颌间正中线，经颈、胸、腹下正中线做一切线，切开皮肤，切至脐部时向左右分为两条。绕过阴茎或乳房等器官后切线又合并为一，直至尾根。再从腹正中切线垂直沿肢内侧正中做一切线分别切开四肢皮肤，切至球节部做一环形切线。然后沿其切线，剥离全身皮肤（图 14-1-1）。患传染病死亡的尸体一般不剥皮。

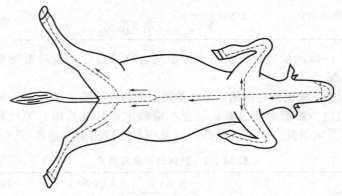

图 14-1-1. 牛剥皮示意图

b. 皮下组织检查。在剥皮时应随时对皮下组织进行检查，主要检查皮下脂肪含量及性状，肌肉的丰瘦情况，皮下有无出血、水肿和炎症等。

② 内脏器官的采出和检查

a. 内脏器官的采出。包括腹腔的剖开→腹腔脏器的采出→锯开胸腔→胸腔脏器的采出→骨盆腔脏器的采出→口腔及颈部器官的采出→颅腔的打开与脑的采出→鼻腔的锯开→脊髓的采出。

第一，腹腔的剖开：牛的病尸持左侧卧（马属动物持右侧卧、小动物持仰卧），切离剖检侧前后肢，同时切除母畜乳房或公畜外生殖器。然后从肷窝肋骨弓后缘至剑状软骨部，再从肷窝沿髂骨体至耻骨前缘做两条切线，切开腹壁并翻转入腹下，即可显露出腹腔（图 14-1-2）。此时应随时检查腹腔脏器的位置有无变化，胃肠壁的完整性，腹膜有无出血、炎性反应、损伤和粘连，腹腔积液的数量及性状等。

第二，腹腔脏器的采出：剖开腹腔后，在剑状软骨部可见到网胃，右侧肋骨后缘部为肝脏、胆囊和皱胃，右腹部可见盲肠，其余脏器均被网膜覆盖。因此，为了采出牛的腹腔器官，应先将网膜切除，并依次采出小肠、大肠、胃和其他器官。

（a）切取网膜。首先检查网膜的有无充血、出血及其他病变，然后将两层网膜切下采出。

（b）空肠和回肠的采出。提起盲肠，沿盲肠体向前，在三角形的回盲韧带处切断，分离一段回肠，在距盲肠约 15cm 处做双重结扎，从结扎间切断。再抓住回肠断端向前牵引，使肠系膜呈紧张状态，在接近小肠部切断肠系膜。分离十二指肠空肠曲，再做双重结扎，于两扎间切断，即可取出全部空肠和回肠。与此同时，要检查肠系膜及其淋巴结等有无变化。

（c）大肠的采出。在骨盆口处将直肠内粪便向前挤压并在直肠末端做一次结扎，在结扎后方切断直肠。抓住直肠断端，由后向前分离直肠、结肠系膜至前肠系膜根部。再把横结

图 14-1-2. 牛腹腔剖开示意图

肠、肠盘与十二指肠回行部之间联系切断。最后切断前肠系膜根部的血管、神经和结缔组织，可取出整个大肠。

（d）胃、十二指肠和脾脏的采出。先将胆管、胰管与十二指肠之间的联系切断，然后分离十二指肠系膜。将瘤胃向后牵引，露出食管，并在末端结扎切断。再用力向后下方牵引瘤胃，用刀切离瘤胃与背部的联系，切断脾膈韧带，将胃、十二指肠及脾脏同时采出。

（e）胰腺的采出。胰脏可从左叶开始逐渐切下或随腔动脉、肠系膜一并取出。

（f）肝脏采出。先切断左叶周围的韧带及后腔静脉，然后切断右叶周围的韧带、门静脉和肝静脉（勿伤及右肾），便可取出肝脏。

（g）肾脏和肾上腺的采出。首先应检查输尿管的状态，然后沿腰肌剥离其周围的脂肪囊，并切断肾门处的血管和输尿管，采出左肾，并用同样方法采出右肾。肾上腺可与肾脏同时采出，也可单独采出。

第三，锯开胸腔：锯开胸腔之前，应先检查肋骨的高低及肋骨与肋软骨结合部的状态。然后将膈的左半部从季肋部切下，用锯把左侧肋骨的上下两端锯断，只留第一肋骨，即可将左胸腔全部暴露。

锯开胸腔后，应随时检查左侧胸腔液的量和性状，胸膜的色泽，有无充血、出血或粘连等。

第四，胸腔脏器的采出。

（a）心脏的采出。先在心包左侧中央作十字形切口，将手洗净，把食指和中指插入心包腔，提取心尖，检查心包液的量和性状；然后沿心脏的左侧纵沟左右各 1cm 处，切开左、右心室，检查心室内血量及性状；最后将左手拇指和食指分别伸入左、右心室的切口内，轻轻提取心脏，切断心基部的血管，取出心脏。

（b）肺脏的采出。先切断纵隔的背侧部，检查胸腔液的量和性状；然后切断纵隔的后部；最后切断胸腔前部的纵隔、气管、食管和前腔动脉，并在气管轮上做一小切口，将食指和中指伸入切口牵引气管，将肺脏取出。

（c）腔动脉的采出。从前腔动脉至后腔动脉的最后分支部，沿胸椎、腰椎的下面切断肋间动脉，即可将腔动脉和肠系膜一并取出。

第五，骨盆腔脏器的采出：先锯断髋骨体，然后锯断耻骨和坐骨的宽臼支，除去锯断的骨体，盆腔即暴露。用刀切离直肠与盆腔上壁的结缔组织。母牛还应切离子宫和卵巢，再由盆腔下壁切离膀胱颈、阴道及生殖腺等，最后切断附着于直肠的肌肉，将肛门、阴门做圆形切离，即可取出骨盆腔脏器。

第六，口腔及颈部器官的采出：先切开咬肌，再在下颌骨的第一臼齿前，锯断左侧下颌支，再切开下颌支内面的肌肉和后缘的腮腺、下颌关节的韧带及冠状突周围的肌肉，将左侧下颌支取出；然后用左手握住舌头，切断舌骨支及其周围组织，再将喉、气管和食管的周围组织切离，直至胸腔入口处，可采出口腔及颈部器官。

第七，颅腔的打开与脑的采出

（a）切断头部。沿环枕关节切断颈部，使头与颈分离，然后除去下颌骨体及右侧下颌支，切除颅顶部附着的肌肉。

（b）脑的采出。先沿两眼的后缘用锯横行锯断，再沿两角外缘与第一锯相连接锯开，并于两角的中间纵锯一正中线，然后两手握住左右两角，用力向外分开，使颅顶骨分成左右两半，脑即可取出（图 14-1-3）。

图 14-1-3. 牛颅腔剖开示意图

第八，鼻腔的锯开：沿鼻中线两侧各 1cm 纵行锯开鼻骨，额骨，暴露鼻腔、鼻中隔、鼻甲骨及鼻窦。

第九，脊髓的采出：剔去椎弓两侧肌肉，凿（锯）断椎体，暴露椎管，切断脊神经，即可取出脊髓。

上述各体腔的打开和内脏的采出，是系统剖检的程序，在实际工作中，可根据生前的病情，进行重点剖检，适当地改变或取舍某些剖检程序。

b. 内脏器官的检查

第一，肝脏的检查：先检查肝门部的动脉、静脉、胆管和淋巴结；然后检查肝脏的形态、大小、色泽、包膜性状、有无出血、结节、坏死等；最后切开肝组织，观察切面的色泽、质度和含血量等情况。注意切面是否隆突，肝小叶结构是否清晰，有无脓肿、寄生虫结节和坏死灶等。

第二，脾脏的检查：脾脏摘除后，注意其形态、大小、质地；然后纵行切开，检查脾小梁、脾髓的颜色，红、白髓的比例，脾髓是否容易刮脱。

第三，肾脏的检查：先检查肾脏的形态、大小、色泽、质地，然后由外侧面向肾门部将肾脏纵切为相等的两半，检查包膜是否容易剥离，肾表面是否光滑，皮质和髓质的颜色、质度、比例、结构，肾盂黏膜及肾盂内有无结石等。

第四，心脏的检查：先检查心脏纵沟、冠状沟的脂肪量和性状，有无出血；然后检查心脏的外形、大小、色泽及心外膜的性状；最后切开心脏检查心腔。沿左侧纵沟切开右心室及肺动脉，同样再切开左心室及主动脉。检查心腔内血液的性状，心内膜、心瓣膜是否光滑，有无变形、增厚，心肌的色泽、质度、心壁的厚薄等（图 14-1-4）。

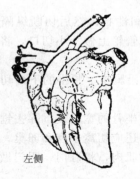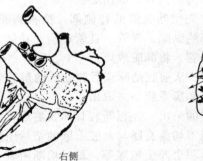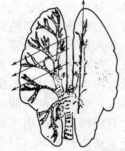

左侧　　　　　　　　　右侧

图 14-1-4　心脏检查示意图　　　　　　　图 14-1-5　肺脏检查示意图

第五，肺脏的检查：首先注意其大小、色泽、重量、质度、弹性、有无病灶及表面附着物等，然后用剪刀沿支气管剪开，注意检查支气管黏膜的色泽、表面附着物的数量、黏稠度。最后横切左右肺叶，注意观察切面的色泽、流出物的数量、色泽变化，同时观察切面有无出血、坏死和结节等病变（图14-1-5）。

第六，胃的检查：检查胃的大小、质度、浆膜的色泽，有无粘连、胃壁有无破裂和穿孔等，然后将瘤胃、网胃、瓣胃、皱胃之间的联系分离，使四个胃展开。首先沿皱胃小弯剪开至皱胃与瓣胃交界处，再沿瓣胃的大弯部剪开至瓣胃与网胃口处，并沿网胃大弯剪开，最后沿瘤胃上下缘剪开。分别检查胃内容物的数量、性状及黏膜变化等。并检查瘤胃内有无吸虫、网胃内有无异物和刺伤、瓣胃内容物是否干燥等。

第七，肠的检查：从十二指肠、空肠、回肠、大肠、直肠分段进行检查。先检查肠管浆膜的色泽和有无粘连、破裂、穿孔等。然后沿肠系膜附着处剪开肠腔，检查肠内容物数量、性状，再除去内容物检查胃肠黏膜有无病变。

第八，内脏淋巴结的检查：应随内脏器官采出或检查时同步进行，特别要注意肺门淋巴结、肠系膜淋巴结的检查。注意检查其大小、颜色、硬度，以及与周围组织的关系，切面的色泽及有无出血、坏死、增生病变等。

**2. 猪的尸体剖检术式**

（1）外部检查　猪的外部检查与牛的外部检查相同，主要检查病尸的营养状况、肢体形态、尸体变化、体表皮肤及可视黏膜有无新旧损伤、充血、淤血、出血、贫血、黄疸，天然孔的开闭状态和有无分泌排泄物等。

（2）内部检查

① 剥皮与皮下检查。猪的剖检多采取背侧仰卧位，先分别切断肩胛内侧和髋关节周围肌肉，以部分皮肤与体躯相连，使四肢摊开。猪的剖检多不剥皮，如要剥皮其方法和步骤与牛大体相同，在剥皮过程中随时进行皮下检查，主要检查皮下有无充血、炎症、出血、淤血、水肿等病变外，还必须检查体表淋巴结的大小、颜色，有无充血、出血、水肿、坏死、化脓等病变。

② 腹腔的剖开与腹腔脏器的采出

a. 腹腔的剖开。先沿腹壁正中线切开剑状软骨与肛门之间的腹壁，再沿肋骨弓将腹壁两侧切开，使腹腔器官全部暴露。此时应检查腹腔脏器的位置，腹膜及腹腔器官浆膜是否光滑，腹腔中有无渗出物及其数量、颜色和性状等。

b. 腹腔脏器的采出。腹腔脏器的采出可先取出脾脏与网膜，其次为空肠、回肠、大肠、胃和十二指肠。

（a）脾脏和网膜的采出。在右季肋部可见脾脏。提起脾脏，并在接近脾脏根部切断网膜和其他联系后取出脾脏。然后将网膜从其附着部分离采出。

（b）空肠和回肠的采出。将结肠盘向右侧牵引，盲肠拉向左侧，显露回盲韧带与回肠。在离盲肠约15cm处，将回肠做二重结扎并切断。然后握住回肠断端，用刀切离回肠、空肠上附着的肠系膜，直至十二指肠空肠曲，在空肠起始部做二重结扎并切断，取出空肠和回肠。边分离肠系膜边检查肠浆膜有无出血，肠系膜有无出血、水肿，肠系膜淋巴结有无肿胀、出血、坏死等。

（c）大肠的采出。在骨盆腔口分离直肠，将其中粪便挤向前方做一次结扎，并在结扎后方切断直肠。从直肠断端向前方分离肠系膜，至前肠系膜根部。分离结肠与十二指肠、胰腺之间的联系，切断前肠系膜根部血管、神经和结缔组织，以及结肠与背部之间的联系，即可取出大肠。

（d）再依次将胃和十二指肠、肾脏和肾上腺、胰腺和肝脏采出。

③ 胸腔的剖开与腹腔脏器的采出。胸腔的剖开及胸腔脏器的采出。用刀先分离胸壁两

侧表面的脂肪和肌肉，检查胸腔的压力，用刀切断两侧肋骨与肋软骨的接合部，再切断其他软组织，除去胸壁腹面，胸腔即可露出。检查胸腔、心包腔有无积液及其性状，胸膜是否光滑、有无粘连。

④ 骨盆腔脏器的采取。参照牛的剖检术式进行。

⑤ 颅腔剖开。可在脏器检查完后进行。清除头部的皮肤和肌肉，在两眼眶之间横劈额骨，然后再将两侧颞骨（与颧骨平行）及枕骨髁劈开，即可掀掉颅顶骨，暴露颅腔。检查脑膜及脑组织有无充血、出血、坏死及其他病变。

对小猪剖检，可自下颌沿颈部、腹部正中线至肛门切开，暴露胸腹腔，切开耻骨联合露出骨盆腔。然后将口腔、颈部、胸腔、腹腔和骨盆腔的器官一起取出。

各器官的检查与牛的剖检相同，按一定顺序，逐一检查各器官的病理变化。

### 3. 禽的尸体剖检术式

（1）外部检查　先观察全身肢体形态有无异常，羽毛有无光泽、脱毛、蓬乱等现象，泄殖腔周围的羽毛有无粪便污染，皮肤有无肿胀，关节及脚趾有无脓肿或其他异常。检查冠、肉垂和面部的颜色、厚度、有无痘疹等。压挤鼻孔和鼻窦，观察有无液体流出，口腔有无黏液。检查两眼虹膜的颜色，最后触摸腹部有无变软或积有液体。

（2）内部检查

① 体腔的剖开与检查。首先用消毒液将羽毛浸湿，防止羽毛飞扬。切开两侧大腿与腹侧连接的皮肤，用力掰开两腿，使髋关节脱位，将尸体仰卧平摊在搪瓷盘内。拔掉胸、腹部的羽毛，切开胸、腹部皮肤，并注意观察胸部肌肉的丰满程度、颜色、有无出血、坏死及其他病变。同时检查皮下有无充血、出血、水肿、坏死等病变。然后在后腹部，将腹壁横行切开，顺切口的两侧分别向前剪断胸肋骨（注意不要伤及肝和肺）、喙骨及锁骨，最后把整个胸壁翻向头部，使整个胸腔和腹腔脏器暴露出来。体腔打开后注意观察各脏器的位置、颜色有无变化，体腔浆膜有无充血、出血、水肿及其他病变，体腔内有无积液，各脏器之间有无粘连等。如进行细菌分离，应采用无菌技术打开胸、腹腔，进行分离接种。

② 内脏器官采取与检查。首先将心脏连同心包一起采取，再取出肝脏，随时检查其体积大小，有无充血、出血、坏死及炎性渗出物等。在打开体腔和内脏器官采取与检查过程中，随时注意检查气囊的厚薄，有无渗出物、霉斑等病变。

在食管末端切断食管，将腺胃向后牵拉，边牵拉边剪断胃肠与背部的联系，在泄殖腔前切断直肠（或连同泄殖腔一同取出），即可取出胃肠道。在分离肠系膜时，要注意肠系膜是否光滑、有无肿瘤及其他病变。并剪开胃肠，检查胃肠内容物含量及其性状，胃肠黏膜有无充血、出血、坏死及炎性渗出物等。在采出直肠时，注意检查在泄殖腔背侧的腔上囊是否肿大及有无充血、出血、坏死及分泌物等。

禽类的肺脏和肾脏分别陷藏于肋间隙内和腰荐骨凹陷处，可用外科刀柄或手术剪剥离取出，并随时检查肺脏和肾脏的体积大小，有无充血、出血、坏死等病变。取出肾脏时，要注意输尿管的检查，重点观察有无尿酸盐蓄积。

睾丸、卵巢和输卵管可在原位检查，注意其大小、形状、颜色，卵黄发育状况及有无充血、出血、坏死等炎症病变。

③ 口腔、颈部器官检查。剪开口角，观察后鼻孔、腭裂及喉口有无分泌物堵塞、口腔黏膜有无假膜。再剪开喉头、气管、食道及嗉囊，观察管腔有无渗出物及其性状，以及管腔黏膜的颜色，有无出血、坏死和伪膜等病变。检查嗉囊是否充盈食物，内容物的数量及性状。并在颈椎两侧寻找并观察胸腺的大小及颜色，有无小的出血、坏死点。

④ 脑的采出与检查。可先用刀剥离头部皮肤，再剪除颅顶骨（大鸡用骨剪或普通剪，

小鸡用手术剪），即可露出大脑和小脑，将头顶部朝下，剪断脑下部神经，将脑取出。注意检查脑膜及脑组织有无充血、出血、坏死性病变等。

外周神经检查，在大腿内侧，剥离内收肌，暴露坐骨神经；在脊椎两侧，分离肾脏，露出腰荐神经丛，观察两侧神经的粗细、横纹及色彩、光滑度，以及有无肿大增粗和肿瘤病变等。

### 三、病理材料的采取和送检

在尸体剖检时，为了进一步作出确切诊断，往往需要采取病料送实验室进一步检查。送检时，应严格按病料的采取、保存和寄送方法进行，具体做法如下。

#### 1. 病理组织材料的采取和送检

采取的病理材料，要采样全面，而且具有代表性；保持主要组织结构的完整性，如肾脏应包括皮质、髓质和肾盂；胃肠应包括从黏膜到浆膜的完整组织等。采取的病料应选择病变明显的部位，而且应包括病变组织和周围正常组织，并应多取几块。切取组织块时，刀要锋利，应注意不要使组织受到挤压和损伤，切面要平整。要求组织块厚度 5mm，面积 $1.5 \sim 3cm^2$；易变形的组织应平放在纸片上，一同放入固定液中。

病理组织材料用 10% 福尔马林溶液固定，固定液量为组织体积的 $5 \sim 10$ 倍。容器底应垫脱脂棉，以防组织固定不良或变形，固定时间为 $12 \sim 24h$。已固定的组织，可用固定液浸湿的脱脂棉或纱布包裹，置于玻璃瓶封固或用不透水塑料袋包装于木匣内送检。送检的病理组织学材料要有编号、组织块名称、数量、送检说明书和填写送检单，供检验单位诊断时参考（表 14-1-3）。

表 14-1-3 动物病理材料送检单

| 送检单位 | | | | | 单位地址 | | |
|---|---|---|---|---|---|---|---|
| 畜种 | | 年龄 | | 性别 | 发病时间 | | 死亡时间 |
| 采样时间 | | 送检时间 | | | 送检人 | | 联系电话 |
| 流行情况： | | | | | | | |
| 临床摘要： | | | | | | | |
| 病理剖检变化： | | | | | | | |
| 病料种类、数量与保存方法： | | | | | | | |
| 送检目的与要求： | | | | | | | |

#### 2. 微生物检验材料的采取和送检

采取病料应于病畜死后立即进行，或于病畜临死前扑杀后采取，尽量避免外界污染，以无菌操作采取所需组织，采后放在事先消毒好的容器内。所采组织的种类，要根据诊断目的而定。如急性败血性疾病，可采取心血、脾、肝、肾、淋巴结等组织供检验；生前有神经症状的疾病，可采取脑、脊髓或脑脊液；局部性疾病，可采取病变部位的组织如坏死组织、脓肿病灶、局部淋巴结及渗出液等材料。在与外界接触过的脏器采病料时，可先用烧红的热金属片在器官表面烧烙，然后除去烧烙过的组织，从深部采病料，迅速放在消毒好的容器内封好；采集体腔液时可用注射器吸取；脓汁可用消毒棉球收集，放入消毒试管内；胃肠内容物可收集放入消毒广口瓶内或剪一段肠管两端扎好，直接送检；血液涂片固定后，两张涂片涂面向内，用火柴杆隔开扎好，用厚纸包好送检；小动物可整个尸体包在不漏水的塑料袋中送检；对疑似病毒性疾病的病料，应放入 50% 甘油生理盐水溶液中，置于灭菌的玻璃容器内密封、送检。

采取病料用的刀、剪、镊子等设备、器械，使用前、后均应严格消毒。送检微生物学检验材料要有编号、检验说明书和送检报告单。同时，应在冷藏条件下派专人送检。

**3. 中毒病料的采取与送检**

应采取肝、胃等脏器的组织、血液和较多的胃肠内容物和食后剩余的饲草、饲料，分别装入清洁的容器内，注意不能与任何化学药剂接触混合，密封后在冷藏（装于放有冰块的保温瓶内）的条件下送检。

**【分析讨论】**

讨论1. 尸体剖检的临床应用价值。

讨论2. 尸体剖检应注意的事项。

## 实习实训

# 尸体剖检实训

**【实训目标】** 通过对病死动物的尸体剖检，熟悉各种畜禽的尸体剖检术式，掌握各种尸体剖检的技术方法，达到能结合剖检所见病理变化，进行综合分析和认识疾病的病理诊断能力。

**【实训器材】**

1. 实验动物或病死尸体  各地区可因地制宜选择2～3种畜禽，或随机选择临床病死的病例尸体（牛、猪、羊、兔、鸡、鸭）。

2. 剖检器械  剥皮刀、解剖刀、手术刀、脏器刀、手术剪、肠剪、镊子、骨钳、板锯（弓锯）、骨斧、卷尺、磨刀石（棒）、注射器、针头、瓷盘等。

3. 消毒药品  0.1%新洁尔灭溶液、3%来苏儿溶液、3%碘酊、70%～75%酒精、10%福尔马林或95%酒精、药棉、纱布等。

4. 尸体剖检视频  猪尸体剖检、羊尸体剖检、鸡尸体剖检视频。

**【实训方法】** 先观看尸体剖检视频，然后按照尸体剖检术式的方法和步骤分别进行猪、羊、鸡的尸体剖检操作训练。在尸体剖检操作过程中，同时进行病理材料的采集、保存、包装、送检等环节的技术操作。

**【实训考核】**

1. 做尸体剖检记录1份。

2. 完成尸体剖检报告1份。

## 【目标检测】

1. 动物死后可出现哪些主要尸体变化？为什么？

2. 牛的尸体剖检应向哪侧倒卧？简述其腹腔脏器的取出顺序。

3. 分别列出鸡、猪、兔的剖检程序。

4. 剖检过程中如何鉴别尸斑与淤血、血栓与血凝块及血液凝固不良？

5. 如何做剖检记录和写剖检报告？

（王萍）

# 子项目二　病理组织切片与染色技术

## 【学习目标】

1. 理解病理切片的目的及其在动物疾病诊断中的应用价值。
2. 掌握动物病理组织切片的基本程序。
3. 掌握苏木精-伊红（H.E）染色技术。

## 【课前准备】

1. 预习本项目学习内容，明确学习目标与任务。
2. 熟悉病理切片的基本程序。

## 【学习内容】

### 一、病理组织切片技术

动物病理组织的观察，必须首先将组织切成很薄（2～10μm）的切片，再经相应的染色处理，才能在光学显微镜下进行观察。病理组织切片技术是动物病理学诊断与研究不可缺少的一项技术技能。常用的病理组织切片方法有三种：石蜡切片法、冰冻切片法和火棉胶切片法。本项目主要介绍最常用的石蜡切片法。

石蜡切片技术是将石蜡充分浸入病变组织，然后用石蜡包埋，借助于石蜡的硬度进行切片。石蜡切片的制作过程较为繁杂，其制作过程包括组织取材→固定→冲洗→脱水→透明→浸蜡→组织包埋→组织切片→展片附贴→切片脱蜡→（复水）→染色→脱水→染片透明→封固等10多个操作程序。但用石蜡切片法制作的切片能完好地保存组织的原有结构，透明度好，并可长期保存，便于显微镜下观察，是进行病理学诊断与研究的最佳选择。

以上基本过程是互相联系的，任一环节出现问题，都会影响切片质量。因此，必须精心细致，认真做好每一步，才能确保切片质量。

#### 1. 取材

病理组织的取材是制作切片的一个重要程序，可根据病理诊断的具体要求取自被检动物机体（外科手术切除组织、尸体剖检采取组织），具体要求如下。

（1）材料新鲜　取材组织愈新鲜愈好（动物组织一般在离体2h以内取材），病理组织应在处死（或病死）后立即取材，并迅速固定，以保证组织的新鲜和原有的形态结构。

（2）病变典型明显　应选取病变最典型、最明显的部位，采样要全面，而且具有代表性。并应连同部分健康组织一并采取，同时要保持主要组织结构的完整性。大块病变组织可按不同部位采取多块，同一组织有不同的病变应各取一块。

（3）组织块大小　所取组织块理想的体积为1.8cm×1.0cm×0.2cm，以使固定液能迅速而均匀地渗入组织内部，保证固定效果。

（4）勿挤压组织块　切取组织块用的刀剪要锋利，切割时不可来回锉动。夹取组织时切勿过紧，以免因挤压而使组织、细胞变形。

#### 2. 固定与冲洗

（1）固定　为阻止组织细胞的死后变化，防止自溶与腐败，保持组织内细胞原有的组织结构，切取组织块后应立即放进固定液进行固定，常用的固定液有以下两类。

① 单纯固定液。10%甲醛固定液；95%酒精固定液。

② 混合固定液。酒精-甲醛固定液（95%酒精9份、40%的甲醛1份）；Zenken氏液

（重铬酸钾 2.5g，升汞 5.0g，蒸馏水 100mL，冰醋酸 5mL）；Bouin 氏液（苦味酸饱和水溶液 25mL，40％甲醛 25mL，冰醋酸 5mL）。

（2）冲洗　固定后的组织块内含固定液，必须将其洗去。一般用流水（自来水）冲洗 12～24h。及时洗去固定液有停止固定的作用，防止固定过度，有利于制片染色。如不方便用流水冲洗，也可用较大容器盛装水浸洗，每隔相当时间换水一次。整个浸洗时间比流水冲洗应稍长一些。酒精固定的组织材料不需冲洗。

**3. 脱水与透明**

（1）脱水　标本经固定和冲洗后，组织中含有较多水分，必须将组织块内的水分置换出来，这一过程叫做脱水。石蜡切片必须除去组织中所含水分，因含水组织与石蜡不相容，常用的脱水剂为一系列不同浓度的酒精。可用 60％、70％、80％、90％、95％、100％各种浓度酒精各浸泡 2h。

（2）透明　酒精仍不溶于石蜡，还要经过一个能溶于石蜡的溶剂替代过程。经此过程处理后的组织可呈现透明状态，故称此过程为透明。常用的透明剂有二甲苯、三氯甲烷、冬青油等。

**4. 浸蜡与包埋**

（1）浸蜡　组织经过脱水、透明后要让石蜡等支持剂浸入组织内部使其变硬，有利于包埋和切片，需将已透明的组织移入熔化的石蜡中，使蜡能充分地浸入组织内，此过程称为浸蜡。浸蜡时应注意以下几点。

① 浸蜡熔点。石蜡分为软蜡（熔点为 42～54℃）与硬蜡（熔点为 56～62℃）两种。浸蜡时，应先经软蜡再经硬蜡（可分别采取熔点为 52～54℃、54～56℃、56～58℃ Ⅲ级浸蜡），使组织中含有的透明剂完全去除。

② 浸蜡温度。浸蜡的温度以高于熔点 2～5℃为宜，温度过高可致组织过度收缩或变脆，如在温箱内浸蜡，可将温度控制在 60～62℃。

③ 浸蜡的时间。可根据组织块的大小及其组织种类而定。一般厚度约 0.2cm 的实质脏器（肝、肾、脾等）的浸蜡时间为 2～3h，组织块多时需延长浸蜡时间。

（2）包埋　将浸蜡后的组织置于熔化的石蜡中，石蜡凝固后，组织即被包在蜡块中，此过程称为包埋。包埋用的石蜡温度应与组织块本身的温度相等，如温度不一，可造成组织与周围石蜡脱裂的现象。包埋所用的石蜡要求无杂质，并有一定的黏韧性。蜡的熔点与组织块相适应，过硬的组织（如骨组织、肌肉组织、皮肤等）可用硬度较高的石蜡包埋。包埋用的石蜡可以重复使用，必要时加以过滤以免异物或残渣污染组织或损害切片刀。

**5. 切片与贴片**

（1）修整蜡块　可视其组织的大小，在组织边缘 0.1～0.2cm 处，切去余蜡部分，否则易造成组织皱缩不平。

（2）安装蜡块　将修好的蜡块安装在金属或木制持蜡器上，持蜡器固定螺旋不能旋的过紧，否则易压裂蜡块。

（3）安装切片刀　将切片刀安装在切片机的刀台上，把刀台上的紧固螺丝旋紧，使切片时不产生振动，能保持一定的切片厚度。

（4）控制切片刀与蜡块角度　切片刀与蜡块应有一定的角度，将预定使用的刀口部位移至蜡块的下方，调节持蜡器的方向螺旋，使蜡块平切面与刀锋准确平行。刀的倾角一般以 4°～10°为宜，双平面刀侧角以 12°～15°为宜，如切较硬的组织倾角以 30°左右为宜。

（5）切片厚度　切片机的厚度调节器上刻有 0～50μm 或 0～25μm，可任意选择其厚度，石蜡切片的厚度一般在 4～6μm。

（6）切片　用右手握住切片机旋转轮的手柄，左手握住微调推进器的手柄，调整组织块前后的进度，待组织块即将接触刀刃时，再用左手缓慢移动微调推进器的手柄，右手上下移动旋转轮的手柄进行"粗切"，待组织"切全"后，松开左手，以右手转动旋转轮，石蜡便被切成一条蜡带，这时左手持毛笔牵引着蜡带向前拉，到一定长度便可用毛笔轻巧取下。

（7）铺片　用眼科镊子夹起蜡带轻轻平铺在 40～45℃的水面上，借水的温度与张力，将略皱的蜡带自然展平。

（8）贴片、烘片　待切片在恒温水面上充分展平后，用镊子将每一张蜡片分离，将洁净的载玻片垂直插入水中，轻轻地将其捞到载玻片的中段处倾去载玻片上的余水，用钻石笔在载玻片的一侧写上标本的编号后放在烤片架上，置入 60～65℃恒温箱内或切片漂烘温控仪的烘箱内烤片 15～30min，蒸发蜡片组织中的水分后即可进入染色过程。

## 二、苏木精-伊红染色技术

苏木精-伊红染色法，简称 H.E 染色法，是生物学和医学领域细胞与组织学研究最常用的染色方法。病理细胞和组织学的诊断、教学和研究都是用 H.E 染色方法观察正常和病变组织的形态结构。因此病理学工作者必须学习和掌握这种染色方法。

**1. 苏木精-伊红染色的基本原理**

（1）细胞核染色的原理　细胞核内的染色质主要是去氧核糖核酸（DNA），DNA 的双螺旋结构中，两条链上的磷酸基向外，带负电荷，呈酸性，很容易与带正电荷的苏木精碱性染料以离子键或氢键结合而染色。苏木精在碱性染料中呈蓝色，所以细胞核被染成蓝色。

（2）细胞质染色的原理　细胞质内主要成分是蛋白质，在染液中加入乙酸使胞质带正电荷（阳离子），就可被带负电荷（阴离子）的染料染色。伊红是一种化学合成的酸性染料，在水中离解成带负电荷的阴离子，与蛋白质的氨基正电荷（阳离子）结合而使细胞质染色，细胞质、红细胞、肌肉、结缔组织、嗜伊红颗粒等被染成不同程度的红色，与蓝色的细胞核形成鲜明的对比。

随着科学技术快速发展和电子计算机的广泛应用，染色自动仪器的出现，许多实验室已用全自动染色机代替人工染色。

**2. 苏木精-伊红染色的方法与步骤**

苏木精-伊红染色剂多为水溶液，染色前必须先经二甲苯脱掉浸蜡过程浸入组织内的蜡，然后，再用酒精由高浓度到低浓度脱苯，下降至水即可染色。先用苏木素染细胞核，用自来水洗去切片上的染液，再用 1％盐酸酒精分色。分色的目的是除去细胞核以外不应着色部分的颜色，使细胞核着色清晰适度，分辨鲜明。分色时间凭经验控制，一般控制在 1～2s。分色后用流水充分洗去余酸，最后用伊红液染细胞质。染色后的切片，因组织内含水而不透明，需再次用酒精脱水、二甲苯透明。为了达到长期保存的目的，在切片标本上滴加树胶，再加一盖玻片，此过程为封固。H.E 染色程序如下。

（1）脱蜡、脱苯至水

| | |
|---|---|
| 二甲苯Ⅰ | 1min |
| 二甲苯Ⅱ | 1min |
| 无水酒精Ⅰ | 30s |
| 无水酒精Ⅱ | 30s |
| 95％酒精Ⅰ | 30s |
| 95％酒精Ⅱ | 30s |
| 85％酒精 | 30s |
| 75％酒精 | 30s |

| | |
|---|---|
| 自来水洗 | 2～3 次 |

（2）染色

| | |
|---|---|
| 苏木素染液 | 5～10min |
| 自来水洗 | 2～3 次 |
| 1%盐酸酒精（80%酒精）分化 | 15～60s |
| 自来水洗 | 2～3 次 |
| 伊红溶液染色 | 5～10min |

（3）脱水、透明

| | |
|---|---|
| 80%酒精 | 15～30s |
| 95%酒精Ⅰ | 15～30s |
| 95%酒精Ⅱ | 15～30s |
| 无水酒精Ⅰ | 15～30s |
| 无水酒精Ⅱ | 15～30s |
| 二甲苯Ⅰ | 15～30s |
| 二甲苯Ⅱ | 15～30s |

（4）封固　中性树胶或加拿大树胶加盖玻片封固。

**3. 染色结果与质量标准**

（1）染色结果　细胞核呈蓝色，细胞质、肌肉、结缔组织、红细胞和嗜伊红颗粒呈不同程度的红色。钙盐和各种微生物也可染成蓝色或蓝紫色。

（2）质量标准　常规石蜡切片和 H.E 染色标本的质量标准（全国统一评定标准）。

① 切片完整，厚度 4～6μm，薄厚均匀，无褶无刀痕。

② 染色核质分明，红蓝适度，透明洁净，封裱美观。

**4. 染色液的配制方法**

（1）苏木素染液的配制方法　以下介绍两种常用的配制方法。

① Harris 氏苏木素液

| | |
|---|---|
| 苏木素 | 1g |
| 纯酒精 | 10ml |
| 钾明矾（硫酸铝钾） | 20g |
| 蒸馏水 | 200ml |
| 氧化汞 | 0.5g |

先将苏木素溶于纯酒精中，另将钾明矾加温溶于蒸馏水中，待钾明矾全部溶解，再将苏木素酒精溶液，混合后煮沸，避开火源缓缓加入氧化汞，用玻璃棒搅拌，此时液体变为深紫色，再煮沸速将烧杯放于流动冷水之中，使液体立即冷却，隔日过滤。使用时再加冰醋酸 4ml，可增加其染色力。也可将染液使用一段时间后再加入冰醋酸，这样可延长苏木素染液的使用寿命。

② Gill 氏苏木素液

| | |
|---|---|
| 蒸馏水 | 146.00ml |
| 乙二醇 | 50.00ml |
| 苏木素 | 0.40g |
| 碘酸钠 | 0.04g |
| 硫酸 | 3.52g |
| 冰醋酸 | 4.00ml |

混合后搅拌半小时，即可应用。此方法配制方便，使用效果同 Harris 氏苏木素液。苏木素用量小，不需加温或煮沸，故称之为 Gill 氏苏木素液冷配法。

（2）伊红染液的配制方法　0.1%~1%伊红水溶液或酒精溶液（70%、80%、90%任选一浓度均可）若遇到伊红着色困难时，可加入冰醋酸，以增强伊红着色力。

**5. 染色的注意事项**

（1）脱蜡　石蜡切片必须经过脱蜡后才能染色，脱蜡前切片要经烘烤，这样使组织与玻璃片粘贴牢固。组织切片脱蜡应彻底，脱蜡好坏主要取决于二甲苯的温度和时间，所有的时间都是指新的二甲苯在室温 25℃ 以下时，如果二甲苯已用过一段时间，切片又比较厚，室温底，应增加脱蜡时间，脱蜡不净是染色不良的重要原因之一。

（2）染色　石蜡切片经水洗后放入 Harris 氏苏木精染色，一般情况下在新配的苏木精溶液中只需染 1 min 左右，应根据染色的多少，逐步把染色时间延长。苏木精染色后，不宜在水和盐酸酒精中停留过长。切片分化程度应在镜下观察，分化过度，应水洗后重新在苏木精中染色，在水洗分化和使切片在自来水或稀氨水中充分变蓝。新配的伊红染色快，切片染色不宜过长，应根据染切片的多少逐步延长染色时间，切片经伊红染后，水洗时间要短。

（3）脱水　切片经过染色后，通过各级酒精脱水，首先从底浓度到高浓度，底浓度酒精对伊红有分化作用，切片经过底浓度时间要短，向高浓度时逐步延长脱水时间。脱水不彻底，使切片发雾，在显微镜下组织结构模糊不清。

（4）透明与封片　组织切片经过脱水后，必须经过二甲苯处理，使切片透明，才能用树胶封片。常用切片封片胶有国产的中性树胶、光学树胶、加拿大树胶和合成树脂（DPX）。在封片时，树胶不能太稀或太稠，不能滴加得太多或太少，太稀或太少切片容易产生空泡，太多会溢出玻片四周。封片操作中不能对着切片呼气，以避免将呼出气体中的水蒸气封入玻片中影响切片质量。

【分析讨论】
　　讨论 1. 动物病理组织切片的临床应用价值。
　　讨论 2. 制作病理切片应重点把握哪几个关键环节？

## 实习实训

## 动物病理切片技术实训

【实训目标】通过动物病理切片技术的操作训练，掌握动物病理组织的切片与染色方法。

【实训器材】

1. 仪器设备与器材　切片机、切片刀、载玻片、盖玻片、动物病理组织。

2. 化学药品　苏木精染液、伊红染液、无水酒精、二甲苯、加拿大树胶、石蜡。

【实训方法】

1. 取材　根据病理诊断具体要求取自被检动物机体（外科手术或尸体剖检采取组织）。

2. 固定　切取组织块后立即放进固定液进行固定。

3. 脱水与透明　将固定和冲洗后的组织放 60%、70%、80%、90%、95%、100%等不同浓度的酒精中各浸泡脱水 2h。再分别放入二甲苯Ⅰ、二甲苯Ⅱ中透明各 20~30min。

4. 浸蜡与包埋　将已透明的组织移入熔化的石蜡Ⅰ、石蜡Ⅱ中各浸蜡 1~2h。再将浸蜡后的组织置于熔化的石蜡中进行包埋。

5. 切片与贴片　将上述包埋好的组织块经过修整后安装在金属或木制持蜡器上，并固定蜡块夹上。将切片刀安装在切片机的刀台上，旋紧紧固螺丝，将预定使用的刀口部位移至蜡块的下方，调节持蜡器螺旋，使蜡块平切面与刀锋准确平行。并切片机的厚度调节器调至 $4\sim6\mu m$。用右手握住切片机旋转轮的手柄，左手握住微调推进器的手柄，调整组织块前后的进度，待组织块即将接触刀刃时，再用左手缓慢移动微调推进器的手柄，右手上下移动旋转轮的手柄进行"粗切"，待组织"切全"后，松开左手，以右手转动旋转轮，石蜡便被切成一条蜡带，这时左手持毛笔牵引着蜡带向前拉，到一定长度便可用毛笔轻巧取下，轻轻平铺在 $40\sim45℃$ 的水面上，借水的温度与张力，将略皱的蜡带自然展平后，用镊子将每一张蜡片分离，将洁净的载玻片垂直插入水中，轻轻地将其捞到载玻片的中段处倾去载玻片上的余水，用蜡笔在载玻片的一侧写上标本的编号后放在烤片架上，置入 $60\sim65℃$ 恒温箱内或切片漂烘温控仪的烘箱内烤片 $15\sim30min$，蒸发蜡片组织中的水分。

6. 染色与封片　将上述贴好的组织蜡片经二甲苯脱蜡后，再用酒精由高浓度到低浓度脱苯，下降至水。先用苏木素染细胞核，用自来水洗去切片上的染液，再用 $1\%$ 盐酸酒精分色后用流水充分洗去余酸。最后用伊红液染细胞质。再用酒精脱水、二甲苯透明，在切片标本上滴加树胶，再加一盖玻片封固。

**【实训考核】**

1. 每人切出 10 张石蜡切片。

2. 完成所切切片的 H.E 染色过程。

## 【目标检测】

1. 名词解释：透明、浸蜡、包埋。

2. 列出石蜡切片的程序及注意事项。

3. H.E 染色过程包括哪些程序？各程序的把握与切片质量的关系是怎样的？

（王萍）

# 参考文献

［1］周铁忠，陆桂平．动物病理．第3版．北京：中国农业出版社，2010．

［2］陈宏智，杨保栓．畜禽病理与病理诊断．郑州：河南科学技术出版社，2012．

［3］高丰，贺文琦．动物疾病病理诊断学．北京：科学出版社，2010．

［4］陈怀涛．兽医病理学原色图谱．北京：中国农业出版社，2008．

［5］高丰．动物病理解剖学．北京：科学出版社，2003．

［6］赵德明．兽医病理学．北京：中国农业出版社，2005．

［7］王新华等．家畜病理学．第3版．成都：四川科学技术出版社，2003．

［8］马学恩．家畜病理学．第4版．北京：中国农业出版社，2007．

［9］陈怀涛，许乐仁．兽医病理学．北京：中国农业出版社，2005．

［10］杨文．病理学．重庆：重庆大学出版社，2007．

［11］蔡宝祥．家畜传染病学．第4版．北京：中国农业出版社，2004．

［12］朱坤熹．兽医病理解剖学．第2版．北京：中国农业出版社，2000．

［13］钱峰．动物病理．北京：化学工业出版社，2012．

［14］马德星．动物病理解剖学．北京：化学工业出版社，2011．

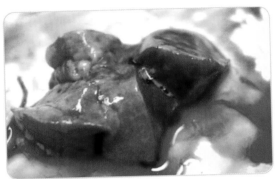

彩图5-1-2 肺水肿

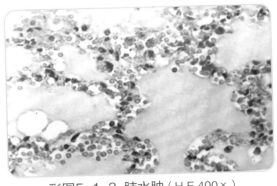

彩图5-1-3 肺水肿（H.E 400×）

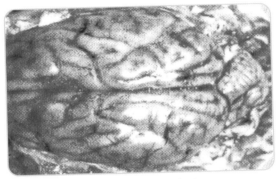

彩图5-1-4 脑水肿

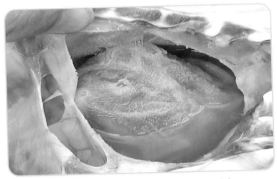

彩图5-1-5 浆膜腔（心包）积液

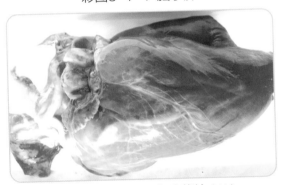

彩图9-1-1 心冠脂肪萎缩（羊）

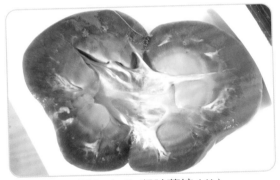

彩图9-1-2 肾脏萎缩（羊）

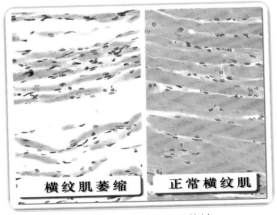

彩图9-1-3 横纹肌萎缩

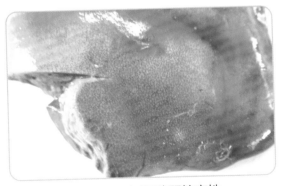

彩图9-1-4 肝脏颗粒变性

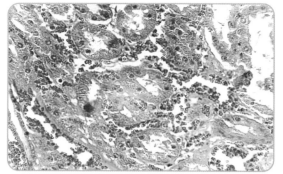

彩图9-1-5 肾小管上皮细胞颗粒变性
（H.E 200×）

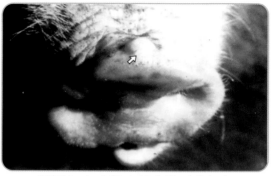

彩图9-1-6 猪吻部皮肤形成水疱

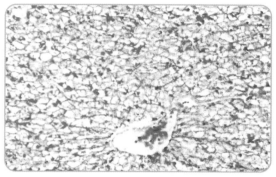

彩图9-1-7 肝脏水疱变性（H.E 200×）

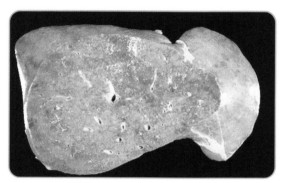

彩图9-1-8 肝脏脂肪变性

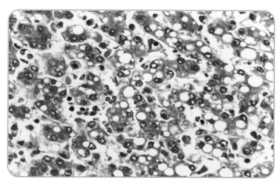

彩图9-1-9 肝细胞脂肪变性（H.E 400×）

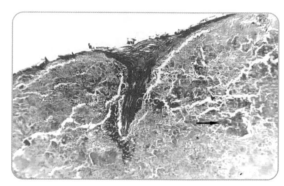

彩图9-1-10 脾脏淀粉样变（H.E 100×）

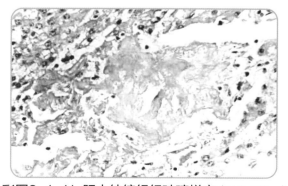

彩图9-1-11 肝内结缔组织玻璃样变（H.E 100×）

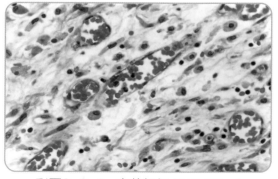

彩图9-2-3 肉芽组织（H.E 400×）

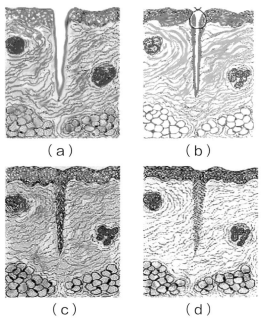

（a）　　　　　　　（b）

（c）　　　　　　　（d）

彩图9-2-4　直接愈合模式图

（a）创口较小，创缘整齐，组织缺损少；（b）经缝合创缘对合，炎性反应轻；（c）少量肉芽组织从伤口边缘长入，表皮再生；（d）愈合后不留疤痕，或仅留线状疤痕

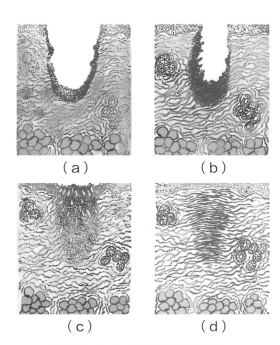

（a）　　　　　　　（b）

（c）　　　　　　　（d）

彩图9-2-5　间接愈合模式图

（a）创口较大，创缘不整齐，组织缺损多；（b）伤口收缩，炎性反应重；（c）肉芽组织从伤口底部及边缘长入填平伤口，然后表皮再生；（d）愈合后形成疤痕大

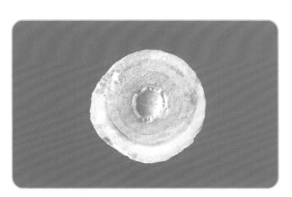

彩图9-2-6　真性肠结石（马）

彩图9-2-7　假性肠结石（羊）

彩图9-2-8　尿结石（牛）

彩图9-2-9　胆结石

彩图11-3 皮肤乳头状瘤（牛）

彩图11-4 皮下纤维瘤（猪）

彩图11-5 腹膜间皮瘤（鸡）

彩图11-6 纤维肉瘤（驴）

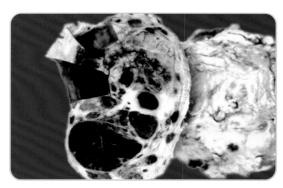

彩图11-7 黑色素瘤

彩图11-8 卵巢腺癌（鸡）

彩图12-1-1 纤维素性心包炎（"绒毛心"）（猪）

彩图12-1-2 创伤性心包炎（牛）

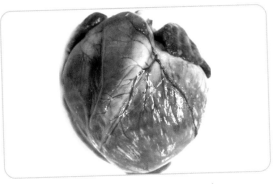

彩图12-1-3 实质性心肌炎
（心肌表面密发条纹状病变）

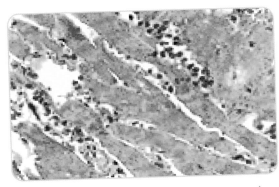

彩图12-1-4 实质性心肌炎（H.E 400×）

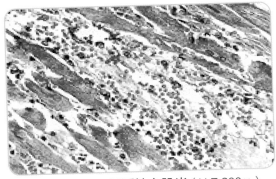

彩图12-1-5 间质性心肌炎（H.E 200×）

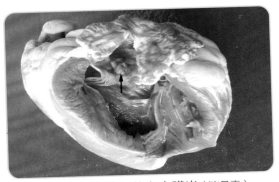

彩图12-1-6 疣状心内膜炎（猪丹毒）

彩图12-3-6 纤维素性肺炎（病肺呈大理石样花纹）

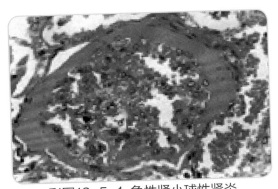

彩图12-5-1 急性肾小球性肾炎
（肾小囊扩张，囊腔内充满浆液、纤维素和白细
胞，H.E 200×）

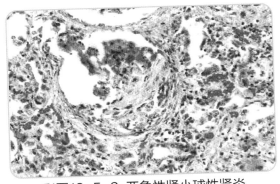

彩图12-5-2 亚急性肾小球性肾炎
（肾小囊壁层上皮增生，形成"新月体"，H.E 200×）

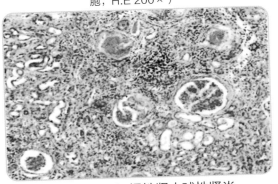

彩图12-5-3 慢性肾小球性肾炎
（肾小球发生纤维化，H.E 100×）

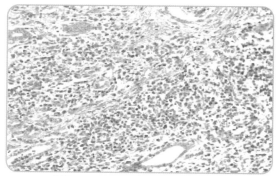

**彩图12-5-4 急性间质性肾炎**
（肾间质大量炎性细胞浸润，H.E 100×）

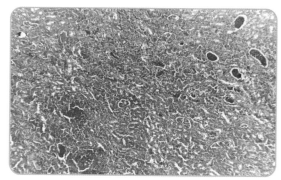

**彩图12-5-5 化脓性肾炎**
（肾髓质肾小管坏死溶解，炎灶内有大量的嗜中性粒细胞浸润，并有细菌团块，H.E 100×）

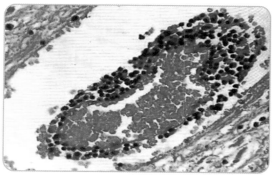

**彩图12-6-1 血管周围炎性细胞浸润**
（"血管套"，H.E 200×）

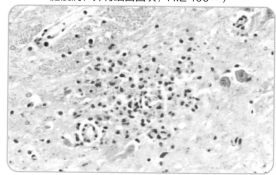

**彩图12-6-2 胶质细胞结节**（H.E 100×）

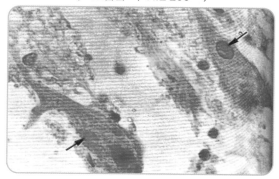

**彩图12-6-3 脑神经细胞胞质内病毒包含体**

**彩图13-1-1 猪急性巴氏杆菌病**
（肺脏的大理石样外观）

**彩图13-1-2 鸡急性巴氏杆菌病**
（肝脏的灶状坏死）

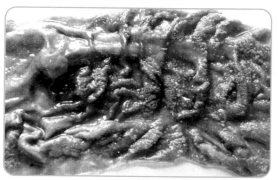

**彩图13-1-3 猪沙门菌病**
（纤维素性肠炎，肠黏膜表面附有大量糠麸样渗出物）

彩图13-1-4 猪沙门菌病
（纤维素性坏死性肠炎，盲肠黏膜溃疡）

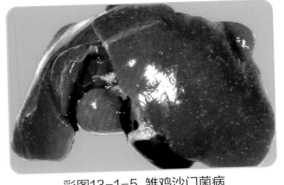

彩图13-1-5 雏鸡沙门菌病
（坏死性肝炎，肝脏布满针尖至小米粒大坏死灶）

彩图13-1-6 成年鸡沙门菌病
（卵子变性、变形、变色）

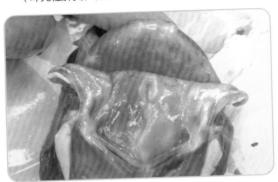

彩图13-1-7 猪水肿病（喉头黏膜水肿）

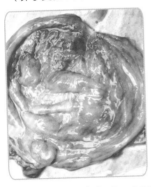

彩图13-1-8 猪水肿病（胃底黏膜水肿）

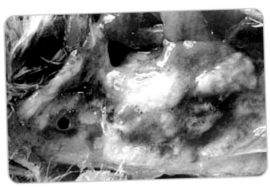

彩图13-1-9 鸡大肠杆菌病（气囊炎型）

彩图13-1-10 鸡大肠杆菌病（心包炎型）

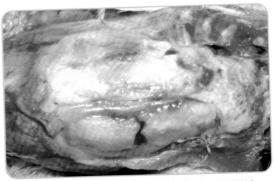

彩图13-1-11 鸡大肠杆菌病（肝周炎型）

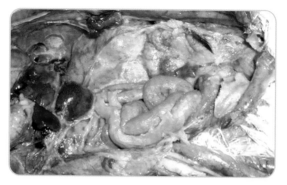

彩图13-1-12 鸡大肠杆菌病（卵黄性腹膜炎型）

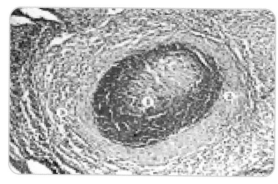

彩图13-1-13 结核结节（H.E 40×）

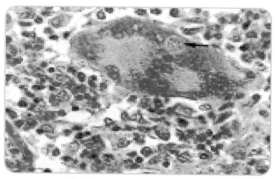

彩图13-1-14 结核结节
（特异性肉芽组织层，H.E 400×）

彩图13-1-15 肺脏结核（牛）

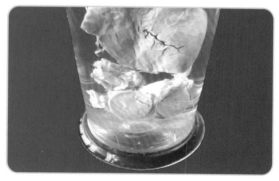

彩图13-1-16 肺门淋巴结原发性结核（长颈鹿）

彩图13-1-17 肠系膜淋巴结结核（牛）

彩图13-1-18 浆膜结核（"珍珠病"）

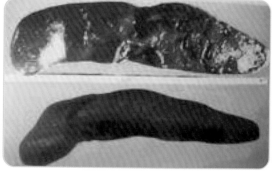

彩图13-1-19 急性败血型猪丹毒（脾脏肿大）

彩图13-1-20 急性败血型猪丹毒
（肾淤血，出血肿大）

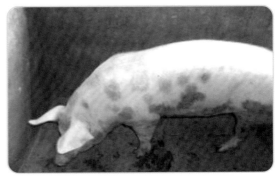
彩图13-1-21 疹块型猪丹毒（皮肤疹块）

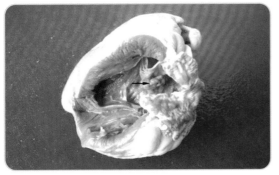
彩图13-1-22 慢性型猪丹毒（疣状心内膜炎）

彩图13-1-23 胸膜炎型副猪嗜血杆菌病

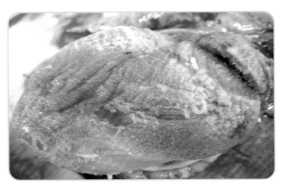
彩图13-1-24 副猪嗜血杆菌病（"绒毛心"）

彩图13-1-25 腹膜炎型副猪嗜血杆菌病
（腹腔内积有红色混浊积液）

彩图13-1-26 腹膜炎型副猪嗜血杆菌病
（肠浆膜表面附着大量纤维素性渗出物）

彩图13-2-1 牛口蹄疫（口腔黏膜糜烂、溃疡）

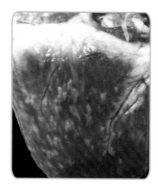

彩图13-2-2 牛口蹄疫（"虎斑心"）

彩图13-2-3 猪口蹄疫（吻部皮肤糜烂、出血）

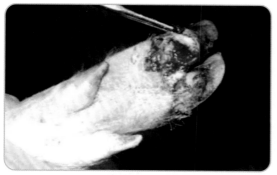

彩图13-2-4 猪口蹄疫（蹄壳脱落）

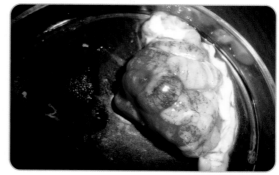

彩图13-2-5 猪伪狂犬病（脑部充血、出血、水肿）

彩图13-2-6 猪伪狂犬病（流产胎儿）

彩图13-2-7 急性败血型猪瘟（皮肤出血）

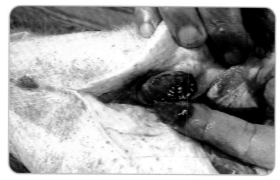

彩图13-2-8 急性败血型猪瘟（淋巴结出血）

彩图13-2-9 急性败血型猪瘟（肾脏出血）

彩图13-2-10 急性败血型猪瘟（脾脏出血性梗死）

彩图13-2-11 亚急性胸型猪瘟（肺脏"肝变"）

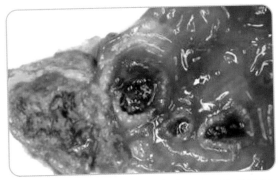

彩图13-2-12 慢性肠型猪瘟（盲肠"扣状肿"）

彩图13-2-13 高致病性蓝耳病（母猪流产）

彩图13-2-14 高致病性蓝耳病（流产胎儿）

彩图13-2-15 高致病性蓝耳病（间质性肺炎）

彩图13-2-16 高致病性蓝耳病（耳部皮肤发绀）

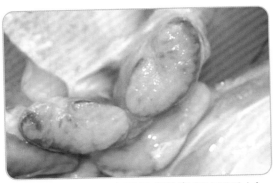

彩图13-2-17 猪圆环病毒病（淋巴结肿大）

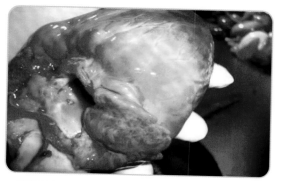

彩图13-2-18 猪圆环病毒病（心外膜水肿）

彩图13-2-19 猪圆环病毒病（肝胆病变）

彩图13-2-20 猪圆环病毒病（肾脏病变）

彩图13-2-21 犬瘟热（出现脓性结膜炎、鼻炎）

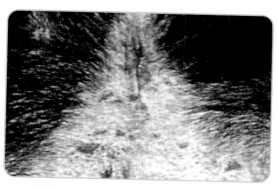

彩图13-2-22 犬瘟热（腹部出现丘疹）

彩图13-2-23 禽流感（冠、髯淤血，颈部皮下水肿）

彩图13-2-24 禽流感（肺淤血、出血）

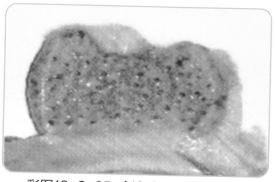

彩图13-2-25 禽流感（腺胃乳头出血）

彩图13-2-26 禽流感（肌胃角质下出血）

彩图13-2-27 禽流感（卵泡充血、出血）

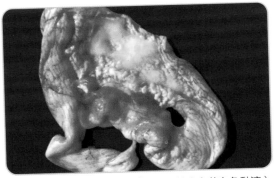

彩图13-2-28 禽流感（输卵管内有黄白色黏液）

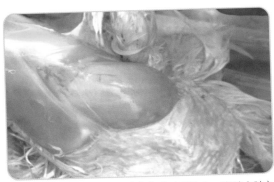

彩图13-2-29 鸡新城疫（嗉囊肿大，囊壁水肿）

彩图13-2-30 鸡新城疫（嗉囊流出酸臭淘米水样黏液）

彩图13-2-31 鸡新城疫（腺胃乳头出血）

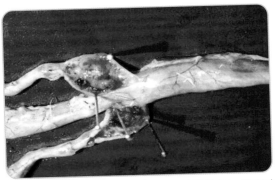

彩图13-2-32 鸡新城疫（盲肠扁桃体出血或坏死）

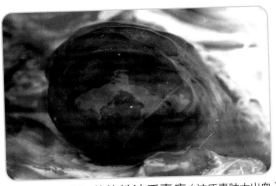

彩图13-2-33 传染性法氏囊病（法氏囊肿大出血）

彩图13-2-34 传染性法氏囊病（"花斑肾"）

彩图13-2-35 传染性法氏囊病（腿肌大面积出血）

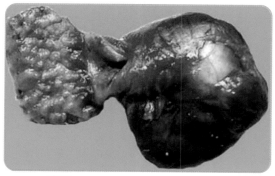

彩图13-2-36 传染性法氏囊病
（腺胃与肌胃交界处带状出血）

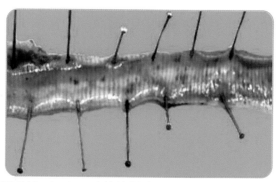

彩图13-2-37 鸡传染性支气管炎（气管黏膜出血）

彩图13-2-38 鸡传染性支气管炎
（"花斑肾"）

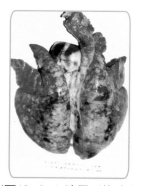

彩图13-3-1 猪霉形体肺炎
（肺脏出血和"胰变"）

彩图13-3-2 猪霉形体肺炎
（肺脏大面积肝变）

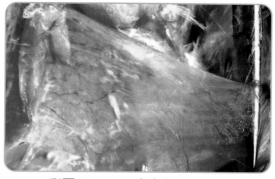

彩图13-3-3 鸡败血霉形体病
（气囊膜增厚、水肿）

彩图13-3-4 鸡败血霉形体病
（双侧眼部肿胀）

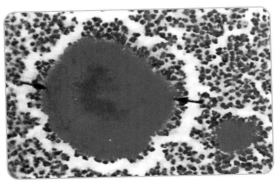

彩图13-3-5 牛放线菌病
（带有辐射状菌丝的颗粒性聚生物，H.E 200×）

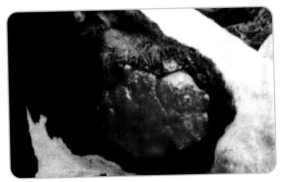

彩图13-3-6 牛放线菌病

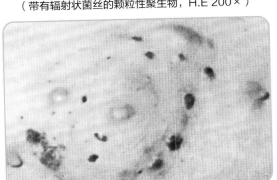

彩图13-3-7 猪放线菌病
（乳房周围皮肤破溃，形成红黑色结痂）

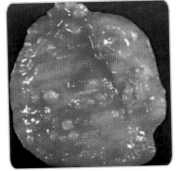

彩图13-3-8 猪放线菌病
（咽后淋巴结肿胀组织中有大小不一的黄红色化脓灶）

彩图13-3-9 鸡曲霉菌病（肺脏结节状病变）

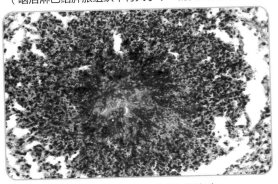

彩图13-3-10 鸡曲霉菌病
（病肺结节状病变内菌丝体，H.E 400×）

彩图13-4-1 鸡球虫病
（肠内容物与血凝块混合形成"肠栓"）

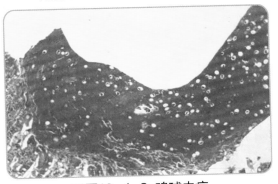

彩图13-4-2 鸡球虫病
（肠腔内容物中球虫卵囊，石蜡切片，H.E 100×）

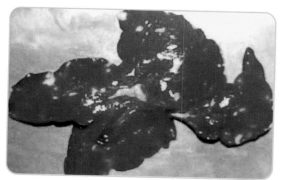

彩图13-4-3 兔球虫病
（球虫性肝炎与寄生虫结节）

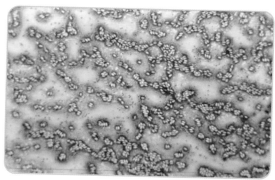

彩图13-4-4 兔球虫病
（肝炎病灶内的球虫卵囊，肠内容物涂片,100×）

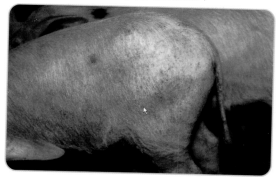

彩图13-4-5 猪弓形虫病（皮肤渗出性出血）

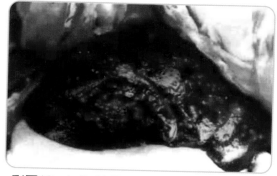

彩图13-4-6 猪弓形虫病（肝脏弥布坏死结节）

彩图13-4-7 鸡住白细胞虫病(白冠病)

彩图13-4-8 鸡住白细胞虫病
（肾脏出血与裂殖体结节）

彩图13-4-9 鸡住白细胞虫病
（肺脏裂殖体结节）

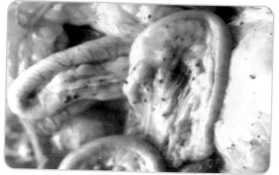

彩图13-4-10 鸡住白细胞虫病
（肠系膜巨型裂殖体结节）